高 等 院 校 园 林 专 业 系 列 教 材

国家级一流本科课程·江苏省精品课程

园林工程（第 2 版）

LANDSCAPE ENGINEERING（2nd Edition）

主编　赵　兵　徐海顺

编著　邱　冰　徐　振　黄启堂
　　　江　婷　季建乐

U0242346

东南大学出版社·南京

内 容 提 要

　　本书是南京林业大学国家级一流本科课程、江苏省精品课程"园林工程"的配套教材,是团队教学改革的最新成果。全书以市政工程原理为基础,以生态工程为特色,以国家行业标准为规范,以新技术、新工艺为手段,以"规划及方案设计→扩初及施工设计→施工"的行业基本工序为主线,系统组织课程内容,讲述如何将设计思想(方案)全面深化为系统的、相互配套的、简洁明了的专业施工设计图。本教材强化了工程设计制图、园林细部设计、景观照明设计的有关知识与技能,突显了节水、环保等现代生态工程技术的研究与应用成果,传承了园林艺术,提振了文化自信。

　　本教材侧重设计,与侧重施工组织的高职园林系列教材之《园林工程学》相互补充,可作为高等院校园林、风景园林、环境艺术等相关专业本科教学用书,也可供园林规划设计、环境艺术设计、城乡规划、旅游规划等相关专业人员学习参考。

图书在版编目(CIP)数据

园林工程 / 赵兵,徐海顺主编. -- 2版. -- 南京：
东南大学出版社,2024.6
高等院校园林专业系列教材
ISBN 978-7-5766-0661-4

Ⅰ.①园… Ⅱ.①赵… ②徐… Ⅲ.①园林—工程施工—高等学校—教材 Ⅳ.①TU986.3

中国版本图书馆 CIP 数据核字(2022)第 252788 号

园林工程(第 2 版)

Yuanlin Gongcheng(Di 2 Ban)

主　　编	赵　兵　徐海顺
出版发行	东南大学出版社
社　　址	南京市四牌楼 2 号　　邮编：210096　　电话：025-83793330
出 版 人	白云飞
网　　址	http://www.seupress.com
电子邮箱	press@seupress.com
经　　销	全国各地新华书店
印　　刷	南京玉河印刷厂
开　　本	889 mm×1194 mm　1/16
印　　张	18
字　　数	664 千
版　　次	2024 年 6 月第 2 版
印　　次	2024 年 6 月第 1 次印刷
书　　号	ISBN 978-7-5766-0661-4
定　　价	48.00 元

本社图书若有印装质量问题,请直接与营销部调换。电话(传真)：025-83791830

出版前言

推进风景园林建设，营造优美的人居环境，实现城市生态环境的优化和可持续发展，是提升城市整体品质，加快我国城市化步伐，全面建成小康社会，建设生态文明社会的重要内容。高等教育园林专业正是应我国社会主义现代化建设的需要而不断发展的，是我国高等教育的重要专业之一。近年来，我国高等院校中园林专业发展迅猛，目前全国有园林专业点近 150 个，风景园林专业点近 200 个，但园林专业教材建设明显滞后，适应时代需要的教材很少。

南京林业大学园林专业是我国成立最早、师资力量雄厚、影响较大的园林专业之一，是首批国家级特色专业。自创办以来，专业教师积极探索、勇于实践，取得了丰硕的教学研究成果。近年来连续 3 次荣获国家教学成果奖、4 次江苏省教学成果奖，成果覆盖人才培养模式、课程体系、实践教学体系与教材建设等专业建设最核心的环节。囊括"'十二五'专业综合改革试点专业"和"卓越农林人才教育培养计划改革试点"两大国家级教学改革项目。拥有省级以上园林专业精品课程近 20 门，包括国家一流课程、国家精品在线开放课程、国家精品资源共享课程、国家精品视频公开课、江苏省在线开放课程等，类型和数量均名列前茅。拥有全国最全面的园林专业系列教材，2014 年获国家教学成果奖二等奖，2021 年获首届国家教材奖"全国教材建设先进集体"称号，教材成果包括国家级规划教材 3 部、省级重点教材 4 部，社会影响力全国领先。拥有两个国家级、一个省级园林专业实践教学平台，包括全国第一个"园林国家级实验教学示范中心"和全国第一个"园林国家级虚拟仿真实验教学中心"。拥有全国唯一的"风景园林规划设计"国家级优秀教学团队、"园林植物应用"江苏省高校"青蓝工程"优秀教学团队。

为培养合格人才，提高教学质量，我们以南京林业大学为主体组织了山东建筑工业大学、中国矿业大学、安徽农业大学、郑州大学等十余所院校中有丰富教学、实践经验的园林专业教师，编写了这套系列教材，准备陆续出版，不断更新。

园林专业的教育目标是培养从事风景园林建设与管理的高级人才，要求毕业生既能熟悉风景园林规划设计，又能进行园林植物培育及园林管理等工作，所以在教学中既要注重理论知识的培养，又要加强对学生实践能力的训练。针对园林专业的特点，本套教材力求图文并茂，理论与实践并重，并在编写教师课件的基础上制作电子或音像出版物辅助教学，增大信息容量，利于教学。

全套教材基本部分为 15 册，并将根据园林专业的发展进行增补，这 15 册分别为《园林概论》《园林制图》《园林设计初步》《计算机辅助园林设计》《园林史》《园林工程》《园林建筑设计》《园林规划设计》《风景名胜区规划》《城市园林绿地规划原理》《园林工程施工与管理》《园林树木栽培学》《园林植物造景》《观赏植物与应用》《园林建筑设计应试指南》，可供园林专业和其他相近专业的师生以及园林工作者学习参考。

编写这套教材是一项探索性工作，教材中定会有不少疏漏和不足之处，还需在教学实践中不断改进、完善。恳请广大读者在使用过程中提出宝贵意见，以便在再版时进一步修改和充实。

高等院校园林专业系列教材编审委员会

二〇二一年十二月

第 2 版前言

近年来,我国风景园林行业日新月异,业已成为生态文明建设的重要力量。园林工程也从早期单纯的"市政工程园林化",逐步发展成为扎根传统造园,立足现代风景园林,面向生态工程与生态设计的前沿、交叉学科。同时,一些与园林工程紧密相关的国家规范有了较大调整。2015 年,本教材入选"江苏省高等学校重点教材",我们进行了较大幅度的修订。在保持初版结构与风格的基础上,主要修编如下内容:

1) 进一步突出教材定位,强化编写特色。坚持正确的政治方向,明确教材主线是向学生提供施工图设计技能训练的理论知识和方法,将传统的、按工种分类的零散知识纳入这套操作性更强的教学系统中。

2) 进一步明确教学目标,强调综合能力。以立德树人为目标,通过理论知识传授、标准规范解读、典型案例讲解、工程设计训练和工作模型制作,培养学生综合分析、解决园林工程相关问题的能力,使其能正确运用工程基础知识进行合理可行的设计。

3) 大幅度更新教材内容,实现高质量发展。更中国、更现代、更创新、更绿色、更开放,使园林工程经典理论与相关学科新理论、新技术、新工艺、新材料相融合,解决同类教材过于偏重市政工程,与行业发展现状脱节的矛盾。

4) 进一步优化教材与课程的关系,确保相得益彰。教材与课程建设紧密结合,主编主讲的《园林工程》被评为国家级一流本科课程,线上线下混合教学,纸质数字资源互补,通过课程网站及时补充内容、不断更新,体现教材的经典性与灵活性的结合。

第 2 版教材在第 1 版的基础上有了较大变动,编写分工如下:第 1 章,赵兵;第 2 章,邱冰、季建乐;第 3 章,徐振、赵兵;第 4 章,黄启堂(福建农林大学教授);第 5 章,赵兵;第 6 章,邱冰;第 7 章,赵兵;第 8 章,赵兵、江婷;第 9 章,徐海顺。全书由赵兵主审,徐海顺负责全书电子资源编辑。此外,广州山水比德设计股份有限公司为本书第 5 章提供了大量实际案例与精美图片,在此深表感谢!

由于时间仓促,加之作者水平有限,在书中定会有一些疏漏之处,恳请大家指正,以期共同进步。

编 者
二〇二四年五月

第 1 版前言

自 1950 年代开设园林专业以来，"园林工程"一直是该专业核心课程和特色专业课程。回顾专业设立几十年来的教学经验，以及系统地整理园林工程教学目的、方法、评价，我们将本课程的建设目标确定为：把握专业发展方向和机遇，发挥"园林工程"领域宽、程度深的特点，填补专业设计教学体系中的空白，进而创建以工程设计为核心的专业重点课程群，培养出具有良好的园林专业基础和规划设计理论素养、熟练掌握景观建筑与工程设计知识与技能、了解相关专业知识的高级专门人才。

"园林工程"课程是风景园林规划设计课程群的综合性课程和核心专业课之一，在高年级开设。通过本课程的学习，培养学生综合分析和解决问题的能力，掌握各类园林工程的设计和施工图绘制能力以及园林工程施工与项目管理的专业知识，并与园林设计、园林规划、园林建筑、种植设计等主干课程互为支撑，共同完成风景园林特色专业复合型人才的培养。

作为园林专业学科群的主干课程，"园林工程"立足时代、立足本土、立足自身，充分发挥园林专业自身特色优势，让学生通过本课程的学习，熟悉传统园林工程的优秀成果，掌握现代园林工程的理论知识，提高实践能力及第一线的应用技术能力（包括工程设计、施工的组织管理能力、将工程设计"物化"为施工工序的能力）和科研综合创新能力，培养出真正适应该行业特点的专业研究与应用型人才是本课程目标所在。

在教学改革中解决的主要是以下三个问题：

一、改革课程结构

我们按"规划及方案设计—扩初及施工设计—施工"的行业基本工序组织课程并编写教材，明确"园林工程"应系统学习扩初设计及施工设计的相关理论与实践，从而解决了原课程结构体系不清的问题，弥补风景园林规划设计专业教学体系中存在的盲点。

通过改革，明确本教材突出扩初与施工图设计技能的系统训练，将设计内容分为总图设计、详图设计及专项设计三大部分。而原高职高专教材《园林工程学》（东南大学出版社，2003）突出的是施工专项技术的传授和施工管理的实践。

通过理论知识传授、国家标准解读、典型案例讲解、工程设计训练和工作模型制作，培养学生综合分析、解决园林工程相关问题的能力，使学生能正确运用工程基础知识进行合理可行的设计，能按照行业标准清晰、完整地表达和表现设计内容，并能将方案设计与扩初设计、施工图设计和施工管理有机衔接。

二、改革课程内容

突出园林特色，强化设计教学，结合生态技术，填补最新成果。使园林工程经典理论与现代新技术、新工艺、新材料相结合，理论与实践相结合，解决原课程过于偏重市政工程，与社会需求及行业发展现状脱节的矛盾。

从实际出发，加强地形竖向设计的理论和应用，并将 GIS 等新技术运用于地形设计与施工中；弱化传统土方计算。加强园路路面设计、线形设计和生态护坡工程与技术，弱化市政道路的其他无关内容。

强化工程细部设计和景观照明，弱化供配电、给排水等专项施工设计与计算。增加节水、环保等现代生态工程技术的研究与应用。

在教材中专题讨论了古代叠山大师的理论与作品，使学生充分吸取我国掇山叠石这一传统文化遗产的精华。

三、改革实践教学

将原来完全孤立的地形、假山、道路铺装、水景、照明等单项设计作业改为既前后连贯、又相对独立的系统的集中实训,学生将自己在园林规划设计课程中的设计方案深入到扩初阶段,局部达到施工图深度,成为一个完整的作品,以提高学习兴趣和效果。同时切身体会园林各类专项工程在不同场地中的运用,从技术、经济、使用和美学等角度进行综合分析和评价。

通过系统学习,让学生熟悉园林工程中材料、工艺、尺度等要素的关系,通过园林工程现场实测和写生,独立的设计与计算,各种工作模型的制作,虚实结合,培养出良好的观察、分析和表达能力。

园林工程是一门实践性很强的课程,根据国情和行业实践特点,本教材将可持续发展和节能环保等理念与教学相结合,面向实践需求、探索新技术新方法如 GIS、虚拟现实技术在园林工程设计中的应用,结合理论教学、设计作业和实习考察,增强同学们的感性认识,树立学生设计创新观念,促其掌握科学的设计方法,为实践需求奠定全面发展的基础。

全书分为九章。第一章、第四章由何疏悦编写,第二章由季建乐、赵兵编写,第三章、第九章由徐振编写,第五章由赵兵编写,第六章由邱冰编写,第七章由赵兵、何疏悦编写,第八章由江婷编写。

本书为高等院校园林、风景园林及相关专业的教学用书,也可供从事风景园林规划设计、园林工程施工设计、环境艺术设计等相关专业人员学习与参考。

由于时间仓促,加之作者学识有限,书中很可能有不妥之处,恳请读者提出宝贵意见。

编　者
二〇一〇年十二月

目　录

1 绪 论

1.1 园林工程学的研究对象和内容

1.1.1 园林工程学的研究对象

园林工程学是综合考虑技术、艺术、生态等各个层面，研究风景园林建设的工程技术和造景技艺的一门学科。其研究范围包括相关工程原理、工程设计、施工技术以及施工管理等。园林工程以市政工程原理为基础，以园林艺术理论、生态科学为指导，目标是将设计思想转化为物质现实，在创造优美景观的同时，兼顾功能和技术方面的要求，降低造价，便于管理，满足可持续发展的要求。

园林工程建设泛指城市园林绿地和风景名胜区中涵盖园林建筑工程的环境建设工程，具有较强的综合性、系统性。具体包括风景园林相关建筑工程、土方工程、筑山工程、理水工程、道路与铺装工程、绿化工程、给排水工程及照明工程等，主要应用工程技术来实现造园艺术，使工程构筑物和景园融为一体。概括地讲，园林工程具有如下特征：

第一，是一种公共事业，是在国家和地方政府领导下，旨在提高人们生活质量、造福于人民的公共事业。

第二，是根据法律实施的事业。目前，我国已出台了许多相关的法律、法规，如《中华人民共和国土地管理法》《中华人民共和国环境保护法》《中华人民共和国城乡规划法》《中华人民共和国建筑法》《中华人民共和国森林法》《中华人民共和国文物保护法》《城市绿化规划建设指标的规定》《城市绿化条例》等。此外，还有以《公园设计规范》为代表的多类型多层次的相关技术规范与标准。

第三，是多样化、规模化、生态化、艺术化的事业。园林工程不仅艺术性要求高，还具有涉及面广，工程量大，生态理念与技术贯穿全过程等特征，并随着科学技术的进步而日益发展，新技术、新材料、新工艺层出不穷，不断给从事此项事业的人带来新的挑战。

1.1.2 园林工程学的相近学科

1. 市政工程

市政工程（municipal engineering）是国家城市基础设施建设和维护工程，是指为了满足城市建设的需要，在城镇规划范围内由政府作为主体为公民提供的各类公共设施、产品及与公共服务相关的构筑物及设备等。市政工程具体包括城市建设中的各种公共交通设施、给水、排水、燃气、城市防洪、环境卫生及照明等基础设施建设，是园林工程学的发展基础。

园林工程学是市政工程的园林化体现，两者并非简单的从属关系。市政工程为园林工程学提供了基础的工程原理与技术指导，并为保障园林工程的实施提供了必要的基础条件和设施支持，而园林工程学需要在实现园林设施基础功能的前提下，进一步满足艺术性、生态性与文化性的表达。因此，园林工程既是市政工程在园林绿地中的特殊表达，更是生态文明时代市政工程的重要发展方向。

2. 生态工程

生态工程（ecological engineering），由中国生态学家马世骏与美国生态学家奥德姆（H. T. Odum）在 20 世纪六七十年代分别提出。20 世纪 80 年代，生态工程获国际普遍认同得以迅速发展。

生态工程既不夸大工程的威力，也不刻意坚持生态优先的立场而反对任何工程开发。生态工程呈现另一种思维：工程不只在帮助人解决问题，也在与大自然保持和谐；其目标应该是寻求人与自然、人与人的双重和谐。因此，很多学者认为"最佳的工程，应首先寻找大自然省力的杠杆。"自然生态让进入地球的太阳能分成许多部分，经过无数生物间的转换，才能将能量产生最高的使用效率。因此大自然没有废弃物，而且有生物多样性与永续性的使用。

可见，生态工程不仅包括一系列实施技术手段，更体现了一种哲学观念的转变，并且在方法论上突破了以往的还原论，从而出现了一种新的研究思路。生态工程遵循的是生态系统的整体观，考虑了设计过程的复杂性与关联性，应用生态系统中的元素，最终的目标是保证生态系统的健康。虽然生态工程与传统工程有极大不同，但两者并不完全是"灰色与绿色"之间的两难选择，而应该在巧妙结合中形成最佳设计方案。

生态工程可以作为园林工程学拓展其内涵与外延的媒介，"工程"结合"生态"，本身就与传统的工程观相异，工程观的发展对学科人才教育培养、理论内涵以及新工程技术的进步都具有积极作用。

1.1.3 园林工程学研究的基本内容和任务

园林工程学是研究建设风景园林绿地的一门工程学科。所谓工程，"工"是指基于认识和实践经验加工原材料或半成品，使之成为物品；"程"是指加工物品的标准、法式等，即"造物以准"。园林工程学的任务即是为园林工程建设提供可靠的科学理论基础，对园林要素进行加工与处理，使园林的各项功能满足建设目标并同时最大限度发挥综合效益。按照研究对象的不同，园林工程学研究的基本内容主要有竖向设计与土方工程、园路与铺装工程、水景工程、假山工程、园林照明工程、园林给排水工程，以及园林施工图绘制及细部设计等。

1. 园林竖向设计与土方工程

园林竖向设计与土方工程是园林工程的主要内容和特色工程之一，具体是指根据竖向设计对土方工程量进行计算后，通过挖、运、填、压等工程技术手段，对场地土方进行塑造、整改，以达到满足园林建设场地需求的目的。土方工程应针对不同阶段的竖向设计采用适宜的土方计算方法，通过计算弥补设计图中的不足，使图纸更完善；应熟练掌握方格网法的原理、算法以及应用过程，现有的土方计算软件大多以之为原理。

2. 园路与铺装工程

园路与铺装工程是指运用硬质的天然或人工制作的铺地材料来铺筑路面及其细部，主要包括园路的线形设计、路面结构、各级园路的铺装形式和园路附属工程等。园路与铺装工程的"细部"，重点在于铺装的设计要点、铺装断面结构、构造材料特性、面层材料的选择及铺设形式等。其中，不同构造材料在不同地理、气候条件下的表现是较难掌握的内容。

3. 水景工程

水景工程是现代园林工程的重要组成部分，是景园空间创作的重要构成元素，可借以构成各种格局的园林景观。园林水景工程主要研究城市水系规划、水景初步设计，以及驳岸、护坡、水池工程的构造与细部设计。其中，水景设计的常用手法与基本形式，以及日新月异的工程构造与细部设计，既是研究的重点，也是学习的难点。

4. 假山工程

假山工程是园林建设的专业工程，因其独立高大的外貌形态，在园林设计中起到重要连接和点缀作用。研究内容一般包括假山的材料和采运方法、置石与假山布置、假山结构设施等。根据材料与工艺区别，假山工程分为传统假山工程与现代石景工程。其中传统假山工程是研究的重点，主要内容包括假山材料（特别是古典名园的假山材料）、掇山置石的具体方法（因地造山、巧于因借、山水结合、主次分明、三远变化、远近相宜、寓情于石、情景交融），

假山的结构设计与施工（基础、山脚、山体）等。

5. 园林给排水工程

园林给排水工程是园林工程的重要组成部分，主要包括园林给水工程和园林排水工程，且这两个工程必须满足人们对水量、水质和水压的要求。在实际的工程实践中，园林给排水与污水处理工程主要由给排水专业的技术人员负责，但园林设计师必须了解这部分内容，以具备在实际工作中协调、衔接各工种的能力。

除此以外，园林工程学还研究园林照明工程、细部工程以及园林施工图绘制等，具体内容和任务将在本书各章节中详述。

1.2 园林工程学的发展

1.2.1 中国园林工程简史

我国历代园林工匠在数千年造园实践中积累了极为丰富的实践经验，总结了精辟的理论。中国古典园林是中国古建筑与园林工程高度结合的产物，是根据中国传统居住形态、休闲方式、观赏习惯、文学艺术活动等综合营造的空间环境。

在中国，筑山理水有极为悠久的历史。早在商周时期，殷纣王修建的"沙丘苑台"与周文王修建的"灵台、灵沼"就已鲜明地体现了运用土方工程改造地形地貌的意图（图1.1）。人工造山之事出现于春秋战国，《尚书》所载"为山九仞，功亏一篑"之喻，说明当时已有篑土（篑是筐子）为山的做法，只是当时的土方工程主要是满足治水患、治冢等的需要，而不是单纯的造园。

图1.1 周文王修建的灵台、灵囿、灵沼
来源：https://zhuanlan.zhihu.com

秦汉的山水宫苑园林则是完整意义的造园，建造者大规模挖湖堆山，形成了"一池三山"的传统皇家园林模式（图1.2）。与此同时，私家园林中首次出现了对真山进行

"缩移摹拟"的假山构筑,在水系疏导、引天然水体为池、埋设地下管道等方面也都有相应发展,并有了石莲喷水等水景设施。

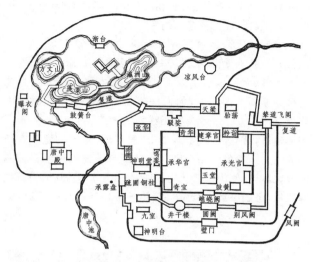

图 1.2 建章宫平面示意图
来源:汪菊渊《中国古代园林史》

隋唐时期,受到山水诗、山水画的影响,园林中的山与水有了更为紧密的结合。隋西苑以人工水系摹拟天然河湖,串联园内山体,这足以表明该时期的竖向设计渐趋于系统化和整体化。此后,堆山叠石技术有了进一步的发展,宋徽宗时期著名的"寿山艮岳"工程说明当时已有一套成熟的相石、采石、运石和安石的技艺(图 1.3)。我国假山工艺一方面汲取了传统山水画之画理,另一方面又将石作、木作、泥瓦作结为一体,至宋代已明显地形成一门专门的技艺。从流传至今的作品来看,既顺应自然之理,又包含提炼、夸张等艺术加工,形成了具有鲜明的民族风格和独特艺术魅力的造园实践。

明清时期的造园更加成熟,以北京颐和园为例,它结合城市水系和蓄水功能,将原有的小山和小水面扩展为山水相映的万寿山和昆明湖,水系和山脉融为一体,达到"虽由人作,宛自天开"的境界(图 1.4)。又如平地起造的圆明园,园中建成了大小相宜、聚散得当的近百处山水空间,西洋楼等景点还融入了西式造园手法,展现了极高的工程技术水平(图 1.5)。

我国江南的私家宅园在掇山、理水、置石、铺地方面则又有一番技巧。一些园林的园路和庭院用彩色石子、碎砖瓦片、碎陶瓷片等镶成各式动植物和几何形图案,增加了园林道路、庭院的艺术内容,如苏州拙政园、留园,扬州个园等不乏铺地的佳作(见第 4 章图 4.1)。这些花街铺地用材经济,结构稳固,式样丰富多彩,真所谓"废瓦片也有行时,当湖石削铺,波纹汹涌;破方砖可留大用,绕梅花磨斗,冰裂纷纭"(引自《园冶》)。这些都是因地制宜、低材高用的典范,在今天尤其值得学习。

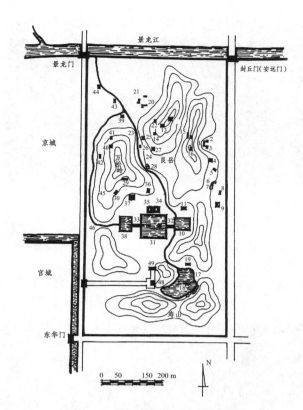

图 1.3 宋代寿山艮岳平面示意图
来源:汪菊渊《中国古代园林史》

整治前

整治后

图 1.4 颐和园建园前后的山水关系
来源:周维权《中国古典园林史》

图1.5 海晏堂西面
来源：郎世宁《圆明园西洋楼铜版画》

明代计成对造园有很高的造诣，其所著的《园冶》一书出版于崇祯七年（1634年），按相地、立基、屋宇、装折、门窗、墙垣、铺地、掇山、选石、借景等分为十篇，其中尤以掇山、选石两篇为计成实践经验之总结。该书详细叙述了各种园林与地势相配合的假山，如园山、厅山、楼山、阁山、书房山、池山、内室山、峭壁山等，并归纳了太湖石、昆山石、黄石、灵璧石等石材的特点，是我国古代最完整的一部造园专著。明代文震亨的《长物志》、清代李渔的《一家言》中也有关于造园理论及技术的专门内容。

我国古代造园名家辈出。北魏有名家茹皓、张伦。明代北有叠石造园家米万钟，南有造园名家计成、张南垣。张涟（字南垣），明末清初造园艺术家，子张然、张熊也精通叠石造园艺术，他们是著名的叠山世家，人称"山子张"（图1.6）。此外，浙江钱塘人李渔，善诗画，尤长于园林建筑，著有《一家言》，书中"居室部"对园林建筑有精辟的阐述。常州人戈裕良对园林亭台池馆的设计有很高的成就，堆叠假山技艺尤为高明，他用不规则湖石、山石发券成拱，坚固不坏，在苏州、常熟一带修筑了许多名园，如环秀山庄（图1.7）。

图1.6 "山子张"创作的无锡寄畅园假山***

1.2.2 外国历代园林工程简介

外国园林的起源可以追溯至古埃及。起源于尼罗河附近的古埃及文明，特殊的气候条件使得人们在农业生产过程中掌握了发达的引水技术，其中的水渠发展为宅园中

图1.7 环秀山庄用湖石堆叠的峭壁与临水石径

内嵌式的静态水池，呈规则矩形，有利于创造局部阴凉湿润的小气候条件，同时也有储水功能，用于日常生活饮用与植物灌溉。在古巴比伦，被誉为古代世界七大奇迹之一的"空中花园"是相对较早的关于外国园林工程的典范。所谓的"空中花园"是由金字塔形的数层平台堆叠而成，每

---

* 本书中未标注来源的图表为作者自制。

图 1.8 意大利台地园的地形、雕塑与水景

图 1.9 埃斯特庄园百泉路水景

图 1.10 法国凡尔赛宫花园
来源：https://www.meipian.cn

图 1.11 英国邱园的中国宝塔与花园
来源：https://www.meipian.cn

一台层边缘都覆土以种植花草树木，相当于现在的屋顶花园，由此可见当时的防渗、灌溉、排水技术已十分发达。古巴比伦人还在台层角隅上安装提水轱辘，将河水提升到顶层，再往下逐层浇灌，形成跌水景观的雏形。古希腊宫廷庭园最早的水景记载源自《荷马史诗·奥德赛》，"园内有两座喷泉，一座落下的水流入水渠，用以灌溉；另一座流出宫殿，供市民饮用"，这两座喷泉也是最早出现在历史记载中的喷泉。

意大利台地园是适应场地地形条件进行园林建造的范例。由于意大利半岛三面濒海而又多山地，因此意大利台地园是根据其具体的山坡地势而建成的数层台地，减少了土方工程的规模。除了因地制宜的园林布局，意大利台地园在文艺复兴中期的理水技巧也已经十分成熟，运用了复杂的水利工程技术并开始将音乐与水景相结合，出现了如几何形水池、喷泉、跌水、水渠等形式多样的水景观，结合地形、雕塑等要素形成了独特的园林景观（图1.8）。以埃斯特庄园为例，其中的水风琴造型类似管风琴，利用流水挤压空气从管道中排出发出声音，同时还伴随着机械控制的活动小雕像；最著名的是百泉路水景，那是沿轴线随着山坡地势打造的三层小型喷泉，其上方中央洞府内是一个人造小

型瀑布，落下的水流入顶层水渠，再依次通过中层壁泉、中层水渠、底层壁泉、底层水渠，不仅巧妙地形成了逐级循环的水体，而且完美地处理了 3 m 的高差（图1.9）。

法国古典主义园林的代表凡尔赛宫苑在工程技术方面反映了当时的最高水准，如园林的引水系统和巨大喷泉的供水及喷水系统等，不仅通过水利工程技术和布局的轴线设计打造恢宏的效果，还关注细部雕塑等装饰的处理（图1.10）。英国自然式风景园通过堤坝截流，将水引入园内形成自然式园林水景，尤其是邱园借鉴中国园林理水技巧，将景石与驳岸相结合并且与植物衔接，形成了浑然天成的景观效果（图1.11）。

在外国现代园林中，新兴材料与技术的应用为园林的建设提供了多样的可能性。例如位于新加坡樟宜机场航站楼内的瀑布"雨漩涡"，其高度达到了 40 m。也就是说，在一座机场里，一座高度相当于十几层楼的瀑布从天而降，给人以梦幻的感觉（图1.12）。也正是因为其夸张的规模以及高度，这个瀑布成为全球公认的最大最高的室内瀑布，每分钟会流下 37 850 L 水，水通过顶部的圆孔一直落到地下的水池，完成这场华丽的演出。而且，这些水是通过收集雨水得来的，循环雨水落到水池后通过水泵循

5

图 1.12　新加坡樟宜机场瀑布
来源：https://www.fourseasons.com

环到屋顶再重新落下，既环保又充满了科技感。令人惊讶的是，由于底部的丙烯酸漏斗可以完美隔绝瀑布的声音，因此在充满了观赏性的同时，这个瀑布又不会让人觉得太吵闹。到了晚上，这个瀑布还会形成一个360°的灯光声效表演舞台，更加酷炫而迷人。为了解决瀑布可能会导致机场的湿度过高的问题，设计师利用水流在瀑布与涓流之间的交替，有效减少空气湍流，控制住了湿度。据说这个瀑布的设计师在建造之前用1∶5比例的模型测试了多次，让一切在计划之中，以确保瀑布不会给航站楼造成影响。

总而言之，在不同社会条件下，各种施工技艺的进步、现代材料的应用，使得园林工程的发展日新月异。

1.3　园林工程的教与学

1.3.1　教学定位

园林工程的课程是风景园林规划设计课程群的综合性课程和核心专业课程之一，在高年级开设，具有一定的高阶性、创新性和挑战度。本课程的教学需培养学生综合分析和解决问题的能力、各类园林工程的设计和施工图绘制能力以及园林工程施工与项目管理的专业能力，并与园林设计、园林规划、园林建筑、种植设计等主干课程互为支撑，共同完成风景园林专业复合型人才的培养。

1.3.2　教学目标

作为园林专业学科群主干课程，园林工程需立足时代、立足本土、立足自身，让学生通过本课程的学习，熟悉传统园林工程的优秀成果，掌握现代园林工程的理论知识和实践能力，包括应用技术能力（如工程设计、施工的组织管理能力、将工程设计"物化"为施工工序的能力）和科研综合创新能力。简而言之，本课程的目标是培养出真正适应该行业特点的专业研究与应用型人才。

1.3.3　教学特点与要点

园林工程是一门理论与实践性均很强的学科，针对该课程的不同教学内容，采用灵活多样的教学方法，突出课程特色，融知识传授、能力培养与技能训练于一体显得尤为重要。教学过程需紧扣行业工序组织教学内容，强调理论知识的前沿性，文化传承的自觉性，工程技艺的生态性，和设计实践的落地性。园林工程的教与学中需注重以下几点：

1. 深入挖掘课程思政教育元素

风景园林学是以协调人与自然关系为根本任务的学科，园林工程一直以来都在践行生态实践，是"生态文明"建设的旗手。教学中应通过"嵌入式"思政教育模块，引导学生为社会主义生态文明与美丽中国建设做贡献。另外，风景园林学科历史悠久，造园工程技法更是巧夺天工，园林工程应注重实践环节，鼓励学生动手参与，弘扬工匠精神，增强文化自信。

2. 基于链式理论的教学体系

园林工程涉及水、电、交通、土木建筑、工程制图与工程管理等多个专业和学科，学生在园林专业格外庞大的知识体系前往往无所适从。这就需要形成主干清晰、支线丰富、相互补充、环环相扣的"链式"教学体系。本教材依托国家级特色专业、国家级专业综合改革试点专业、国家一流专业——南京林业大学园林专业优势，逐步形成以下特点：

理论知识成"链"，彼此呼应。本教材是系列教材中的一员，各教材领域分工明确、边界交叉、知识结构相连，彼此呼应、浑然一体，构建系统而完整的专业理论知识体系，体现系统性。2014年，本套"基于链式理论的园林专业系列教材"荣获国家级教学成果二等奖。

教材与课程成"链"，相得益彰。教材与课程建设紧密结合，荣获江苏省首批省级一流本科课程、江苏省省级精品课程、江苏省在线开放课程。通过课程网站及时补充内容、不断更新，教材也更加灵活，体现可持续性。

教材与科研成"链"，体现先进。将国内外权威和先进的科研成果和教研成果的中心内容有选择地融入系列教材之中，体现先进性。

教材与实践成"链"，环环相扣。教材不仅给出了园林专业经典的设计实践作品，而且以国家级园林实验教学示范中心为平台，对实践项目进行统一梳理，以达到系统化和标准化，体现实践性。

教学手段成"链"，引人入胜。通过中国大学 MOOC（慕课）平台，建设"园林工程"在线开放课程，增大信息容量。同学们可同步参加线上课程，享用丰富的教学资源与素材，参加多样的教学活动，实现线上线下混合教学，体现互动性。

3. OBE 理念导向下的教学模式

OBE(outcome based education)倡导"学生中心、产出导向、持续改进"的理念。课程通过"反向设计"，面向市场导向的"新农科＋新工科"环境生态工程需求，设定课程大纲和教学模式，注重专业基础理论与工程实践应用的结合，分层次、分阶段地对学生进行实践应用能力的培养，根据目标达成度进行产出评估，针对评估结果进行反馈和改进，以此达到持续改进的目的。

园林工程的教学培养方式需激发学生的科研意识和创新思想；学生的学习侧重点要由基础知识体系延伸到创新实践训练，使课堂内外实现有效的对接。这样的教学模式为人才的培养提供了连贯性的持续学习空间，实现由基础教学到创新研究的突破。

2 园林工程总平面图及局部详图设计

【导读】 本章阐述园林工程图纸中总平面图的概念及其在工程图纸中所起的作用,结合园林工程图纸的编制方法及现行的、国家颁布的制图规范讲解总平面图及局部平面图的绘制要点及内容。

园林工程总平面图是表达园林工程总体布局的专业图样,它是将视点放在设计区域的上空,向下俯瞰并根据正投影原理绘制出的地形图。图中表达了园林设计对象所在的基地范围内的总体布局、环境状况、地形与地貌、标高等信息,并按一定比例绘制已有的、新建的和拟建的建筑物、构筑物、绿化、水体及道路等。园林工程总平面图是工程施工放线、土方施工的依据,也是绘制园林工程局部施工图、管线图等专业工程平面图的依据。

园林设计是一项多层次、多步骤的复杂工作。一般来说,园林设计及其图纸的绘制需经历方案设计阶段、工程设计(扩初及施工图设计)阶段等。由于设计对象情况与设计要求的不同,园林工程总平面图的图纸也有相应的区别,但总体来说,每个阶段的图纸都需要符合一定的设计标准。同时,由于图幅所限,一张园林设计总平面图往往无法完整清晰地表达所有的信息,因此,需要有一定数量的局部平面图加以配合。这些,都将在本章中加以说明。

2.1 园林工程制图的标准与规范

园林工程设计制图目前尚无直接对应的规范,一般参考《总图制图标准》(GB/T 50103—2010)《房屋建筑制图统一标准》(GB/T 50001—2017)及园林行业习惯。本节基于这些现有的依据,简要介绍园林工程制图的基本要求。

2.1.1 图纸幅面、标题栏、会签栏

1. 图纸幅面的尺寸和规格

园林制图采用国际通用的 A 系列幅面规格的图纸。A0 幅面的图纸称为零号图纸,A1 幅面的图纸称为一号图纸等。图纸幅面的规格见表 2.1。绘制图样时,图纸的幅面和图框尺寸必须符合表 2.1 的规定,表中代号含义见图 2.1。

表 2.1　基本图幅尺寸

单位:mm

尺寸代号	幅面代号				
	A0	A1	A2	A3	A4
$b \times l$	841×1189	594×841	420×594	297×420	210×297
e	20		10		
c	10		5		
a	25				

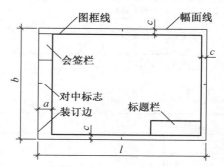

a　留装订边框的 A0～A3 幅面图纸

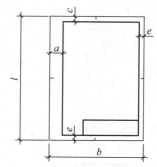

b　留装订边框的 A4 幅面图纸

图 2.1　图纸幅面规格

当图的长度超过图幅长度或内容较多时,图纸需要加长。图纸的加长量为原图纸长边的1/8 的倍数。仅 A0～A3 号图纸可加长,且必须延长图纸的长边。图纸长边加长后的尺寸见表 2.2。

表 2.2 加长后的图幅尺寸

单位:mm

幅面	长边尺寸	长边加长后尺寸
A0	1189	1486、1635、1783、1932、2080、2230、2378
A1	841	1051、1156、1261、1366、1471、1682、1892、2102
A2	594	743、891、1041、1189、1338、1486、1635、1783、1932、2080
A3	420	630、841、1051、1261、1471、1682、1892

注:有特殊需要的图纸,可采用 $b×l$ 为 841 mm×1189 mm 与 1189 mm×261 mm 的幅面。

2. 标题栏、会签栏

图纸标题栏又简称图标,用来简要地说明图纸的内容。各种幅面的图纸不论竖放或横放,均应在图框内画出标题栏。标题栏中应包括设计单位名称、工程项目名称、设计者、审核者、描图制图员、图名、比例、日期和图纸编号等内容。标题栏除竖式 A4 图幅位于图的下方外,其余均位于图的右下角。标题栏的尺寸应符合现行规范规定,长边为 180 mm 或 240 mm,短边为 40 mm、30 mm 或 50 mm。园林行业目前较常用的标题栏格式,如图 2.2 所示。涉外工程的标题栏内,各项主要内容的下方应附有译文。

需要会签的图纸应设会签栏,其尺寸应为 100 mm×20 mm,栏内应填写会签人员所代表的专业、姓名和日期,如图 2.2。

在绘制图框、标题栏和会签栏时还要考虑线条的宽度等级。关于图框中各线条线宽的规定见表 2.3。

表 2.3 图框、标题栏和会签栏的线条等级

单位:mm

幅面	图框线	标题栏外框线	栏内分格线
A0、A1	1.4	0.7	0.35
A2、A3、A4	1.0	0.7	0.35

2.1.2 图线

1. 图线的分类

工程图一般的图线线型有实线、虚线、点划线、折断线、波浪线等,作用各不相同,表 2.4、2.5 详细说明了各图线的线型、线宽及其用途。工程图一般使用 4 种线宽,总图制图参考《总图制图标准》(GB/T 50103—2010),详图制图参考《建筑制图标准》(GB/T 50104—2010),线宽比为 1:0.7:0.5:0.25。

a 标题栏格式一

b 标题栏格式二

c 工程用标题栏

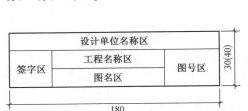

d 会签栏

图 2.2 标题栏、会签栏

表 2.4 总图制图图线

名称		线型	线宽	用途
实线	粗		b	1. 新建建筑物±0.00 高度的可见轮廓线 2. 新建铁路、管线
	中		0.7b 0.5b	1. 新建构筑物、道路、桥涵、边坡、围墙、运输设施的可见轮廓线 2. 原有标准(轨距铁路)
	细		0.25b	1. 新建建筑物±0.00 高度以上的可见建筑物、构筑物轮廓线 2. 原有建筑物、构筑物、原有窄轨、铁路、道路、桥涵、围墙的可见轮廓线 3. 新建人行道、排水沟、坐标线、尺寸线、等高线

名称		线型	线宽	用途
虚线	粗		b	新建建筑物、构筑物地下轮廓线
	中		$0.5b$	计划预留扩建的建筑物、构筑物、铁路、道路、运输设施、管线、建筑红线及预留用地各线
	细		$0.25b$	原有建筑物、构筑物、管线的地下轮廓线
单点长画线	粗		b	露天矿开采界线
	中		$0.5b$	土方填挖的零点线
	细		$0.25b$	分水线、中心线、对称线、定位轴线
双点长画线			b	用地红线
			$0.7b$	地下开采区塌落界线
			$0.5b$	建筑红线
折断线			$0.5b$	断线
不规则曲线			$0.5b$	新建人工水体轮廓线

表 2.5　详图制图图线

名称		线型	线宽	用途
实线	粗		b	1. 平、剖面图中被剖切的主要建筑构造(包括构配件)的轮廓线 2. 建筑立面内或室内立面图的外轮廓线 3. 建筑构造详图中被剖切的主要部分的轮廓线 4. 建筑构配件详图中的外轮廓线 5. 平、立、剖面的剖切符号
	中粗		$0.7b$	1. 平、剖面图中被剖切的次要建筑构造(包括构配件)的轮廓线 2. 建筑平、立、剖面图中建筑构配件的轮廓线 3. 建筑构造详图及建筑构配件详图中的一般轮廓线
	中		$0.5b$	小于 $0.7b$ 的图形线、尺寸线、尺寸界线、索引符号、标高符号、详图材料做法引出线、粉刷线、保温层线、地面及墙面的高差分界线等
	细		$0.25b$	图形填充线、家具线、纹样线等
虚线	粗		$0.7b$	1. 建筑构造详图及建筑构配件中的不可见轮廓线 2. 平面图中的起重机(吊车)轮廓线 3. 拟建、扩建建筑物轮廓线
	中		$0.5b$	投影线、小于 $0.5b$ 的不可见轮廓线
	细		$0.25b$	图形填充线、家具线等
单点长画线	粗		b	起重机(吊车)轨道线
	细		$0.25b$	中心线、对称线、定位轴线
折断线	细		$0.25b$	部分省略表示时的断开界线
波浪线	细		$0.25b$	部分省略表示时的断开界线,曲线形构件断开界线,构造层次的断开界线

2. 图线交接的画法

（1）接头应准确，不可偏离或超出。

（2）两虚线相交或相接时，应以两虚线的线段相交或相接。

（3）虚线与实线相交或相接时，虚线的线段应与实线相接或相交；如虚线是实线的延长线时，相接处应留空隙。

（4）在同一图中，性质相同的虚线或点划线，其线段长度及其间隔应大致相等。线段的长度和间隔的大小，将

视所画虚线或点划线的总长和粗细而定。

（5）折断线应通过被折断部分的全部并超出 2～3 mm。折断线间的符号和波浪线都可徒手画出。

（6）点划线与点划线或与其他图线相交或相接，应与点划线的线段相交或相接。

（7）画圆的中心线时，圆心是点划线段的交点，两端应超出圆弧 2～3 mm，末端不应是点。图形较小，画点划线有困难，可以用细实线代替，如图 2.3 所示。

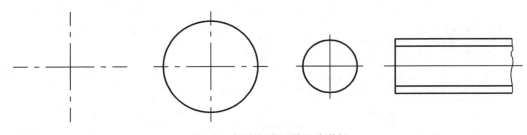

图 2.3　点划线、断开线画法举例

图 2.4　长仿宋字示例

2.1.3　字体

图纸上有各种符号、字母代号、尺寸数字及文字说明。各种字体必须书写端正，排列整齐，笔画清晰。标点符号要清楚正确。

1. 汉字

汉字应采用国家公布的简化汉字，并用长仿宋字体。长仿宋字体的字高与字宽的比例大约为 1∶0.7。字体高度分 20 mm、14 mm、10 mm、7 mm、5 mm、3.5 mm、2.5 mm 七级，一般应不小于 3.5 mm。字体宽度相应为14 mm、10 mm、7 mm、5 mm、3.5 mm、2.5 mm、1.8 mm。长仿宋字体的示例，如图 2.4 所示。

长仿宋字体的基本笔画一般为：点、横、竖、撇、捺、钩、挑、折等，掌握基本笔画的书写，是写好整个字的先决条件。

长仿宋字的写法：

（1）书写长仿宋字时，应先打好字格，以便字与字之间的间隔均匀、排列整齐，书写时应做到字体满格、端正，注意起笔和落笔的笔锋顿挫且横平竖直；

（2）写长仿宋字时，要注意汉字的结构，并应根据汉字的不同结构特点，灵活处理偏旁和整体的关系；

（3）笔画的书写都应做到干净利落、顿挫有力，不应

歪曲、重叠和脱节，尤其是起笔、落笔和转折等关键处。

2. 字母、数字

图纸上拉丁字母、阿拉伯数字与罗马数字的书写与排列，应符合《房屋建筑制图统一标准》（GB/T 50001—2017）规定（表 2.6）。

表 2.6　拉丁字母、阿拉伯数字与罗马数字书写规则

书写格式	一般字体	窄字体
大写字母高度	h	h
小写字母高度（上下均无延伸）	7/10h	10/14h
小写字母伸出的头部或尾部	3/10h	4/14h
笔画宽度	1/10h	1/14h
字母间距	2/10h	2/14h
上下行基准线的最小间距	15/10h	21/14h
词间距	6/10h	6/14h

2.1.4　比例

图形与实物相对应的线形尺寸之比称为比例。比例的大小是指比值的大小，如 1∶50 大于 1∶100。比例的符号用"∶"表示。比例宜注写在图名的右侧，字的基准线应取平，比例的字高宜比图名的字高小一号或二号（图 2.5）。

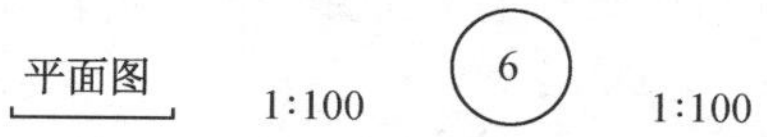

平面图 —— 1:100   ⑥   1:100

图 2.5　比例的注写

绘图所用的比例应根据图样的用途与被绘对象的复杂程度,从下表中选用,并优先选用表中常用比例(表 2.7)。

表 2.7　绘图常用的比例

详图	1:2、1:3、1:4、1:5、1:10、1:20、1:30、1:40、1:50
道路绿化	1:50、1:100、1:150、1:200、1:250、1:300
小游园规划图	1:50、1:100、1:150、1:200、1:250、1:300
居住区绿化图	1:100、1:200、1:300、1:400、1:500、1:1000
公园规划图	1:500、1:1000、1:2000

2.1.5　尺寸标注、指北针与风玫瑰图

1. 尺寸的标注与组成(表 2.8)

表 2.8　尺寸的标注与组成

组　成	要　求
尺寸线	(1) 尺寸线用细实线单独画出,不能用其他图线代替,也不能画在其他图线的延长线上 (2) 线性尺寸的尺寸线应与所标注的线段平行,与轮廓线的间距不宜小于 10 mm,互相平行的两尺寸线间距一般为 7～10 mm。同一张图纸或同一图形上的这种间距大小应当一致 (3) 尺寸线一般画在轮廓线之外,小尺寸在内,大尺寸在外 (4) 尺寸线不宜超过尺寸界线
尺寸界线	(1) 尺寸界线用细实线从图形轮廓线、中心线或轴线引出,不宜与轮廓线相接,应留出不小于 2 mm 的间距。当连续标注尺寸时,中间的尺寸界线可以画得较短 (2) 一般情况下,线性尺寸界线应垂直于尺寸线,并超出约 2 mm (3) 允许用轮廓线、中心线作尺寸界线
尺寸起止符号	(1) 尺寸起止点应画出尺寸起止符号。一般用 45°倾斜的细短线(或中粗短线),其方向为尺寸线逆时针转 45°,长度为粗实线宽度 b 的 5 倍,宜为 2～3 mm (2) 标注半径、直径、角度弧长等,起止符号用箭头 (3) 当相邻尺寸界线间隔都很小时,尺寸起止符号可用涂黑的小圆点
尺寸数字	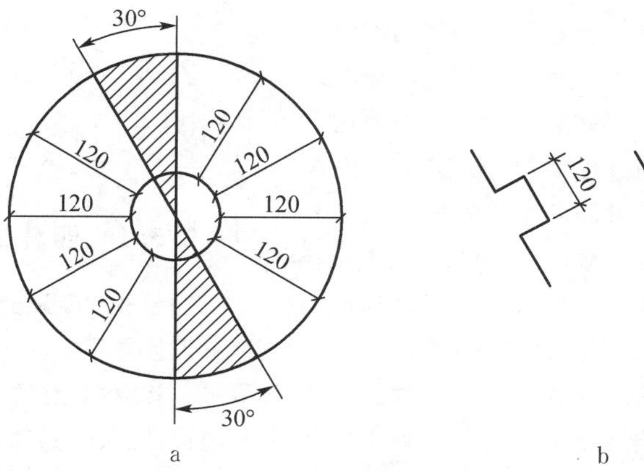 **图 2.6　尺寸数字注写方式** (1) 工程图上标注的尺寸数字是物体的实际大小,与绘图所用的比例无关 (2) 工程图中的尺寸单位,除总平面图以 m 为单位外,其他图样的尺寸单位,一般以 mm 为单位,并不注单位名称 (3) 注写尺寸数字的读数方向如图 2.6(a)所示。对于图中所示 30°范围内的倾斜尺寸,应从左方读数的方向来注写尺寸数字,必要时可按图 2.6(b)的形式来注写 (4) 任何图线不得穿过尺寸数字,当不可避免时,图线必须断开 (5) 尺寸数字应尽量注写在尺寸线的上方中部。当尺寸线间距较小时,则把最外边的尺寸数字注写在尺寸界线的外侧;对于中间的这种尺寸数字,可把相邻的尺寸数字错开注写,必要时也可引出标注

2. 指北针与风玫瑰图

指北针宜用细实线绘制其形状(图 2.7),圆的直径宜为 24 mm,指针尾部的宽度宜为 3 mm。需用较大直径绘制指北针时,指针尾部宽度宜为直径的 1/8。

风玫瑰图是指根据某一地区气象台观测的风的气象资料绘制出的图形,分为风向玫瑰图和风速玫瑰图两种,

一般多用风向玫瑰图。风向玫瑰图表示风向和风向的频率。风向频率是指在一定时间内各种风向出现的次数占所有观察次数的百分比。根据各方向风的出现频率,以相应的比例长度,按风向(指从外面吹向地区中心的方向)描在用 8 个或 16 个方位所表示的图上,然后将各相邻方向的端点用直线连接起来,绘成一个形状宛如玫瑰的闭合折线,就是风玫瑰图。图中线段最长者即为当地主导风向。粗实线表示全年风频情况,虚线表示夏季风频情况(图 2.7)。

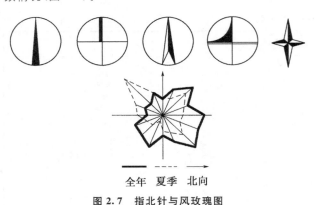

全年　夏季　北向
图 2.7　指北针与风玫瑰图

2.2　园林方案设计阶段总体设计的主要内容概述

园林方案设计阶段总体设计是一项具有较强综合性的设计工作,涉及水文、地质、规划、建筑、植物、建设技术等多方面知识,也与社会经济、环境艺术等学科有着密切联系,这些学科在园林设计的过程中,相互影响、相互制约,形成一个系统的工程体系,共同发挥着重要作用。

园林设计工作与项目所在地政府的工程计划、建设费用、建设速度有关,需要与城市规划、市政工程等政府部门协调统一,设计方式与成果也要符合国家有关的方针政策。园林设计要以设计对象所在区域的自然条件为方案设计的前提,此外,还要充分考虑所处的地区及城市的面貌,要适应周围的环境与建筑风格,符合地方的风俗习惯,并尽可能地挖掘当地的地方特色。园林设计方案一旦实施建设,在相当长的时间内对整个区域环境的面貌有重大影响,所以,在设计时应具有一定的前瞻性,充分估计当地的经济发展和技术进步,使设计兼具稳定性和灵活性,为将来的发展留有余地。

在进行园林方案设计阶段的工作时,首先要根据任务书所要求的内容、基地现状与环境条件等进行深入的资料收集与分析;接下来确定设计的概念与主题、设计指导思想、原则及手法,进行整个园林的用地规划、整体布置,并完成主要的功能分区;最后再经权衡选择一个或综合几个较

好的设计做出确定性的方案并完成此阶段设计文件的编写。

2.2.1　园林方案设计阶段总体设计的文件、图纸所包含的内容

(1)明确与城市规划的关系;
(2)确定性质、内容和规模;
(3)现状分析与处理,平衡园内主要用地比例;
(4)初步设置停车场、餐厅、小卖部、厕所、座凳、管理房等常规设施;
(5)容量计算;
(6)确定总体布局与分区;
(7)竖向控制。

2.2.2　园林方案设计阶段的设计文件与常用的图纸类型

(1)设计说明书,包括各专业设计说明以及投资估算等;
(2)总平面图以及局部设计图纸;
(3)现状图、各类前期分析图、景观结构图、专项设计图(功能分区图、交通流线图、竖向设计图、植物景观规划图、夜景规划图、导视设计图);
(4)设计委托书或设计合同中规定的透视图、鸟瞰图等。

2.3　园林工程设计阶段的总平面图设计

2.3.1　园林工程设计阶段总平面图的组成

在园林工程设计(扩初或施工图设计)阶段,总平面的专业设计文件应包括图纸目录、设计说明、设计图纸及计算书。其中设计图纸包括总平面图、竖向设计图、土方图、种植设计图、小品建筑布置图、道路平面图、管道综合图等。具体来说,这些图纸需要表达以下信息:
(1)保留的地形和地物;
(2)场地测量坐标网、坐标值;
(3)场地四界的测量坐标(或定位尺寸)、道路红线和用地界线的位置,道路、水面、地面的关键性标高;
(4)场地四邻原有及规划道路的位置(主要坐标值或定位尺寸),以及主要建筑物和构筑物的名称或编号、位置、层数、室内外地面设计标高;
(5)建筑物、构筑物(人防工程、地下车库、油库、贮水池等隐蔽工程用虚线表示)的名称或编号、层数、定位(坐标或相互关系尺寸),建筑物、构筑物使用编号时,应列出

"建筑物和构筑物名称编号表";

（6）广场、停车场、运动场地的定位与设计标高，道路、无障碍设施、排水沟、挡土墙的定位，护坡的定位（坐标或相互关系尺寸）；

（7）道路、排水沟的起点、变坡点、转折点和终点的设计标高（路面中心和排水沟须及沟底）、纵坡度、纵坡距、关键性坐标，道路要表明双面坡或单面坡，必要时标明道路平曲线及竖曲线要素；

（8）挡土墙、护坡或土坎顶部和底部的主要设计标高及护坡坡度；

（9）用坡向箭头表示地面坡向，当对场地平整要求严格或地形起伏较大时，可用设计等高线表示；

（10）20 m×20 m 或 40 m×40 m 方格网及其定位，各方格点的原地面标高、设计标高、填挖高度、填区和控区的分界线，各方格土方量、总土方量；

（11）土方工程平衡表；

（12）各管线的平面布置，注明各管线与建筑物、构筑物的距离和管线间距；

（13）场外管线接入点的位置；

（14）管线密集的地段适当增加断面图，表明管线与建筑物、构筑物、绿化之间及管线之间的距离，并注明主要交叉点上下管线的标高或间距；

（15）绿化总平面布置；

（16）绿地（含水面）、人行步道及硬质铺地的定位；

（17）建筑小品的位置（坐标或定位尺寸）、设计标高、详图索引；

（18）指北针或风玫瑰图；

（19）注明园林工程施工图设计的依据、尺寸单位、比例、坐标及高程系统（如为场地建筑坐标网时，应注明与测量坐标网的相互关系）；

（20）注明尺寸单位、比例、补充图例等。

2.3.2 园林工程设计阶段总平面图的特点

由于具有极高的专业性和巨大的信息量，因此，园林工程设计阶段总平面图往往表现出以下特点：

1. 量化

园林工程设计阶段总平面图上所表达的信息具有明显的量化特点。因为图纸是施工阶段的标准和参照，如果在制图阶段不做到矢量化和精确化，那么在施工阶段就很可能会出现差之毫厘、谬以千里的错误。因此，园林工程总平面图必须用数据说话，所包含的信息应为准确的矢量化数据。图中的坐标、标高、距离宜以米为单位，并应至少取至小数点后两位，不足时以"0"补齐。详图以毫米为单位。

2. 标准化

园林工程设计阶段图纸的绘制是一项具有标准化特点的工作，这方面国家相关部门已制定了严格的规范。标准化的过程就是整个园林、建筑等行业工作效率提高的过程，同时各相关工种的衔接配合也在不断优化。在园林工程设计阶段图纸绘制中，线型、图例等相关参数应以中华人民共和国国家标准之《总图制图标准》为规范完成制图工作。

3. 实用性

园林工程图纸是为施工服务的，有着明确的服务目标与服务人群，因此，它具有极强的实用性。在图纸设计及绘制中，要如实反映设计、符合设计，表达准确，对施工有清晰的指导性，且条理清楚，符合存档要求。

4. 高效性

在园林工程设计及施工中，工作效率与效益是直接相关的。一方面，在园林工程图纸设计中要做到内容准确、图面清晰简明，提高制图效率；另一方面，以高效的图纸指导高效的施工，提高整个项目的效能水平。

5. 兼容性

园林工程设计包含了土方、给排水、道路、种植、照明等多方面内容，此外还涉及规划、生态、建筑、结构、施工、测量、管线等学科，多学科、多工种在设计过程中需要不断沟通、交流。图纸，作为设计表达的媒介，其设计语言应具有兼容性，也应符合其他学科标准、符合国家现行的其他相关强制性标准的规定。

6. 分层表现

由于园林总体设计内容复杂，同一区域内往往有多元角度的设计内容需要传达，但在同一张图纸上无法清晰表明，因此，在工程设计阶段常常分层绘图，来表达不同项目不同工种的总平面设计。

2.3.3 园林工程设计阶段总平面图的常用图纸类型

按工种来分，总平面图的常用图纸包括两大类：

（1）土建类总图，包括总平面索引图（图2.8）、平面定位（图2.9）、道路设计图（尺度小的项目可以与平面定位图合并）、竖向设计（图2.10）、灯具布置图（图2.11）、室外设施布置图（图2.12）等；

（2）专项类总图，包括种植设计图（图2.13、图2.14）、结构设计图（图2.15）、给排水设计图（图2.16）、电气设计图（图2.17）等。

限于篇幅等原因，书中彩图及图幅尺寸较大的施工图，详见本书电子资源，扫描封底二维码即得。

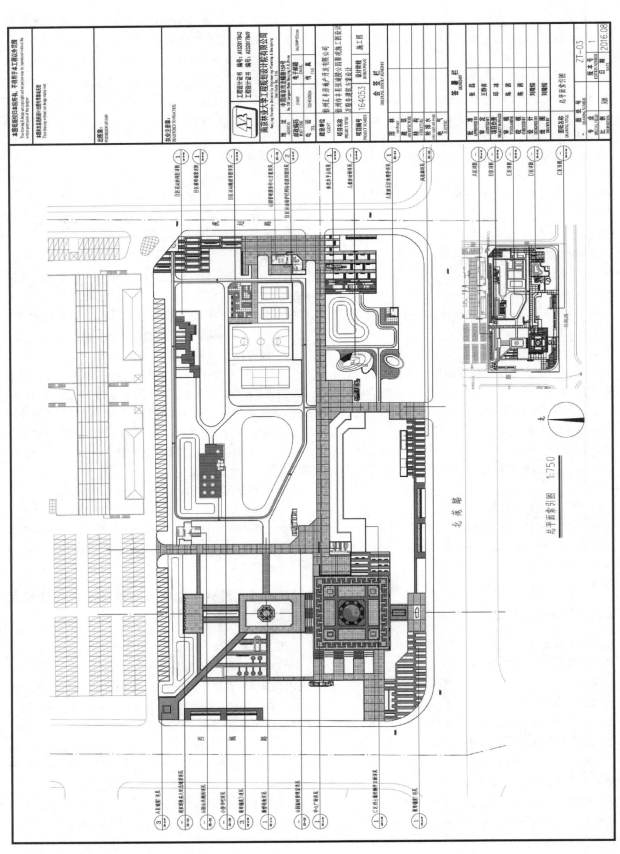

图2.8 总平面索引图示例

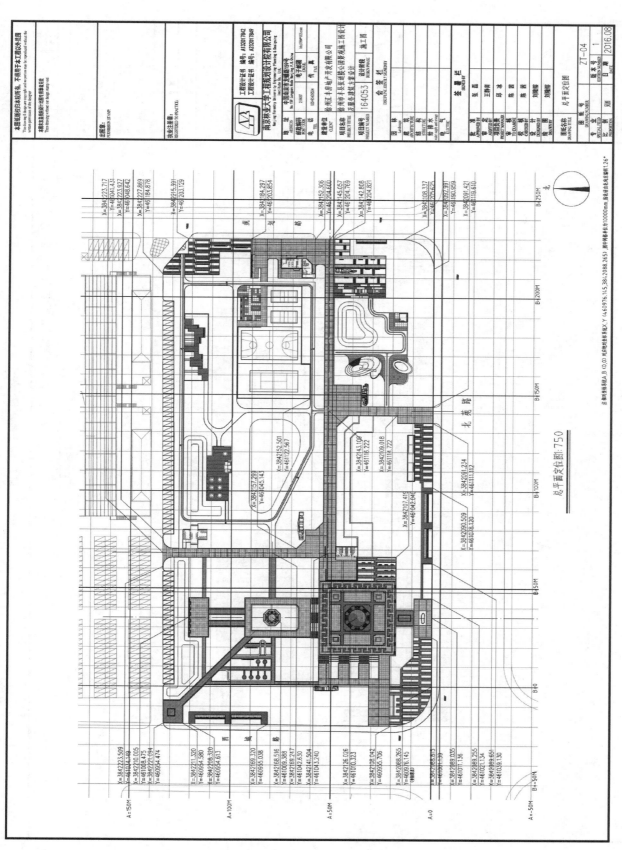

总平面定位图 1:750

图 2.9 总平面定位图示例

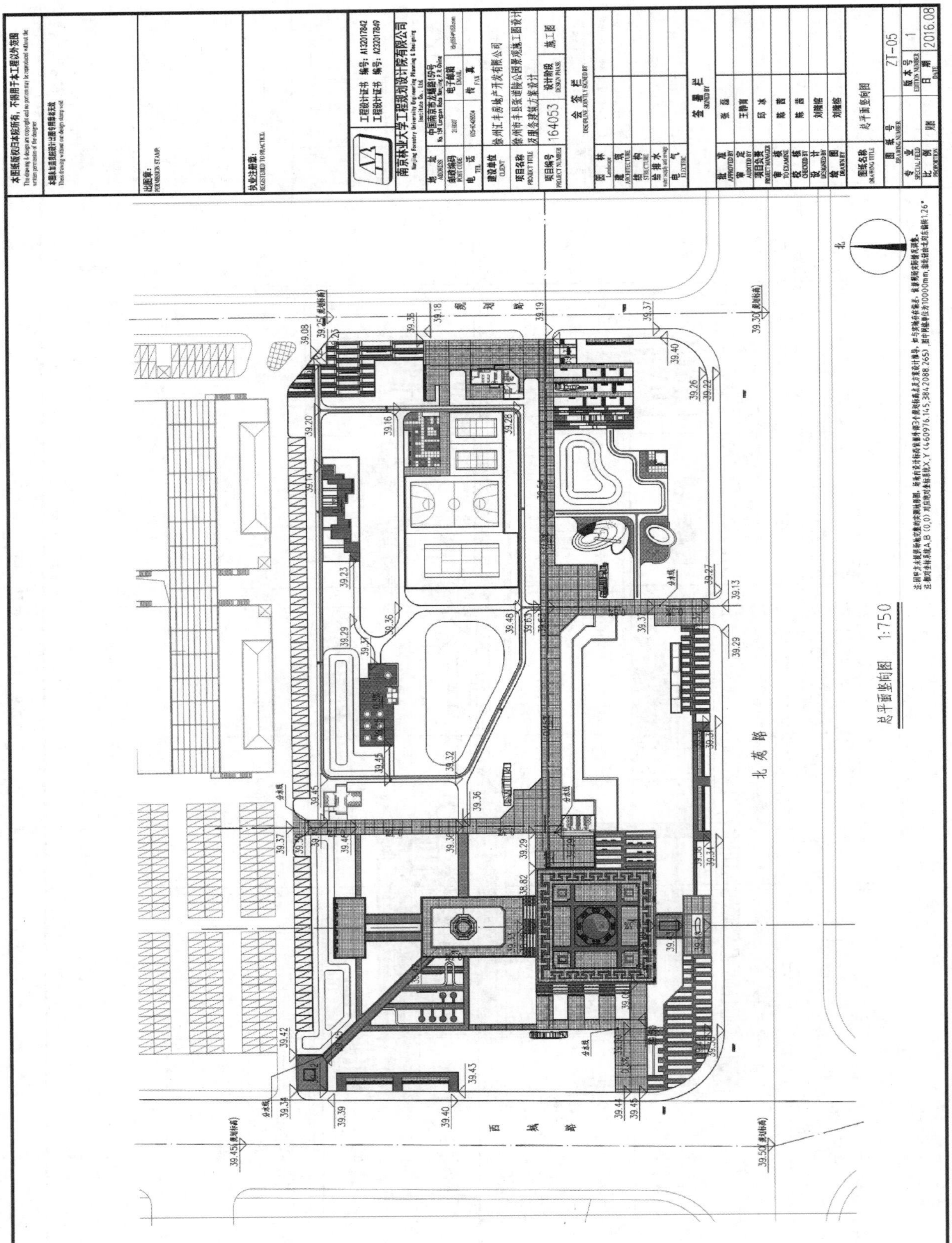

园林工程

图 2.10 竖向设计图示例

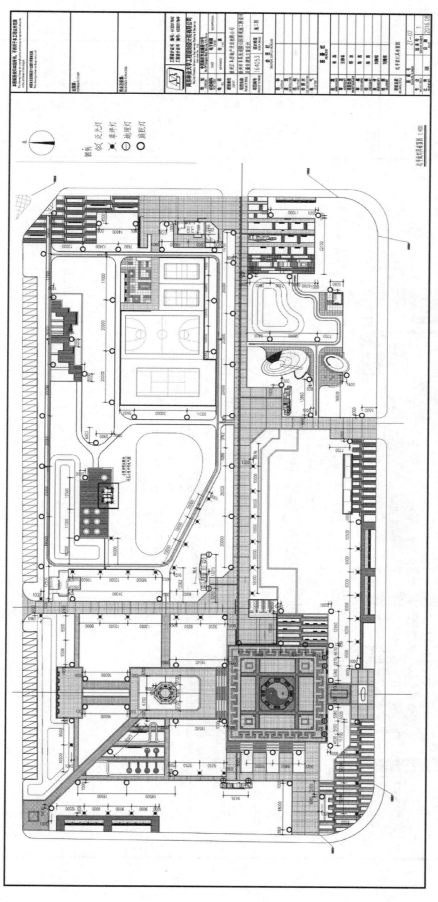

图2.11 灯具布置图示例

园林工程

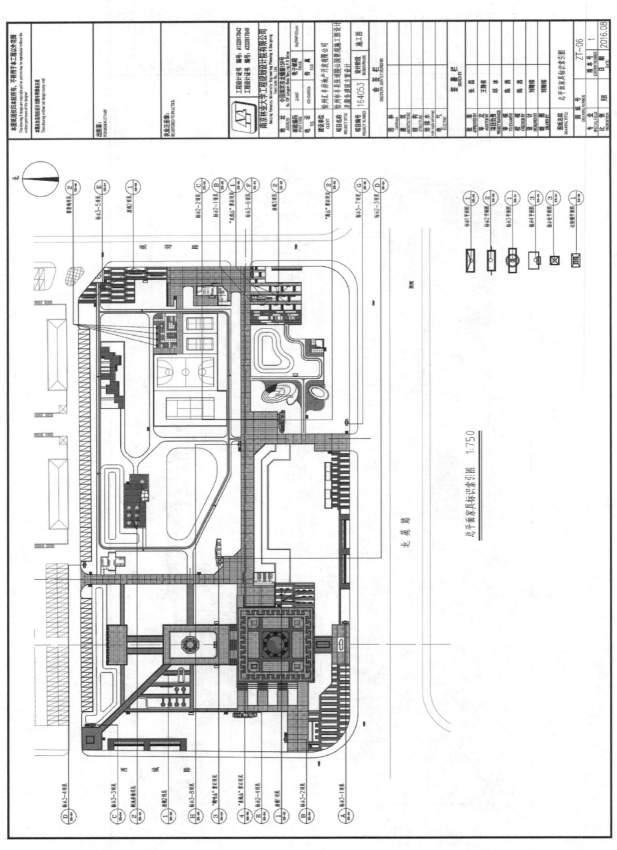

图 2.12 室外设施布置图示例

20

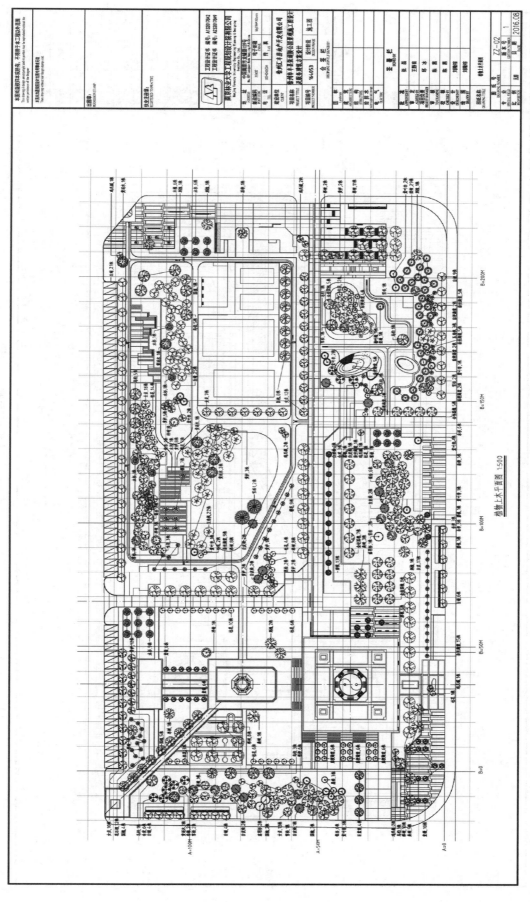

植物上木平面图 1:500

图 2.13　上木种植图示例

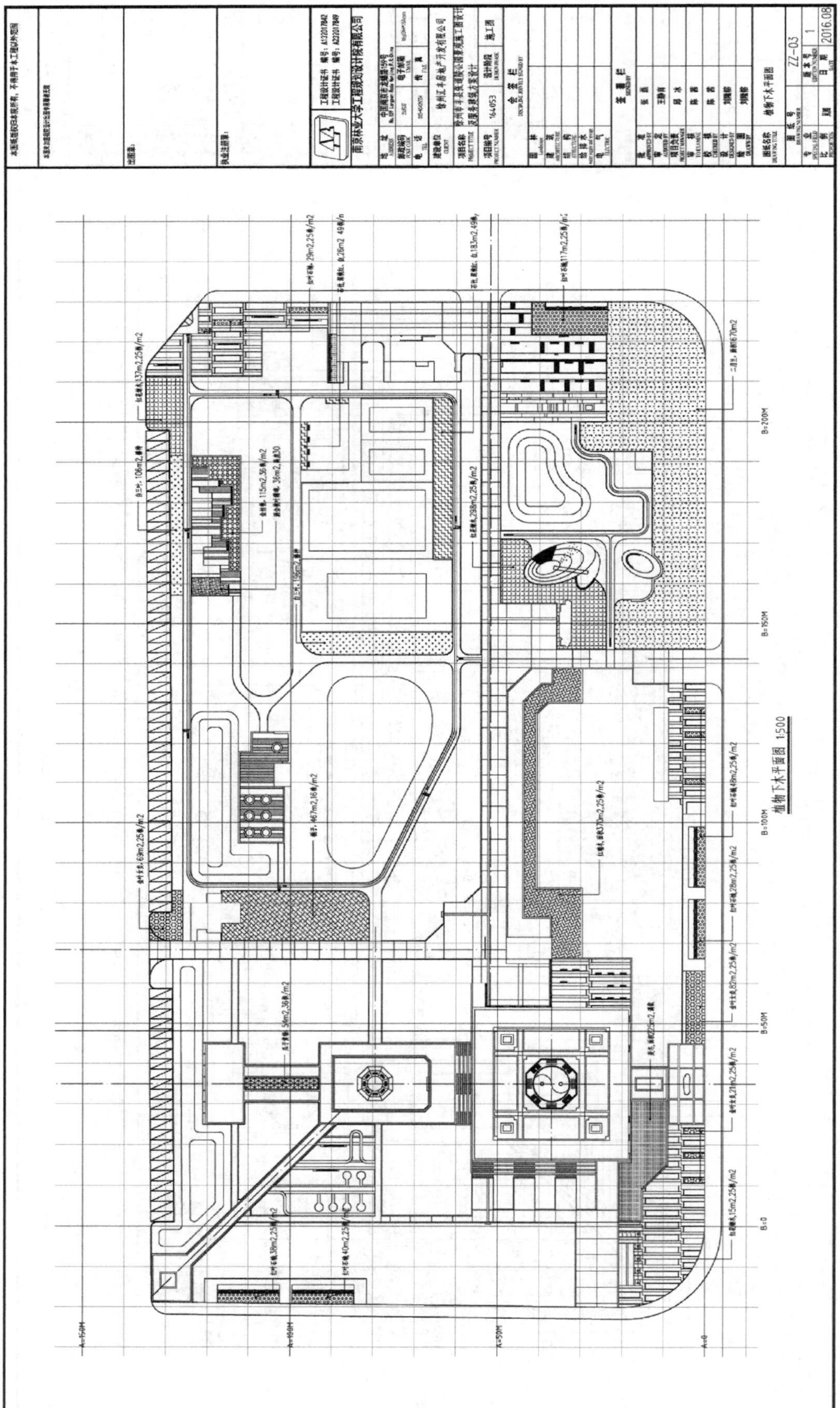

图 2.14　下木种植图示例

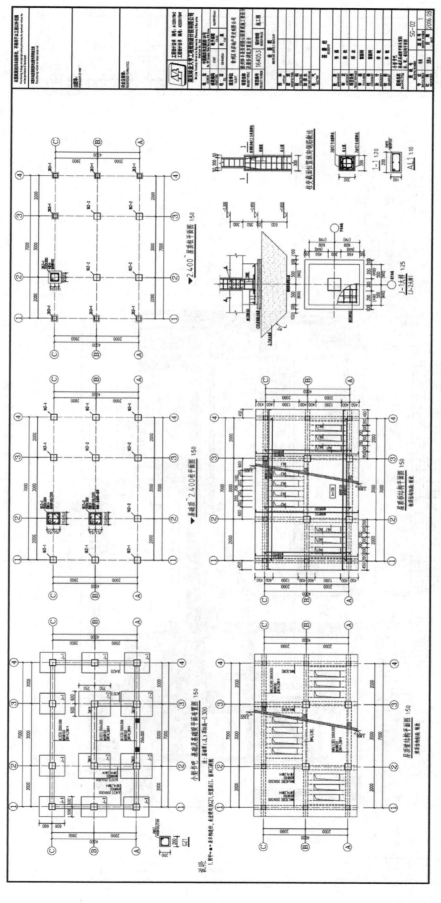

图 2.15　结构设计图示例

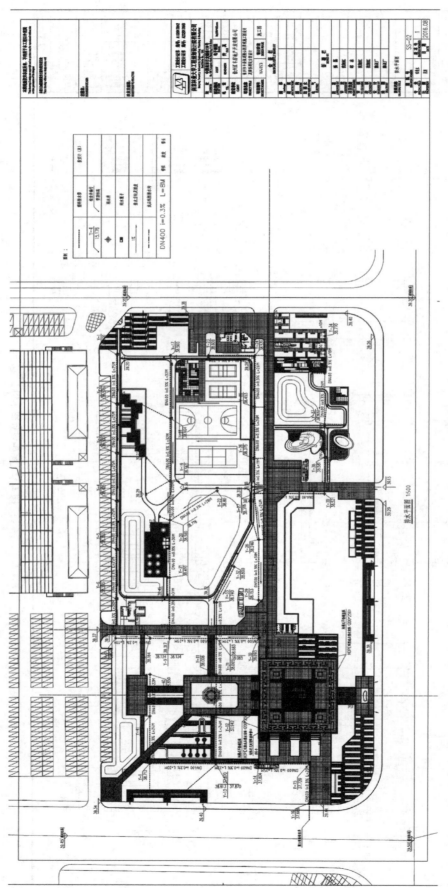

图 2.16 给排水设计图示例

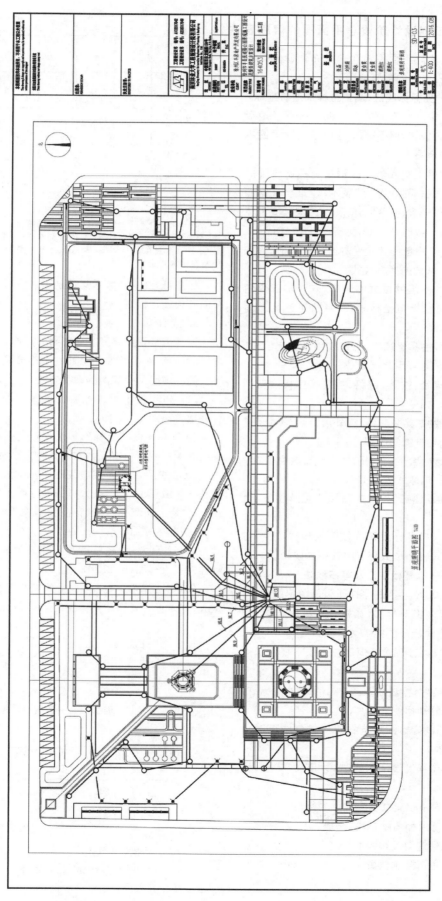

图 2.17 电气设计图示例

2.3.4 园林工程设计阶段总平面图的信息表达

园林工程设计阶段总平面图包含总体布置、地形、标高等信息,是园林工程施工的主要依据。

1. 平面定位——坐标标注法(测量坐标加建筑坐标)

(1)总平面图应按上北下南方向绘制。根据场地形状或布局,可向左或右偏转,但不宜超过45°。总平面图中应绘制指北针或风玫瑰图。

(2)坐标网格应用细实线表示。测量坐标网应画成交叉十字线,坐标代号宜用"X""Y"表示;建筑坐标网应画成网格通线,坐标代号宜用"A""B"表示。坐标值为负数时,应注"—"号;为正数时,"+"号可省略(图2.18)。

(3)总平面图上有测量和建筑两种坐标系统时,应在附注中注明两种坐标系统的换算公式。

(4)表示建筑物、构筑物位置的坐标,宜注其三个角的坐标,如建筑物、构筑物与坐标轴线平行,可注其对角坐标。

(5)在一张图上,主要建筑物、构筑物用坐标定位时,较小的建筑物、构筑物也可用尺寸定位。

(6)建筑物、构筑物、铁路、道路、管线等应标注下列部位的坐标或定位尺寸:

① 建筑物、构筑物的定位轴线(或外墙面)或其交点;

② 圆形建筑物、构筑物的中心;

③ 管线(包括管沟、管架或管桥)的中线或其交点;

④ 挡土墙墙顶外边缘线或转折点。

(7)坐标宜直接标注在图上,如图面无足够位置,也可列表标注。

(8)在一张图上,如坐标数字的位数太多时,可将前面相同的位数省略,其省略位数应在附注中加以说明。

2. 竖向定位—— 标高标注法及等高线法

(1)应将含有±0.00标高的平面作为总图平面。

(2)总图中应标注绝对标高,如需标注相对标高,则应注明相对标高与绝对标高的换算关系。

(3)建筑物、构筑物、道路、管沟等应按以下规定标注有关部位的标高:

① 建筑物室内地坪,标注建筑图中±0.00处的标高,对不同高度的地坪,分别标注其标高;

② 建筑物室外散水,标注建筑物四周转角或两对角的散水坡脚处的标高;

③ 构筑物标注其有代表性的标高,并用文字注明标高所指的位置;

④ 道路标注路面中心交点及变坡点的标高;

⑤ 挡土墙标注墙顶和墙趾标高,路堤、边坡标注坡顶和坡脚标高,排水沟标注沟顶和沟底标高;

⑥ 场地平整标注其控制位置标高,铺砌场地标注其铺砌面标高。

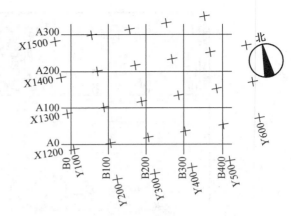

图2.18 坐标网格

注:图中 X 为南北方向轴线,X 的增量在 X 轴上;Y 为东西方向轴线,Y 的增量在 Y 轴上;A 轴相当于测量坐标网中的 X 轴,B 轴相当于测量坐标网中的 Y 轴。

标高符号应按《房屋建筑制图统一标准》中"标高"一节的有关规定标注。

3. 索引

园林工程设计具有从全部到局部再到细部,从外部到内部的特点,对系统性和全面性有很高的要求,因此要求全套施工图必须有简明的索引方法。

(1)分区索引:将总平面上的某个局部放大,深入设计局部平面图(图2.19)。

① 在总平面图上标明该局部(分区)的名称,并在局部平面图的图签内写上:"×××分区平面图"。

② 在总平面图上用虚线圈示拟放大的局部,用大样符将该区域引出总图,在大样符内标明图号。

③ 将上述两种方法结合使用,在大样符的引线上写"×××分区平面图"。

(2)单点索引:将总平面上的某个单体放大,深入设计详图和大样图(图2.20)。

(3)剖断索引:将总平面上的某个线形单体先剖断再放大,深入设计详图和大样图(图2.21)。

图2.19 分区索引

标明局部平面图的图号

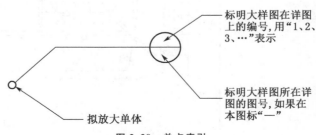

标明大样图在详图上的编号,用"1、2、3、…"表示

标明大样图所在详图的图号,如果在本图标"—"

拟放大单体

图2.20 单点索引

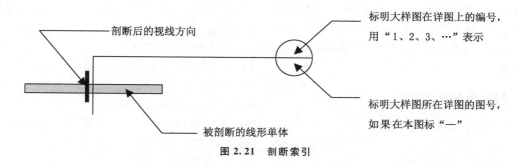

剖断后的视线方向

被剖断的线形单体

标明大样图在详图上的编号，
用"1、2、3、…"表示

标明大样图所在详图的图号，
如果在本图标"—"

图 2.21　剖断索引

2.4　园林工程设计阶段的局部详图设计

2.4.1　局部平面图的特点

园林工程图纸(扩初或施工图纸)的编制是一个设计深度、图面表达深度、索引关系层级递进的过程,前后的信息有着紧密的逻辑关系,以便于有关人员阅读和迅速查找所需的信息。总平面图由于图幅的限制(最大为 A0 加长)及比例较小的缘故,只能表示出关键性的、控制性的信息,与表达具体细节的详图之间需要一个中间环节来推进图纸表达的深度,连接总图与详图之间的索引关系,这个中间环节即局部平面图。

局部平面图相对于总平面图而言,是以较大的比例绘制的总平面图的某个局部的平面图,一般具有以下特征:

(1)包含节点,诸如建筑、铺装、花池、座椅、墙体、水池、灯柱与景观柱等内容(只需具备其中一项内容即可)的场地;

(2)有明确的、完整的边界;

(3)出图比例通常在 1∶500 以上;

(4)不具有重复性,必须单独绘制并加以描述。

2.4.2　局部平面图的编制方法

根据当前行业的实践状况来判断,园林工程图纸的编制在索引形式上大致分为两种:分块编制和分层编制。

1.分块编制

分块编制是指将总平面图依据一定的规则(以景区为依据或以分区的相对完整性为依据)进行分区之后,集中编制每个区的图纸,并将本区内所有内容表达清楚。按这种索引方式有两种模式:一类是按照绘图过程及顺序编制;二是按照工种编制,分为总图、土建(局部平面及详图)、电气、结构、水电、种植。以前一种为例,图纸目录如下所示:

(1)总图类

总平面索引图

总平面分区图(假设分 A、B、C 三个区)

总平面定位图(如果道路系统复杂,应再增加一张道路定位图)

竖向设计图

(2)详图类

A 区局部平面索引图

A 区定位图

A 区尺寸定位图(如果图形不复杂,尺寸定位、竖向设计可合并,否则宜分开出图)

A 区铺装图

A 区各类节点详图

B 区局部平面索引图(图名同 A 区)

C 区局部平面索引图(图名同 A 区)

(3)专项类

种植设计图(如果图纸比例过小,可分区绘制)

给排水图

灯具布置图

电图

结构设计图

需要指出的是,如果设计基地面积过大,分区后的 A、B、C 三个区在总图的统一规定下,可独立编制图纸,此时的 A、B、C 三个区的平面图相当于"总图",三个区再划分为若干局部平面,参照上述图纸目录编制。

2.分层编制

分层编制是指总体上仍按总图、详图和专项三个部分编制,但总图部分汇集的内容与分块编制有所不同,除了总平面索引图、总平面分区图、总平面定位图、竖向设计图等常规内容之外,还包含以下三点:

(1)将所有统一属性的内容集中,比如各区的铺装图;

(2)将所有共用的内容集中,比如某个被多处用到的详图剖面;

(3)将详图的标注内容用符号、图例替代,将符号、图例的解释集中在一两张图纸中。

这两种编制方法各有利弊:分块编制的图纸索引清晰,容易阅读,即使图纸目录丢失,仍不妨碍对图纸的理解,但不利于控制相同属性的内容,保持统一的风格,及相同的设计深度;分层编制的图纸的利弊正好相反,便于查阅相同属性的内容,易于保持设计的整体性,但图纸索引的连续性不强,一旦目录及图例说明文件丢失,将无法阅读其余图纸。但无论哪种编制方法,绘制局部平面图都是无法省略的环节。

2.4.3 局部平面图的作用

园林工程局部平面图的主要作用有:

(1)连接总图与详图之间的索引关系 索引的目的是帮助有关人员快速查阅工程图纸中的特定信息。总平面索引图一般只能对主要的景点、景区进行索引,对细部的索引,由于图幅的限制及文字与图形的比例(例如:工程图中的文字高度是固定的,但由于图纸比例的缘故,总平面图中文字的尺寸可能比部分设施的尺寸还大,导致图中的标注只能是选择性的)等问题无法全部展开,因而缺少关于细部详图的索引。局部平面图不仅可以完善、细化总图的索引内容,还可以展开对细部详图的索引,形成总图—局部平面图—详图的层级递进的索引关系。

(2)推进图纸表达的深度 总图表达的是具有控制性的信息,仍带有规划的性质,比如总图中竖向设计图解决的主要是园林内外高差的衔接、园内地表排水、地形改造等问题,所标注的仅仅是控制点的高程,而对于细节性的高程数据难以标注清晰。除此之外,园林内各要素精确的位置关系、铺装的细节等均需要进一步的描述,这些内容可以在局部平面中得以清晰、精确地表达。

2.4.4 局部平面图的表达深度与设计内容

总图的图纸表达以准确为要求。出图比例在 1:500 以上的局部平面图的图纸内容表达以精确为要求,所有内容比总图设计阶段推进一个层次。

1. 局部平面索引图

索引所有的节点(铺装、花池、座椅、墙体、水池、灯柱

与景观柱等),一般索引到这些节点平面所在的详图的图纸页码上。

2. 局部平面定位图

与总图采用一致的定位网格和坐标原点,定位网格应进一步细分,大小根据场地尺度调节。局部平面定位图应精确表示出场地内各要素的位置关系。建筑物应画出底层平面图,精确标出其出入口、窗户、平台等要素。小品画出俯视图,其位置和尺寸应明确标注。

3. 局部平面铺装图

应画出铺装分隔线与种植池、小品、建筑之间的衔接关系,尽量采取边界对齐、中心对齐等方式(详见第6章细部设计),以形成精确细致的对位关系,加强场地的整体感。铺装分隔线内的填充材料尺寸较小时,可以放大绘制,或省略,在详图中进一步扩大比例表示。

4. 竖向设计图

总图部分的竖向图仅标注关键点的高程,并且这些数值带有控制性,并且不一定是最后的施工标高。局部平面图的竖向设计图,采用标高标注、等高线标注和坡度标注三种标注方式,应标注如下内容:

(1)场地应标出场地边界角点,与道路交接时标出道路中心线与场地边界的交点,排水坡度;

(2)建筑标注建筑底层室内外高差,应考虑台阶排水坡度引起的高程变化,标明排水方向和坡度;

(3)坡道标注斜坡两端的标高,并注明坡度;

(4)墙体和花池标注顶部和底部的标高;

(5)排水明沟标注沟底和顶部的标高,并标注底部的坡度。

2.4.5 局部平面图设计案例

由于不同项目之间细部设计的差异性较大,因此,图纸的内容与数量也有明显差异(图 2.22~图 2.24)。

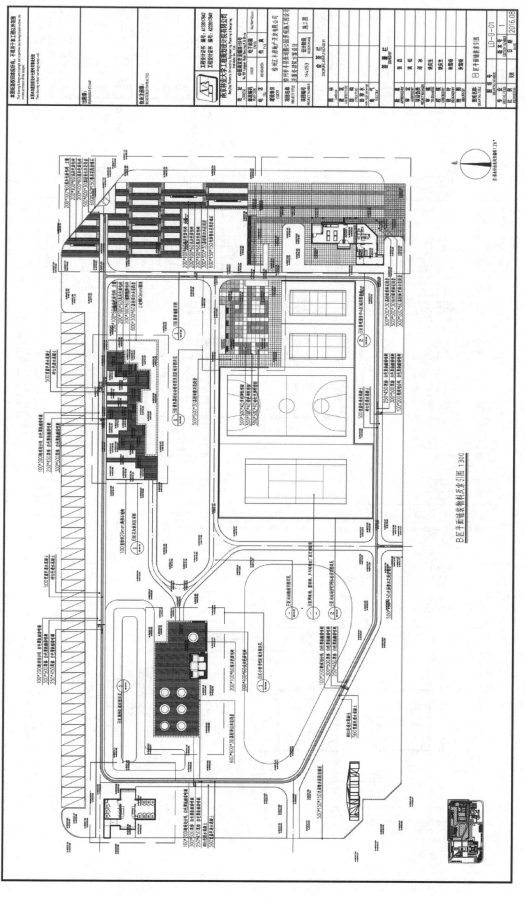

图 2.22　局部平面图示例

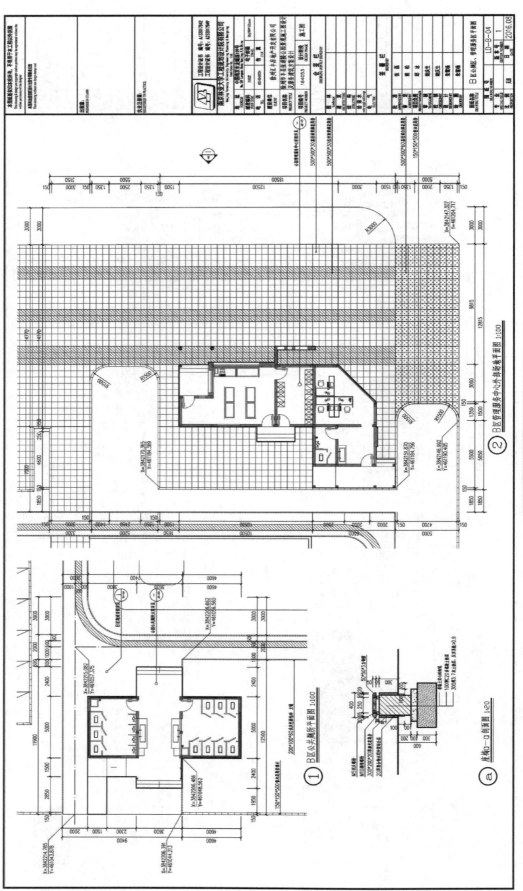

图 2.23 详图示例一

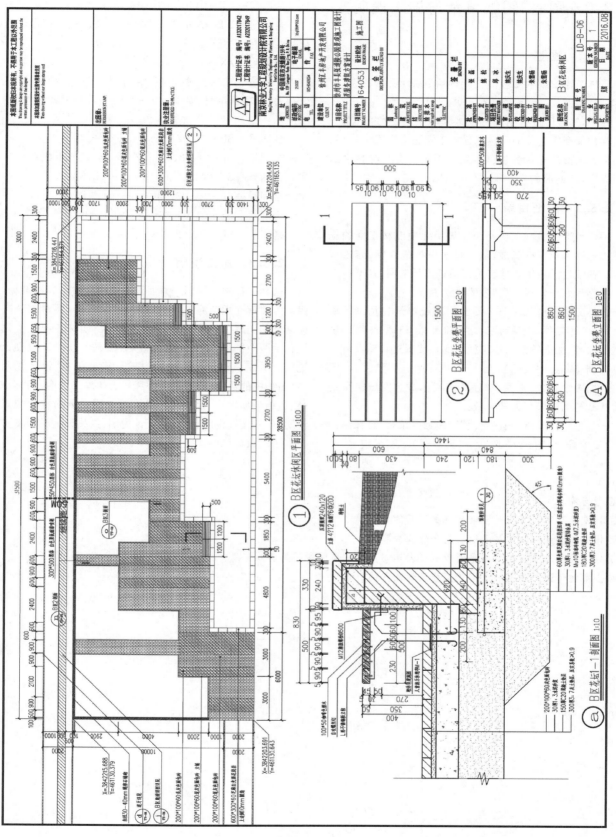

图 2.24 详图示例二

2.5　图签、图纸目录与施工说明

2.5.1　图签

园林工程图纸中图签的主要内容包括：项目名称、图名、图号、比例、时间、设计单位。

此外，签字区应有相应责任人亲笔签署的姓名，而一些需要相关专业会签的园林工程施工图还应设置会签栏，注明会签人员的专业名称、姓名、日期等。有关会签栏的制图规定，参见本书 2.1 节。

2.5.2　图纸目录

图纸目录的编制主要是为了表明此项园林工程的施工图由哪些专业图纸构成，从而便于图纸的查阅、修改和存档。图纸目录应排在整套施工图纸的最前面，且不计入图纸的序号之中，一般以列表的方式设计。

园林工程设计阶段总平面图的图纸目录包括设计单位名称、工程名称、子项目名称、设计编号、日期、图纸编制等主要内容，图纸绘制单位可根据实际情况对具体项目进行删减调整。在图纸编制上，一般由序号、图号、文件（图纸）名称、图纸张数、幅面、备注等栏目组成。图纸目录的编排模式与图纸索引方式一致：

一是按"总图—详图—专项"阶段顺序编号，具体编法为：项目编号（合同号）—阶段—（分区号）—图纸编号，如下所示：

合同号—ZT—01、02、03……　　　　　　　（总图）；

合同号—XT—A、B、C ……—01、02、03……（详图）；

（仅详图阶段需要分区号）

合同号—ZX—01、02、03……　　　　　　　（专项）。

二是按"总图、土建、电气、结构、水电"等工种编号，具体编法为：项目编号（合同号）—工种代号—图纸编号，如下所示：

合同号—SP—01、02、03…………（总图）；

合同号—SJ—01、02、03…………（园建或土建）；

合同号—SG—01、02、03…………（结构）；

合同号—SL—01、02、03…………（绿化）；

合同号—SS—01、02、03…………（给排水）；

合同号—SD—01、02、03…………（电气）。

2.5.3　施工说明

园林工程施工说明一方面对图纸内容进行详细解释，另一方面旨在规范施工方的识图、施工行为，并对部分可能出现的问题提出解决的原则及方案。园林工程施工说明包括两个部分：一是施工总说明；二是专项施工或设计说明。施工总说明包含：工程概况、设计依据、设计说明（对图纸中的数据、标注进行解释）、土建施工说明（园林小品、道路与场地）。专项施工或设计说明主要为种植施工说明、电气设计说明、给排水设计说明、结构设计说明及其他专项的设计说明。

■ **思考与练习**

1. 园林设计的不同阶段对图纸有哪些不同的要求？
2. 园林工程设计阶段的总平面图包含哪些内容？
3. 园林工程设计阶段的局部平面图需要表达哪些总平面图所不具备的信息？
4. 结合实例讨论并编写一套园林工程设计图纸的目录。

3 园林工程竖向设计

【导读】 本章是园林工程设计的重点与难点。地形和竖向设计与园林功能布局、景观营造乃至日常管养密切相关，因此，园林的平面布局应充分考虑竖向因素，兼顾功能、技术和美学等，在不同的设计阶段，处理好平面设计与竖向设计的关系，处理好整体与局部的关系。在学习本章时既要熟悉地形和竖向设计的相关知识与技能，又要多动手、多观察，通过图纸、模型和现场体验建立对地形与竖向设计的全面认知。此外，以地形与竖向设计为主要因素的科学的场地分析、建设选址以及土方平衡，是减少工程对环境的扰动、避免不合理的布局的重要手段，对节约型园林和低影响开发建设具有重要意义。本章内容与园林规划设计课程中的公园整体布局、辅助设施安排以及详细设计均有密切的联系。

3.1 概论

3.1.1 竖向设计的含义

园林中的建筑、植物、道路场地、水体等都坐落在地形之上，因此地形是园林组成的依托与基础，是园林空间的底界面，也是整个园林景观的骨架。地形的平坦与起伏不仅对视觉景观有直接的影响，而且还影响适合进行何种游憩活动，影响小环境的微气候，并通过地面径流等因素影响植物的生长。由此可见，合理的园林设计应该对场地上的高低变化有全面而系统的安排。

在园林设计中为了满足地面排水、道路交通、建筑场地布置、植物生长和视觉景观等方面的综合要求，对自然地形进行利用、改造，确定坡度、控制高程和平衡土石方等而进行的规划设计就是竖向设计。

与竖向设计相关的概念有：

（1）高程（elevation） 高程指的是某点沿铅垂线方向到绝对基面的距离，称为绝对高程，简称高程。高程也叫做海拔。

（2）绝对基面（absolute datum） 绝对基面指的是将某一海滨地点平均海水平面高程定为零的水准基面。我国沿用的有大连、大沽、黄海、废黄河口、吴淞、珠江等基面。

（3）水准原点（leveling origin） 用精密水准测量联测到陆地上预先设置好的一个固定点，定出这个点的高程作为全国水准测量的起算高程，这个固定点称为水准原点。水准原点是水准测量传递海拔高程的基准点。即国家高程控制网中，所有水准点高程的起算点。

（4）水准基面（level datum） 为了建立全国统一的高程控制网，必须确定一个高程起算面，作为所有水准点高程的起算基准，即水准基面。通常采用大地水准面作为水准基面，它是一个延伸到全球的静止海水面，也是一个地球重力等位面，实际上确定水准基面则是取验潮站长期观测结果计算出来的平均海面。中国黄海高程系采用设在青岛市的验潮站所确定的平均海面作为水准基面。"1985国家高程基准"中水准原点的高程为 72.260 4 m，这是零点的起算高程，是国家高程控制的起算点。

（5）相对高程（relative elevation） 在某一局部地区，当无法知道绝对高程时，也可选定任一水准面作为高程起算的基准面，称为假定水准面。某点沿铅垂线方向到该假定水准基面的距离，称为假定高程，又称相对高程或相对标高。以某一地区选定的基准面所测出的地面点高程，就形成了该地区的高程系统。同一场地的竖向规划设计应采用统一的坐标和高程系统。水准高程系统换算应符合表 3.1 的规定。

表 3.1 水准高程系统换算

	85 高程基准	吴淞高程基准	珠江高程基准
85 高程基准		−1.717 m	+0.557 m
吴淞高程基准	+1.717 m		+2.274 m
珠江高程基准	+0.557 m	−2.274 m	

来源：《城乡建设用地竖向规划规范》（CJJ 83—2016）

3.1.2 竖向设计的内容与阶段

在园林工程设计中，竖向设计应根据场地周围环境的规划标高和场地内主要内容,充分利用原有地形地貌,提出主要景物的高程及对其周围地形的要求,同时,地形标高必须适应拟保留的现状物并满足地表水的排放。实际工作中,由于对竖向设计的忽视,常常会出现很多不合理的设计。例如,规划方案完全没有考虑实际地形的起伏变化,为了追求某种形式的构图,任意开山填沟,铺设硬质场地,既破坏了自然地形的景观,又浪费了大量的土石方工程费用。又如各个单项工程的规划设计,各自进行,互不配合,结果造成标高不统一,高程不衔接,桥梁的净空不够,导致游船无法从桥下通过;或者一些地区的地表水无从排出,造成局部积水;或者道路标高与建筑和场地标高不匹配,车辆无法通行等。因此在方案和施工设计阶段,应高度重视竖向设计,尤其是主要控制点的标高,使建筑、道路、桥梁、排水、水面等的高程相互协调。同时,依据不同地块的功能,对于不适合的地形给予适当的改造,或者提出一些工程措施,使土石方工程量尽量减少,并保持地形的长期稳定。此外,还要根据地形的走势,结合场地划分与联系,确保地形地貌、建筑高度、场地尺度和形成空间的美观与协调。

1. 园林竖向设计的内容

(1) 地形设计　包括等高线、等深线、山顶、谷底标高,以及水系最高水位、常水位、最低水位等。

(2) 园路、铺装广场、桥涵和水池的竖向设计　包括园路主要转折点、交叉点和变坡点标高,桥梁的桥底和桥面标高,水底及驳岸顶部标高等。

(3) 建筑和其他园林小品竖向设计　包括主要建筑的底层和室外地坪高程,建筑和其他园林小品的控制高度,各出入口内、外地面高程,以及园林内外佳景的相互因借观赏点的地面高程等。

(4) 植物种植在高程上的要求　满足现有植物的生境保护与改善,以及新栽植物在高程等立地条件上的要求,营造良好的植物生长环境。

(5) 全园地表雨水的排水设计　包括地表排水明沟主要节点的控制标高及坡度、坡向等。

(6) 管线综合竖向设计　包括地下工程管线、地下构筑物的埋深及主要节点的控制标高。

2. 园林竖向设计的阶段

完成一个园林工程设计往往要经过现场踏勘、初步方案设计、扩初设计和施工设计等阶段,在每个阶段中都会涉及竖向设计的工作,根据工作深度不同主要包括如下三个阶段:

(1) 资料收集与现场踏勘阶段　资料的收集主要包括合适比例的地形图、地质土壤与气象水文资料、总体规划与市政建设以及地上地下管线资料、防洪规划、所在地的施工水平、劳动力素质与施工机械化程度。根据场地大小,地形图的比例不尽相同,一般在1∶2000～1∶100。地质土壤与

气象水文资料涉及场地的排水、客土沉降等因素;总体规划往往会从全局对基地的标高进行控制,而地上地下管线的位置涉及新建管线的位置和接入高程;施工水平、劳动力素质和机械化程度决定了地形改造的经济技术可能性。

在现场调研和踏勘方面,根据已经掌握的地形图在现场进一步熟悉空间环境,拍摄相关照片,并核对地形图与现场有无明显的差异,对于明显的疏漏和差异要在图纸上标示清楚。对于较为复杂的场地要多次踏勘,深入了解场地的小气候和排水等情况。

(2) 方案设计阶段　根据基地规模在地图上绘制竖向规划示意图,并绘制重要地段的纵向剖面图。具体工作为:确定各级园路横断面及其交叉点的标高,以便控制纵坡在规定等级的范围内;确定各景点、景区的主要控制标高,如主建筑群室内控制标高,河岸、山峰、道路、桥涵、堤岸、水面、防洪坝沟等标高;确定基地坡度分析图,明确汇水面积及径流走向,大体估算土方工程量及其平衡。

(3) 扩初与施工设计阶段　方案的整体构思在上一阶段已经确定,并且竖向上也已经有全局的考虑,因此本阶段的竖向设计要更为细致和精确,在方案指导下进行竖向设计专项规划,以达到修建实施深度:确定景区各级园路横断面的详细尺寸、红线宽度、路拱标高、路面标高、进水口标高;与管线综合协调,确定各工程管线交汇处衔接标高;确定各景区的竖向设计方案,与景区的给排水工程管线、道路等线形密切配合,同时更精确地计算土方工程量。如果本阶段发现有明显的竖向设计问题,则应及时调整并对上一阶段的竖向设计进行检查。

3.1.3　竖向设计的主要方法

1. 等高线法

(1) 等高线基础知识

等高线的历史:等高线是表示地形的基本方法,也是地形表示法中最科学、最实用的一种方法。1584 年,彼得·布鲁因斯(P. Bruiness)的手稿地图上显示了海特斯维纳的 7 ft(1 ft＝0. 304 8 m)深度线,是现今发现的最早的等高线地图。1791 年,法国都朋·特里尔(D. Triel)首次用等高线显示了法国陆地地形。19 世纪初,等高线地形表示法还只是在野外测量时使用,进入 20 世纪,人们才逐渐认识到等高线的科学和实用价值。

等高线的含义:等高线是一组垂直间距相等、平行于水平面的假想面,与自然地貌相交所得到的交线在平面上的投影(图 3.1)。通过等高线的方法,人们可以将自然界的山丘、山脉以及任何一块场地的三维特征,在二维平面上进行表达。

等高线的特点:

① 同一条等高线上的所有点,其高程都相等。

② 每一条等高线都是封闭的,在图纸上看到的往往

是等高线的一段,并不代表等高线没有封闭,而是因为图纸范围有限的缘故(图3.2)。

③ 相邻的两条等高线,两者的水平距离称为等高线间距,两者的垂直距离(即高差)称为等高距。恰当的等高距的选择取决于使用地形测量图的最终目的。园林常用的等高距是0.5 m、1 m、2 m和5 m。

④ 某张地形图上的等高距是固定值,而等高线的间距一般是变化不定的,也就是坡度会经常变化。除非某个斜坡面的坡度相同,才会出现间隔均匀的等高线。等高线的疏密与坡度的缓陡直接相关。

⑤ 等高线一般不相交或重叠,只有在悬崖处等高线才可能出现相交。对某张地形图而言,在图纸范围内出现等高线的中断,往往是因为地形上的垂直要素如墙体等构筑物上的等高线在平面上重叠为一条(图3.3)。

等高线的表示:

等高线上的高程注记数值,字头朝向上坡方向,字体颜色与等高线颜色一致。在大、中比例尺地形图上,为了便于读图,将等高线分为基本等高线(首曲线)、加粗等高线(计曲线)、半距等高线(间曲线)、1/4等高线(助曲线)(图3.4)。

① 首曲线:按相应比例尺规定的等高距测绘的等高线,图上用细线表示。

② 计曲线:为了方便阅读与查算点的高程或两点间的高差而特别加粗的等高线。规定从零米算起,每隔4条基本等高线加粗描绘一条。

③ 间曲线:按等高距的1/2测绘的等高线,用与首曲线等宽的虚线表示,补充显示局部形态。

④ 助曲线:按等高距的1/4测绘的等高线,用与首曲线等宽的虚线表示,补充显示间曲线无法描述清楚的局部形态。

⑤ 现有等高线都用虚线表示;拟定坡度的新等高线用实线标出。

⑥ 山顶的最高点或谷地的最低点都用点标高来表示。

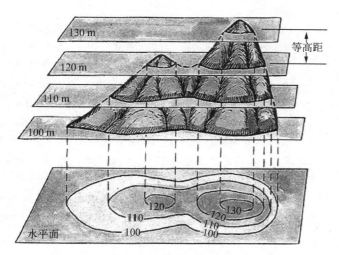

图3.1 等高线图的形成

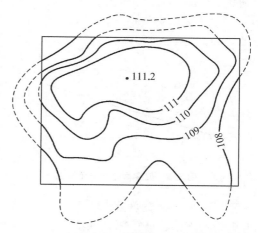

图3.2 图上等高线不闭合往往因为图纸范围有限
来源:闫寒《建筑学场地设计》

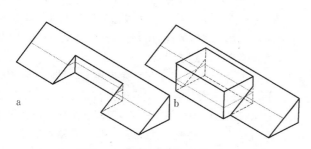

图3.3 等高线重叠的两种情况
来源:Strom S,Nathan K,Woland J:Site Engineering for Landscape Architecture

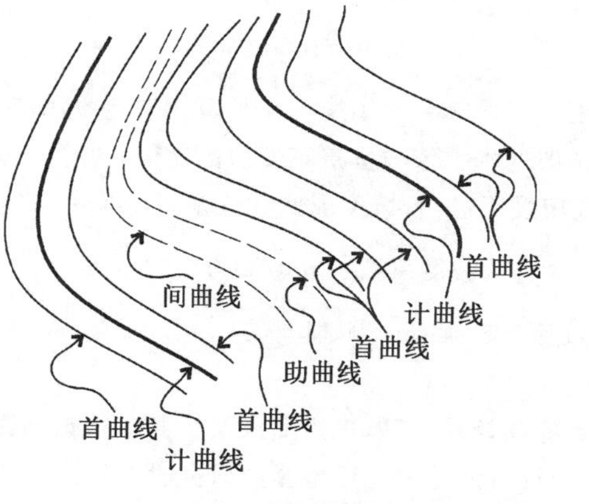

图3.4 等高线的表示
来源:闫寒《建筑学场地设计》

（2）坡度与点标高的计算

坡度（slope）代表地表单元陡缓的程度，通常把坡面的垂直高度 h 和水平方向的距离 L 的比叫做坡度（又叫坡比），用字母 i 表示。坡度用以表达某面或线相对于大地水平面的倾斜度，常用百分比法来表示，即经过 100 个单位的水平方向移动，产生垂直方向的下降或上升的单位数。有时也用分数法和度数法来表示。使用百分比法表示时，算式如下：

$$i = h/L \times 100\%$$

式中：i——坡度；

h——垂直高度；

L——水平距离。

例如：某斜坡在水平方向的距离为 4 m，垂直高度上升了 1 m，其坡度 i 用百分比法表示应为：

$i = 1/4 \times 100\% = 25\%$（图 3.5）。

如果用分数法表示就是 $i = 1/4$。

坡度有正值和负值之分，正值表示从低处向高处的走向，负值表示从高处向低处的走向。但在设计和读图中，一般用箭头方向表示从高处指向低处，箭头旁标出坡度绝对值（图 3.5）。这样也能和排水方向一致，避免读图时产生混淆。

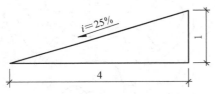

图 3.5　坡度百分比法示意图

坡度也可以用角度的度数来表示。这里的角度指坡面与水平面的夹角 α。用分数法表达的坡度 i 与角度 α 的换算关系，可用三角函数计算，其算式如下：

$$i = h/L = \tan\alpha;$$

$$\alpha = \arctan(h/L)$$

土木工程师和现场施工人员习惯使用"放坡"这个词，意思是坡的水平值与垂直高度值的比值，也称为坡度系数（m）或坡度比值，和坡度成倒数关系，常用"："来表示。

坡度系数　$m = 1/i = L : h$

如图 3.5 中的示例，其坡度 $i = 25\% = 1/4$，坡度系数 $m = 4 : 1$。

点标高计算：可以采用插入法计算不在等高线上的点标高，这种方法是进行场地竖向研究时常用的方法。具体算法将在"插入法求标高"部分详细说明。

等高线的精度：地形能否被准确反映，取决于能否选取合适的等高线精度。应该说任何表达工具都无法完全准确地描述地形。例如采用等高距为 1 m 的等高线来表示某个斜坡，可能在图纸上反映的是比较平滑的坡，但是采用等高距为 0.1 m 的等高线来表示，很可能是起伏不定的。因此等高线的精度（等高距的大小）就应根据图纸使用者的需要来确定。

对于园林设计师而言，规划阶段的现状图和总图，常用比例是 1:500 或 1:1000，这种地形图一般用 1 m 的等高距。而在 1:100 和 1:200 的地形图上，等高距常为 0.1 m，甚至小到 0.05 m。等高距越小越精确，但是当等高距小到 0.01 m 以下这样的精度时，会在图上显示过多的线条，对于园林设计是完全不必要的。

（3）设计等高线法

设计等高线法是在绘有原地形等高线的底图上用设计等高线进行地形改造，在同一张图纸上便可以表达原有地形、设计地形状况以及场地的平面布置、各部分的高程关系。这种方法便于设计过程中的方案比较及修改，也便于进一步的土方计算工作，是园林工程设计中最常用的竖向设计方法。

设计等高线法的优点是能较完整地将任何一块用地或者道路的设计地形与原地形进行对比，可以随时看出设计地面挖填方情况（设计等高线的高程低于原地形等高线为挖方，高于原地形等高线为填方，所挖填的范围也能清楚地显示出来），以便于调整。这种方法也便于判断设计地段四周路网的路口标高、道路的坡向与坡度，以及道路与两旁建筑用地的高程等竖向关系，易于发现问题。另外，采用设计等高线法可以做到场地总平面设计与竖向设计同步进行，设计者在构思平面功能布置与空间布局的同时，可以同步考虑垂直地面轴的竖向关系，因此是设计者在图纸中进行三维空间思维和设计的有效手段，也有效地保证了竖向设计工作的整体性与统一性。

设计等高线一般用细实线表示，原地形等高线一般用细虚线表示。以下是设计等高线法在进行竖向设计中的应用：

① 陡坡变缓坡或缓坡改陡坡　等高线间距的疏密表示着地形的陡缓。在设计时，如果等高距 h 不变，可通过改变等高线间距 L 来减缓或增加地形坡度。图 3.6(a) 是通过增加等高线间距使设计地形变缓；图 3.6(b) 是通过缩短等高线间距使设计地形变陡。

② 平垫沟谷　在园林建设中，有些沟谷地段必须垫平，可以在图纸上先拟定平垫范围的边界线，这条边界线与原等高线会有一系列交点，用同一高程的设计等高线将该高程的两个交点用直线连接起来，就基本形成了平垫沟谷的设计等高线，最后，可适当调整原等高线与设计等高线的连接处，使其尽量平顺。当然，这样设计的是一个非均坡的自然地形（图 3.7）。

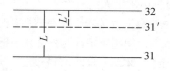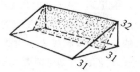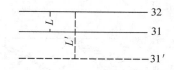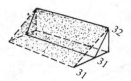

| a 通过增加等高线间距使设计地形变缓 | b 通过缩短等高线间距使设计地形变陡 |

图 3.6 调节等高线的水平距离改变地形坡度

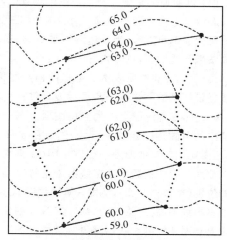

图 3.7 平垫沟谷的等高线设计（非均坡）

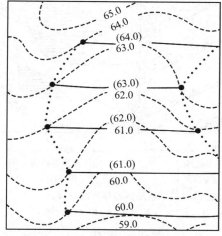

图 3.8 平垫沟谷的等高线设计（均坡）

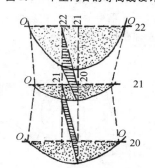

图 3.9 削平山脊的等高线设计

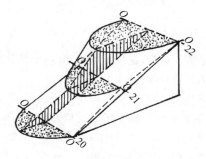

图 3.10 削平山脊的等高线透视图

如果要将沟谷部分依指定的坡度平垫成一个均匀的坡地，那么设计等高线应相互平行，并且间距相等（图 3.8）。

③ 削平山脊 将山脊削平整的设计方法与平垫沟谷的方法相同，只是设计等高线所切割的原地形等高线方向正好相反（图 3.9、图 3.10）。有时原等高线与设计等高线的交点也可以标注一个"0"，表示不填不挖的点，又称"零点"，将相邻的零点互相连接起来的线就是"零点线"。零

点线是挖方、填方或者不填不挖区彼此间的分界线，是土方施工与计算的重要依据。

④ 平整场地 园林中的场地包括铺装场地（建筑地坪、各种文体活动场地）和软质场地（草地、较平缓的运动草地和栽植地表）。常见公园地表的坡度要求见表 3.2。软质场地对坡度的要求一般不太严格，目的是将坡度理顺，有微地形起伏，以利于雨水收集，增加雨水的滞蓄和渗透，保证排水通畅。运动草地满足排水要求的最小坡度为 0.5%，在此前提下，应尽可能平整，以便于人们使用。游憩绿地适宜坡度为 5%～20%。公园铺装场地至少要有 0.3% 的排水坡度，这类场地的排水坡度可以是沿长轴或沿横轴方向的两面坡，也可以设计成四面坡，这取决于周围的环境条件。一般铺装场地都采用规则的坡面。

表 3.2 公园各类地表的排水坡度

地表类型		最大坡度/%	最小坡度/%	最适坡度/%
草地		33	1.0	1.5～10
运动草地		2	0.5	1
栽植地表		视土质而定	0.5	3～5
铺装场地	平原地区	1	0.3	—
	丘陵地区	3	0.3	—

注：最小坡度指满足排水要求的最小坡度。

场地平整需要设计师全面理解坡度最大值、最小值以及它们对步行者和车辆的可达性和长期维护的影响。此外，还有必要计算场地平整设计方案中满足最终土方平衡

所需要的土方搬运量(图3.11)。

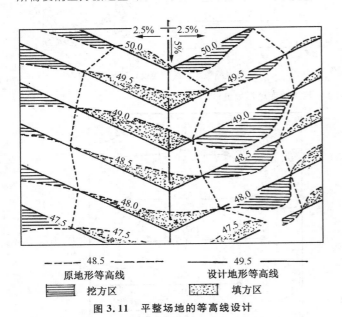

原地形等高线　　　　设计地形等高线

⊟ 挖方区　　　　⊡ 填方区

图3.11　平整场地的等高线设计
来源：孟兆祯，毛培琳，黄庆喜，等《园林工程》

等高线法可以清晰地将设计意图表达出来，能够按照图纸准确地进行施工，还可以确定出管道检修井盖的标高和雨水口的标高，易于表达所确定的各部分标高相互关系

是否正确，便于及时发现设计中不恰当的地方并加以合理修改。可以说等高线法的准确科学性是其他方法无法达到的。但是等高线法所用的设计时间相对于其他方法来说更长，局部的改动可能要波及全局。本章3.5.2小节将通过"方格网法"详细介绍平整场地的地形设计与土方计算方法。

2. 断面法

(1) 剖断面的求法　在地形图的识读中，关键是把地形从图纸上的二维形态"还原"为头脑中的三维形态，并且要尽可能准确、直观。为了达到这种效果，很多时候采用断面法来表达地形，具体如下：

第一步，先将需要表达的地形图描绘在拷贝纸上，然后根据设计者的需要画一条横穿或者纵贯地形图的剖切线；第二步，在地形图上方的空白图面上画一组平行于该剖切线的有固定间距的平行线，这个固定间距就是等高距，绘图比例应与地形图的比例相同(如果高差不明显也可以放大一定的倍数)，这些线条就是等高线在垂直方向上的位置(类似立面图)，随即按等高线图标注的高程注明每条水平线的高程；第三步，从等高线与剖切线相交的点画垂直于剖切线的直线，并延伸到"立面图"上，与该高程的水平线相交于一点，以此类推，求出全部的交点。最后将这些交点连成一条平滑的曲线，这条曲线就是该地形指定剖断面的地表剖断线(图3.12)。

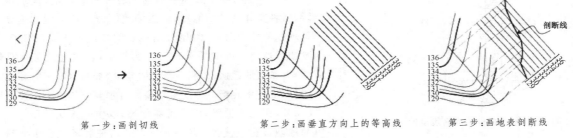

第一步：画剖切线　　　　第二步：画垂直方向上的等高线　　　　第三步：画地表剖断线

图3.12　剖断面的求法
来源：闫寒《建筑学场地设计》

(2) 断面法竖向设计　断面法一般先在场地总平面图上根据竖向设计要求的精度，绘制出方格网(方格网越小，则精度越高)，并在方格网的每个交点根据点标高(或者采用等高线插入法)求出原地形标高，再根据设计意图求出该点的设计标高。相应地求出各点的施工标高，并以图3.13方式表达。

施工标高	设计标高
−1.00	36.00
+⑨	35.00
角点编号	原地形标高

图3.13　方格网点标高的注写

然后沿着方格网长轴方向绘制出纵断面，并用统一比例标注各点的设计标高和原地形标高，并连线形成设计地形和自然地形断面；用同样方法沿横轴方向绘出场地竖向

设计的横断面。这样，纵横断面相结合，就能清楚地表达场地的竖向设计成果(图3.14)。

具体操作方法如下：

① 绘制方格网　根据场地规模和地形复杂程度，以及设计精度的要求，以适当的间距(如10 m、20 m、50 m)绘制方格网。图纸比例较大(如1：500～1：200)时，方格网间距较小；图纸比例较小(如1：2000～1：1000)时，方格网间距较大。

② 确定方格网交点的原地形标高　根据场地地形图的点标高和等高线标注，对不在等高线上的角点采用插入法求出该点的原地形标高。

③ 选定标高起点　选定一标高点作为绘制横剖面或者纵剖面的起点，此标高点应该低于图中所有原地形标高。

④ 绘制方格网的自然地面立体图　以所选标高起点

为基线标高,采用适宜比例绘制出场地原地形的方格网立体图。必要时,可以放大方格网。

⑤ 初步确定方格网交点的设计标高 根据自然地面立体图所示的原地形起伏情况,结合排水、建筑和场地布局、景观以及土方平衡等因素,综合确定场地地面的设计坡度和方格交点的设计标高。

⑥ 进一步校核设计标高的合理性 根据纵横断面所示设计地形与自然地形的高差,计算场地填、挖工程量,进行平衡、调整,并相应修改场地设计标高,使之满足填挖方总量,以确认设计标高和设计坡度的合理性。

⑦ 定稿及表达 根据最后确定的设计标高,在竖向设计成果图上抄注各方格网交点的设计标高,并按比例相应绘出竖向设计的地面线。

这种方法的优点是对场地的原有自然地形和设计地形容易形成立体的形象概念,易于考虑地形改造,并根据

需要调整方格网密度,进而决定整个竖向设计工作的精度;其缺点是工作量往往较大,费时较多,不像等高线法那样能直观地反映出地形变化的趋势和地貌细节。另外,这种方法在设计需要进行调整时,几乎要重新设计和计算。在局部的竖向设计中,尤其是在地形复杂地区或者需要较为精确的竖向设计时,仍是一种常用的方法。

3. 高程箭头法

高程箭头法是一种相对简便、快速的方法。即根据竖向规划设计的原则,确定场地内各建筑物、构筑物的室内外地面标高,道路交叉点、桥面和桥底、变坡点、明沟暗渠的控制点以及其他管线控制点的标高,相应变坡点的距离等,将之标注在竖向设计图上,并用箭头表示区域内各地块的排水方向。对于自然地形和自然驳岸等,往往只标出排水方向;对于硬质场地,则根据功能和排水在排水方向箭头上标出场地的坡度,见图3.15。

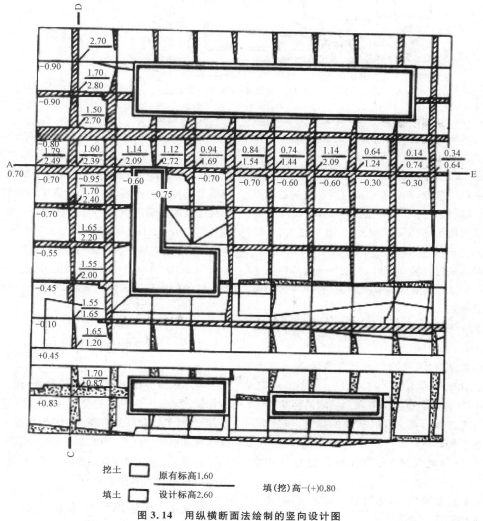

图 3.14 用纵横断面法绘制的竖向设计图

来源:姚宏韬《场地设计》

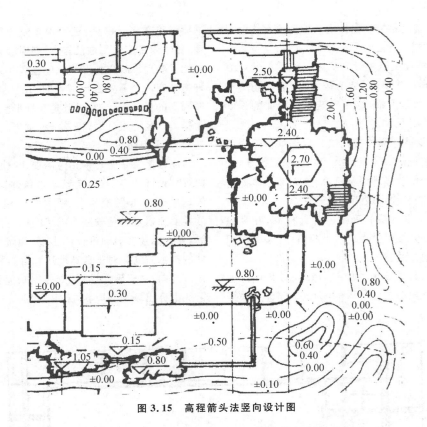

图 3.15　高程箭头法竖向设计图

高程箭头法,规划设计工作量较小,图纸制作较快,且易于变动、修改,基本上能满足设计和施工要求,是较为普遍采用的一种表达方式,也是大尺度场地竖向设计的常用方法。其缺点是比较粗略,确定标高需要有充足的经验;如果设计标高点标注较少,则容易造成有些部位的高程不明确,降低表达准确性。为了弥补上述不足,在实际工作中也可将整体高程箭头法和局部剖面法、等高线法(自然地形上)相结合进行竖向规划设计。

采用高程箭头法进行竖向设计,图纸上一般应包括:

(1)根据竖向设计原则以及有关规定,在总平面上确定场地内的自然地形;

(2)注明道路、桥梁的控制点(交叉点、变坡点等)处的坐标以及标高;

(3)注明建筑物、构筑物的坐标及四角标高、室内地坪标高和室外设计标高;

(4)注明入口、停车场以及主要硬质场地的标高;

(5)注明明沟底面起坡点和转折处的标高、坡度等,注明盲渠的沟底控制标高;

(6)用箭头表示地面排水方向,必要时标注排水坡度;

(7)对于复杂和重要地段,应绘出设计剖面,以更清楚地表达高差变化和设计意图。

这种竖向设计以及标注可以在总平面图中表示,如果局部地形复杂或者在总图上表示过于杂乱,则应该单独绘制竖向设计图。

4. 模型法

在进行园林设计时,制作模型也是一种常见的方案推敲和展示方法。模型法在推敲场地地形方面有着直观、形象的优点,但是传统模型制作较为费时,且不便于携带。随着信息技术的发展,如今的计算机三维软件和硬件配置已经完全能够满足地形的表达与分析。常用的地形表达软件有 AutoCAD、SketchUp、Vue、Terrian、3DMax、Mars等,除了用于地形表达外,还能进行地形分析和计算的软件有 ArcGIS、Autodesk Map、Autodesk Land,其中以 GIS类软件的分析和计算能力最强,常见的分析项目有高程、坡度、坡向、土方挖填、洼地等。

3.2　园林地形设计

地形是园林设计的基础和底界面,也是整个风景园林的骨架。地形不仅影响到整个环境的空间特征和美学属性,而且与工程建设的合理性以及园林场地的生态可持续性也有着密切的联系,因此对于地形的利用和改造要本着工程合理、造价经济和景观美好的原则,并考虑到施工、使用和后期维护的种种因素。

3.2.1　传统园林与地形

纵观园林的发展历史,经典的园林都是将其鲜明个性建立在与造园环境紧密结合的基础上,其中对地形的成功利用和改造往往奠定了全园的整体格局和风貌。可以说,不同国家地区的传统园林形式都包含了对当地地形的充分尊重和创造性运用。

意大利的埃斯特庄园(Villa D'Este)作为台地园的典范,与兰特庄园、法尔耐斯庄园并列为文艺复兴三大名园。埃斯特庄园坐落在朝向西北的陡峭山坡上,全园面积 4.5 hm²,园地近似方形。全园分为 6 个台层,上下高差近 50 m。依山建园既收拢山谷美景,又可利用坡地落水的原理造成由高至低的动态景观(图 3.16)。法国除了著名的凡尔赛宫园林(见第 1 章图 1.10),枫丹白露宫花园也极有个性,在平坦的地形上以硬朗的人工几何造型形成文艺复兴式的特征:长而笔直的视轴及视点,大而静止的水体及复杂的装饰性的花坛(图 3.17)。

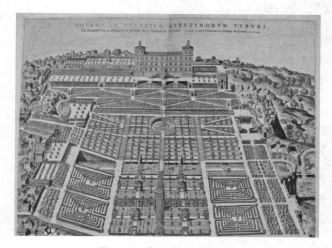

图 3.16   意大利埃斯特庄园
来源:https://www.zhihu.com

图 3.17   法国枫丹白露宫花园

18 世纪英国风景园常配合小山丘及起伏平缓的地形,应用弧形曲线形成鲜明的特征:和缓的土坡、自然成群的栽植和低地流水汇集的湖泊,这些完全都顺应地形而发展。比如英国斯托海德风景园的地形变化含蓄而富有诗意,这种有序的地形变化可以影响人的观赏心理(图 3.18)。这几种不同的西方传统园林景观都是因时因地创造的,如果将其移至其他场地、其他地形上,必然因设

计与环境背景的不协调而格格不入。再如东方造园体系的中国园林,其造园更是遵循因地制宜,"园基不拘方向,地势自有高低;高方欲就亭台,低凹可开池沼",做到"相地合宜,构园得体",充分利用地形创造景观。而日本园林中的枯山水可以说是对地形的高度概括和艺术创造(图 3.19)。

图 3.18   英国斯托海德风景园
来源:http://mms2.baidu.com

图 3.19   日本枯山水景观

3.2.2   园林地形的作用

地形不仅影响美学特征与空间视觉感觉,而且具有组织地表排水、改善微气候等功能作用,同时还与其他设计元素有强烈的相关性。事实上,地形对植物、水体、铺面和建筑物有很大的影响,因为在景观设计中大部分设计元素都必须放置在地表上,地表上下的任何改变都会影响地上的景物,可以说,地形是景观设计中最基本的元素。

地形在造园中的功能作用是多方面的,概括起来,一般有骨架作用、空间作用、景观作用和工程作用等几个主要方面。

1. 骨架作用

地形是构成园林景观的骨架,是园林中所有景观元素与设施的载体,它为园林中其他景观要素提供了赖以存在的基面。作为各种造园要素的依托基础,地形对其他各种造园要素的安排与设置有着较大的影响和限制(图 3.20)。例如,地形坡面的朝向、坡度的大小往往决定了建筑选址及朝向,因此,在园林设计中,要根据地形

图 3.20　花港观鱼

注：以中国传统园林为蓝本，人工改变地形，形成良好的造园骨架。

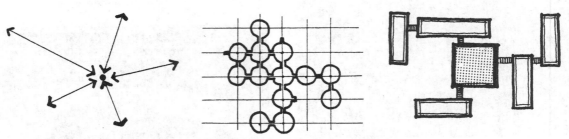

图 3.21　平坦地形因多方位性而适合多种布局方式

来源：Strom S，Nathan K，Woland J：Site Engineering for Landscape Architect

合理布置建筑、配置树木等。地形对水体的布置亦有较大的影响，园林中可结合地形营造出瀑布、溪流、河湖等各种水体形式。所谓"山要环抱，水要萦回"（荆浩《山水赋》），"水随山转，山因水活"和"溪水因山成曲折，山溪随地作低平"（陈从周《说园》）。地形对园林道路的选线亦有重要影响，一般来说，在坡度较大的山地地形上，道路应沿着等高线布置。

2. 空间作用

地形具有构成不同形状、不同特点园林空间的作用，它直接制约着园林空间的形式与特征。地块的平面形状如何，园林空间在水平方向上的形状也如何。地块在竖向上有什么变化，空间的立面形式也就会发生相应的变化。例如，在狭长地块上形成的空间必定是狭长空间，在平坦宽阔的地形上形成的空间一般是开敞空间，而山谷地形中的空间则往往是闭合空间。可以说，地形对园林空间而言具有决定作用，利用地形的高低变化可以有效地分隔、限定空间，进而形成不同功能和景观特色的园林空间。

地形对场地总体布局的影响也很大。平坦地形具有多方位性，在平坦地形上，景观元素及建筑易于向多方位扩张和发展，大型建筑物也易于安置而不至于发生破坏

（图 3.21）。在坡地形中布置景观元素或者建筑往往会受到现有地形坡度和朝向的限制和引导。

3. 景观作用

景观作用包括背景作用和造景作用两个方面。作为造园诸要素的底界面，地形还承担了背景角色，如一块平地上草坪、树木、道路、建筑和小品形成了地形上的一个个景点，而整个地形构成此园林空间诸景点要素的共同背景。

地形还具有许多潜在的视觉特性，对地形可以进行改造和组合，以形成不同的形状，产生不同的视觉效果。近年来，一些设计师尝试在户外环境中，通过地形造型而创造出多样的大地景观艺术作品（图 3.22、图 3.23）。

4. 工程作用

地形可以改善局部地区的小气候条件。在采光方面，为了使某一区域能够受到冬季阳光的直接照射，就应该使该区域为朝南坡向；从风的角度来看，为了防风，可在场所中面向冬季寒风的那一边堆积土方，以阻挡冬季寒风。反过来，地形也可以被用来提高夏季风的舒适性，在炎热地区，夏季风可以被引导穿过两高地之间所形成的谷地或洼地等，以此来改善通风条件，降低温度，见图 3.24。

图 3.22　艺术化的地形处理一
来源：Amidon J，Betsky A；Moving Horizons

图 3.23　艺术化的地形处理二
来源：LA Magazine

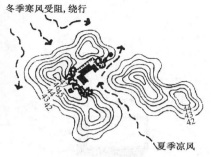

图 3.24　地形与风的流向

地形对于地表排水亦有着十分重要的意义。由于地表的径流量、径流方向和径流速度都与地形有关，因而地形过于平坦就不利于排水，容易积涝。而当地形坡度太陡时，径流量就比较大，径流速度也比较快，从而引起地面冲刷和水土流失。因此，创造一定的地形起伏，合理安排地形的分水和汇水线，使地形具有较好的自然排水条件，是充分发挥地形排水工程作用的有效措施。

3.2.3　园林地形的类型

园林地形可以通过各种途径加以分类和评价。这些途径包括它的地表形态、地形分割条件、地质构造、地形规模、特征及坡度等。在上述各种分类途径中，对于园林造景来说，坡度乃是涉及地形的视觉和功能特征最重要的因素之一。根据坡度，我们可以把园林地形分为平地、坡地和山地三大类。

1. 平地

在现实世界的外部环境中，绝对平坦的地形是不存在的，所有的地面都有不同程度甚至是难以察觉的坡度，因此，这里的"平地"指的是那些总的看来是"水平"的地面，更为确切的描述是指园林地形中坡度小于 4% 的较平坦用地。平地对于任何种类的密集活动都是适用的。园林中，平地适于建造建筑，铺设广场、停车场、道路，建设游乐场，铺设草坪草地，建设苗圃等。因此，现代公共园林中必须设有一定比例的平地以供人流集散以及交通、游览需要。

平地上可开辟大面积水体以及各种活动场地，可以自由布置建筑、道路及园林构筑物等景观元素，亦可以对这些景观元素按设计需求适当组合、搭配以创造出丰富的空间层次。

园林中对平地应做适当调整，一览无余的平地不加处理容易流于平淡。适当地将平地挖低堆高，造成地形高低变化，或结合这些高低变化设计台阶、挡墙，并通过景墙、植物等景观元素对平地进行分隔与遮挡，可以创造出不同层次的园林空间。

平地地表径流速度慢，有利于保护场地环境，减少水土流失，但过于平坦的地形不利于排水，容易积涝，破坏土壤的结构，对植物的生长、建筑和道路的基础都不利。因此，为了排出地面积水，要求平地也具有一定的坡度。

2. 坡地

坡地指倾斜的地面，园林中可以通过地形改造，使坡地产生明显的起伏变化，以增加园林空间的艺术性与生动性。坡地地表径流速度快，不会产生积水，但是若地形起伏过大或同一坡度的坡面延伸过长，则容易造成水土流失甚至滑坡，因此，地形起伏要适度，坡长应适中。坡地按照其倾斜度的大小又可以分为缓坡、中坡和陡坡三种。

（1）缓坡　坡度为 4%～10%，适宜于运动和非正规的活动，一般布置道路和建筑基本不受地形限制。缓坡地可以修建为活动场地、游憩草坪、疏林草地等。缓坡地不宜开辟面积较大的水体，如要开辟大面积水体，可以采用不同标高水体叠落组合的形式，以增加水面层次感。缓坡地植物种植不受地形的约束。

（2）中坡　坡度为 10%～25%，只有山地运动或自由游乐可以积极加以利用，在中坡地爬上爬下显然很费劲。在这种地形中，建筑和道路的布置会受到限制。垂直于等高线的道路要做成梯道，建筑一般要顺着等高线布置并结合现状先进行地形改造再修建，并且占地面积不宜过大（图3.25）。对于水体布置而言，除溪流外不宜开辟河湖等较大面积的水体。中坡地植物种植基本不受地形的限制。

（3）陡坡　坡度为 25%～50%。陡坡的稳定性较差，容易造成滑坡甚至塌方，因此，陡坡地段的地形改造一般要考虑加固措施，如建造护坡、挡墙。陡坡上布置较大规模的建筑会受到很大限制，并且土方工程量很大。如布置道路，一般要做成较陡的梯道；如要通车，则要顺应地形起伏做成盘山道。陡坡地形较难设计较大面积水体，只能布置小型水池。陡坡地上土层较薄，水土流失严重，植物生根困难，因此陡坡地种植树木较困难，如要对陡坡进行绿化可以先对地形进行改造，改造成小块平整土地，或在岩石缝隙中种植树木，必要时可以对岩石进行打眼处理，留出种植穴并覆土种植。

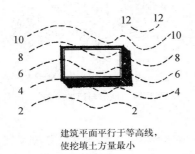

建筑平面平行于等高线，
使挖填土方量最小

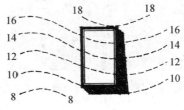

建筑平面垂直于等高线，
使挖填土方量最大

U形建筑平面适宜布置在山脊的末端

图3.25　中坡地建筑布置与等高线关系图

3. 山地

同坡地相比，山地的坡度更大，一般在50％以上。山地又可分为急坡地和悬坡地两种。急坡地坡度为50％～100％，悬坡地则在100％以上。由于山地坡度非常大，因此在园林地形中往往能表现出奇、险、雄等造景效果。山地上不宜布置大建筑，只能通过地形改造点缀亭、廊等单体小建筑。山地上布置道路亦较困难，在急坡地上，车道只能曲折盘旋而上，游览道需做成高而陡的爬山蹬道；而在悬坡地上，布置车道极为困难，爬山蹬道必须设置攀登用扶手栏杆或扶手铁链。山地上一般不能布置较大水体，但可结合地形设置瀑布、叠水等小型水体。山地的植物生存条件比较差，适宜抗性好、生性强健的植物生长。但是，利用悬崖边、石壁上、石峰顶等险峻地点的石缝石穴，配植形态优美的青松、红枫等风景树，却可以得到非常诱人的犹如盆景树石般的艺术景致。

3.2.4　园林地形的表达与识别

在二维图纸上准确直观地表达出三维地形是风景园林设计师的基本能力，同样，能够从复杂的地形图中识别出各种地形的空间特点、尺度大小、坡度陡缓，判断其日照、排水、通风以及地形的剖面表达，从而分析其土地利用的适宜性，也是风景园林设计师的重要能力。这种能力的获取一方面需要了解一些基本知识与原理，另一方面需要多加实践，通过地形图与现场的反复对照，培养直观想象和理性分析的技能。

1. 等高线法

等高线法是比较全面而真实的地形表示法，前文已经介绍过等高线原理与基本的表示方法，本节不再赘述。在此仅列举出几种基本地形的等高线特征，以便于在实际工作中快速识别。

（1）间隔均匀的等高线表明地形的坡度一致；等高线的等高距逐渐变小，表明坡度逐渐增大。斜坡顶端的等高距小于底部的等高距，这表明它是一个凹面坡。相反情况

表明它是一个凸面坡。不同类型的坡面对应的等高线也各不相同（图3.26）。

（2）等高线向上形成"尖"（倒V形）表明为山谷，等高线向下形成"尖"（V形）表明为山脊（图3.27）。自然界往往是山脊与山谷交替出现，并形成一系列汇水区（图3.28）。

（3）沿山丘向下流动的水流与等高线是垂直的，因此隆起的山脊为地表径流的分水线，凹陷的谷地为地表径流的汇水线，不同的山脊或地形隆起也是对汇水区的划分。沿着山脊的最高点或最低点绘制的等高线总是成对出现，因为每条等高线总是持续的线，或在图上它本身就闭合，或在图外从不断开或终止（图3.29）。

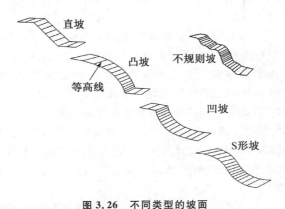

图3.26　不同类型的坡面

来源：Marsh W M：Landscape Planning：Environmental Application

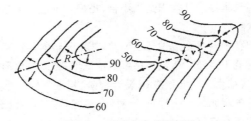

图3.27　山脊与山谷等高线

来源：王晓俊《风景园林设计》

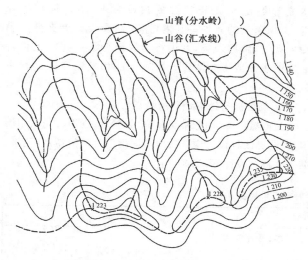

图 3.28　山脊线、山谷线与汇水区
来源：Strom S，Nathan K，Woland J：Site Engineering for Landscape Architect

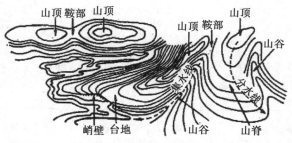

图 3.29　具有多种地貌基本形态的小区域等高线图

2. 坡级法

场地地形图是最基本的地形资料，在实际应用中，根据工作需要还可以衍生出其他方法。例如，在地形图的基础上，结合实地调查，可进一步掌握现有地形的坡向与分布、坡级与分布以及地形的自然排水类型。由于等高线图只能表示基地整体的起伏，而表示不出不同坡度地形的分布，因此，用坡度分析图可以更直观地了解和分析地形的陡缓程度和分布状况，这种用坡度等级表示地形的陡缓和分布的方法称作坡级法。坡度等级常根据等高距的大小、地形的复杂程度以及各种活动内容对坡度的要求进行划分。

可将地形按坡度大小用几种坡级（如<1%，1%～4%，4%～10%，≥10% 等）来表示，并在坡度分析图上用由淡到深的单色表示坡度由小变大（见本章图 3.65）。坡级法常用于基地现状和坡度分析图中，帮助设计者确定建筑物、道路、停车场地以及不同坡度要求的活动内容是否适合建于某一地形上，也有助于确定地形的土方平衡、植被绿化、设施布局、排水类型等方面的内容。

3. 地形图相关符号

以上几种表示方法主要用于表示地形的高程和坡度变化。实际工作中，由于地形、地貌、地物的多样，为了地形图的统一和规范，必须用固定的符号表示相应的地形要素。地形符号种类繁多，基本可以分为以下几种：

（1）地物按比例的图例符号　依地物相似轮廓按比例绘出其位置、形状、大小等。

（2）地物不按比例的图例符号　即标识，如矿井、溶洞、里程碑、桥梁、农田等。

（3）注记符号　建筑层次、结构等级、河流深度等。

（4）地形景观规划与竖向设计专用图例　工程规划设计符号和标识、工程规划沟道及管线、植被、水体、山石、道路等。图 3.30 为几种常见地形符号。

在设计工作中，除了要能识读和绘制这些平面图纸外，还要掌握立面、剖面以及轴测和透视图这些常用的辅助手段。

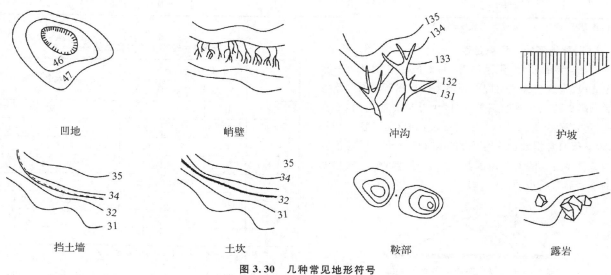

图 3.30　几种常见地形符号
来源：闫寒《建筑学场地设计》

3.2.5　园林地形的设计要点

园林地形的设计应该综合考虑美学、功能,兼顾工程施工与后期维护的合理性与经济性。具体而言,应该考虑以下几点。

1. 基地外部环境因素对于地形的限制

场地外部环境因素对于场地的限制往往是难以改变的,因此在地形设计中要充分协调地形与外部环境的关系。例如,在地形设计中可能要考虑开放水系的水位高度、过境工程管线的敷设要求、防洪规划的要求、文保单位的保护等因素,这就需要设计者充分熟悉相关规划,踏勘现场,在进行园林地形设计时以上位各层次的规划或者总体设计所确定的各控制点的高程为依据。

2. 结合原有地形地貌的特点

在自然界中,地形种类多样,如盆地、谷地、山脊、山坡等,在园林工程设计中要针对不同类型地形的特点,科学、准确地进行设计(表3.3)。

表 3.3　几种常见地形特征与设计要点

地形	图示·等高线	地貌景观特征	工程规划要点
沉床盆地		有内向封闭性地形,产生保护感、隔离感、隐蔽感; 静态景观空间,闹中取静,香味不易被风吹散; 居高临下	总体排水有困难,注意保证有一个方向的排水,有导泄出路或置埋地下的穿越暗管; 道路宜呈螺旋形或之字形展开
谷地		景观面狭窄,成带状内向空间,有一定神秘感和诱导期待感; 山谷纵向宜设转折点	可沿山谷走向安排道路与理水工程系统
山脊山岭		景观面丰富,空间为外向型,便于向四周展望; 脊线为坡面的分界线	道路与理、排水都易安排,注意转折点处的控制标高,以满足规划用地要求
坡地		单坡面的外向空间,景观单一,变化少; 需分段组织空间,以使景观富于变化	道路与排水都易安排,自然草地坡度控制在33%以下,理想坡度为1%～3%
平原微丘		视野开阔,一览无余,便于理水和排水,也便于创造与组织景观空间	规划地形时要注意保证地面最小排水坡度,防止地面积水和受涝
梯台重丘山丘		有同方位的景观角度; 空间外向性强; 顶部控制性强,标识明显	组织排水方便; 规划布置道路要防止纵坡过大而造成行车和游人不便及危险; 台阶坡度宜小于50%

来源:吴为廉《景观与景园建筑工程规划设计》

3. 园林地形的工程稳定性

土壤自然堆积,经沉落稳定后,形成稳定的坡度一致的土体表面,这个天然斜坡面叫做土壤自然倾斜面。土壤自然倾斜面与地平面的夹角,叫做土壤自然倾斜角,即安息角,用 α 表示(图3.31)。在工程设计时,为了使工程稳定,就必须有意识地创造合理的边坡,使之小于或等于安息角。各类土壤的安息角因其土壤颗粒、含水量、气候条件的不同而有所不同(表3.4)。

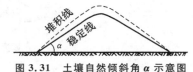

图 3.31　土壤自然倾斜角 α 示意图

来源:孟兆祯,毛培琳,黄庆喜,等《园林工程》

表 3.4　各类土壤的自然倾斜角

土壤名称	土壤含水情况			土壤颗粒尺寸/mm
	干的	潮的	湿的	
砾石	40°	40°	35°	2～20
卵石	35°	45°	25°	20～200
粗砂	30°	32°	27°	1～2
中砂	28°	35°	25°	0.5～1
细砂	25°	30°	20°	0.05～0.5
黏土	45°	35°	15°	<0.001～0.005
壤土	50°	40°	30°	
腐殖土	40°	35°	25°	

来源:孟兆祯,毛培琳,黄庆喜,等《园林工程》

在进行地形设计尤其是自然式地形设计时,一定要重视土壤的安息角,如果设计的地形坡度超过土壤的安息角,那么应采取护坡、固土或防冲刷的工程措施。此外,大高差或大面积填方地段的设计标高,应计算当地土壤的自然沉降系数(一般土壤 1 m³ 的实方挖松后大约有 1.3 m³,如回填 1 m³ 土方压实后大约下沉 25～30 cm)。这些影响土方平衡的因素都要在地形设计中予以考虑。

总之,在设计园林地形时,因地制宜地采取人为工程措施,既可以保证地形的工程稳定性,又能使人工元素与自然地形相互渗透,融为一体。

4. 使用功能的需要

地形作为场地中的基础要素,对于场地的使用有着直接的影响。例如,大规模活动需要相对平坦的场地,而用于室外表演的剧场,观众席和表演席之间需要存在一定的高差。地形还影响到场地的小气候,如光照和风。在一些动物园的设计中,也会充分利用地形作为动物的馆舍,并形成展示与参观的巧妙关系。

5. 视觉空间的划分与组织

在自然式园林设计中,地形对于空间的划分和组织往往是较大尺度的。为此在地形设计中要与全园的平立面设计同步进行。在设计时以地形的平面线形、立面轮廓为基础,将地形与园路、建筑以及上、中、下分层种植的植物群落密切结合,形成浑然一体、疏密有致的近自然空间。在人工性较强的设计中,简洁明快的地形既能成为视觉焦点元素,又能有效划分与组织园林空间。

6. 经济技术与生态的合理性

地形改造中涉及土方工程量、配套的工程加固措施、施工技术与工期长短,为此在进行地形设计时要充分考虑经济和技术的可行性。如若原有地形植被良好,设计中要因地制宜,尽量少动原有植被及其生境,将其保留或者融入人工地形中,以减少对场地原生态的干扰,这样既保护了自然植物群落,又延续了场地的风貌。地形设计的合理与否还影响到以后的养护和管理,如超过安息角的土壤可能会坍塌,需要维护。而大面积超过 25% 的草坡也会让修剪养护格外困难。在创造地形时应同时考虑地表水的排放和利用,如结合洼地形成生态滞留池和绿色海绵体,这样不仅能节约水资源,还可以结合植物造景形成具有野趣的小生境(详见第 9 章图文)。

3.3　道路铺装的竖向设计

3.3.1　道路的竖向设计

地形是场地设计的基底,道路则是场地设计的网络骨架。场地四周的规划现状或控制的高程是确定场地竖向设计高程的主要因素。场地道路出入口衔接场地外市政道路的高程,是场地内道路与整个场地竖向控制高程设计的条件、依据和控制高程。

在园林工程设计中,对道路交通功能的考虑还要兼顾景观等因素,因此在整个场地竖向设计中,有时以地形为先导,有时以道路为先导。道路的竖向设计要满足相关规范中对交通和排水坡度的要求,遵循节约土方和低影响开发等原则,并尽量保证建筑室内外场地处于较高地段。即从确定主要道路中线交点、折点、变坡点的标高开始,根据造景需要和工程实际,确定道路分段长度和坡度,使道路成为一个高低不同、各点相连的立体网络。整个场地的地形变化与这个立体网络密切相关,竖向设计中的绝大部分标高都受其影响和制约。

当然在深入设计的过程中,布置其他元素时也可能需要反过来调整道路的标高。这样以地形为基底,道路为网络,经过反复调整,并结合重要点状要素的布置,就可以形成较为合理的竖向设计成果。

园林工程中道路的竖向设计应注意以下几个方面:

第一,竖向设计与道路的平面设计同时进行。道路中心线实际上是一条三维曲线,而道路也可以看作是三维曲面。因此在进行道路设计时不能仅考虑其二维平面,还要密切结合竖直向度上的变化。道路应该尽量结合地形,可以采用自由式布置,依山就势,不必过于追求平面形式,以减少土方量。

第二,结合场地中道路周边的控制高程、沿线地形地物、地下管线、地质和水文条件等做综合考虑。道路的竖向设计要与两侧用地的竖向规划相结合,满足空间划分和造景的要求,并充分考虑道路周边和道路的排水问题。

第三,满足道路本身的技术要求,考虑不同使用者的需要。例如,道路应该满足相应的坡度要求,保证车辆和行人的安全通行,并能与相邻建筑场地方便联系。主要道路坡度应相对平缓,次要道路可以选择坡度稍大的地段。对于园林中考虑无障碍通行的道路,应根据城市道路与建筑无障碍设计规范,控制坡度和坡长,一般车行道路不大于 1/12(8%),推荐采用 1/20(5%)或更小的坡度。山地造园可适当放宽标准。[详见《公园设计规范》(GB 51192—2016)]

1. 园路控制点标高的确定

为了满足道路的不同使用功能,公园道路应符合相关规范中对坡度和坡长的限值。因此道路交叉点和纵坡转折点标高的确定,必须考虑道路的功能、允许最大纵坡值和坡长极限值。此外,园路竖向设计还必须遵循以下几个原则:

(1)主路纵坡宜小于 8%,横坡宜小于 3%,粒料路面横坡宜小于 4%,纵、横坡不得同时无坡度。山地公园的园路纵坡应小于 12%,超过 12% 应做防滑处理。主园路不宜设梯道,必须设梯道时,纵坡宜小于 36%。

(2)支路和小路纵坡宜小于 18%。纵坡超过 15% 的路段,路面应做防滑处理;纵坡超过 18% 宜按台阶、梯道设计,台阶踏步数不得少于 2 级,坡度大于 58% 的梯道应做防滑处理,宜设置护栏设施。

(3)合理定线,减少土方量。园路的定线设计必须充分结合自然地貌,尽量避免过大改变原来的地形、地貌。道路经过之处应尽可能不损坏土层,使原有植被少受干扰。

2. 道路等高线的设计与绘制

道路形成的倾斜面主要是由道路横坡面和纵坡面坡度两个数值确定的。应注意避免混淆倾斜面其本身的坡度(即称之为等高线坡降)和这两个坡度,倾斜面的坡度是道路横坡和纵坡的合成坡度。

当确定了道路的纵向坡度、横向坡度、转折点位置及标高(指道路路面的设计标高)后,可以按照下列公式计算设计等高线各段水平距离与等高线平距,见图3.32、图3.33。

$$a = F/i$$
$$b = \Delta h/i$$
$$c = B \cdot n/i$$
$$d = E/i$$

式中:a——道路纵坡转折点至临近设计等高线的水平距离(m);

F——道路纵坡转折点至临近设计等高线的高程差(m);

i——道路的纵向坡度(%);

b——道路设计等高线之间的水平距离(m);

Δh——设计等高线的等高距(m);

c——设计等高线与道路中心线和路缘石线交点之间,沿道路轴线方向的水平距离,或设计等高线与路中心线和路肩、路缘石线和人行道边缘交点的水平距离(m);

B——道路宽度,双坡为路宽一半,单坡为路宽或路肩的宽度、人行道的宽度(m);

n——道路的横向坡度(%);

d——设计等高线与道路缘石等高线重合段的水平距离(m);

E——道路缘石侧壁的高度(m)。

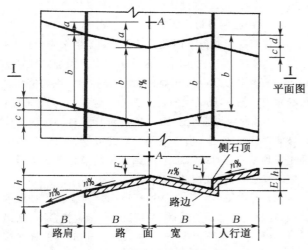

图3.32 双坡路面道路等高线的设计与绘制
来源:姚宏韬《场地设计》

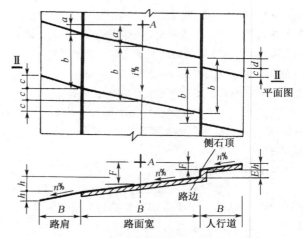

图3.33 单坡路面道路等高线的设计与绘制
来源:姚宏韬《场地设计》

3.3.2 铺装场地的竖向设计

铺装场地的竖向设计要充分利用原有地形,减少土方工程量,为此在设计时可以让设计等高线尽可能与现状等高线大致平行,这样能减少土石方工程量,节约工程费用。此外,还要考虑如下几个方面:

1. 满足功能使用

在铺装场地的设计中,竖向应满足功能要求。多人活动的广场坡度宜平缓,不宜有过多的高差变化;而户外观演空间宜在广场局部设置低于或高于周围场地的平台(图3.34、图3.35)。有时由于地形因素或者为了突出空间划分,会设计高差变化(图3.36);而为了满足行动不便者的要求,应提供坡道、护栏等设施。

2. 利于排水,保证铺装场地地面不积水

任何铺装场地在设计中都要有不小于0.3%的排水坡度,而且在坡面下端要设置雨水口、排水管或排水沟,使地面有组织地排水,组成完整的地上、地下排水系统。铺装场地地面坡度也不要过大,坡度过大则影响使用。一般坡度在0.5%~5%较好,最大坡度不得超过8%。图3.37是常见的场地排水模式。

图3.34 盐城某花卉主题公园平坦的活动广场

3. 与铺装材料相结合

铺装材料有多种类型,主要可以分为整体、块料和粒料铺装材料。在进行铺装场地的竖向设计时,也要充分考虑不同材料的工程特性以及其与使用功能的关系,从面上控制好坡度,从点上选择好集水点的布置。图3.38、图3.39为两种场地的竖向设计平面图。

图3.35 南京中山陵音乐台户外观演空间

图3.36 通过地形变化形成的下沉式休闲空间

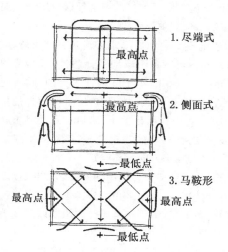

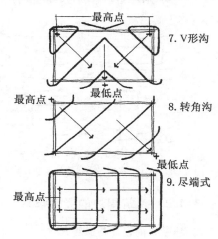

图3.37 常见的场地排水模式
来源:丹尼斯 N,布朗 K《景观设计师便携手册》

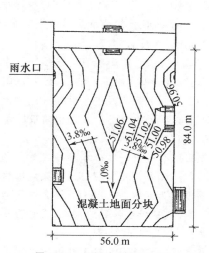
图3.38 平坦广场竖向设计
来源:《注册建筑师考试教材》编委会《设计前期场地与建筑设计》

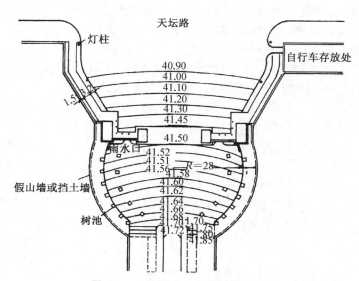
图3.39 天坛公园北门广场竖向设计
来源:吴为廉《景观与景园建筑工程规划与设计》

3.4 建筑与竖向设计

3.4.1 建筑布局与竖向设计

（1）建筑竖向布置的原则：单体建筑与建筑群的竖向布置应该根据场地的具体条件，结合地形、利用地形，形成丰富错落的建筑形体，通过恰当组织出入口、错层等方式，可节约用地、方便使用。如山地、丘陵地区的建筑组合切忌追求对称、规整和几何形式，应结合地形灵活布置。

（2）建筑与地形的关系主要有以下几种（图 3.40）。在布置建筑物时，应尽量配合地形，采用多种布置方式，在兼顾朝向、景观等条件下，争取与等高线平行，尽量做到不要过大改动原有的自然等高线，或者只改变建筑物基地周围的自然等高线。

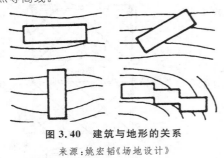

图 3.40　建筑与地形的关系
来源：姚宏韬《场地设计》

3.4.2 建筑周边的竖向设计

1. 建筑竖向设计与道路

（1）建筑与道路的一般关系　场地内的雨水一般通过道路路面及其边沟处的雨水口排出。为防止降雨在建筑周围形成积水，建筑物室内地坪标高应高于道路路面中心线，两者之间的地面应形成坡向道路缘石的坡面。雨水花园则须保证路面坡向建筑与道路间的绿地，形成生态滞留洼地，其坡度的确定与土壤的性质和地表状况有关，既要保证地表径流有一定的流速，不要积水，又要防止流速过快造成对地面的侵蚀，一般以 0.5%～2% 为宜。图 3.41 为建筑与道路竖向布置实例。

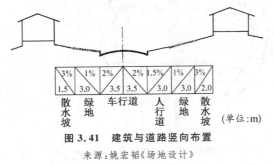

图 3.41　建筑与道路竖向布置
来源：姚宏韬《场地设计》

（2）道路、建筑物及其与引车道的关系　当建筑物有进出车辆要求时，道路与建筑物之间须设置引车道。引车道的

设置须保证建筑物室内外地坪有一定高差以及车辆进出建筑物的最大纵坡限制，可选择 3%～6% 的坡度，见图 3.42。

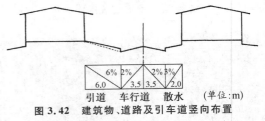

图 3.42　建筑物、道路及引车道竖向布置
来源：姚宏韬《场地设计》

2. 建筑四周排水

建筑四周排水的一般原则是：建筑四周对排水的要求和整个场地有所不同。为避免建筑的基础部分受到水侵蚀和近地面部分受到水冲刷，要求建筑四周的雨水应迅速从建筑处排走，因此建筑四周的排水坡度最低限值一般要比其他场地排水的最低限值要大。

一般来说，建筑四周的地面排水坡度最好为 2%，或者在 1%～3% 之间。当然各个场地设计条件不同，要根据实际情况进行调整。例如，对于湿陷性黄土的地面，建筑四周 6 m 范围内的排水坡度要大于 20%，6 m 以外的排水坡度要大于 5%。对于膨胀土的地面，建筑四周 2.5 m 范围内的排水坡度要大于 2%。建筑的进车道，应由建筑向外倾斜，以使雨水的排出方向背离建筑。

以下结合前文关于竖向设计的不同方法，介绍某场地在四角高程不变的情况下，可以采用室外排水与竖向设计的几种实例。为简单明了，本例未考虑土方平衡以及场地内部加设道路的因素。

（1）箭头法　利用场地四角标高，推算建筑室外四角标高应略高于相邻场地四角标高，并以入口为最高点。雨水远离建筑物，从场地东南两路往西北角排出（图 3.43）。

（2）对称等高线法　在推算出建筑室外四角标高后，增设四个建筑红线标高点，使建筑南北场地单坡排水，分别从东西两边北端角排出（图 3.44）。

（3）建筑室外四角一致一角排水等高线图　利用场地四角标高，推算建筑室外四角标高（高程一致），入口处选择与场地四角中一个同为最高点的角点连线作为分水线，使雨水绕建筑流至西北角排出。该方法建筑四角同平，但是会造成场地坡度不均匀（图 3.45）。

（4）建筑室外四角不一致一角排水等高线图　场地与建筑室外相对应的四角都用推算标高。最高点连线为分水线（10.35），最低点为汇水线（9.65）。该方法场地流水顺畅，但是西北角建筑室外高程要略加高，否则容易积水，故将 9.65 改为 9.70（图 3.46）。

（5）一面坡排水竖向设计图　参考推算出的场地四角标高，自定义对称标高。建筑室外四角标高一致，入口作为分水线。该方法场地排水通畅，等高线要注意满足最小坡度控制要求（图 3.47）。

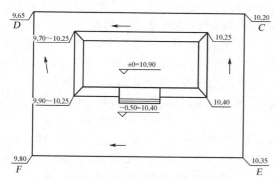

图 3.43　箭头法确定控制标高
来源:姚宏韬《场地设计》

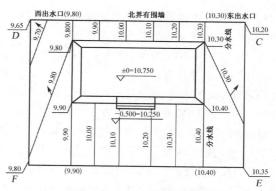

图 3.44　对称形式等高线图
来源:姚宏韬《场地设计》

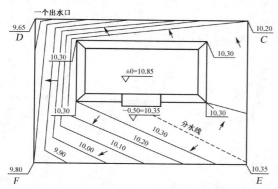

图 3.45　建筑室外四角一致一角排水等高线图
来源:姚宏韬《场地设计》

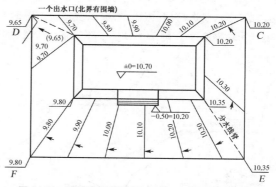

图 3.46　建筑室外四角不一致一角排水等高线图
来源:姚宏韬《场地设计》

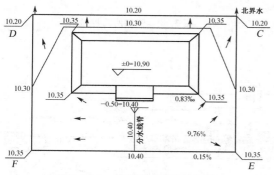

图 3.47　一面坡排水竖向设计图
来源:姚宏韬《场地设计》

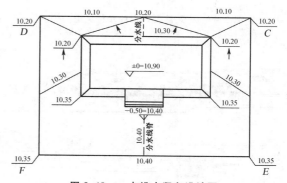

图 3.48　一点排水竖向设计图
来源:姚宏韬《场地设计》

（6）一点排水竖向设计图　设计为对称场地,建筑室外四角也对称,且相邻标高相同。主入口定为分水线,排水由北界中间的低点(10.10)排出(图3.48)。

3.5　竖向设计与土方平衡

3.5.1　影响土方工程量的因素

竖向设计不仅涉及场地的视觉景观、功能使用以及建成后的维护管理,而且与施工过程中发生的土方量有着密切的关系。场地中土方的引入、排出以及运输都需要不菲

的费用,因此竖向设计中除了考虑功能、美学和生态因素外,还要考虑经济因素。

影响土方工程量的因素有很多,大致包括以下几方面:

（1）场地整体竖向设计　园林地形竖向设计应遵循“利用为主、适当改造”的原则。充分尊重和利用原有地形地貌,适当进行合理改造,对场地干扰较小、产生较小土方量的竖向设计方案才是合理可行的。《园冶》云:“高阜可培,低方宜挖”。意指要因高堆山,就低凿水;宜山则山,宜水则水。地形造景应以小地形为主,少搞或者不搞大规模的地形改造,根据原有地形因地制宜地布局相应景点,必要时进行适当的地形改造,这样就能大大减少土方工程量。

（2）建筑、构筑物建设产生的土方量　在建筑、构筑物建设中，产生的土方量主要来自两个方面：一方面是场地的挖方、填方所产生的土方量，这往往是最重要的一部分，也是通过合理的竖向设计能有所控制的一部分。因此在选址和建筑形式的选择上，应充分结合地形，随形就势，减少土方。如图3.49所示，(a)的土方工程量最大，(b)其次，而(d)又次之，(c)最少。另一方面是在建筑和构筑物施工过程中，产生的铲土和需土项目。包括如下几种：① 房心填土。通常建筑物室内地坪高于室外地面。住宅首层地面一般高于室外0.6～0.9 m，公共建筑室内外高差一般也在0.15 m以上。② 基础出土，即基础构造所占部分相应取出的土方量。③ 施工渣土，如施工过程中为了垫平临时道路运进的砂石，建造房屋、假山、桥梁以及铺设道路时产生的很多砖石、碎渣。④ 地下室、地下停车场出土，园林中

一些设备用房和控制室往往建在地表下，在用地紧张地段往往还会建设地下停车场，这些都会产生土方量。

（3）园路选线对土方工程量的影响　道路的选线要充分结合自然地形地貌，并采用合适的道路形式，尽量少动土方。园路路基一般有如图3.50所示的几种类型。在坡地上修筑路基，大致可以分为全挖式、半挖半填式和全填式，园路设计时应避免大挖大填，除满足导游和交通外，尽量减少土方工程量。在沟谷低洼的潮湿地段、桥头引道以及俯瞰园景的道路，其路基需要修成路堤式，而当道路通过陡峭地段或者山口时，为了减小道路坡度，路基往往修成路堑式。有时为了兼顾造景和空间营造，避免开阔的绿地在视觉上被道路过度切割，也采用路堑式路基，如杭州植物园、太子湾公园，以及上海松江方塔园，都大量运用路堑式道路形式（图3.51）。

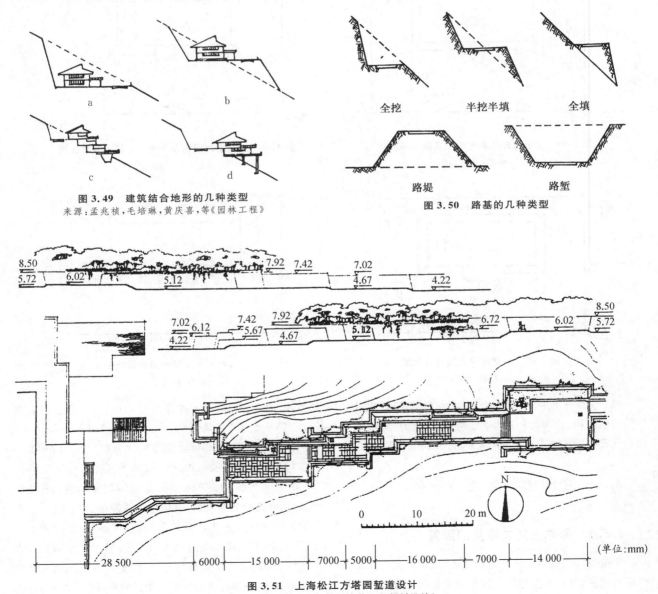

图3.49　建筑结合地形的几种类型
来源：孟兆祯，毛培琳，黄庆喜，等《园林工程》

图3.50　路基的几种类型

图3.51　上海松江方塔园堑道设计
来源：吴为廉《景观与景园建筑工程规划设计》

另外,除主路和部分支路由于要满足游览、运输、养护车辆以及消防车辆的需要宜比较平坦外,其他园路和游步道完全可以随地形起伏,以减少对地形的改变。

（4）管线布置与埋深　对于断面尺寸较大的雨水沟或者大管径下水管、雨水管,其水体为重力自流,因此在竖向设计时要关注道路纵向坡度,既要考虑埋设的坡度、坡向,又要考虑路线长度和埋设深度,以减少土方量。此外,在布置给水管、电力、电信等管沟时,在满足管线技术要求的情况下,应合理布局,统筹安排,相互协调,避开施工不利地段,减少管线工程的土方量。

（5）土方运输距离　即使在场内能做到土方平衡,但施工过程中的挖方、填方量以及运输量的大小仍会影响总的土方工程量,因此要缩短土方运距,减少二次搬运。前者是设计时要考虑的,即在进行竖向设计和土方调配时,应考虑周全,将调配总运距缩减到最小;后者则属于施工管理问题,往往是因为运输道路不好或者施工现场管理不当,导致卸土不到位,造成再次运输的麻烦。

3.5.2 土方工程量的计算与平衡

1. 土方工程量的计算

土方量的计算工作,分为估算和计算两种。估算一般用于规划、方案设计阶段,而在施工图设计阶段,需要对土方工程量进行较为精细的计算。以下就一些常用的土方工程量计算方法逐一介绍。

（1）体积公式估算法　体积公式估算法就是把所设计的地形近似地视为锥体、棱台等几何形体,然后用相应的体积公式计算土方量。该方法简便、快捷,但精度不够,一般多用于规划方案阶段的土方量估算（表3.5）。

表3.5　利用体积公式估算土方工程量

序号	几何体名称	内何体形状	体　积
1	圆锥		$V=\frac{1}{3}\pi r^2 h$
2	圆台		$V=\frac{1}{3}\pi h(r_1^2+r_2^2+r_1 r_2)$
3	棱锥		$V=\frac{1}{3}Sh$
4	棱台		$V=\frac{1}{3}h(S_1+S_2+\sqrt{S_1 S_2})$
5	球缺		$V=\frac{\pi h}{6}(h^2+3r^2)$

V——体积　r——半径　S——底面积　h——高
r_1,r_2——分别为上、下底半径　S_1,S_2——分别为上、下底面积

（2）垂直断面法　垂直断面法多用于园林地形纵横坡度有规律变化地段的土方工程量计算,如带状的山体、水体、沟渠、堤、路堑、路槽等。

此方法是以一组相互平行的垂直截断面将要计算的地形分割成"段",然后分别计算每一"段"的体积,最后把各"段"的体积相加,求得总土方量。计算公式如下:

总土方量 $V=V_1+V_2+V_3+\cdots+V_{n-1}$
其中 $V_1=1/2(S_1+S_2)L(V_2,V_3,\cdots,V_{n-1}$ 以此类推)
式中:V_1——相邻两截断面间的挖、填方量（m^3）;
　　　S_1——截断面1的挖、填面积（m^2）;
　　　S_2——截断面2的挖、填面积（m^2）;
　　　L——相邻两截断面间的距离（m）。

这种方法的精确度取决于截断面的数量,若地形复杂,要求计算精度较高时,则应在地形变化较大的位置多设截断面;若地形变化小且变化均匀,要求仅做初步估算,则截断面可以少一些（图3.52）。

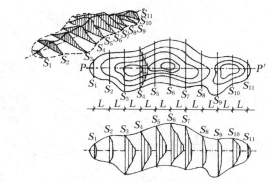

图3.52　带状土山垂直断面法

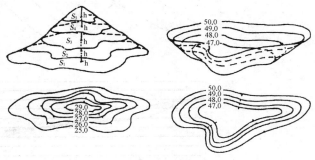

图3.53　等高面法

（3）等高面法　等高面法是在等高线处沿水平方向截取断面,断面面积即为等高线所围合的面积 S,相邻断面之间的高差即为等高距 h。等高面法与垂直断面法基本相似（图3.53）,其体积计算公式如下:

$$V=1/2(S_1+S_2)h+1/2(S_2+S_3)h+1/2(S_3+S_4)h+\cdots+1/2(S_{n-1}+S_n)h+1/3S_n h$$
$$=[1/2(S_1+S_n)+S_2+S_3+S_4+\cdots+S_{n-1}+1/3S_n]h$$

式中:V——土方体积(m^3);

$S_1,S_2,\cdots,S_n$——各层断面面积(m^2);

h——等高距(m)。

此法最适于大面积自然山水地形的土方工程量计算。

无论是垂直断面法还是等高面法,不规则的断面面积的计算工作总是比较烦琐的。一般来说,对不规则面积的计算可以采用以下几种方法:

① 求积仪法:用求积仪进行测量,此法较简便精确。

② 方格纸法:把方格纸蒙在图上,通过数方格数,再乘每个方格的面积即可。此法方格网越密,其精度越高。

③ 如果设计成果是通过计算机辅助设计软件(如 AutoCAD)完成的,则可以直接通过软件相应的命令计算面积。

上述原理和图示针对的是简单的土方挖填,实际工作中很多场地往往存在多处交错的土方挖填,可用同样的原理计算、汇总土方工程量。第一步,确定无开挖无回填线——零点线(零点线围合的范围内是动土方的区域,范围外则是不动土方);第二步,将"零点线范围内"的开挖区和回填区分开;第三步,测量"零点线范围内"每一条等高线水平方向的面积变化,继续将开挖和回填区域分开,即测量同一个编号的原有的和拟建的等高线所围成的面积;第四步,应用下面的算式计算总的开挖量($V_挖$)和回填量($V_填$)。

$$V_挖 = 1/3S_1h + 1/2(S_1+S_2)h + \cdots + 1/2(S_{n-1}+S_n)h + 1/3S_nh$$

即:$V_挖 = h(5/6S_1 + S_2 + S_3 + \cdots + S_{n-1} + 5/6S_n)$

式中:$S_1,S_2,\cdots,S_n$——开挖区每一条等高线水平方向发生土方变化的面积(m^2);

h——等高距(m)。

需要提醒的是,算式右边的第一项($1/3S_1h$)和最后一项($1/3S_nh$),计算的是开挖区两端锥形或金字塔形的土方的体积(参见表3.6序号1的公式)。如图3.54,下部剖断面图上,左上角开挖区的"三角形"阴影区域表示的就是这种锥形或金字塔形土方。

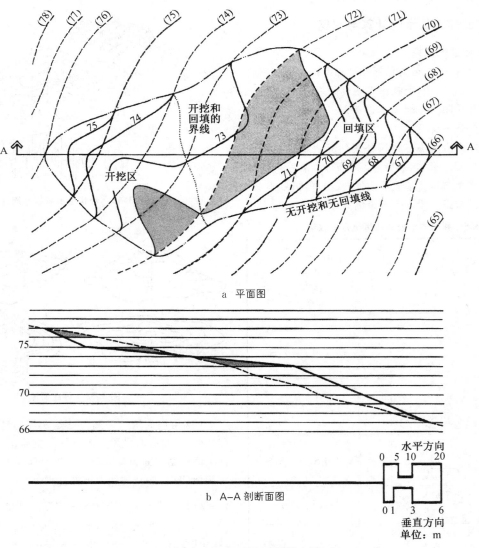

a 平面图

b A-A 剖断面图

图3.54 多处交错土方挖填实例

54

由于计算土方工程有近似性的特点,我们可以将算式进一步简化为:

$$V_{挖} = (S_1 + S_2 + \cdots + S_n)h$$

用这种算式也可以估算回填区的土方量总和,即

$$V_{填} = (S_1 + S_2 + \cdots + S_n)h$$

这个时候的 $S_1, S_2, \cdots, S_n$ 是回填区每一条等高线水平方向发生土方变化的面积。

为了便于土方施工组织,各层数据可按表3.6所示形式编制。

表3.6　等高线面积测量

等高线编号	开挖面积/ft²	回填面积/ft²
67	0	64
68	0	176
69	0	376
70	0	460
71	0	748
72	284	1056
73	360	336
74	464	0
75	172	0
总和	1280	3216

注:1 码(yd)=3 英尺(ft)=0.9144 米(m)。

【例】如图3.54所示的是一个斜坡被重新修筑成一个小的平台区域。利用等高线面积法,计算所需的开挖和回填的土方体积。

解:第一步,通过无开挖和无回填线(零点线)画出土方工程的范围(图中用点划线圈出的范围);第二步,把开挖区与回填区区分开来(图中用点状虚线标出了开挖和回填的界线);第三步,测量零点线内每一条等高线的面积变化,图中阴影面积即为72 ft 等高线的面积,每一条等高线的面积变化记录在表3.7中;第四步,用等高线间距乘总面积,本题等高线间距是1 ft,所以总开挖量=1280×1=1280(ft³)。同理总回填量=3216 ft³。最后按27 ft³=1 yd³=0.765 m³,把土方量转换成 yd³ 或者 m³。

(4)方格网法　用方格网法计算土方量相对比较精确,一般用于平整场地,即将原来高低不平的、比较破碎的地形按设计要求整理成平坦的具有一定坡度的场地。其基本工作程序如下:

①　划分方格网

在附有等高线的地形图上划分若干正方形的小方格网。方格的边长取决于地形状况和计算精度要求。在地形相对平坦地段,方格边长一般可采用 20～40 m;在地形起伏较大地段,方格边长可采用 10～20 m。方格一般为正方形,在场地边缘可出现不完整的方格。在地形变化和布置上有特殊要求的地段,可局部加密方格网。

②　求方格交叉点(角点)的原地形标高

当方格交叉点不在等高线上时可采用插入法计算出这些角点的原标高。根据角点与其近临的等高线的相对位置的不同,可分为 3 种情况(图3.55),每种情况用插入法求高程的算式也略有不同。

设待求点原地形标高为 H_x(m);

位于低边的等高线高程为 H_a(m),位于高边的等高线高程为 H_b(m);

待求点至低边等高线的水平距离为 x(m)(可在图上量取距离,乘图纸比例,计算获得);

等高距 h(m);

待求点相邻两条等高线的间距为 L(m)(可在图上量取距离,乘图纸比例,计算获得);

则可根据相似三角形的边长比例关系公式(下同),得如下算式:

第一,待求点 H_x 在两等高线之间(图3.55①),

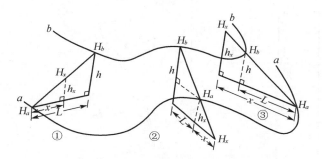

图3.55　插入法求任意点高程图示

则有 $h_x : h = x : L$

∴ $h_x = h \cdot x / L$

∴ $H_x = H_a + h_x = H_a + h \cdot x / L$

第二,待求点 H_x 在低边等高线 H_a 的下方(图3.55②),则有 $h_x : h = x : (L + x)$

∴ $h_x = h \cdot x / (L + x)$

∴ $H_x = H_a - h_x = H_a - h \cdot x / (L + x)$

第三,待求点 H_x 在高边等高线 H_b 的上方(图3.55③),则有 $h_x : h = x : L$

∴ $h_x = h \cdot x / L$

∴ $H_x = H_a + h_x = H_a + h \cdot x / L$

③　填入原地形标高、设计标高及施工标高

根据原地形等高线采用插入法求算所有角点的原地形标高后,将其填入方格网点的右下角(图3.56)。

根据总平面图上的设计地形等高线,或根据设计地形等高线采用插入法计算出每个角点的设计标高,然后将其填入方格网点的右上角。

施工标高=原地形标高-设计标高

得数为正(+)表示挖方,得数为负(-)表示填方。施

工标高数值应填入方格网点的左上角(图 3.56)。

施工标高	设计标高
−1.00	36.00
+⑨	35.00
角点编号	原地形标高

图 3.56 方格网点标高的注写

④ 求填挖零点线

求出施工标高以后,如果在同一方格中既有填土又有挖土,那么就必须求出零点线。所谓零点就是既不挖土也

不填土的点,将零点互相连接起来的线就是零点线。方格网法中的零点线是挖方区和填方区的分界线,它是土方计算的重要依据。

⑤ 土方量计算

根据方格网中各个方格的填挖情况,分别计算出每一方格的土方量。由于每一方格内的填挖情况不同,因此计算所依据的图式也不同。计算中,应根据方格内的填挖具体情况,选用相应的图式,并分别将标高数字代入相应的公式中进行计算。几种常见的计算图式及其相应的计算公式参见表 3.7。

表 3.7 土石方量的方格网计算图式

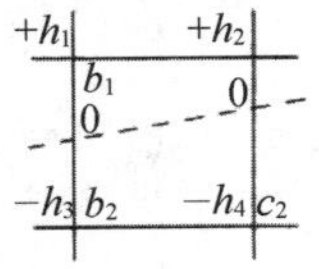

		零点线计算
		$b_1 = a \cdot \dfrac{h_1}{h_1 + h_3}$ $\quad$ $b_2 = a \cdot \dfrac{h_3}{h_3 + h_1}$ $$c_1 = a \cdot \dfrac{h_2}{h_2 + h_4} \quad c_2 = a \cdot \dfrac{h_4}{h_4 + h_2}$$
		四点挖方或填方
		$$\pm V = \dfrac{a^2}{4}(h_1 + h_2 + h_3 + h_4)$$
		两点挖方或填方
		$$\pm V = \dfrac{b+c}{2} \cdot a \cdot \dfrac{\sum\limits_i h_i}{4}$$ $$= \dfrac{(b+c) \cdot a \cdot \sum\limits_i h_i}{8}$$
		三点挖方或填方
		$$V = \left(a^2 - \dfrac{b \cdot c}{2}\right) \cdot \dfrac{\sum h}{5}$$
		一点挖方或填方
		$$V = \dfrac{1}{2} \cdot b \cdot c \cdot \dfrac{\sum\limits_i h_i}{3} = \dfrac{b \cdot c \cdot \sum\limits_i h_i}{6}$$

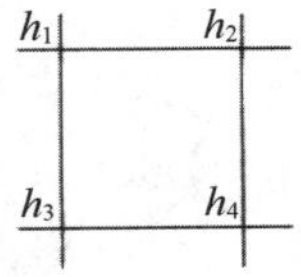

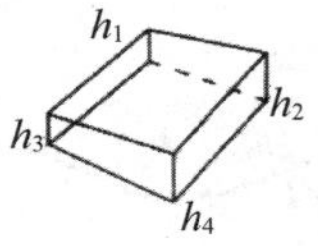

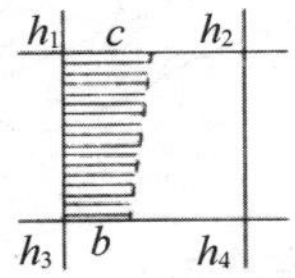

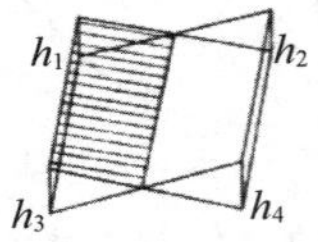

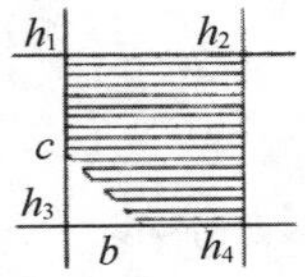

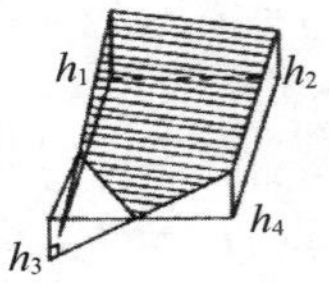

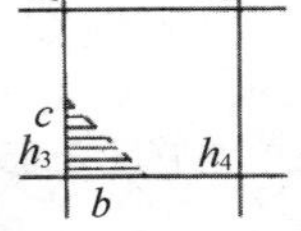

参照表 3.7,我们先讲解零点线计算公式是如何求出的。

设 b_1——零点距 h_1 一端的水平距离(m);

b_2——零点距 h_3 一端的水平距离(m);

h_1, h_3——方格相邻两角点的施工标高的绝对值(m);

a——方格边长(m)。

根据相似三角形的边长比例关系公式,得如下算式:

$$b_1 : b_2 = h_1 : h_3$$

$\because b_2 = a - b_1$

$\therefore b_1 = (a - b_1)h_1/h_3$

经换算后可得:$b_1 = a \cdot h_1/(h_1 + h_3)$

当算出每个方格的土方工程量后,即可对每个网格的挖方、填方量进行合计,算出填、挖总量。方格网法相对简单、快捷且容易使用。这种方法对估算建筑、水池等的挖方量是很有用的。

如图 3.57,已知等高线(单位:ft),开挖出一个下沉场地,要求该场地标高为 95 ft。如下为土方量的计算过程:

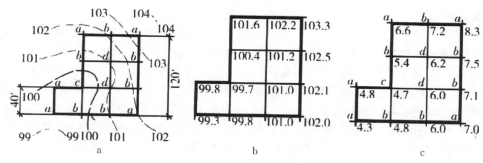

图 3.57 方格网法估算土方量

第一步,把要进行场地平整的地块分成方格,根据每个角所附属的方格数量,将方格的四角分别标注为 a、b、c 和 d,其中 a 类角附属 1 个方格,b 类角附属 2 个方格,c 类角附属 3 个方格,d 类角附属 4 个方格[图 3.57(a)]。第二步,利用插入法求地面各个角点的现状标高(方法参见图 3.55),并标注在图上,如图 3.57(b)所示。第三步,计算施工标高。因为设计标高为 95 ft,低于全部现状高程,即全部为挖方。图 3.57(c)表示每个角的挖方深度,则每类角的总挖方深度计算如下:

a 类角

$$
\begin{array}{cccc}
101.6 & 103.3 & 99.8 & 99.3 \\
-\ 95.0 & -\ 95.0 & -\ 95.0 & -\ 95.0 \\
\hline
6.6 & 8.3 & 4.8 & 4.3
\end{array}
$$

$$
\begin{array}{c}
102.0 \\
-\ 95.0 \\
\hline
7.0
\end{array}
$$

$$=31.0 \text{ 总挖方}$$

b 类角

$$
\begin{array}{ccc}
102.2 & 100.4 & 102.5 \\
-\ 95.0 & -\ 95.0 & -\ 95.0 \\
\hline
7.2 & 5.4 & 7.5
\end{array}
$$

$$
\begin{array}{ccc}
102.1 & 99.8 & 101.0 \\
-\ 95.0 & -\ 95.0 & -\ 95.0 \\
\hline
7.1 & 4.8 & 6.0
\end{array}
$$

$$=38.0 \text{ 总挖方}$$

c 类角　　　　　d 类角

$$
\begin{array}{c}
99.7 \\
-\ 95.0 \\
\hline
4.7
\end{array}
\qquad
\begin{array}{cc}
101.2 & 101.0 \\
-\ 95.0 & -\ 95.0 \\
\hline
6.2 & 6.0
\end{array}
$$

$$=4.7 \text{ 总挖方} \qquad =12.2 \text{ 总挖方}$$

第四步,用下列公式计算

$$土方量 = \frac{a + 2b + 3c + 4d}{4} \times A$$

其中,A = 方格的面积,40 ft × 40 ft,或者为 1 600 ft²,代入上式得到

土方量 =(31.0 + 2 × 38.0 + 3 × 4.7 + 4 × 12.2)÷ 4 × 1 600 = 67 960(ft³)(2517 yd³)

图 3.58 和图 3.59 为一个场地平整的土方挖填情况。

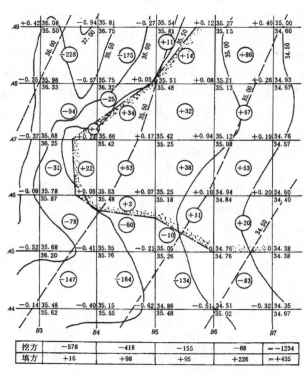

| 挖方 | -578 | -418 | -155 | -88 | =-1234 |
| 填方 | +16 | +98 | +95 | +226 | =+435 |

———自然地面等高线　———设计等高线　---零界线

图 3.58 方格网法计算图例汇总

挖228	挖175	挖11　填14	填86
挖94　填4	挖25　填34	填32	填67
挖31　填22	填63	填38	填53
挖78	挖60　填2	挖10　填11	填20
挖147	挖164	挖134	挖83

图 3.59 各方格挖填方数量

57

2. 土方工程量的平衡

（1）场地上的平衡

① 分期、分区平衡与场地整体平衡相结合 场地内的土方平衡，应在分期、分区平衡和大型地形改造自身平衡的基础上，统一考虑场地内的土方平衡问题，以避免部分地段取、弃土困难或重复挖、填土的现象。

② 综合考虑各种参与平衡的项目 进行土方平衡时，应综合考虑各种情况下参与土方平衡项目的内容、特点。例如：开挖水体、道路、驳岸、建筑基础、地下构筑物、工程管沟等工程的余土，以及松土的余土量、用作建筑材料的土石方等，务必使平衡结果符合实际情况。

③ 综合考虑场内外的土方平衡 虽然场地内的土方挖填平衡最为经济，但是根据工作中的具体情况，也不必追求场地内绝对的土方平衡。例如：可以将开挖水系的大量土方用于附近深坑的填埋、居住区地坪的提高，或者用于修筑堤坝、道路等水利或者市政工程。虽然加长了运距，但是避免了在场地内刻意寻找填土点以及覆土可能造成的植被破坏，或者由此需要的碾压、夯实和沉降，可能总体效益比绝对的场地内平衡还要好。

④ 施工方法的影响 土方平衡还要考虑施工方法的影响。用人工方法施工时，场地内的标高可以多样，以减少土方工程量；而使用大型机械平整场地时，土方工程量的大小已相对次要，应尽量减少标高的数量，过多的标高划分会使机械作业受到很大限制，使土方施工复杂化。在塑造自然式地形时，可以人工与机械结合，整体的骨架与轮廓采用机械施工，而局部地块采用人工调整、优化。表3.8为不同施工方法的合理运距。

表 3.8 适宜的土方调运距离

土方施工方法	调运距离/m	土方施工方法	调运距离/m
人工运土	10～50	拖式铲运机平土	80～800
轻轨手推车	200～1000	自行式铲运机平土	800～3500
推土机平土	50 以内	挖土机和汽车配合	500 以上

（2）处理好挖填关系 在处理场地土方工程时，如果自然地形较为复杂，或者地形改造规模较大，须经过较大填、挖方才能满足竖向布置要求时，应力求在填挖方总量最小且基本平衡的同时，恰当处理填挖方的关系。一般应遵循如下原则：

① 多挖少填 由于填方不易稳定，作为建筑、构筑物的基础需要增加基础工程量，作为种植场地则需要一定时间的沉降稳定；而挖方过多，则会遇到工程地质问题，造成施工困难、延误工期。因此，具体确定填挖比例时，应综合考虑两者关系以及其对于建设的影响程度，通过技术经济比较来确定。若弃土方便，则可以考虑多挖少填。

② 重挖轻填 平整后的场地，大型建筑物、构筑物应布置在挖方地段，而轻型辅助设施、道路、室外活动场地等

应布置在填土地段。

③ 上挖下填与近挖近填 这样在运送土方时，下坡运土利于节约人工和能源。

④ 避免重复挖填 设计的正确性和施工的计划性是避免重复挖填的前提，在工程实践中，还应采取配合措施。例如：填方区内有大量地下工程如地下停车场、地下管沟时，应采取必要措施使其成为保留区，待地下工程完工后再进行填埋，避免重复挖填。

（3）安排好地表覆土 场地平整中的土方，种类很多，有砖石类的渣土，也有从较深处挖出的生土，还有地表土。在土方平衡时应该充分考虑各类土方的用途，做到物尽其用、因地制宜。其中土质较好的地表土不仅含有丰富的矿物质，还可能有一定的土壤生物如蚯蚓、各种菌类等，应该用作绿化场地的覆土。

覆土顺序一般为：上土下岩；大块在下、细粒在上；酸碱性岩土在下、中性岩土在上；不易风化的在下、易风化的在上；不肥沃的土在下、肥沃的土在上。

填挖土方量平衡法是建筑师应熟练掌握和应用的方法。结合上述的方格网法，可以进行场地内土方平衡的计算。

填挖土方量平衡法的基本原理：在原地形图上将场地划分成方格网（边长为 10 m、20 m、40 m）后，先得到每个方格在填挖平衡时的平均标高，即将方格的四角标高相加后，除以方格的角数 4；然后在全场地范围内，把这些平均标高进行再平均，得到挖填平衡时的场地新标高，即将这些平均标高相加后，除以方格数。

【例】某场地以 20 m 边长划分为 5 个方格。要求平整场地为水平后，填挖土方量平衡。计算并标出在填挖下各个角点的设计标高、原地面标高和施工标高，同时标注方格网上零点的位置（不考虑松土系数、排水坡度要求等因素，要求用挖填土方量平衡法）（图 3.60）。

分析：

① 采用插入法计算获得各个方格网交叉点（角点）的原地面标高。

② 根据填挖土方量平衡法的基本原理，计算在挖填平衡要求下场地平面标高。

第一步，计算每个方格在本方格内填挖平衡时的平均标高：

$A2$、$A3$、$B2$、$B3$ 为 4 个角点的方格，其平均标高 = $(112.0+110.9+111.9+110.8)/4 = 111.4$（m）

$B1$、$B2$、$C1$、$C2$ 为 4 个角点的方格，其平均标高 = $(113.4+111.9+113.2+112.3)/4 = 112.7$（m）

$B2$、$B3$、$C2$、$C3$ 为 4 个角点的方格，其平均标高 = $(111.9+110.8+112.3+111.2)/4 = 111.55$（m）

$C1$、$C2$、$D1$、$D2$ 为 4 个角点的方格，其平均标高 = $(113.2+112.3+113.5+112.5)/4 \approx 112.88$（m）

C2、C3、D2、D3 为 4 个角点的方格,其平均标高 = (112.3+111.2+112.5+111.7)/4≈111.93(m)。

第二步,在全场地范围内,把这些平均标高进行再平均,得到填挖平衡时的场地新标高。

因为总共有 5 个方格,所以填挖平衡时的场地新标高为(111.4+112.7+111.55+112.88+111.93)/5 = 560.46/5≈112.1(m),把场地新标高数值标注在每个角点的右上方。

第三步,已知每个角点的新设计标高和原地面标高,用前者减去后者,得到每个角点的施工标高。

A2 的施工标高为+0.1 m;A3 的施工标高为+1.2 m;

B1 的施工标高为−1.3 m;B2 的施工标高为+0.2 m;

B3 的施工标高为+1.3 m;

C1 的施工标高为−1.1 m;C2 的施工标高为−0.2 m;C3 的施工标高为+0.9 m;

D1 的施工标高为−1.4 m;D2 的施工标高为−0.4 m;D3 的施工标高为+0.4 m;

把这些得到的施工标高标注到相应的方格角点的左上方。

③ 取得零点线的位置

零点线,即填挖平衡线,由施工标高为 0(不挖不填)的点组成。

在方格网中,只要找到零点和方格边的交点,然后连接这些交点,就可以得到零点线。

方格边上的两端施工标高,当出现一个为正值另一个为负值时,说明施工标高为 0 的高度点在此方格边上。

观察标注施工标高的图纸,可以找到在方格边 B1B2、B2C2、C2C3、D2D3 上存在零点。

对于这四条方格边,已知边长和两个端点的施工标高,利用表 3.8 零点线计算公式,分别取得零点位置,即:

在方格边 B1B2 上距 B1 点 17.3 m 处的 M 点;在方格边 B2C2 上距 C2 点 10 m 处的 N 点;在方格边 C2C3 上距 C3 点 16.4 m 处的 R 点;在方格边 D2D3 上距 D2 点 10 m 处的 S 点。

连接 M 点、N 点、R 点和 S 点,得到方格网上零点线的位置(图 3.61)。

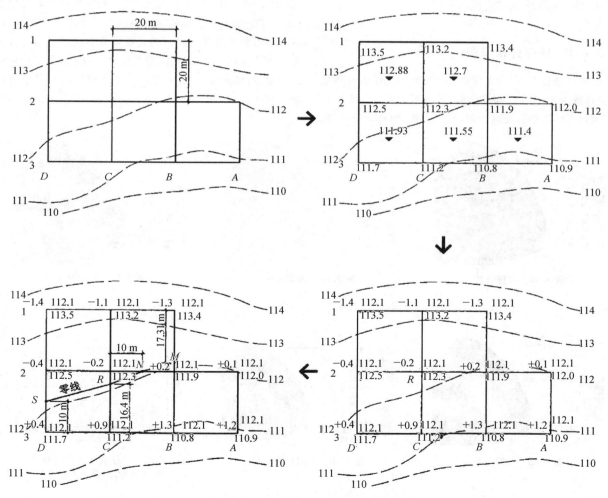

图 3.60 某场地平整土方量计算主要步骤

在上述例子中,零点线也可以这样取得:由于设计地面的标高为 112.1 m,因此在原地面标上标高为 112.1 m 的等高线,这条线在场地范围内的部分即为场地上的零点线。把每个方格内的零点线简化为直线,可得到方格网上的零点线位置(图 3.61)。

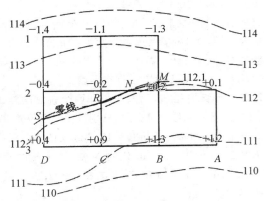

图 3.61　利用原地面等高线取得零点线位置

3.6　GIS 与地形设计

3.6.1　地形分析与表达

在地形分析中,根据点标高插值计算等高线的原理简单,但是需手工处理大量点标高,显然不现实。GIS 可以迅速地对点标高进行插值计算,转化为栅格(DEM)、等高线(Contour)和不规则三角网(TIN)等任一数据方式,并进行高程、坡度、坡向和视线等分析。

(1)高程分析(图 3.62)　利用线条、颜色的变化直观显示高程信息,可以分析精度,设置不同的等高距。高程对建设难度、视野及植被生长均有影响。

(2)坡度分析(图 3.63)　通过计算栅格单元内高差获得。建筑道路的选址、日照间距、排水、水土流失等均和坡度有关。

(3)坡向分析(图 3.64)　反映坡面法线与南北方向的夹角。由于坡向对光照、风和湿度等有影响,因此对建筑场地选址、日照间距、观景方向、植被布置、风力发电设施选址等有影响。

(4)日照分析(图 3.65)　根据太阳的高度角和方位角计算日照强度和遮挡情况,对植物生长和游憩场地选择具有参考意义。

(5)视线分析　可以从某个视点进行特定方向的通视分析(图 3.66),通视和屏蔽区域应区别显示,并生成剖视图(图 3.67);也可以计算整个场地能与该点通视的区域(图 3.68),并能进一步设置视高、视角和视阈进行分析(图 3.69);亦可分析经特定路径后不同场地的可视性,计算其被看到的频率(图 3.70)。视觉分析在地形设计方面能准确检验视觉空间,从而规划视觉序列并对景点和设施采用借景、障景等手法,也可用在远距离照明和信号传输的分析上。

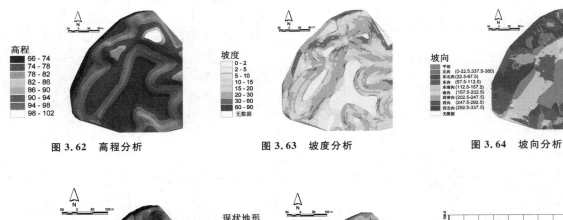

图 3.62　高程分析　　　　图 3.63　坡度分析　　　　图 3.64　坡向分析

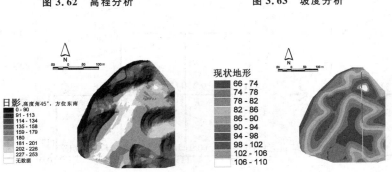

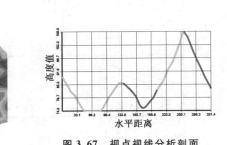

图 3.65　日照分析　　　图 3.66　视点视线分析　　　图 3.67　视点视线分析剖面
　　　　　　　　　　　　　　　　　　　　　　　　　　　（浅色为可见,深色为不可见）

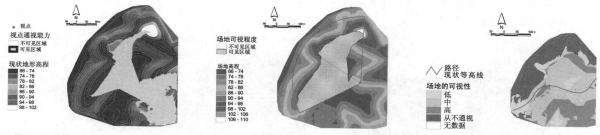

图3.68 基于视点的可视性分析　图3.69 视点视阈分析(120°视角,200 m视距)　图3.70 基于路径的可视性分析

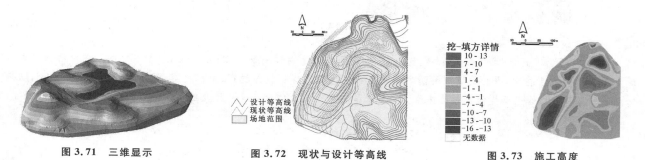

图3.71 三维显示　　图3.72 现状与设计等高线　　图3.73 施工高度

大规模复杂地形的三维实时动态显示(图3.71),可以使场地及规划方案更加直观形象,GIS能兼顾速度和逼真度,为设计师提供了很好的参照。

3.6.2 地形统计与土方计算

以公园设计为例,(1)公园面积一半以上的地形坡度超过50%,硬地面积可适当增加;(2)人力剪草机修建的草坪坡度不得大于25%;(3)地形坡度超过土壤的自然安息角,应采取护坡固土或防冲刷的工程措施;(4)不同类型地表的排水坡度有所不同[见《公园设计规范》(GB 51192—2016)],这些坡度要求涉及用地布局和指标、工程设计和质量、工程量计算以及养护要求等。借助GIS,即使对于大面积或者地形复杂的基地,统计和选择出相应地块也很方便。

GIS既能直接给出指定高程以上地形的投影面积和表面积、体积,也能算出任意区域的表面积[$\sum$(栅格大小/栅格坡度值的余弦)],这些指标有助于精确计算工程量,如土方量、草坪面积、灌溉量。

大面积地形改造的土方量计算比较复杂。借助GIS,将设计地形与原有地形的土方量相减,可以精确地算出填方区、挖方区、总填方和挖方量以及各个栅格的施工高度(精度与栅格大小成反比)(图3.72、图3.73)。根据这些

精确的图示和数据,土方计算与平衡就非常容易了;同时也可考虑填方区域中土壤沉降系数和时间,从而合理安排施工进程;对于挖方区域的表土要再利用,以节约资源。

实际工程中,可以根据土壤质地、运输条件等因素判断土方施工难度,用图层叠加计算的方法将土方挖填量与不同地块的施工难度系数相乘(图3.74),以便更精确地计算工程量。管线和道路的土方计算比较简单,不再赘述。

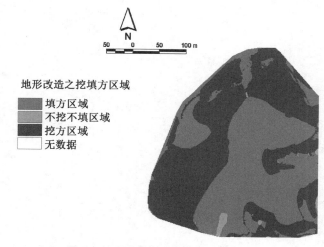

图3.74 图层叠加计算的填方/挖方区域

■ 思考与练习

1. 等高线与实物照片、实体模型的转化练习
   (1)根据下左图照片绘制出该场地的地形图。
   (2)根据下右图等高线绘制出该地形的三个方向立面图以及轴测图。

（3）在 30 cm×20 cm 范围内设计并制作地形的实体模型（卡纸、线框、黏土均可），并在 CAD、SketchUp 等软件中制作虚拟模型，设定漫游路径并生成动画。

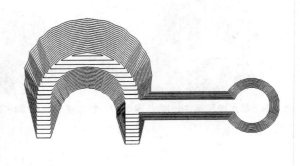

2. 场地等高线调整

如下图，绿色等高线（点状虚线）为现状地形，要在此坡地上砌筑一平台（25 m×40 m，图中矩形），平台南侧边界标高为 220 m，为利于排水，平台的坡度要满足朝北 3% 的要求，为保证坡体稳定，平台北侧、西侧的侧坡坡度为 1：3，以减少由于平整而引起的土壤扰动量。请按照上述要求绘出整个场地的设计等高线及剖切到平台的南北、东西向剖面图。

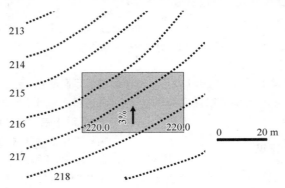

4 园路工程

【导读】 园路和各级公路有什么异同？在规划和设计上分别应该参照哪些标准？本章主要介绍了道路的分类，园路的类型、作用和特点等基本知识；重点讲述了园路平面线形、纵断面、横断面设计的原理、技术要求和方法；介绍了园路的结构组成，各层材料、厚度的选用和结构做法，尤其突出了园林中路面的分类，铺装形式、要求和设计方法等富有本专业特色的内容；简要介绍了园路施工的程序和技术方法。

4.1 概述

道路的修建在我国有着悠久的历史。《诗经·小雅》记载："周道如砥，其直如矢"，说明古代道路笔直、平整。《周礼·考工记》记载："匠人营国，方九里，旁三门。国中九经九纬，经涂九轨，左祖右社，面朝后市，市朝一夫。……经涂九轨，环涂七轨，野涂五轨。"这说明当时都城道路有较好的规划设计，并分等级。从考古发现和现代保存的古代文物来看，我国道路铺地的结构及图案均十分精美。如战国时代的米字纹、几何纹铺地砖，秦咸阳宫出土的太阳纹铺地砖，西汉遗址中的卵石路面，东汉的席纹铺地砖，唐代以莲纹为主的各种"宝相纹"铺地砖，西夏的火焰宝珠纹铺地砖等。近期在圆明园含经堂发掘出的砖雕莲花铺地纹、圆形毡帐砖雕铺地纹均十分精美。在古代园林中，铺地多以砖、瓦、卵石、碎石片等组成各种图案，具有雅致、朴素、多变的风格，为我国园林艺术的成就之一。现存的古典园林中雕砖卵石嵌花路及各种花街铺地（图4.1）等都是古代园林道路铺装的典范。

近年来，随着科技、建材工业、旅游业和风景园林事业的发展，园林铺地中又陆续出现了水泥混凝土、沥青混凝土、彩色水泥混凝土、彩色沥青混凝土、透水透气性路面和压印艺术路面等，这些新材料、新工艺的应用，使园路富有时代感，为风景园林增添了新的光彩。

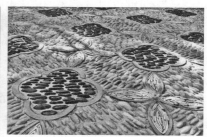

图4.1 古典园林中的花街铺地

4.1.1 道路的分类

道路是供各种车辆（无轨）和行人通行的工程设施。不同类型的道路，其交通特征、功能作用、服务对象与技术要求等各有不同特点，一般以交通性质、交通量和车行速度等为基本因素进行分类。目前我国将道路分成公路（highway）、城市道路（urban road）、专用道路（accommodation road）和乡村道路（country road）四大类。

1. 公路

公路等级是按某种比较点来划分的公路群的级别。公路等级有不同划分角度，如功能型等级主要以交通量为比较点，根据公路的使用任务、功能和流量进行划分。我国将公路划分为高速公路、一级公路、二级公路、三级公路、四级公路，共五个等级。其中，高速和一级为高等级公路，二级居中，三四级为低等级。而行政级别型等级可分为国道、省道和县道。若按快慢分级，则分为高速公路、快速公路和普通公路三级。世界各国公路等级大体相似，但其分类指标不完全相同。

现代公路是连接城市之间、城乡之间、乡村与乡村之间和工矿基地之间，按照国家技术标准修建的，由公路主管部门验收认可的道路，但不包括田间或农村自然形成的小道。公路主要供汽车行驶并具备一定的技术标准和设施。其主要组成部分有路基、路面、桥梁、涵洞、渡口码头、隧道、绿化、通信、照明等设备及其他沿线设施。

2. 城市道路

城市道路是指城市规划区内的公共道路,一般划设人行道、车行道和交通隔离设施等,包括城市快速路、城市主干道、城市次干道、城市支路。其道路红线宽度控制为:城市主干道 30～40 m,城市次干道 20～24 m,城市支路 8～14 m。

3. 专用道路

专用道路分为厂矿道路和林区道路,是指专供或主要供厂矿、林区、农场、油田、旅游区、军事要地等与外部联系的公路。专用道路由专用单位负责修建、养护和管理,也可委托当地公路部门修建、养护和管理。

4. 乡村道路

乡村道路是指主要为乡(镇)村经济、文化、行政服务的公路,以及不属于县道以上公路的乡与乡之间及乡与外部联系的公路。乡道由人民政府负责修建、养护和管理。

园路也是一种道路,但不在上述分类体系中,园路的概念将在 4.1.2 小节详述。公路、城市道路、专用道路和乡村道路虽然也涉及园林景观和绿化工作,但从本质上讲,它们不是园路,它们涉及的园林绿化一般属于道路附属绿地。在相关设计标准与规范的使用中,一定要准确,不能混淆。

4.1.2 园路的基本知识

4.1.2.1 园路的概念与分类

风景园林既有数十平方米的街头小游园,也有数十平方千米的风景区、保护区;既有远郊自然景观,也有城市公园景观;既有园内道路,也有外部交通。性质与功能的差异,使得与风景园林相关的道路工程难以用单一的指标进行简单的分类。因此,可以将与风景园林相关的道路分为两大类。

(1)狭义的园路,特指城市公园内的道路。分主路、支路和小路(游步道)三个等级。主要园路应具有引导游览的作用,易于识别方向。游人大量集中地区的园路要做到明显、通畅、便于集散。通行养护管理机械的园路宽度应与机具、车辆相适应。通向建筑集中地区的园路应有环形路或回车场地。生产管理专用路不宜与主要游览路交

叉。公园园路设计应遵守中华人民共和国国家标准《公园设计规范》(GB 51192—2016),符合其相关技术指标。如园路宽度,应符合表 4.1 的规定。

表 4.1　园路宽度与公园面积关系

园路级别	公园总面积 A/hm^2			
	$A<2$	$2{\leqslant}A<10$	$10{\leqslant}A<50$	$A{\geqslant}50$
主路/m	2.0～4.5	2.5～4.5	4.5～5.0	4.0～7.0
次路/m	—	—	3.0～4.0	3.0～4.0
支路/m	1.2～2.0	2.0～2.5	2.0～3.0	2.0～3.0
小路/m	0.9～1.2	0.9～2.0	1.2～2.0	1.2～2.0

来源:《公园设计规范》(GB 51192—2016)

(2)广义的园路,包括各级风景名胜区、自然保护区、森林公园、湿地公园和国家公园的道路。它们的用地性质各异,常常不在城市建设用地范围内。现结合国内外风景园林工程实践经验,参考公路、城市道路、专用道路的分类标准,划分为主干路、次干路、支路、游览步道四类。

主干路是指联系景区与其所依托的城市(郊)干道或其他景区的客运、货运性道路,以及联系景区内不同功能区的道路。主干路是形成景区结构布局的骨架,属全局性道路,车流量较集中。

次干路是主干路的补充,与主干路结合组成道路网,串联各主要景点和功能区,起到交通集散、引导游览的作用,兼有服务功能,车流量相对较少。

支路解决景区局部地段交通,主要为景区内生产管理、园务运输和消防等服务。

游览步道也称游步道或小径,是风景园林道路系统的最末梢,是供游人游览、观光、休憩的小道。小径宽度可根据游览需要做不等变化,一般不宜超过 2.5 m。道路设计及路面材料可灵活处理,因景成路。

风景园林道路分类与技术标准,可参考表 4.2。在具体的道路工程设计中,应根据道路所在用地的性质,查阅中华人民共和国行业标准《公路工程技术标准》(JTG B01—2014)、《公路路线设计规范》(JTG D20—2017)、《城市道路设计规范》(CJJ 37—90)等资料,参考公路、城市道路、专用道路的相关技术指标,以风景园林总体规划为依据,确定路宽、平曲线和竖曲线的线形以及路面结构。

表 4.2　与风景园林相关的道路分类与技术指标(参考)

道路分类	路面宽度/m	人行道宽(路肩)/m	车道数/条	路基宽度/m	红线宽(含明沟)/m	车速/(km/h)
主干路	7.0～14.0	1.5～3.0	2～4	8.5～17.0	16～30	20～50
次干路	4.0～7.0	1.0～2.0	1～2	5.0～9.0	—	15～40
支路	3.0～4.0	0.8～1.0	1	3.8～5.0	—	15
游览步道	0.8～2.4	—	—	—	—	—

注:本表数据依据《公路工程技术标准》(JTG B01—2014)、《公路路线设计规范》(JTG D20—2017)、《城市道路设计规范》(CJJ 37—90)等资料整理得到。本章其余表格除注明外,来源相同。

4.1.2.2　园路的作用

1. 组织空间、引导游览

在公园和风景名胜区中常常利用地形、建筑、植物和道路把全园分隔成各种不同功能区或者景区,同时又通过道路,把各区联结成一个整体。其中园林空间和游览程序的安排十分重要,它能将设计者的造景序列传达给游客。通过园路可以组织园林的观赏程序,向游客展示园林风景画面,引导游客按照设计者的意图、路线和角度来游览景物。从这个意义上来讲,园路其布局和路面铺砌的图案,成为游客无言的导游。

2. 组织交通

园路不仅对游客的集散、疏导起到重要的组织作用,而且也满足了园林绿化、建筑维修、养护、管理、安全、防火、职工生活等园务工作的交通运输需要。对于小公园,园路游览功能和交通运输功能可以结合在一起考虑,以便节省用地。对于大型园林,由于园务工作交通量大,有时可以设置专门的路线和出入口。

3. 构成园景

园路优美的线形,丰富多彩的路面铺装,可与周围的山水、建筑、花草、树木、石景等景物紧密结合,不仅"因景设路",而且"因路得景"。所以园路可行、可游、可赏,是景观优美的绿色基础设施。

4. 其他功能

广义的园路不仅包括公园道路,还包括各种铺装广场和运动场地,为游人活动提供了便利条件;可以利用园路边沟等组织雨水的排放;可以利用园路的材质和铺装形式进行空间的界定,划分功能区,或者实现障碍性铺装等其他功能。

4.1.2.3　园路的路面和断面结构

1. 园路的路面类型

园路路面根据划分方法的不同,可以有许多不同的分类。按使用材料的不同,路面可分为:

(1)整体路面　由整体材料构成的路面,包括水泥混凝土路面和沥青混凝土路面等。

(2)块料路面　由各种块料构成的路面,包括各种天然块石或人工块料铺装的路面。

(3)碎料路面　由各种不规则的块石、碎石、瓦片、卵石等组成的路面。

(4)简易路面　由煤屑、三合土等组成的路面,多用于临时性或过渡性园路。

2. 园路的横断面结构类型

园路按其横断面结构,一般可分为 3 种类型,即路堑型、路堤型和特殊型。

(1)路堑型园路　横断面采用立道牙,路面常需设置雨水口和排水管线等附属设施,将雨水引到地下管线中去,构造如图 4.2 所示。城市市政道路大多也采用这种结构。

(2)路堤型园路　横断面采用平道牙,主路面两侧设置明沟,用于排放路面雨水,构造如图 4.3 所示。

(3)特殊型园路　包括步石、汀步、磴道、攀梯、栈道等,构造如图 4.4 所示。

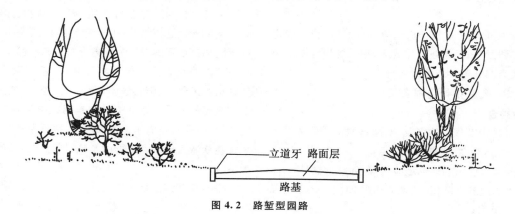

图 4.2　路堑型园路

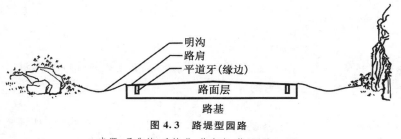

图 4.3　路堤型园路

来源:孟兆祯,毛培琳,黄庆喜,等《园林工程》

图 4.4　特殊型园路

4.1.2.4 园路的特点

园路与城市道路、公路相比有以下特点：

(1) 园路为造景服务,行游合一;

(2) 园路路面形式变化多样,具有较高的艺术表现力;

(3) 园路路面结构"薄面强基",可以低材高用,综合造价低;

(4) 园路往往与园林排水等设施相结合,兼具多种功能。

4.1.3 园路设计的基本内容与准备工作

4.1.3.1 园路设计的基本内容

各级园路应以总体设计为依据,确定路宽、平曲线和竖曲线的线形以及路面结构。

(1) 园路的几何线形设计。需要解决的主要问题包括运动学及力学方面的安全性、舒适性;视觉及运动心理学方面的良好效果;与园林环境的协调关系以及经济性。为了在设计中表达及表述的方便,通常把园路的几何线形设计分解为园路的平面、纵断面和横断面分别进行研究,然后结合地形及环境条件综合考虑。

(2) 园路的结构设计。根据地形地质、交通量及荷载等条件,确定园路结构中各个组成部分所使用的材料、厚度要求等。园路的结构设计要求用最小的投资,尽可能少的外来材料及养护成本,在自然力、人及车辆荷载的共同作用下,使园路在使用年限内能保持良好状态,满足使用要求。

(3) 园路的面层装饰设计。选用各种面层材料,确定其色彩、纹样和图案、表面处理方式等,形成各种地面纹理变化,使之成为园林景观的组成部分。

4.1.3.2 园路设计的准备工作

1. 实地勘查

熟悉设计场地及周围的情况,对园路的客观环境进行全面的认识。勘查时应注意以下几点:

(1) 了解基地现场的地形地貌情况,并核对图纸;

(2) 了解基地的土壤情况、地质情况、地下水位、地表积水的原因及范围;

(3) 了解基地内原有建筑物、道路、河池及植物种植的情况,要特别注意保护大树和名贵树木;

(4) 了解地下管线(包括煤气、供电、电信、给排水等)的分布情况;

(5) 了解园外道路的宽度及标高,尤其是公园出入口处的标高。

2. 收集相关资料

(1) 公园的原地形图,比例为1∶500 或 1∶1000;

(2) 公园设计图,包括总体设计、竖向设计、建筑、道路规划、种植设计等图纸和说明书,图纸比例为1∶500 或

1∶1000,而且要明确各段园路的性质、交通量、荷载要求和园景特色;

(3) 公园水文地质的勘测资料及现场勘查的补充资料。

4.2 园路的线形设计

4.2.1 园路的平面线形设计

道路的平面线形是指道路在水平面上的投影。直线和曲线是平面线形的主要组成部分。

平面线形设计就是具体确定道路在平面上的位置。根据勘测资料和道路等级要求以及景观需要,定出道路中心线的位置,确定直线段;选用圆曲线半径,合理解决曲线、直线的衔接;恰当地设置超高、加宽路段,保证安全视距,绘出道路平面设计图。

园路平面线形设计应根据道路的等级及其使用功能,在保证行驶安全的前提下,合理利用地形,正确运用技术标准,在条件允许的情况下,力求做到各种线形要素的合理组合,保证线形的均衡性,尽量避免和减少不利组合,以充分发挥投资效益。不同的路线方案,应对工程造价、自然环境、社会环境等重大影响因素进行多方面的技术经济论证。

4.2.1.1 园路平面线形设计的基本内容与要求
1. 园路平面线形设计的一般原则

园路的线形设计应与地形、水体、植物、建筑物、铺装场地及其他设施相结合,形成完整的风景构图,创造连续展示园林景观空间或欣赏前方景物的透视线。

园路的线形设计应主次分明、疏密有致、曲折有序。为了组织风景,应延长旅游路线,扩大空间,使园路在空间上有适当的曲折。较好的设计是指根据地形的起伏和功能的要求,使主路与水岸若即若离,穿插于各景区之间,沿主路能使游人欣赏到主要的景观,把路作为景的一部分来建造。

通行车辆的园路平面线形设计的一般原则是:

(1) 平面线形连续、顺畅,并与地形、地物相适应,与周围环境相协调;

(2) 满足行驶力学上的基本要求和视觉、心理上的要求;

(3) 保证平面线形的均衡与连贯;

(4) 路的转折、衔接通顺,符合游人的行为规律,避免连续急弯的线形;

(5) 平曲线应有足够的长度。

园路在不考虑行车要求时,可以降低线形的技术要求,在不影响游人正常游览的前提下,常常结合地形设计,采用连续曲线的线形,以优美的曲线构成园景。下面简述

车行园路平面线形设计的技术要求。

2. 直线

在地形变化小的城市规划路网中,直线作为主要线形要素是适宜的。直线具有距离最短、线形最易选定、经济和快速的优点;缺点是过长的直线易引起司机的视觉疲劳,另外直线的可预见性,使景观显得单调。直线在园路设计中的应用也是比较广泛的,尤其是在地形较为平坦的开阔地段。在车行园路的设计中要注意在长直线上纵坡不宜过大。

3. 圆曲线

无论是公路、城市道路还是园路,平面线形均要受到一些自然障碍(地形、地物、水文、地质等)的限制或因景观要求而改变线路方向,在直线转向处需要用曲线连接起来,曲线可以自然地表明道路方向的变化。采用平缓而适当的曲线,既可提高司机的注意力,又可从正面看到路侧的景观,起到诱导视线的作用。

道路曲线包括圆曲线和缓和曲线(螺旋曲线)两种。圆曲线具有一定的半径;缓和曲线是设置在直线和圆曲线之间或不同半径的两圆曲线之间的曲率连续变化的曲线,该曲线能缓和人体感受到的离心加速度的急剧变化,提高视觉的平顺度及线形的连续性(图 4.5)。就一般风景园林道路的规模及设计速度而言,主要使用圆曲线,极少使用缓和曲线。

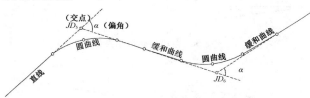

图 4.5　曲率连续的路线

(1) 圆曲线的主点　指不同线形的分界点及曲中点,这些点对曲线的平面位置和形状起着控制作用。如图 4.6 所示,圆曲线的主点有:

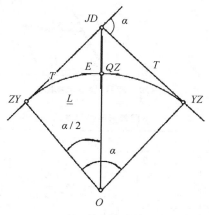

图 4.6　圆曲线及其主要元素

① 直圆点:即按线路里程增加方向由直线进入圆曲线分界点,用 ZY 表示;

② 曲中点:即圆心和交点(JD)的连线与圆曲线的交点,用 QZ 表示;

③ 圆直点:即按线路里程增加方向由圆曲线进入直线分界点,用 YZ 表示;

④ 交点:即后一条直线与前一条直线的交叉点,用 JD 表示。交点既是直线的控制点,也是圆曲线的控制点,通常在确定园路走向时已定出。

(2) 圆曲线几何元素的计算　为了推算圆曲线的主点及线路的里程,必须先进行圆曲线的几何元素计算。如图 4.5 所示,设线路交点(JD)处的转向角为 α,圆曲线半径为 R,则圆曲线的测设元素可按下式计算:

切线长　$T = R \cdot \tan \dfrac{\alpha}{2}$

曲线长　$L = R \cdot \alpha \dfrac{\pi}{180}$

外　距　$E = R\left(\sec \dfrac{\alpha}{2} - 1\right)$

切曲差　$D = 2T - L$

其中 T,E 用于主点测设,T、L、D 用于里程计算。

(3) 圆曲线主点里程推算　曲线主点的里程应从一个已知里程的点开始,按里程增加方向逐点向前推算。例如某点里程为 K3+567.83,即表示该桩距起点的距离为 3 km 又 567.83 m。如图 4.7 所示,其推算方向是:

$$ZD \to ZY_1 \to QZ_1 \to YZ_1 \to ZY_2 \to QZ_2 \to YZ_2$$

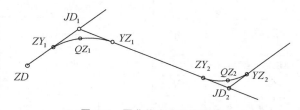

图 4.7　圆曲线主点里程推算

【例】 已知交点的里程为 K2+182.76,测得转向角 $\alpha_右 = 25°48'$,圆曲线半径 $R = 300$ m,求该圆曲线的几何元素及主点里程。

解:(1)圆曲线的几何元素

$$T = 300 \times \tan \frac{25°48'}{2} \approx 68.71 \, (\text{m})$$

$$L = 300 \times 25°48' \frac{\pi}{180°} \approx 135.09 \, (\text{m})$$

$$E = 300 \times \left(\sec \frac{25°48'}{2} - 1\right) \approx 7.77 \, (\text{m})$$

$$D = 2 \times 68.71 - 135.09 = 2.33 \, (\text{m})$$

（2）主点里程

JD	K2+182.76
−）T	68.71
ZY	K2+114.05
+）L	135.09
YZ	K2+249.14
−）L/2	67.54
QZ	K2+181.60
+）D/2	1.16
JD	K2+182.76（计算校核）

4. 圆曲线半径

圆曲线半径值应与地形等条件相适应，半径分极限最小半径、一般最小半径和不设超高的最小半径三种。在风景区的公路和公园行车道路中，圆曲线最小半径的规定值见表 4.3 和表 4.4。圆曲线半径的选用应同前后线形要素相协调，使之构成连续、均衡的曲线线形，并注意与纵面线形相配合，必须避免小半径曲线与陡坡相重合。设计时，应尽量采用较大的半径，一般应采用大于或等于表中所列的不设超高的最小半径；当条件不允许时，才采用设超高的一般最小半径或极限最小半径。园路在不考虑行车速度时，可以采用汽车的最小转弯半径作为圆曲线的最小半径，一般不小于 6 m。

表 4.3 风景区公路圆曲线最小半径

公路等级	三		四	
	平原微丘	山岭重丘	平原微丘	山岭重丘
计算行车速度/(km/h)	60	30	40	20
极限最小半径/m	125	30	60	15
一般最小半径/m	200	65	100	30
不设超高的最小半径/m	1500	350	600	150

表 4.4 公园行车道路圆曲线最小半径

设计速度/(km/h)	50	40	30	20
不设超高的最小半径/m	400	300	150	70
设超高的推荐半径/m	200	150	85	40
设超高的极限最小半径/m	100	70	40	20

5. 道路的超高、超高缓和段和曲线加宽、加宽缓和段

在圆曲线上行驶的车辆除受到汽车本身重力的作用外，还受到离心力的作用，两种力的合力作用使得行驶在平曲线上的汽车有两种横向不稳定的危险，即向外滑移和倾覆。为了平衡离心力，需要把路面做成外侧高的

单向横坡形式，这就是道路超高，如图 4.8 所示。风景区公路圆曲线部分最大超高值一般为 2%～6%，半径越小超高越多，坡度越大。当半径 $R \geqslant 75$ m 时，不设超高。

从直线段的路拱双向坡断面，过渡到小半径曲线上具有超高横坡的单向坡断面，要有一个逐渐变化的区段，称为超高缓和段。超高缓和段的长度一般为 10 m。

汽车在弯道上行驶，由于前后轮的轮迹不同，前轮的转弯半径大，后轮的转弯半径小，因此，弯道内侧的路面要适当加宽，如图 4.9 所示。园路曲线加宽的宽度见表 4.5。当平曲线半径 $R > 200$ m 时，可不必加宽。加宽的过渡段称为加宽缓和段。加宽缓和段长度和超高缓和段相同，一般为 10 m。

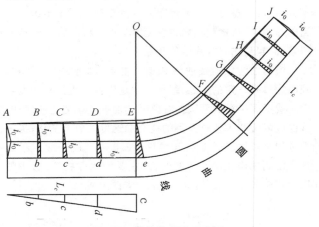

图 4.8 曲线的超高示意图

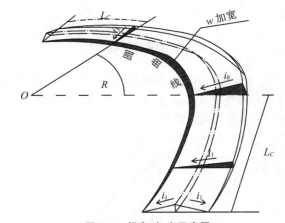

图 4.9 超高、加宽示意图

表 4.5 不同转弯半径平曲线加宽值

轴距加前悬/m	平曲线半径/m								
	15～<20	20～<25	25～<30	30～<50	50～<70	70～<100	100～<150	150～<200	200～250
5	2.5	2.2	1.8	1.4	1.2	1	0.8	0.6	0.4
8			2.0	1.5	1.2	0.9	0.7	0.6	

6. 平面视距

所谓视距,就是驾驶员在行驶过程中的通视距离。

(1) 行车视距 为保证行车安全,司机看到一定距离处的障碍物或迎面来车后,刹车所需的最短安全距离,称为行车视距。道路平面、纵断面或交叉口设计中,均应保证必要的行车视距。行车视距分停车视距和会车视距等。停车视距是指在行车的道路上,汽车司机发现障碍物后,及时刹车至完全停车所必需的最短距离。会车视距是指在同一车道上对向行驶的车辆双方均无法错让,同时刹车至完全停车所必需的最短距离。会车视距一般为停车视距的 2 倍。园路的停车视距和会车视距见表 4.6。

表 4.6 园路的停车视距和会车视距

设计速度/(km/h)	60	50	40	35	30	25	20
停车视距/m	75	55	40	35	30	25	20
会车视距/m	150	110	80	70	60	50	40

行车视距又分平面视距和纵断面视距两种。

(2) 平面视距的保证 汽车在弯道上行驶时,弯道内侧的行车视线可能被树木、建筑物、路堑边坡或其他障碍物遮挡,因此在路线设计时,必须检查平曲线上的视距能否得到保证。若有遮挡,则必须清除视距区段内侧横向净距内的障碍物。

视距区可通过图解法求出,见图 4.10。先按道路等级确定所需停车视距 s,并按比例绘于图中。再绘出弯道内侧车道的中心线(即行车轨迹线),在其上以编码 1 为起点(点 1 距圆曲线起点的距离小于 s 值),以 s 为半径画圆与行车轨迹线交于点 $1'$,再在其上距点 1 一定距离取 2 为始点,以 s 为半径画圆与行车轨迹线交于点 $2'$。依此顺序分别作图,得 $3',4',\cdots$,一直到离圆曲线的终点的距离小于等于 s 处,然后以直线连接点 1 与点 $1'$,点 2 与点 $2'$,点 3 与点 $3'\cdots\cdots$ 再以光滑曲线作上述直线族的内接包络线

MN。在这个视距区以内的所有障碍物都应拆除。留下的障碍物的高度(包括绿化)不得超过车辆驾驶员的视线高度 1.2~1.5 m(小客车 1.2 m,大客车 1.5 m)。

4.2.1.2 园路平面线形设计步骤

园路平面设计包括确定线路走向,定出起、终点和交点(JD)位置,确定道路中心线的平面位置,计算平曲线元素,推算里程(桩号)及线路中各桩里程(桩号),绘制平面图等步骤。

(1) 确定线路走向,定出起、终点和交点(JD)位置。设计前第一步是对园路周边的自然和人文环境进行分析,包括地形、土壤、植被、排水方式和野生动物生存环境、已存在的交通模式等因素。在拟建地区的地形图、规划设计平面图上,确定线路走向,定出路线的起、终点和交点(JD)位置。

(2) 确定转向角 α。转向角可以在图上用正切原理求出,当精度要求较低时,也可以用量角器量得。

(3) 计算圆曲线半径 R。根据地形、地物、道路设计规范等,求出各圆曲线的半径。

(4) 计算圆曲线元素。根据 α、R 计算 T、L、E、D 的值。

(5) 推算里程(桩号)。交点(JD_1)里程从路线起点开始,起点到 JD_1 的直线长度即为交点(JD_1)里程;交点(JD_2)里程应从 YZ_1 里程开始,加上 YZ_1 到 JD_2 的直线长度;交点(JD_3)里程应从 YZ_2 里程开始,加上 YZ_2 到 JD_3 的直线长度,以此类推计算各交点的里程。圆曲线的主点里程按【例】(2)计算。

(6) 推算线路中各桩里程(桩号)。每个桩的桩号表示该桩距离线路起点的里程,以千米+百米的形式给出。如某桩距线路起点的距离为 3456.78 m,其桩号为 3+456.78。整桩是由线路起点开始,每隔 20 m 或 50 m(曲线上根据不同的曲线半径 R,每隔 20 m,10 m 或 5 m)设置一桩,见图 4.11(a)。加桩分为地形加桩、地物加桩和

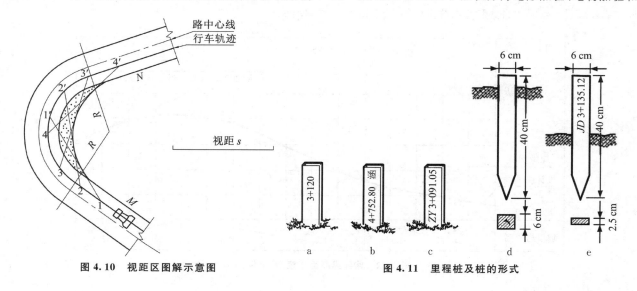

图 4.10 视距区图解示意图

图 4.11 里程桩及桩的形式

曲线加桩,见图 4.11(b)、图 4.11(c)。地形加桩是指沿中线地面起伏突变处、横向坡度变化处以及天然河沟处等所设置的里程桩。地物加桩是指沿中线有人工构筑物的地方(桥梁、涵洞处,线路与其他公路、铁路、渠道、高压线等交叉处,拆迁建筑物处,以及土壤地质变化处)所设置的里程桩。曲线加桩是指在曲线上设置的主点桩,如圆曲线起点(简称直圆点 ZY)、圆曲线中点(简称曲中点 QZ)、圆曲线终点(简称圆直点 YZ),分别以汉语拼音缩写为代号。桩的形式可用方桩或扁桩,如图 4.11(d)、图 4.11(e)。

(7)绘制平面图。先在现状地物地形图上画出道路中线,然后用粗实线画出道路红线、车行道与人行道的分界线,并进一步画出绿化分隔带以及各种交通设施,如停车场等的位置及外形。此外,还应将沿线建筑主要出入口、现状管线及规划管线,包括检查井、进水口以及桥涵等的位置标出。对于交叉口尚需标明道路转弯半径、中心岛尺寸和护栏、交通信号设施等的具体位置。平面图绘制范围在建成区一般要求超出红线范围两侧各约 20 m,其他情况为道路中线两侧各 50~150 m。在平面图上应给出指北方向。

4.2.2 园路的纵断面设计

园路纵断面是沿着道路中线的竖直剖切面,道路路线在纵断面上是一条有起伏的空间线。纵断面设计的主要任务就是根据汽车的运行特性、道路等级、当地的自然地理条件以及工程经济性等,研究起伏空间线几何构成的大小及长度。

在纵断面图上有两条主要的线:一条是地面线,是根据中线上各桩点的高程绘制的一条不规则的折线,反映了沿中线地面的起伏变化情况;另一条是设计线,是经过设计定出的一条具有规则形状的几何线,反映了道路路线的起伏变化情况。

纵断面设计线是由直线和竖曲线组成的。直线(即均匀坡度线)有上坡和下坡之分,是用高差和水平长度表示的。为平顺过渡,在直线的坡度转折处要设置竖曲线。按坡度转折形式的不同,竖曲线有凹有凸,其大小用半径和水平长度表示,见图 4.12。

4.2.2.1 道路纵断面设计的主要内容及要求

1. 设计的主要内容

(1)确定路线合适的标高　设计标高需满足技术、经济以及美学等多方面要求。

(2)设计各路段的纵坡及坡长　坡度和坡长影响汽车的行驶速度、运输的经济性以及行车的安全性,其部分临界值和必要的限制是由通行的汽车类型和行驶性能决定的。

(3)保证视距要求　选择竖曲线半径,配置曲线,计算施工高度等。

2. 设计要求

(1)线形平顺,保证行车安全和设计车速;

(2)路基稳定,工程量小,避免过大的纵坡和过多的折点;

(3)保证与相关的道路、铺装场地、沿路建筑物和出入口有平顺的衔接;

(4)保证路两侧的街坊或草坪及路面水的排泄通畅;

(5)纵断面控制点(如相交道路、铁路、桥梁、最高洪水位、地下建筑物等)必须与道路平面控制点一起加以考虑。

4.2.2.2 道路的纵坡与坡长

1. 道路的纵坡

(1)最大纵坡　最大纵坡是指在纵坡设计时各级道路允许采用的最大坡度值,是道路纵断面设计的重要控制指标。风景园林道路最大纵坡值 $i_{max} \leqslant 8\%$。在不考虑车速的条件下,局部地段允许达到 12%。非机动车道纵坡以 2% 为宜,最大不得超过 3%。游步道一般在 21%(12°)以下为舒适的坡度,超过 27%(15°)应设台阶,超过 36%(20°)必须设台阶。

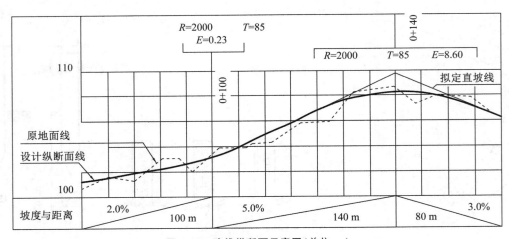

图 4.12　路线纵断面示意图(单位:m)

（2）最小纵坡 最小纵坡是指道路挖方及低填方路段，为保证排水而采用的不小于0.3%的纵坡。当必须设计小于0.3%的纵坡时，道路边沟纵坡应另行设计。

（3）桥上及桥头路线的纵坡 小桥与涵洞处的纵坡应按路线规划设计，大、中桥上的纵坡不宜大于4%，桥头引道的纵坡不宜大于5%。城镇附近非汽车交通较多的地段，桥上及桥头引道的纵坡均不得大于3%。紧接大、中桥头两端的引道纵坡应与桥上纵坡相同。各种类型路面的纵横坡度见表4.7。

表4.7 各种类型路面的纵横坡度表

路面类型	纵坡/‰				横坡/%	
	最小	最大		特殊	最小	最大
		游览大道	园路			
水泥混凝土路面	3	60	70	100	1.5	2.5
沥青混凝土路面	3	50	60	100	1.5	2.5
块石、炼砖路面	4	60	80	110	2	3
拳石、卵石路面	5	70	80	70	3	4
粒料路面	5	60	80	80	2.5	3.5
改善土路面	5	60	60	80	2.5	3
游步小道	3	—	80	—	1.5	3
自行车道	3	30	—	—	1.5	2
广场、停车场	3	60	70	100	1.5	2.5
特别停车场	3	60	70	100	0.5	1

2. 道路的坡长

（1）最短坡长限制 最短坡长的限制主要是从汽车行驶平顺性的要求考虑的。如果坡长过短，那么会使变坡点增多，汽车行驶在连续起伏地段产生的超重与失重变化频繁，导致乘客感觉不舒适，车速越高感觉越明显。从道路美观、相邻两竖曲线的设置和纵面视距等角度考虑，也要求坡长有一最短值，见表4.8。

表4.8 道路最短坡长

道路类型	公路Ⅲ级		公路Ⅳ级		城市道路				
计算车速/(km/h)	60	30	40	20	60	50	40	30	20
最短坡长/m	150	100	100	60	170	140	110	85	60

（2）陡坡坡长限制 道路纵坡的大小对汽车的正常行驶影响很大。纵坡越陡坡长越长，对行车影响越大。主要表现在：上坡行驶行车速度明显下降，甚至要换较低挡以克服坡度阻力；下坡行驶制动频繁，易使制动器发热而失效，甚至造成车祸。

当道路上有大量非机动车行驶时，在可能情况下宜在不超过500 m处设置一段不大于3%的缓坡，以利于非机动车行驶，见表4.9。

为自行车设计的园路纵坡大于或等于2.5%时，应按表4.10的规定限制坡长。

表4.9 车行园路纵坡限制坡长

计算车速/(km/h)	80			60			50			40		
坡度/%	5	5.5	6	6	6.5	7	6	6.5	7	6.5	7	8
纵坡限制坡长/m	600	500	400	400	350	300	350	300	250	300	250	200

表4.10 自行车道纵坡限制坡长

坡度/%	3.5	3	2.5
自行车道限制坡长	150	200	300

4.2.2.3 园路的竖曲线

在路线纵坡变更处，为了满足行车的平稳和视距的要求，在竖直面内应以曲线衔接，这种曲线称为竖曲线。竖曲线有凸形和凹形两种形式，见图4.13。

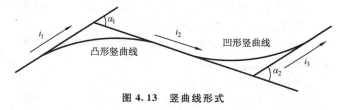

图4.13 竖曲线形式

竖曲线一般采用圆曲线，这是因为在一般情况下，相邻坡度差都很小，而选用的竖曲线半径都很大，因此即使采用二次抛物线等其他曲线，所得到的结果也与圆曲线相同。

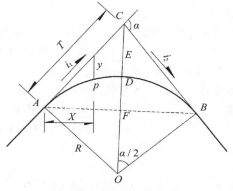

图4.14 竖曲线测设元素

如图4.14，两相邻纵坡的坡度分别为i_1、i_2，竖曲半径为R，则几何元素为

$$曲线长 \quad L = R \cdot \alpha \frac{\pi}{180}$$

$$切线长 \quad T = R \cdot \tan \frac{\alpha}{2}$$

外距　　　$E = R\left(\sec\dfrac{\alpha}{2} - 1\right)$

同理可导出竖曲线上任一点 P 距切线的纵距（亦称高程改正值）的计算公式：

$$y = \dfrac{x^2}{2R}$$

式中：x——竖曲线上任一点 P 至曲线起点或终点的水平距离。y 值在凹形竖曲线中为正号，在凸形竖曲线中为负号。竖曲线最小半径及曲线长可参照表 4.11。

表 4.11　竖曲线最小半径及曲线长

计算车速/（km/h）	停车视距/m	凸形竖曲线/m		凹形竖曲线/m		竖曲线最小长度/m
		极限最小半径	一般最小半径	极限最小半径	一般最小半径	
60	75	1400	2000	1000	1500	50
40	40	450	700	450	700	35
30	30	250	400	250	400	25
20	20	100	200	100	200	20

4.2.2.4　纵断面设计方法及纵断面图

1. 纵断面设计方法及步骤

（1）准备工作　纵坡设计（俗称拉坡）之前，在厘米绘图纸上按比例标注里程桩号和标高，并点绘地面线，填写有关内容。同时应收集和熟悉有关资料，并领会设计意图和要求。

（2）标注控制点　控制点是指影响纵坡设计的标高控制点。如路线的起、终点，越岭垭口，重要桥涵，地质不良地段的最小填土高度，最大挖深，沿溪线的设计洪水位，隧道进出口，平面交叉和立体交叉，铁路道口，城镇规划标高以及其他因素限制路线必须通过的标高控制点等，山区道路还有根据路基填挖平衡关系控制路中心填挖值的标高点，这些点称为"经济点"。

（3）试坡　在已标出控制点、经济点的纵断面图上，根据技术指标和选线意图，结合地面起伏变化，本着以控制点为依据、照顾多数经济点的原则，在这些点位间进行穿插与取直，试定出若干直坡线。对各种可能坡度线方案进行反复比较，最后将符合技术标准、满足控制点要求、土石方较省的设计线作为初定坡度线，并将前后坡度线延长交汇出变坡点的初步位置。

（4）调整　将所定坡度与选线时的坡度进行比较，两者应基本相符，有较大差异时应全面分析，权衡利弊，决定取舍。然后对照技术标准，检查设计的最大纵坡、最小纵坡、坡长限制是否符合规定，平、纵组合是否符合规定，是否适当，以及路线交叉、桥隧和连接线等处的纵坡是否合理，若有问题应进行调整。调整的方法是平抬、平降、延伸、缩短初定坡度线或改变坡度值。

（5）核对　选择有控制意义的重点横断面，如高填深挖、地面横坡较陡路基、挡土墙、重要桥涵以及其他重要控制点等处的横断面，在纵断面图上直接读出对应桩号的填、挖高度，检查填挖是否过大、坡角是否落空或过远、挡土墙是否工程过大、桥梁是否过高或过低等。若有问题应及时调整纵坡。在横坡陡峻地段核对更显重要。

（6）定坡　经调整核对无误后，逐段确定直坡线的坡度值、变坡点桩号和标高。坡度值可用三角板推平行线法确定，要求取值到 0.1%。变坡点一般要调整到 10 m 的整桩号上，相邻变坡点桩号之差为坡长。变坡点标高由纵坡度和坡长依次推算而得。

（7）设置竖曲线　根据道路技术标准、平纵组合均衡等确定竖曲线半径，根据设计纵坡折角的大小，计算竖曲线要素。当外距小于 5 cm 时，可不设竖曲线。有时亦可插入一组不同的竖折线来代替竖曲线，以免填挖方过多。

（8）绘制纵断面设计图

2. 纵断面图的绘制

纵断面图是纵断面设计的最后成果。纵断面图采用直角坐标，用横坐标表示里程桩号，纵坐标表示高程。为了明显地反映沿中线地面起伏形状，风景园林道路横坐标比例尺常采用 1∶1000～1∶500，纵坐标比例尺采用 1∶100～1∶50（图 4.15）。纵断面图是由上、下两部分组成的，上部主要用来绘制地面线和纵坡设计线，同时标注：竖曲线及其要素，坡度及坡长（有时标在下部），沿线桥涵及人工构筑物的位置、结构特征，与道路、铁路交叉的桩号及路名，沿线跨越的河流名称、桩号、常水位和最高洪水位，水准点位置、编号和标高，断链桩位置、桩号及长短链关系等。下部主要用来填写有关内容，自下而上分别填写：直线与曲线，里程桩号，地面标高，设计标高，填、挖高度，土壤地质说明，视需要标注设计排水沟沟底线及其坡度、距离、标高、流水方向。

4.2.3　园路的横断面设计

4.2.3.1　道路横断面的组成

道路的横断面就是垂直于道路中心线的断面，包含道路红线范围内的所有内容，主要有：车行道、人行道（路肩）、分隔带及绿带、地上杆线和地下管线共同敷设带、排水沟道、交通组织标志等。道路横断面的宽度等于各组成部分的宽度之和。下面介绍路幅布置类型及选用：

（1）一块板式横断面　又称单幅式，即所有车辆都在一条车行道上混合行驶，以路面画线标志组织单向交通或不做单向标志，将机动车道设在中间，非机动车在两侧，一般有单幅单车道和单幅双车道，见图 4.16（a）。单幅式道路占地少，造价低，但只适用于机动车交通量不大、非机动车较少的主、次干路。单幅双车道车行速度可为 20～80 km/h，单幅单车道则适用于车速较低的景观次干路、支路。

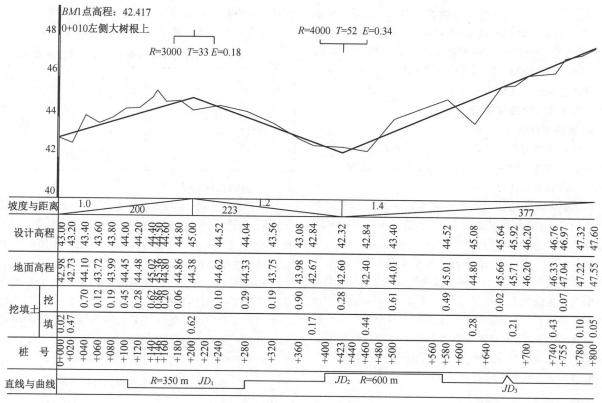

单位：m（距离、高程）
%（坡度）

图 4.15　道路纵断面图

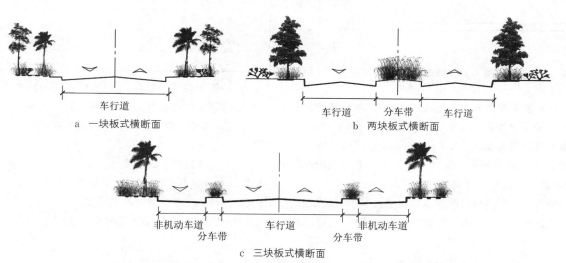

a　一块板式横断面　　　b　两块板式横断面

c　三块板式横断面

图 4.16　道路横断面布置基本形式

（2）两块板式横断面　又称双幅式，即在路幅中心设置一条分隔带或绿化带，将车行道一分为二，形成对向车流分道的两条车行道，各自再根据需要决定是否划分快、慢车道，见图 4.16（b）。双幅式道路占地较多，造价较高，将对向行驶的车辆分开，既减少了行车干扰，又提高了车速。主要用于两条机动车道以上的道路，尤其适用于横向高差大和地形复杂的地段。

（3）三块板式横断面　又称三幅式，即用两条分隔带或绿化带分隔机动车道与非机动车道，中间为机动车道，两侧为非机动车道，见图 4.16（c）。三幅式道路占地多、造价高。将机动车道和非机动车道分开，有利于交通安全。分隔绿化带具有良好的生态作用，易形成绿色的生态走廊，主要适用于红线宽度在 40 m 以上的城市道路，一般风景区和公园内极少使用。

综上所述,这三种横断面形式都有其适用范围,各有利弊,必须根据具体情况,综合各种因素,经过技术经济比较,慎重选定。确保断面布置紧凑,车、人交通安全与通畅,迅速集中和排出地面水,减少对道路环境的消极影响,并兼顾道路的生态性和景观性。

4.2.3.2 横断面设计

1. 道路宽度设计

园林道路宽度的设计,首先应该符合中华人民共和国国家标准的要求,可参见本章表4.1、表4.2。除此之外,以下几点需要特别注意:

(1)重点风景(旅游)区的游览大道及大型园林主干道的路面宽度,应考虑能通行卡车、大型客车。道路宽度应根据估算的游人量进行核算,一般不小于 6 m。

(2)大型公园主路,由于园务交通的需要,应能通行汽车。重点文物保护区的主要建筑物四周的道路,应能通行消防车。主路路面宽度一般不小于3.5 m。如果3.5 m主路需车辆双向行驶,应在不大于300 m的距离内选择有利地点设置错车道,并使驾驶人员能看到相邻两错车道之间的车辆。设置错车道路段的路面宽度应不小于6.5 m,有效长度应不小于 20 m,见图 4.17。

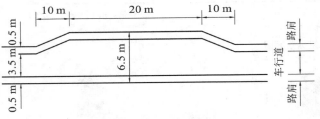

图 4.17 错车道布置

(3)公园中专供自行车行驶的道路,其单车道宽度为1.5 m,双车道宽度为2.5 m,三车道宽度为3.5 m,依此类推。游步道一般为0.8~2.4 m,供单人通行时一般不小于 0.8 m,双人通行时最小为 1.2 m。由于游览的特殊需要,游步道宽度的上下限均允许灵活设计。

(4)在居住区、学校、医院及其他公共场所,居民出行具有一定的时间特征,路面宽度应符合相关规范,并以特定时段交通繁忙时的通行安全为主要设计依据。

游人及各种车辆的最小运动宽度见表 4.12。

表 4.12 游人及各种车辆的最小运动宽度表

交通种类	最小宽度/m	交通种类	最小宽度/m
单人	≥0.75	小轿车	2.00
自行车	0.6	消防车	2.06
三轮车	1.24	卡车	2.50
手扶拖拉机	0.85~1.5	大轿车	2.66

2. 道路路拱设计

为利于路面横向排水,将路面做成由中央向两侧倾斜的拱形,称为路拱。其倾斜的程度用百分率表示。路拱对排水有利,但对行车不利。当车辆在有水或潮湿的路面上制动时还会增加侧向滑移的危险,因此,道路常设计路拱以利于排水,减少积水;但路拱坡度产生的水平分力增加了行车的不平稳性,同时也会给乘客造成不适感。因此,路拱的大小及形状的设计应兼顾两方面的影响。不同路面类型,由于其表面的平整度和透水性不同,可结合当地的自然条件选用不同的路拱横坡度,见表4.13。

表 4.13 不同路面类型的路拱横坡度

路面面层类型	路拱横坡度/%
水泥混凝土、沥青混凝土路面	1.0~2.0
其他黑色路面、整齐石块路面	1.5~2.5
半整齐石块、不整齐石块路面	2.0~3.0
碎、砾石等粒料路面	2.5~3.5
低级路面	3.0~4.0

车行道可设双向路拱,这样对排出路面积水有利。对于降雨量不大的地区和路面较窄的道路,也可采用单向横坡,并向路基外侧倾斜。路拱的形式有抛物线型、直线型、折线型等。

(1)抛物线型 路拱横坡度变化圆顺,形式美观,利于排水,其缺点是行车道中部过于平缓,易使车辆集中行驶,造成道路中间部分的路面损坏较快。抛物线型路拱应用较广,特别适合于四车道及以下宽度的道路,见图4.18(a)。

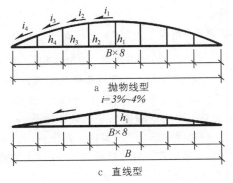

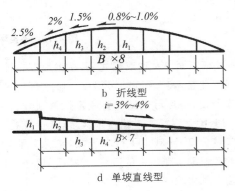

图 4.18 道路路拱的形式

（2）折线型 路拱由两组横坡度不同的线段组成，兼具抛物线型路拱和直线型路拱的特点，可减少和避免直线型路拱的沉降和积水现象。其缺点是在转折点处有尖峰突起，不利于行车，高等级路面宽度超过 20 m 的可采用折线型路拱，见图 4.18（b）。

（3）直线型 路拱由两条相交的直线组成，由于路拱的中部为屋脊形，行车颇为不便，因此通常在直线间插入缓和直线、竖曲线或抛物线。直线型路拱排水不及抛物线型路拱顺畅。另外由于直线段较长，若施工不良，则会产生少量沉陷，容易造成路面积水，进而造成路面的损坏，见图 4.18（c）（d）。

3. 道牙与路肩

道牙，也叫路缘石、缘石，是设在路面边缘与横断面其他组成部分分界处的标石。其使路面与路肩及其他部分在高程相互衔接，并能保护路面，便于排水。道牙一般分为立道牙和平道牙两种形式，其构造见图 4.19。道牙一般用砖、混凝土或花岗岩制成。在园林中也可以用瓦、大卵石等做成特殊道牙，见图 4.20。

立道牙用于路堑式园路边缘，其顶面高出路面 10～20 cm，通常为 15 cm。侧石应有一定的埋设深度，可用坚硬的

石料或抗压强度不低于 30 MPa 的水泥混凝土材料制作。平道牙用于出入口、人行道两端及人行横道两端，便于推儿童车、轮椅等的人通行。路堤式园路边缘宜采用平道牙。

在路堤式园路车行道外缘（缘石外侧）至路面边缘，具有一定宽度的带状部分，称为路肩。其作用是保护车行道的功能、供临时停放故障车辆，并作为路面的横向支承，以及供行人通行。土路肩的排水能力远低于路面，其横坡度较路面宜增大 1.0%～2.0%，硬路肩视具体情况（材料、宽度）可与路面采用同一横坡，也可稍大于路面。

4. 边沟及边坡

边沟的功能是排出路面及边坡处汇集的地表水，一般在路堤式园路等地段设置。边沟形式多样，见图 4.21。边沟长度，多雨地区以 200～300 m 设出口排水为宜，一般不宜超过 500 m。在游步道两侧设置的浅边沟可以作为路面的一部分供游园高峰时游人使用。

边沟的纵坡，除出水口附近外，通常与路线纵坡一致。但为了使沟渠中的水流不产生淤积的流速，最小纵坡一般不小于 0.5%，在工程困难地段亦不应小于 0.3%。另外，当边沟的纵坡过大，致使沟渠中水流速度大于冲刷流速时，应对边沟进行加固。

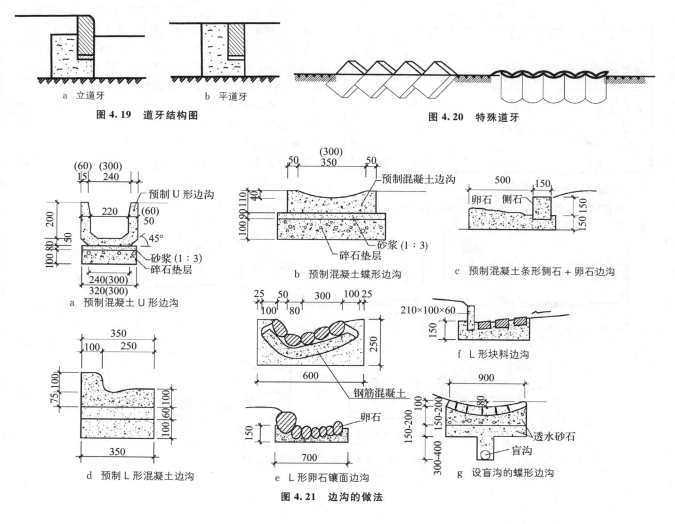

图 4.19 道牙结构图 · a 立道牙 · b 平道牙

图 4.20 特殊道牙

图 4.21 边沟的做法 · a 预制混凝土 U 形边沟 · b 预制混凝土蝶形边沟 · c 预制混凝土条形侧石＋卵石边沟 · d 预制 L 形混凝土边沟 · e L 形卵石镶面边沟 · f L 形块料边沟 · g 设盲沟的蝶形边沟

路堤边坡是路基的一个重要组成部分,它的陡缓程度,直接影响到路基的稳定和路基土石方的数量。路堤的边坡坡度应根据填料的物理力学性质、气候条件、边坡高度,以及基底的工程地质和水文地质条件进行合理的选定。当填方基底的情况良好时,可参照表 4.14 所列的数值选定。当地质条件良好且土质均匀时,路堑边坡可参照表 4.15 所列的数值范围选定。

表 4.14 路堤边坡表

填料种类	边坡的最大高度/m			边坡坡度		
	全部高度	上部高度	下部高度	全部坡度	上部坡度	下部坡度
一般黏性土	20	8	12	—	1:1.5	1:1.75
砾石土、粗砂、中砂	12			1:1.5		
碎石土、卵石土	20	12	8	—	1:1.5	1:1.75
不易风化的石块	8	—	—	1:1.3	—	—
	20			1:1.5		

表 4.15 路堑边坡表

土壤种类		边坡的最大高度/m	边坡坡度
一般土		20	1:1.5~1:0.5
黄土及类黄土		20	1:1.25~1:0.1
碎石和卵石(砾石土)	胶结和密实	20	1:1.0~1:0.5
	中密	20	1:1.5~1:1.0
风化岩石		20	1:1.5~1:0.5
一般岩石		—	1:0.5~1:0.1

5. 道路横断面设计

在自然地形起伏较大地区设计道路横断面时,如果道路两侧的地形高差较大,则道路横断面应结合地形进行设计,一般有以下几种形式:

(1)结合地形将人行道与车行道设置在不同高度上,人行道与车行道之间用斜坡隔开,或用挡土墙隔开,横断面见图 4.22(上左、上中);也可结合岸坡倾斜地形,将临水一边的人行道布置在较低的不受水淹的河滩上,供人们散步休息之用,车行道设在上层,以供车辆通行,横断面见图 4.22(上右)。

(2)将两个不同行车方向的车行道设置在不同高度上,横断面见图 4.22(下左、下右)。

6. 横断面设计方法

道路横断面设计关系到交通、环境、景观等因素,应按近期与远期相结合的原则,确定断面形式。

(1)横断面设计图 确定横断面组成和宽度以后,即可绘制横断面设计图。道路的横断面设计图可用于指导道路施工和计算土石方数量。风景园林道路横断面设计图一般比例尺为 1:100 或 1:200,在图上应给出红线、行车道、绿带、照明、新建或改建的地下管线等各组成部分的位置和宽度,以及排水方向、路面横坡等,见图 4.23(a)。

(2)横断面现状图 沿道路中线每隔一定距离绘制横断面现状图,图中包括地形、地物、原道路的组成部分、边沟、路侧建筑物等。比例尺为 1:100 或 1:200,见图 4.23(b)。有时为了更明显地表现地形和地物高度的变化,也可采用纵、横不同的比例尺绘制。

(3)横断面施工图 在完成道路纵断面设计之后,各中线上的填挖高度则为已知。将这一高度点绘在相应的横断面现状图上,然后将横断面设计图以相同的比例尺画于其上。此图反映了各断面上的填、挖和拆迁界线,是施工时的主要依据。

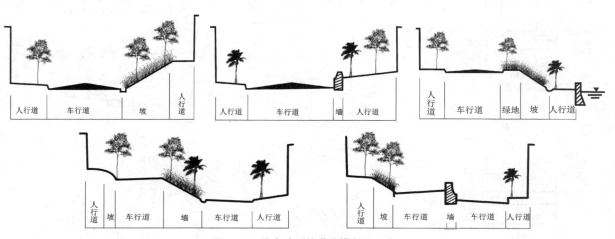

图 4.22 结合地形的道路横断面形式

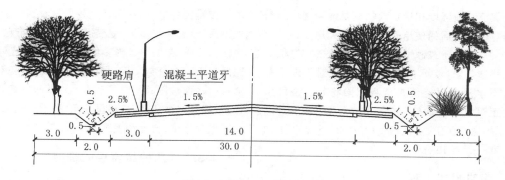

a 道路标准横断面设计图（K1＋150）

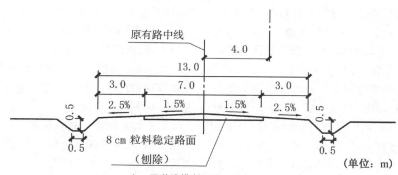

b 原道路横断面图（K1＋150）

图4.23 标准横断面设计图

4.3 园路结构设计

园路结构一般由路面层、路基和附属工程三部分组成。

4.3.1 路面层的结构

1. 典型的园路结构图式

园路的结构比城市道路简单，形式多样。典型的园路结构见图4.24，其中面层、结合层和基层（含垫层）统称为路面层。

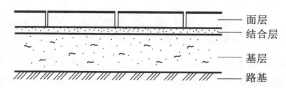

图4.24 园路结构图式

2. 路面各层的作用和设计要求

（1）面层　面层是路面最上面的一层，它直接承受人流、车辆，以及大气因素如烈日、严冬、风、雨、雪等的破坏。如面层选择不好，就会给游人带来"无风三尺土，雨天一脚泥"或反光刺眼等不利影响。因此从工程上来讲，面层设计要求坚固、平稳、耐磨耗，具有一定的粗糙度、少尘埃、便于清扫。

（2）基层　基层位于面层之下，是路面结构中的主要

承重层。其主要承受由面层传递下来的车轮荷载的竖向力，并将其扩散到下面的结构层中。因此，对基层材料的要求是：应具有足够的抗压强度和刚度，并具有良好的扩散应力的能力，同时还应具有足够的水稳性，以防止基层湿软后变形大，从而导致面层损坏。水泥混凝土面层下的基层则还应具有足够的耐冲刷性。基层不直接承受车辆和气候因素的破坏，对材料的要求比面层低，一般用碎（砾）石、灰土或各种工业废渣等筑成。

（3）结合层　采用块料铺筑面层时，在面层和基层之间，为了结合和找平而设置的一层称为结合层。一般用3～5 cm的粗砂、水泥砂浆或白灰砂浆铺筑即可。

（4）垫层　垫层介于基层和路基之间。其主要作用是调节和改善土路基的湿度和温度状况，起垫平稳定作用，能够保证道路结构的稳定性和抗冻能力。因此，通常在路基水温稳定性不良时设置。在路基排水不良或有冻胀、翻浆的路线上，为了排水、隔温、防冻的需要，用煤渣土、石灰土等筑成。在园林中一般可以采用加强基层的办法，而不另设此层。

4.3.2 路基

路基是按照道路的设计要求，在天然地表面开挖或堆填而成的土石结构物，主要承受由路面传递下来的行车荷载，以及路面和路基的自重。因此要求其具有足够的强度、整体稳定性和水温稳定性。路基是路面的基础，它不仅为路面提供一个平整的基面，承受路面传递下来的荷

载,而且还是保证路面强度和稳定性的重要条件之一。因此,路基质量对保证路面的使用寿命具有重大意义。

经验认为:一般黏土或砂性土开挖后用蛙式打夯机夯实 3 遍,如无特殊要求,就可直接作为路基。对于未压实的下层填土,雨水浸润后能使其自身沉陷稳定。密度为 180 g/cm³ 的土可以用于路基。在严寒地区,严重的过湿冻胀土或湿软的橡皮状土,宜采用 1:9 或 2:8 的灰土加固路基,其厚度一般为 15 cm。

4.3.3 园路附属工程

园路附属工程主要包括道牙与路肩、边沟及边坡,以及台阶、礓磜、磴道、种植池等。道牙与路肩、边沟及边坡前面已讲述(详见 4.2.3.2),种植池将在细部设计一章详细讲解。本小节主要讲解台阶、礓磜、磴道。

(1)台阶 当路面坡度超过 21%(12°)时,为了便于行走,在不通行车辆的路段上,可设台阶。台阶的宽度与路面相同。每级台阶的高度为 12~17 cm,宽度为 30~38 cm。一般台阶不宜连续使用,如地形许可,每 10~18 级后应设一段平坦的地段,使游人有恢复体力的机会。为了防止台阶积水、结冰,每级台阶应有 1%~2% 的向下的坡度,以利排水。在园林中根据造景的需要,台阶可以用天然山石或预制混凝土做成木纹板、树桩等各种形式,以装饰园景。为了夸张山势,造成高耸的感觉,台阶的高度也可增至 17 cm 以上,以增加趣味。

(2)礓磜 在坡度较大的地段上,一般纵坡超过 15% 时,如需通行车辆,应将斜面做成锯齿形坡道,称为礓磜。其形式和尺寸如图 4.25 所示。

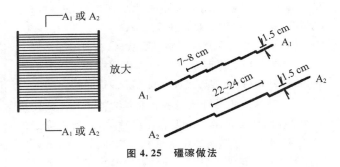

图 4.25 礓磜做法

(3)磴道 在地形陡峭的地段,可结合地形或利用露岩设置磴道。当其纵坡大于 60% 时,应做防滑处理,并设扶手、栏杆等。

4.3.4 园路结构设计中应注意的问题

(1)就地取材 园路修建的经费,在整个公园建设投资中占有很大的比例。为了节省资金,在园路设计时应尽量使用当地材料、建筑废料、工业废渣等。

(2)薄面、强基、稳基土 在设计园路时,往往对路基的强度重视不够,如在园林里我们常看到一条装饰性很好的路面,没有使用多久,就变得坎坷不平,破破烂烂了。其主要原因:一是园林地形多经过整理,其基土不够坚实,修路时又没有充分夯实;二是园路的基层强度不够,在车辆通过时路面被压碎。为了节省水泥石板等建筑材料,降低造价,提高路面质量,应尽量采用"薄面、强基、稳基土",使园路结构经济、合理和美观。

4.3.5 几种结合层的性能

(1)白灰干砂 施工时操作简单,遇水后会自动凝结,由于白灰体积膨胀,密实性好。

(2)净干砂 施工简便,造价低,但流水作用会使砂子流失,造成结合层不平整。

(3)混合砂浆 由水泥、白灰、砂组成,整体性好,强度高,黏结力强,适用于铺筑块料路面,造价较高。常用的有 M5.0,M7.5,M10。

(4)水泥砂浆 由水泥、砂组成,整体性好,强度高,黏结力强,适用于铺筑块料路面,造价较高。常用水泥砂浆配合比为 1:2 和 1:3。

4.3.6 基层的选择

基层的选择应视路基土壤的情况、气候特点及路面荷载的大小而定,并应尽量利用当地材料。

(1)在冰冻不严重、基土坚实、排水良好的地区,铺筑游步道时,只要把路基稍做平整,就可以铺筑修路。

(2)灰土基层是由一定比例的白灰和土拌和后压实而成的,使用较广,具有一定的强度和稳定性,不易透水。后期强度接近刚性物质,在一般情况下使用一步灰土(压实后为 15 cm)即可满足要求;在交通量较大或地下水位较高的地区,可采用压实后为 20~25 cm 的二步灰土。

4.3.7 几种隔温材料比较

在季节性冰冻地区,地下水位较高时,为了防止发生道路翻浆,基层应选用隔温性较好的材料。研究认为,砂石的含水量小,导热率大,故砂石结构的冰冻深度大,如用砂石做基层,需要做得较厚,不经济;石灰土的冰冻深度与土壤相同,其结构的冻胀量仅次于亚黏土,这说明密度较小的石灰土(压实密度小于 85%)不能防止冻胀,压实密度较大时可以防冻;用煤渣石灰土或矿渣石灰土做基层,用 7:1:2 的煤渣、石灰、土混合料,该混合料隔温性较好,冰冻深度最小,在地下水位较高时,能有效地防止冻胀。

附:常用的园路结构图,见表 4.16。

附:常用的园路路面构造组合,见表 4.17、表 4.18。

表 4.16　常用的园路结构图

类型	结构	
石板嵌草路	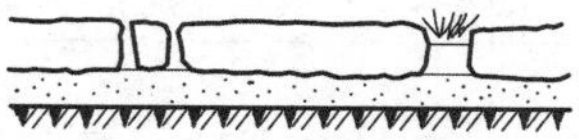	(1) 100 mm 厚石板 (2) 50 mm 厚黄砂 (3) 素土夯实 注:石缝 30～50 mm 嵌草
卵石嵌花路	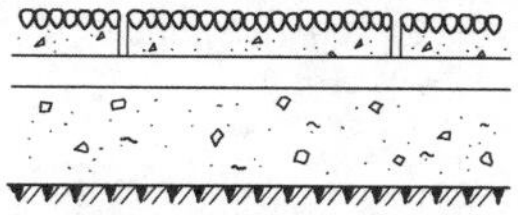	(1) 70 mm 厚预制混凝土嵌卵石 (2) 50 mm 厚 25♯混合砂浆 (3) 一步灰土 (4) 素土夯实
方砖路	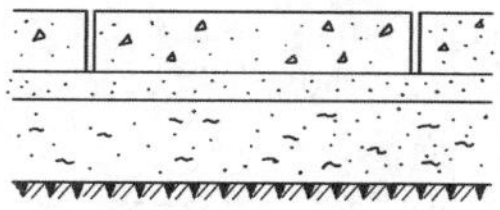	(1) 500 mm×500 mm×100 mm 150♯混凝土方砖 (2) 50 mm 厚粗砂 (3) 150～250 mm 厚灰土 (4) 素土夯实 注:胀缝加 10 mm×95 mm 橡皮条
水泥混凝土路	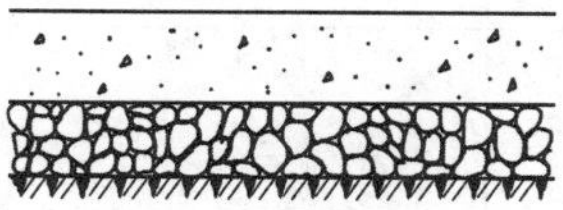	(1) 80～150 mm 厚 200♯混凝土 (2) 80～120 mm 厚碎石 (3) 素土夯实 注:基层可用二渣(水碎渣、散石灰)、三渣(水碎渣、散石灰、道砟)
卵石路	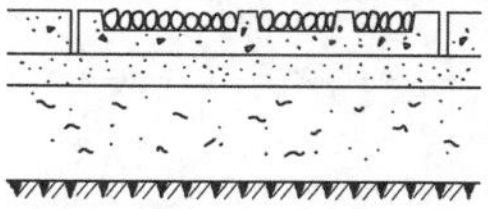	(1) 70 mm 厚混凝土上铺小卵石 (2) 30～50 mm 厚 25♯混合砂浆 (3) 150～250 mm 厚碎砖三合土 (4) 素土夯实
沥青碎石路	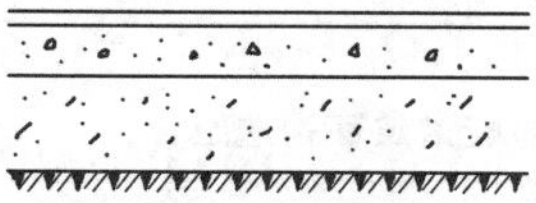	(1) 10 mm 厚二层柏油表面处理 (2) 50 mm 厚泥结碎石 (3) 150 mm 厚碎砖或白灰、煤渣 (4) 素土夯实
羽毛球场铺地	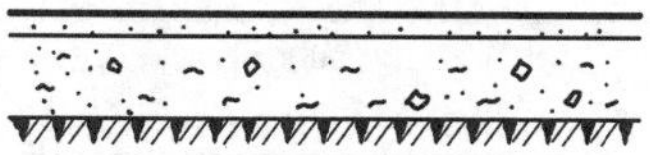	(1) 20 mm 厚 1∶3 水泥砂浆 (2) 80 mm 厚 1∶3∶6 水泥、白灰、碎砖 (3) 素土夯实
步石	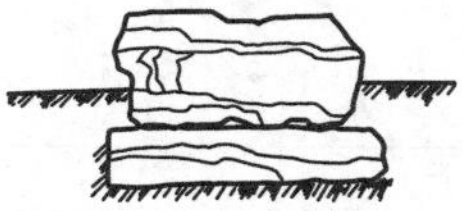	(1) 大块毛石 (2) 基石用毛石或 100 mm 厚水泥混凝土板
块石汀步	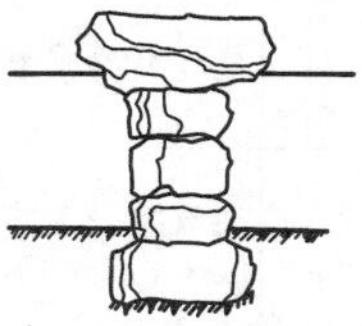	(1) 大块毛石 (2) 基石用毛石或 100 mm 厚水泥混凝土板
荷叶汀步	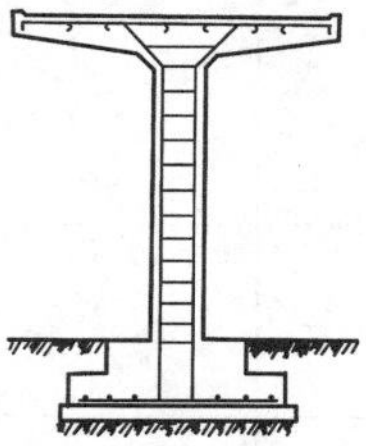	钢筋混凝土现浇
透气透水性路面	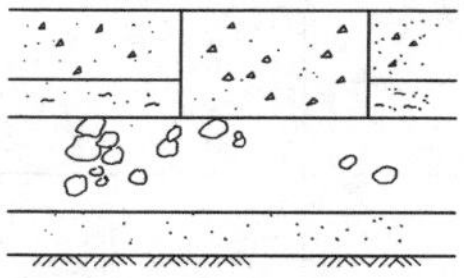	(1) 彩色异性砖 (2) 石灰砂浆 (3) 少砂水泥混凝土 (4) 天然级配砂砾 (5) 粗砂或中砂

来源:孟兆祯,毛培琳,黄庆喜,等《园林工程》

表 4.17 常用的风景园林车行道路面构造组合

路面等级	路面类型及构造层次			
	沥青砂	沥青混凝土	现浇混凝土	预制混凝土块
高级路面	(1) 15～20 mm 厚细粒混凝土 (2) 50 mm 厚黑色碎石 (3) 150 mm 厚沥青稳定碎石 (4) 150 mm 厚二灰土(石灰、粉煤炭、土)垫层	(1) 50 mm 厚沥青混凝土 (2) 160～200 mm 厚碎石 (3) 150～200 mm 厚中砂或灰土	(1) 100～250 mm 厚 C20 或 C30 混凝土 (2) 100～250 mm 厚级配砂石或粗砂垫层	(1) 100～120 mm 厚预制 C25 混凝土块 (2) 30 mm 厚 1：4 干硬性水泥砂浆,面上撒素水泥 (3) 100～250 mm 厚级配砂石或粗砂垫层
	沥青贯入式	沥青表面处治 1	沥青表面处治 2	块石
次高级路面	(1) 40～60 mm 厚沥青贯入式面层 (2) 160～200 mm 厚碎石 (3) 150 mm 厚中砂垫层	(1) 15～25 mm 厚沥青表面处理 (2) 160～200 mm 厚碎石 (3) 150 mm 厚中砂垫石	(1) 15～25 mm 厚沥青表面处理 (2) 150 mm 厚二渣(石灰渣、煤渣) (3) 150 mm 厚二灰土	(1) 150～300 mm 厚块石或条石 (2) 30 mm 厚粗砂垫层 (3) 150～250 mm 厚级配砂石
	级配碎石	泥结碎石		
中级路面	(1) 80 mm 厚级配碎石(粒径≥40 mm) (2) 150～250 mm 厚级配砂石或二灰土	(1) 80 mm 厚泥结碎石(粒径≥40 mm) (2) 100 mm 厚碎石垫层 (3) 150 mm 厚中砂垫层		
	三合土	改良土		
低级路面	(1) 100～120 mm 厚石灰水泥焦渣 (2) 100～150 mm 厚块石	150 mm 厚水泥黏土或石灰黏土(水泥质量分数为 10%,石灰质量分数为 12%)		

表 4.18 常用的风景园林步行道路面构造组合

路面类型	路面类型及构造层次	备注
现浇混凝土路面	(1) 70～100 mm 厚 C20 混凝土 (2) 100 mm 厚级配砂石或粗砂垫层	压印地坪表面增加 4 mm 厚彩色强化剂,用模具艺术化压印
预制混凝土块路面	(1) 50～60 mm 厚预制 C25 混凝土块 (2) 30 mm 厚 1：3 水泥砂浆或粗砂 (3) 100 mm 厚级配砂石	
沥青混凝土路面	(1) 30～60 mm 厚中(细)粒式沥青混凝土 (2) 40～60 mm 厚粗粒式沥青混凝土 (3) 乳化沥青透层 (4) 100～150 mm 厚二灰碎石或级配砂石	乳化沥青透层的沥青用量为 1.0 L/m²,上铺 5～10 mm 厚碎石或粗砂,用量为 3.0 m³/1000 m³
卵石(瓦片)拼花路面、水洗豆石路面	(1) 1：2：4 细石混凝土嵌卵石、瓦片或水洗豆石 (2) 100～150 mm 厚 C20 混凝土 (3) 150 mm 厚 3：7 灰土或级配砂石	卵石粒径为 20～30 mm 时,砂浆厚 60 mm;卵石粒径>30 mm 时,砂浆厚 90 mm
砖砌路面	(1) 成品砖平铺或侧铺(砂扫缝) (2) 30 mm 厚 1：3 水泥砂浆或中砂 (3) 100～150 mm 厚二灰碎石 (4) 150 mm 厚级配砂石或 3：7 灰土	
石砌路面 1	(1) 60～120 mm 厚块石或条石 (2) 30 mm 厚粗砂 (3) 150～250 mm 厚级配砂石	
石砌路面 2	(1) 20～30 mm 厚各种石板材 (2) 30 mm 厚 1：3 水泥砂浆 (3) 100 mm 厚 C20 素混凝土 (4) 150 mm 厚级配砂石或 3：7 灰土	
花砖路面	(1) 各种花砖 (2) 30 mm 厚 1：3 水泥砂浆 (3) 100 mm 厚 C20 素混凝土 (4) 150 mm 厚级配砂石或 3：7 灰土	

路面类型	路面类型及构造层次	备注
嵌草砖路面	(1) 各种嵌草砖 (2) 30 mm 厚砂垫层 (3) 150～200 mm 厚级配砂石	
木板路面	(1) 15～60 mm 厚木板 (2) 40～60 mm 厚角钢或木龙骨 (3) 100 mm 厚 C20 素混凝土 (4) 150 mm 厚级配砂石或 3∶7 灰土	木材应经过防腐、防水、防虫处理;角钢应经过防锈处理;龙骨可用螺栓或砂浆固定,木板与龙骨可用胶或木螺栓固定
高分子材料路面	(1) 2～10 mm 厚高分子材料面层 (2) 40 mm 厚密级配沥青混凝土 (3) 150 mm 厚级配砂石	

注:以上各层均需做在碾压密实的土基上。

4.3.8 园路常见的破坏形式及其原因

一般常见的园路破坏有裂缝与凹陷、啃边、翻浆等。现就造成各种破坏的原因分述如下:

(1) 裂缝与凹陷　造成这种破坏的主要原因是基土过于湿软或基层厚度不够,强度不足,在路面荷载超过土基的承载力时,便会造成裂缝或凹陷。

(2) 啃边　路肩和道牙直接从侧面支撑路面,使之横向保持稳定,因此路肩与其基土的结合必须紧密结实,并有一定的坡度。否则,雨水的侵蚀和车辆行驶时对路面边缘的啃食作用,使之损坏,并从边缘起向中心发展,这种破坏现象叫啃边,见图 4.26(a)。

(3) 翻浆　在季节性冰冻地区,地下水位高,特别是对于粉砂性土基,由于毛细管的作用,水分上升到路面下,冬季气温下降,水分在路面下形成冰粒,体积增大,路面就会出现隆起现象。到春季上层冻土融化,而下层尚未融化,导致土基变成湿软的橡皮状,路面承载力下降,这时如果车辆通过,就会造成路面下陷,邻近部分隆起,并将泥土从裂缝中挤出来,使路面破坏,这种现象叫翻浆,见图 4.26(b)。

园路这些常见的破坏,在进行结构设计时,必须给予充分重视。

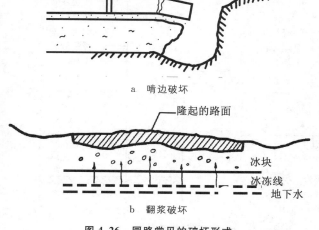

a 啃边破坏

隆起的路面

冰块
冰冻线
地下水

b 翻浆破坏

图 4.26　园路常见的破坏形式

来源:孟兆祯,毛培琳,黄庆喜,等《园林工程》

4.4 园路路面设计

4.4.1 路面的分级

以交通性为主的路面等级是按照面层材料组成、结构强度、路面所能承担的交通任务和使用品质来划分的,通常分成 4 个等级。

(1) 高级路面　结构强度高,使用寿命长,适应较大的交通量,平整无尘;能保证高速、安全、舒适的行车要求;养护费用少,运输成本低;建设投资大,需用优质材料。

(2) 次高级路面　各项指标低于高级路面,造价较高级路面低,但要定期维修养护。

(3) 中级路面　结构强度低,使用年限短,平整度差,易扬尘,行车速度低,只能适应较小的交通量,造价低;但经常性的维修养护工作量大,行车噪声大,不能保证行车舒适要求,运输成本高。

(4) 低级路面　结构强度很低,水稳性、平整度和透水性都很差,晴天扬尘,雨天泥泞,只能适应低交通量下的低速行车,雨季不能保证正常行车,造价最低;但养护工作量最大,运输成本最高。

路面等级同时应与道路的技术等级相适应,等级较高的道路一般都应采用较高级的路面。

4.4.2 路面的分类

根据路面的力学特性,可把路面分为柔性路面、半刚性路面和刚性路面 3 种类型。

(1) 柔性路面　主要包括用各种粒料基层和各类沥青面层、碎(砾)石面层、块料面层所组成的路面结构,见图 4.27。柔性路面是以层状结构支撑在路基上的多层体系,具有弹性、黏性、塑性和各向异性,刚度小,在荷载作用下所产生的弯沉变形较大,抗拉强度低,荷载通过各结构层向下传递到土基,使土基受到较大的单位压力,因而土基的强度、刚度和稳定性对路面结构整体强度和刚度有较大影响。这种路面的铺路材料种类较多,适应性较强,易于就地取材,造价相对较低。其中沥青类路面作为高级路面适用于园路及风景区主干道,其他类别的柔性路面可用于园林中人流量不大的游览道、散步小路、草坪路等。

（2）半刚性路面 用石灰或水泥稳定土、用石灰或水泥处治碎（砾）石,以及用各种含有水硬性结合料的工业废渣做成的基层结构,在前期具有柔性结构层的力学特性,当环境适宜时,其强度与刚度会随着时间的推移而不断增大,到后期逐渐向刚性结构层转化,板体性增强,但它的最终抗弯拉强度和弹性模量还是远低于刚性结构层。把含这类基层的路面称为半刚性路面,见图4.28。

（3）刚性路面 主要是指用水泥混凝土做面层或基层的路面结构,见图4.29。水泥混凝土的强度,特别是抗弯拉（抗折）强度,比基层等路面材料要高得多,呈现较大的刚性,在车轮荷载作用下的垂直变形极小,传递到地基上的单位压力要较柔性路面小得多。刚性路面坚固耐久,稳定性好,保养翻修少,但初期投资较大,有接缝,修复困

难,施工时有较长的养护期,噪声也比柔性路面大。刚性路面一般在公园、风景区的主园路和较大面积的铺装广场上使用。

4.4.3 路面接缝的构造与布置

路面的混凝土具有热胀冷缩的性质,胀缩变形受到板与基础之间的摩擦力、黏聚力以及板的自重、车轮荷载等约束,致使板内产生过大的应力,造成板的断裂和拱胀等破坏。为避免这种破坏,混凝土路面不得不在纵横两个方向设置许多接缝,把整个路面分割成许多板块。

1. 横缝

横向接缝是垂直于行车方向的接缝,有缩缝、胀缝和施工缝3种。缩缝保证板因温度和湿度的降低而收缩时沿该薄弱断面缩裂,从而避免产生不规则的裂缝。胀缝保证板在温度升高时能部分伸张,从而避免路面板热天产生

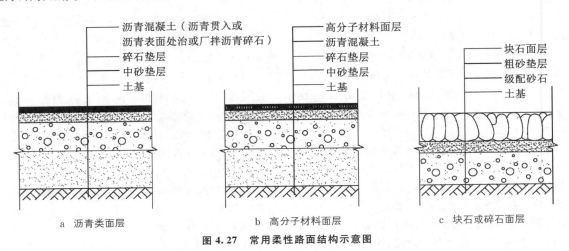

　a 沥青类面层　　　　　　　　b 高分子材料面层　　　　　　　　c 块石或碎石面层

图4.27 常用柔性路面结构示意图

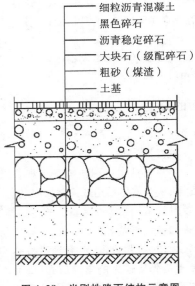

图4.28 半刚性路面结构示意图

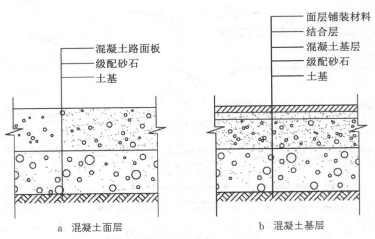

　　a 混凝土面层　　　　　　　　b 混凝土基层

图4.29 刚性路面结构示意图

拱胀和折断破坏,同时胀缝也能起到缩缝的作用。另外,混凝土路面每天完工以及因雨天或其他原因不能继续施工时,应尽量做到胀缝处。如达不到,也应做到缩缝处,并做成施工缝的构造形式。

在任何形式的接缝处,板体都不是连续的,传递荷载的能力不如非接缝处,而且任何形式的接缝都不免要漏水。因此,对于各种形式的接缝,都必须为其提供相应的传递荷载与防水设施。

(1)胀缝的构造　胀缝常采用平缝形式,缝隙宽20～25 mm。如施工时气温较高,或胀缝间距较短,应采用低限,反之采用高限。缝隙上部3～4 cm深度内浇灌填缝料,下部则设置富有弹性的嵌缝板,可用油浸或沥青浸制的软木板制成。

对于交通繁重的道路,为保证混凝土板之间能有效地传递荷载,防止形成错台,应在胀缝处的板厚中央设置传力杆。传力杆一般长40～60 cm、直径20～25 mm,每隔30～50 cm设一根。杆的半段固定,另半段涂以沥青可自由伸缩,见图4.30(a)。不设传力杆时,需在缝底设混凝土刚性垫枕以传递压力,见图4.30(b)。

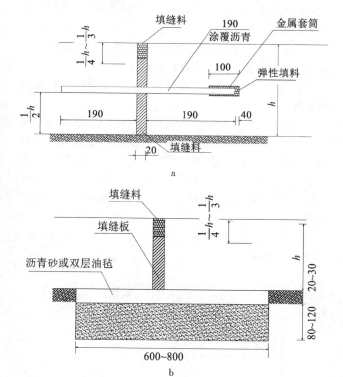

图4.30　胀缝节点构造

(2)缩缝的构造　缩缝一般采用假缝形式,即在板的上部设缝隙,当板收缩时将沿此最薄弱断面有规则地自行断裂。缩缝宽3～8 mm,深度为板厚的1/5～1/4,一般为5～6 cm。假缝缝隙内亦需浇灌填缝料,以防地面水下渗及石砂杂物进入缝内。近年来国外有减小假缝宽度与深度的趋势。

(3)施工缝的构造　施工缝采用平头缝或企口缝的构造形式。平头缝上部应设置深3～4 cm、宽5～10 m的沟槽,其内浇灌填缝料。为利于板间传递荷载,在板厚的中央也应设置传力杆,传力杆长约40 cm,直径20 mm,为滑动传力杆。如不设传力杆,则需用专门拉毛模板,把混凝土接头处做成凹凸不平的表面,以利于传递荷载。

2. 纵缝

纵缝是多条车道之间的纵向接缝。一般多采用企口缝,也有采用平头缝加拉杆的形式或企口缝加拉杆的形式。纵缝其他构造要求与缩缝相同。

3. 纵横缝设置

横向缩缝(假缝)间距一般常取4～6 m,横向胀缝(伸缩缝)间距常取30～36 m,近年来的道路工程中有胀缝逐渐减少的趋势。

路面的纵缝设置间距,多取用一条车道宽度,即3～4 m。如缩缝间距尺寸一致,则易产生振动,使行车发生单调的有节奏颠簸,从而造成驾驶员因精神困倦而发生交通事故,故将缩缝间距改为不等尺寸交错布置,如4 m、4.5 m、5 m、5.5 m、6 m的顺序。刚性路面的接缝平面尺寸划分见图4.31。

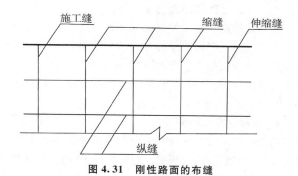

图4.31　刚性路面的布缝

4.5　园路路面的铺装设计

4.5.1　园路铺装设计的内容与要求

园路路面常用各种抹面、贴面、镶嵌及砌块铺装方法进行装饰美化。园路铺装设计的内容主要包括园路的纹样和图案设计,以及对形成该纹样和图案所使用的材料和结构进行设计。包括色彩搭配、尺度划分、组合变化等,以及材料的强度、形式、耐久性、质感、环保性等。

1. 常用的地面装饰手法

(1)图案装饰　用不同颜色、不同质感的材料和铺装方式,在地面做出简洁的图案和纹样。

(2)色块装饰　选用3～5种不同颜色和表面质感的材料,铺装成大小不等的方形、圆形、三角形及其他形状的颜色块面。

（3）线条装饰　在浅色调、细质感的大面积底色基面上，以一些主导性的、特征性的线条造型为主进行装饰。

2. 园路铺装设计的要求

（1）园路铺装设计应与周围环境相协调。要根据园路所处的环境，选择路面的材料、质感、形式、尺度，研究路面图案的寓意、趣味，使路面不仅配合周围环境，而且应强化和突出整体空间的立意和构思，使之成为园景的组成部分。

（2）园路铺装设计应符合道路的功能特点，不能弱化或妨害道路的使用功能。因此园路路面应有柔和的光线和色彩，减少反光、刺眼感觉；要有一定的粗糙度，避免游人滑跌；要便于清洁管理；要有足够的强度和耐久性。

（3）园路铺装设计应符合生态环保的要求，包括所使用的材料本身是否有害、施工工艺的环保、采用的结构形式对周围自然环境的影响等。

4.5.2　园路铺装的形式

根据路面铺装材料、结构特点，可以把园路的路面铺装形式分为整体路面铺装、块料铺装、粒料和碎料铺装三大类。

4.5.2.1　整体路面铺装

整体路面是用水泥混凝土或沥青混凝土铺筑成的路面，它平整度好，路面耐压、耐磨，养护简单，便于清扫，所以多用于大公园的主干道，但它色彩多为灰、黑色，在园林中使用不够理想，近年来出现的彩色沥青路和彩色水泥路，效果较好。

1. 沥青混凝土路面

将沥青混凝土作为面层使用的整体路面根据骨料粒径大小，分为细粒式、中粒式和粗粒式沥青混凝土，有传统的黑色和彩色（包括脱色）、透水和不透水等类别。黑色沥青路面一般不用其他方法对路面进行装饰处理。而彩色沥青是在改性沥青的基础上，用特殊工艺将沥青固有的黑褐色脱色，然后与石料、颜料及添加剂等混合搅拌生成的，

或者在黑色沥青混凝土中加入彩色骨料而成，见图4.32。经过脱色工艺的彩色沥青表面的耐久性会稍差些，其颜色可根据需要调配，而且色彩鲜艳、持久、弹性好，具有很好的透水性。彩色沥青路面一般用于公园绿地和风景区的行车主路上。由于彩色沥青具有一定的弹性，因此也适用于运动场所及一些儿童和老人活动的地方。

2. 水泥混凝土路面

水泥混凝土路面属于刚性路面，对路面的装饰，一是在混凝土表面直接处理形成各种变化；二是在混凝土表面增加抹灰处理；三是用各种贴面材料进行装饰。

（1）表面处理（图4.33）

抹平　在混凝土初凝前，用木镘刀手工整平可以获得美观有纹理的表面，适用于小面积的混凝土地面；用钢抹刀手工浮掠混凝土表面可以获得光滑坚硬的表面。

硬毛刷或耙齿表面处理　在混凝土尚处于塑性状态但初始的光泽已失去时，用硬毛刷在表面拉过能形成纹理，纹理的形状由毛刷的软硬类型和划入的深度而定。步行和车流量小的地面可以用较软的毛刷，而行车路面需要用木扫帚或钢丝扫帚。纹理的方向需要考虑车辆防滑的效果。为获得更深的平行凹槽，可以使用有齿的耙子，耙齿的间距以12～18 mm为宜。

滚轴压纹　用安装在滚筒上的橡胶片或金属网滚压可在塑性状态的混凝土表面做出纹样。

机刨纹理　在凝固后的混凝土面板上用机械起槽形成纹理。

压模装饰　当混凝土面层处于初凝期时，在上面铺撒上强化料、脱模料，然后用特制的成型模具或纸模压入混凝土表面以形成各种图案。混凝土终凝后再进行表面的上色、光泽、材质处理以及喷涂保护剂。经过这样的处理，可以利用混凝土模拟各种真实的彩色大理石花岗石、砖、瓦地面。

露骨料饰面　在混凝土浇筑、振捣压实和表面找平后，采用刷子刷或喷水的方法使集料从表面暴露出来，通过

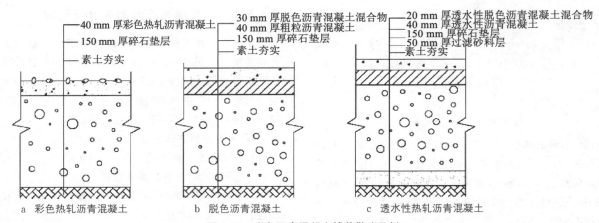

a　彩色热轧沥青混凝土　　b　脱色沥青混凝土　　c　透水性热轧沥青混凝土

图4.32　彩色沥青混凝土铺装做法示例

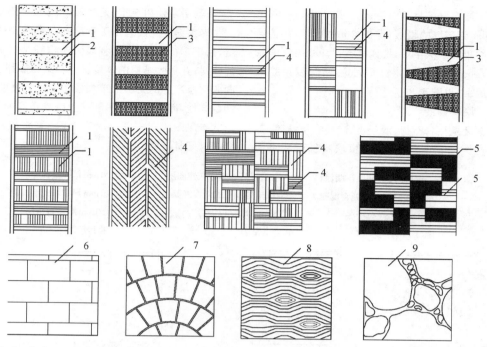

1—抹光;2—拉毛;3—水刷;4—拉道;5—拉道的光影效果;6—压纹:仿砖;7—压纹:仿瓷砖;8—压纹:仿木;9—压纹:仿石

图4.33 水泥混凝土路面表面处理

对集料的色彩、大小和形状的选择,可获得美观的纹理和色彩。集料周围的材料去除深度应以显露石料的色彩和质感为宜,但不得超过集料深度的一半,并应保持均匀一致的暴露程度。或在混凝土初凝前在表面撒布石子或手栽卵石,然后进行碾压或拍平,也可以形成类似的效果。

(2)抹灰装饰

普通抹灰 用普通水泥砂浆在路面表层做保护装饰层或磨耗层。水泥砂浆可采用1:2或1:2.5的比例,常用粗砂配制。抹灰表面需要压实赶光,并进行恰当的防滑处理。

彩色水泥抹灰 用普通灰色或白色水泥、彩色水泥或者掺入彩色颜料的白色水泥,以及普通砂、骨料或其他彩色骨料配制成彩色水泥,对路面进行抹灰,可做出彩色水泥路面。

水磨石饰面 水磨石路面是一种比较高级的装饰型路面,有普通水磨石和彩色水磨石两种。水磨石面层的厚度一般为10~20 mm,做法是用水泥和彩色细石子调制成水泥石子浆,铺好面层后打磨光滑。

(3)贴面 当水泥混凝土作为基层使用时,可以利用各种片材和块料贴面。片材是指厚度在5~30 mm之间的装饰性铺地材料,常用的片材主要有花岗岩、片石、大理石、釉面墙地砖、陶瓷广场砖和木材等。块料的厚度较片材要厚一些,材质包括石材、混凝土材料、黏土砖、非烧结砖、陶瓷材料以及工程塑料、高分子聚合材料等。这些块料具有较大的强度,常用于车行道、停车场和较大面积的铺装上。贴面材料和混凝土基层之间常使用水泥砂浆作为找平层和结合层,也可以使用其他胶结材料。

整齐花岗岩、大理石 这是一种高级的装饰性地面铺装形式。花岗石可采用红色、青色、灰色等多种颜色,要先加工成正方形或长方形的薄片状才能用来铺贴地面。加工的规格大小可根据设计而定。大理石的质地较软,在室外使用易风化,一般用于室内地面和建筑外墙装饰。

碎拼石片 将页岩、大理石、花岗石的碎片拼贴在混凝土基层上,可以形成不规则的纹理。对碎拼石料的边缘可以进行适当切割可形成均匀的拼缝。

块料贴面 在混凝土基层上粘贴块料可以呈现出不同于混凝土面层的装饰效果,并可以改变其透水能力、弹性、色彩、图案等。

陶瓷类地面砖 陶瓷类地面砖具有丰富的颜色和表面图案,尺寸规格也很多,在铺地设计中选择余地很大。常用的有釉面地砖、陶瓷广场砖等。

木地板 木地板作为高级地面铺装形式应用于室外时,需要进行可靠的防腐处理。木地板可以直接用胶黏结在混凝土基层上,也可用铁钉钉在龙骨上。

(4)高分子材料喷涂和贴面 目前在风景园林道路面层铺装中实际应用的高分子材料主要有以下几类:聚氨酯类、氯乙烯类、聚酯类、丙烯酸类树脂等(包括现浇和砌块)。与沥青类材料相比,高分子材料的着色更加自由,且色彩鲜明,更利于园路的艺术创作。但一般来说,它的耐磨性稍差些,对基层的要求也较高,否则容易发生表面凸起或开裂。高分子材料一般具有较好的弹性,常用于儿童游戏场地和运动场地的铺装上。高分子材料面层铺装一般采用喷刷的施工工艺,即在沥青混凝土或混凝土基层上喷涂或涂刷上一层高分子材料面层；也有采用模板式彩色地砖铺装的，即将带砖缝的模板（厚约2 mm）粘贴在基层上，放入材料，并用抹子抹平后，把模板拆掉。如果是成品的卷材或板材，那么可以直接用钉子固定，也可以用胶或砂浆粘贴在基层上，见图4.34。

4.5.2.2 块料铺装

块料路面铺装是指将石材、混凝土预制块、烧结砖、工程塑料以及其他方法预制的整形板材、块料铺砌在路面上，而基层常使用灰土、天然砾石、级配砂石等。

这类铺地一般适用于宽度和荷载较小的一般游览步道，用于车行道、停车场和较大面积铺装时需要采用较厚的块料，并加大基层的厚度。这种路面简朴、大方，条纹方向变化所产生的光影效果加强了花纹的效果，不仅有很好的装饰性，而且可以防滑和减少反光强度。各种块料铺装形式参见图4.35～图4.43（来源：孟兆祯，毛培琳，黄庆喜，等《园林工程》）。

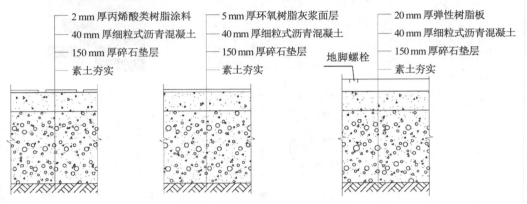

图4.34 高分子材料铺装做法示例

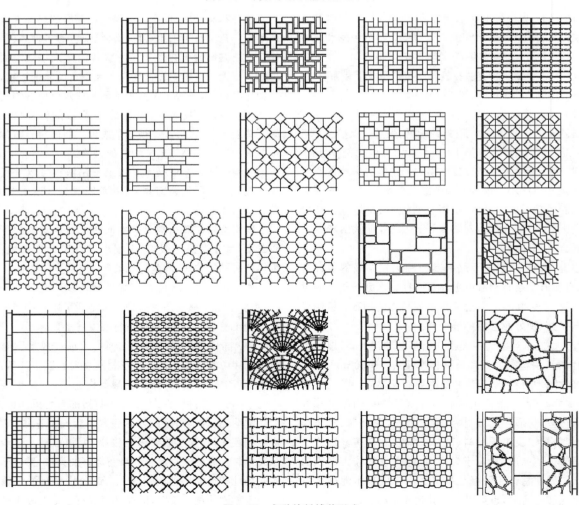

图4.35 各种块料铺装形式

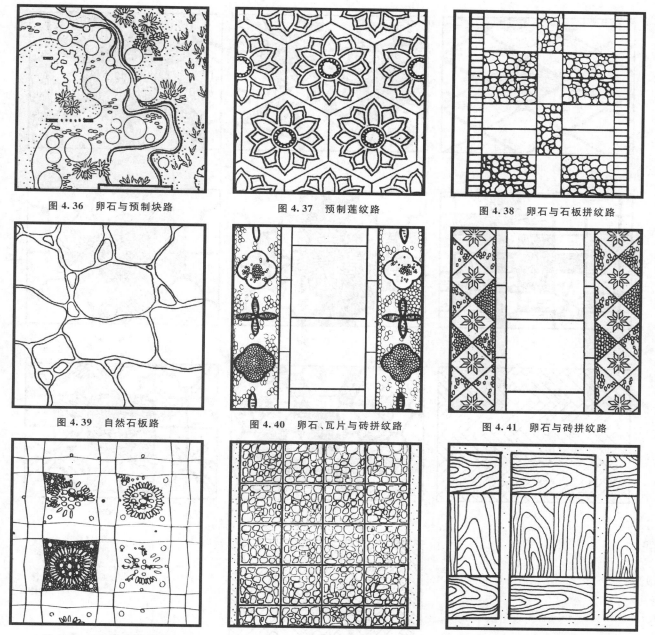

图 4.36　卵石与预制块路

图 4.37　预制莲纹路

图 4.38　卵石与石板拼纹路

图 4.39　自然石板路

图 4.40　卵石、瓦片与砖拼纹路

图 4.41　卵石与砖拼纹路

图 4.42　卵石块料拼纹路

图 4.43　预制仿卵石块料路

图 4.44　仿木纹混凝土嵌草路

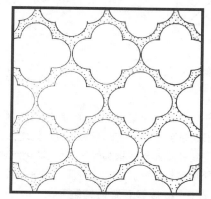

图 4.45　梅花形纹嵌草路

4.5.2.3　嵌草路面铺装

这种路面铺装是把天然石块和各种形状的预制水泥混凝土块,铺成冰裂纹或其他花纹的路面铺装,铺筑时在块料间留 3~5 cm 的缝隙,填入培养土,然后种草。常见的有冰裂纹嵌草路、花岗岩石板嵌草路、木纹水泥混凝土嵌草路、梅花形水泥混凝土嵌草路等(图 4.44、图 4.45)(来源:孟兆祯,毛培琳,黄庆喜,等《园林工程》)。

4.5.2.4　粒料和碎料铺装

花街铺地　即以砖瓦为骨,以石填心的做法。它是将规整的砖和不规则的石板、卵石以及碎砖、碎瓦、碎瓷片、碎缸片等废料相结合,组成图案精美、色彩丰富的各种地纹,如人字纹、席纹、芝花海棠、万字、球门、冰纹梅花、长八

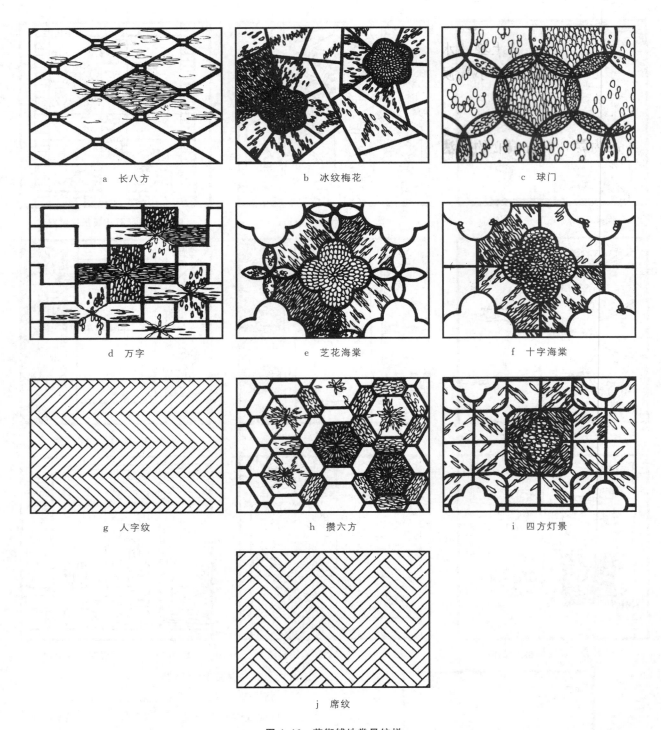

a 长八方

b 冰纹梅花

c 球门

d 万字

e 芝花海棠

f 十字海棠

g 人字纹

h 攒六方

i 四方灯景

j 席纹

图 4.46 花街铺地常见纹样

来源:孟兆祯,毛培琳,黄庆喜,等《园林工程》

方、攒六方、四方灯景等路面(图 4.46)。

4.5.2.5 卵石路面铺装

采用卵石铺成各种图案,如杭州花港观鱼在牡丹亭边的一株古梅树下,以黄卵石为纸,黑卵石为绘,铺成了一幅苍劲古朴的梅树图案,见图 4.47;苏州留园在东部庭院中的一块地面上,铺成了仙鹤的图案,见图 4.48;杭州植物园竹类区的一块休憩性小场地,在一片翠竹、山石中用卵石铺成了翠竹石影图案,在阳光下,相映成趣,更增加了幽静的感觉。这些铺装都起到了增加景区特色、深化意境的作用,而且这种路面耐磨性好、防滑,富有江南园路的传统特点。

4.5.2.6 雕砖卵石路面铺装

这种路面又被誉为"石子画",它是选用精雕的砖、细

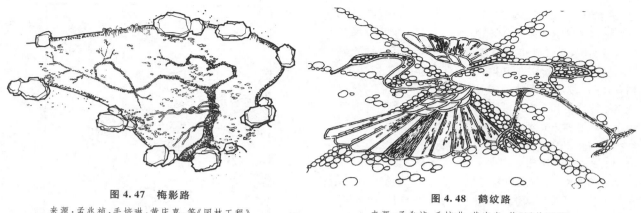

图 4.47　梅影路
来源：孟兆祯，毛培琳，黄庆喜，等《园林工程》

图 4.48　鹤纹路
来源：孟兆祯，毛培琳，黄庆喜，等《园林工程》

图 4.49　雕砖卵石嵌花路——战长沙
来源：孟兆祯，毛培琳，黄庆喜，等《园林工程》

图 4.50　舒布洛科路面砖

图 4.51　透水地坪

图 4.52　压印地坪

磨的瓦和经过严格挑选的各色卵石拼凑成的路面，图案内容丰富。有以历史为题材的图案，如"古城会"、"战长沙"（图 4.49）、"回荆州"等三国故事；有以寓言为题材的图案，如"黄鼠狼给鸡拜年""双羊过桥"等；有传统的民间图案，如四季盆景、花、鸟、鱼、虫等。这些都成为我国园林艺术的杰作。

4.5.2.7　透水路面

由其铺设的场地在下雨时能使雨水快速渗透到地下，增加地下水含量，调节空气湿度，净化空气，对缺水地区尤其具有应用价值。透水砖透水率高、强度高、耐磨、防滑性能佳、抗冻性能好。

（1）透水砖　美国舒布洛科公司发明了一种砖体本身具有很强吸水功能的路面砖，这种砖也被叫作舒布洛科路面砖（图 4.50），常用规格有 200 mm × 200 mm × 60 mm，200 mm×100 mm×60 mm，200 mm×100 mm×80 mm，235 mm×115 mm×60 mm，300 mm×300 mm×60 mm 等，设计强度有 C30，C35，C40。

（2）透水地坪　该产品透水性强，透水地坪拥有 15%～25%的孔隙，混凝土面层透水速度达 270 L/(m² · min)，高于传统排水系统的排水速率；承载力强，经国家检测机构鉴定,透水地坪系统能够达到 C30 混凝土的承载标准,优于一般透水砖的承载能力;环保性能好,能增加地表湿度,降低地表温度,减轻城市热岛效应;具有降尘、处理废气物(磷化物和氮氧化物)的功效;装饰性能好,透水地坪系统拥有系列经典色彩配比方案,能够配合设计师的创意,创造出不同环境和个性所要求的装饰风格;养护管理方便,用高压水洗的方式即可简单处理孔隙堵塞的问题。路面结构见图 4.51。

4.5.2.8 压印地坪

压印地坪是彩色强化料与混凝土浇筑同步施工的全新施工工艺,具有美观、耐磨、环保、质感强、色彩持久、耐用等特点。它能够刻意表现出自然材质的粗砺、凹凸不平和复杂纹理,呈现出酷似天然的青石板、木板、火山岩石等的效果。压印地坪不仅装饰性强,而且抗压、抗折强度是普通混凝土地面的 3 倍以上。一次性整体成型,施工快,其路面结构见图 4.52。

4.5.2.9 步石、汀石、磴道

(1)步石 在自然式草地或建筑附近的小块绿地上,可以将一至数块天然石块或预制成的圆形、树桩形、木纹板形等铺块,自由组合于草地之中。一般步石的数量不宜过多,块体不宜太小,两块相邻块体的中心距离应考虑人的跨越能力和不等距变化。这种步石易与自然环境协调,能呈现出轻松活泼的效果(图 4.53、图 4.54)(来源:孟兆祯,毛培琳,黄庆喜,等《园林工程》)。

(2)汀石 汀石是在水中设置的步石,可以使游人平水而过,适用于窄而浅的水面。为了游人的安全,石墩不宜过小,距离不宜过大,一般数量也不宜过多。例如,苏州环秀山庄,在山谷下的溪涧中置石一块,恰到好处;桂林芦笛岩水榭前的一组荷叶汀步,与水榭建筑风格统一,比例适度,疏密相间,色彩为淡绿色,用水泥混凝土制成,直径1.5~3.0 m 不等,在远山倒影的陪衬下,一片片荷叶紧贴水面,大大增添了人们游览的情趣(图 4.55、图 4.56)(来源:孟兆祯,毛培琳,黄庆喜,等《园林工程》)。

图 4.54 仿树桩步石路

图 4.55 荷叶汀石

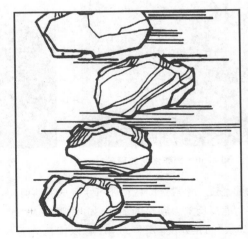

图 4.56 块石汀石

(3)磴道 它是局部利用天然山石、露岩等凿出的或用水泥混凝土仿树桩、假石等塑成的上山的道路。如辽宁千山风景区的"一步登天",它是在天然巨石的陡峭石上,人工凿出的蹬脚的洞,石壁上装有铁链,人们可以抓住铁链攀登而"一步登天"。

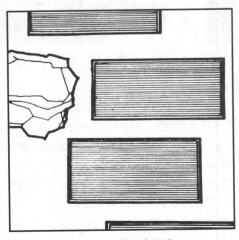

图 4.53 条纹步石路

4.6　园路施工

4.6.1　施工前的准备

施工前,负责施工的单位,应组织有关人员熟悉设计文件,以便编制施工方案,为施工任务创造条件。应注意路面结构组合设计的形式和特点,如发现疑问、有误和不妥之处,要及时与设计单位和有关单位联系,共同研究解决。

施工方案是指导施工和控制预算的文件,应根据工程的特点,结合具体施工条件,编制施工方案。开工前施工现场的准备工作要迅速做好,以利工程有秩序地按计划进行。因此,现场准备工作进行得快慢,会直接影响工程质量和施工进展。现场开工前的主要工作包括修建房屋(临时工棚)、清理场地以及现场备料等。

4.6.2　放线

根据园路平面设计图,把园路的中线测设到地面上,即在地面上定出起点、各个交点 JD 和终点。然后从园路起点开始沿着线路的前进方向,在地面上依顺序放出整桩(20 m 或 50 m)、加桩以及圆曲线 3 个主点(直圆点 ZY,曲中点 QZ,圆直点 YZ)的位置,打桩并在桩上写上桩号。

曲线主点测设通常以地面上已钉设交点为基础,依据圆曲线要素将曲线主点测设于地面上,其测设步骤如下:

(1)在交点 JD_n 安置经纬仪,对中、整平。

(2)望远镜瞄准后交点 JD_{n-1} 或此方向上的转点,量取切线长 T,则可钉设出 ZY。然后将望远镜瞄准前交点 JD_{n+1} 或此方向上的转点,量取切线长 T,则可钉设出 YZ。

(3)可自交点 JD_n 沿分角线方向上,量取外矢距 E,则可钉设出 QZ。

测设的圆曲线的三个主点已能满足设计和施工的需要。如果曲线较长,地形变化较大,那么这时应根据地形变化和设计、施工要求,在圆曲线上每隔一定的桩距 l,在曲线上测设整桩和加桩,以满足线形和工程施工的需要,这时就要按圆曲线细部的测设进行。

中心桩钉完后,再以中心桩为准,根据路面宽度定边桩,最后放出路面的平曲线。

4.6.3　准备路槽

按设计路面的宽度,每侧放出 20 cm 路槽,路槽的深度应等于路面的厚度,槽底应有 2%～3% 的横坡度,用蛙式跳夯机夯 2～3 遍,路槽平整度允许误差不大于 2 cm。如土壤干燥,待路槽开挖后,在槽底上洒水,使它潮湿,然

后再夯。一般路槽有挖槽式、培槽式和半培半挖式 3 种(图 4.57)。

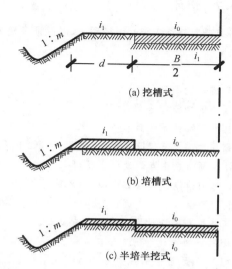

B—路面宽;d—路肩宽;m—边坡坡度;i_1—路肩坡度;i_0—路面坡度

图 4.57　路槽形式示意图

4.6.4　铺筑基层

1. 灰土基层

根据设计要求准备铺筑的材料,在铺筑时应注意:对于灰土基层,一般实际厚度为 15 cm,虚铺厚度根据土壤情况不同在 21～24 cm 之间;对于炉灰基层,虚铺厚度为压实厚度的 160%,即压实厚度为 15 cm,虚铺厚度为 24 cm。

2. 混凝土基层

根据园路所需的承载情况,铺筑混凝土的厚度有所不同,一般为 5～15 cm,混凝土强度为 C10。

3. 碎石基层

将碎石或矿渣作为园路基层,厚度为 10～30 cm,平整压实。

4.6.5　结合层的铺筑

一般用 M7.5 混合砂浆或 1:3 水泥砂浆,特殊地面可用 1:1 水泥砂浆。砂浆摊铺宽度应大于铺装面 5～10 cm,厚度为 3～5 cm,已拌好的砂浆应当日用完。也可以用 3～5 cm 厚的粗砂均匀摊铺。

4.6.6　面层的铺筑

面层铺筑时应轻轻放平,用橡胶锤敲打稳定,不得损伤砖的边角;如发现结合层不平时,应拿起砖重新用砂浆找齐,严禁向砖底填塞砂浆或支垫碎砖块等。采用橡胶带做伸缩缝时,应将橡胶带平正直顺紧靠方砖。铺好砖后应沿线检查平整度,发现方砖有移动现象时应立即修整,最后在干砂中掺入 1:10 的水泥,拌和均匀后将砖缝灌注

饱满,并在砖面泼水,使砂灰混合料下沉填实。

4.6.7 道牙

道牙基础宜与路床同时填挖碾压,以保证有整体的均匀密实度。结合层用 1∶3 的水泥砂浆,厚度为 2～3 cm。安道牙要平稳牢固,然后用 1∶3 的水泥砂浆勾缝,缝宽 5 mm。道牙背后应用 C10 素混凝土护牢,其宽度为 10 cm,高度为 10 cm,边上做路肩加以保护。

■ **思考与练习**

1. 简述园路的功能与分类。

2. 叙述园路平面线形设计步骤。

3. 设园路中线某交点 JD 的桩号(里程)为 K2＋182.32,测得右偏角 $\alpha=39°15'$,设计圆曲线半径 $R=25$ m。

    (1) 计算圆曲线主点测设元素 T,L,E,D;

    (2) 计算圆曲线三主点 ZY,QZ,YZ 的桩号;

    (3) 叙述圆曲线三主点 ZY,QZ,YZ 测设(施工放样)方法。

4. 叙述园路纵断面设计的主要内容与要求。

5. 叙述园路纵断面设计的方法与步骤。

6. 设园路纵断面图上的纵坡设计如下: $i_1=+1.5\%$, $i_2=-0.5\%$,变坡点的桩号为 K2＋360.00,其设计高程为 42.36 m。按 $R=3000$ m 设置凸形竖曲线,计算竖曲线元素 T,L,E 和竖曲线起点和终点的桩号。

7. 叙述园路铺装设计的内容与要求。

8. 做园路卵石与石板拼纹的块料铺砖设计,绘出其平面图和结构图(园路宽 1.2 m,比例为 1∶20)。

9. 园路的结构由哪几部分组成?设计并画出三种不同园路的平面图及结构图。

10. 叙述园路施工的具体步骤与方法。

5 水景工程

【导读】 水,不仅孕育了生命,而且孕育了人类的文明,世界四大文明古国,无不因水而兴盛。古人择水而居,不仅表达了生存智慧,还表达了一种人生态度。本章不仅概述了水文化、水景观的历史与内涵,更详细论述了水景规划与设计的原理、方法与技术;不仅解读了古人理水的生态智慧,更总结了当代水景工程的丰硕成果与绿色探索。

5.1 概述

5.1.1 中国水文化与水景概述

1. 中国古代水文化

人类在漫长的社会历史发展过程中,不仅用水创造了无穷的物质财富,而且因水积淀了丰富的精神财富,进而逐渐成为一种水文化。历代诸子百家、文人墨客发现水与人的心理有着千丝万缕的关联,"渴望""涤瑕荡垢""坦荡胸怀"等都是与水有关的内心活动。于是赋予了水更深的文化内涵,从而累积形成了中国独特的水文化历史。

孔子曰:"智者乐水、仁者乐山";老子也说:"上善若水,水善利万物而不争";荀子将水喻人,认为水"似德、似义、似勇、似道、似法、似正、似察、似善化、似志";董仲舒将人的品德喻为水,提出水"似力者、似持平者、似察者、似知者、似知命者、似善化者、似勇者、似武者(指能灭火)、似有德者"。这些品格正是文人雅士追求的雅量高致。

中国古代诗词崇尚自然美,多用景抒情,其中描写水的名篇佳句数不胜数。"高通荆门路,阔会沧海潮"咏唱的是辽阔无垠的壮丽水景;"虚阁荫桐,清池涵月"赞美的是园林池水映月明的宁静景象;"明月松间照,清泉石上流"吟诵的是八音叮咚的流水之韵。此外还有流传已久的"曲水流觞",如今虽已很少有人聚饮溪边,但寻思古人的幽情,依然有浓浓的高雅之趣(图5.1)。

2. 中国古代的人造水景

我国目前已知最早的养鱼享乐的人造水景园是西周时期周文王修建的灵沼。这在本书第一章已有过介绍(参见图1.1)。中国古代的人造水景大致可分为主动和被动两类:先秦时期的园林以筑高台为主,重在祭天、观象、高瞻,为取土才挖池沼,属于被动造水景;这与后期主动挖池并就近堆山的造园有很大不同。古人挖池的目的也有很多,根

据清雍正年间编纂而成的《古今图书集成》考工典(124卷,池沼部)记载,中国古代数千年中各地的池沼就其功能和目的而言,大致有以下几个方面:

(1)挖池建岛以求仙丹,如汉武帝追求长生无果后,命人在长安北面挖的"太液池"。

(2)挖池习练水师,南京玄武湖和昆明滇池都曾在自然湖泊的基础上开挖以训练水师(图5.2)。

图 5.1 仿古曲水流觞

图 5.2 玄武湖梁洲"览胜楼":古水师阅兵台

(3) 城池一体，台沼相接，如古城墙外的护城河(图5.3)。

(4) 建造各种豪华舟舫在水上游宴取乐，如杭州西湖舟游始于唐代白居易，至南宋时进入鼎盛期。

(5) 古今同好的水景布置，如莲花池、观鱼池、白鹤池、金鱼池(图5.4)。

(6) 纪念已故的名人雅士，或通过水景小品寄托精神，如王羲之洗笔处的"浣笔池"。

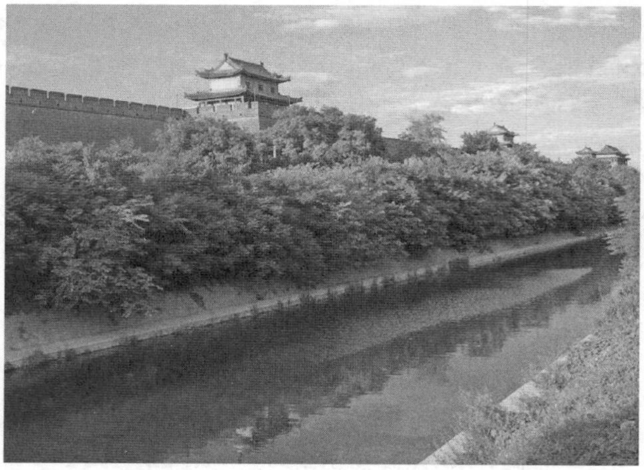

图5.3 南京护城河

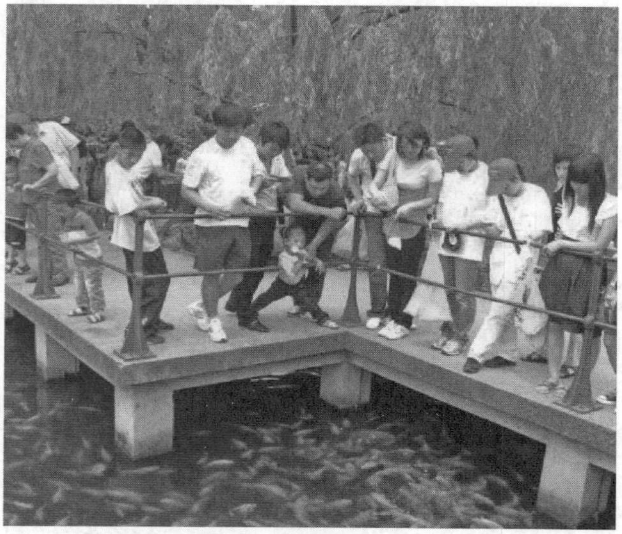

图5.4 花港观鱼金鱼池

5.1.2 外国水文化与水景概述

1. 其他文明古国的人造水景

古埃及气候干旱，人们为了便于使用与贮存水而修建了直线的水渠和长方形的水池。埃及人很早发明了"槔"(Shaduf，又名汲水杠杆)，用其从长方形水池中汲水灌溉植物，所以方池、直渠、直路交织成方格网式的花园、菜圃，估计是从这个时期开始的，它们可能就是规整式园林的雏形。后来，方形水池随着伊斯兰建筑的"通式"而出现在方形或长方形的内院之中(图5.5)。所谓"通式"是指一个封闭式的庭院，围着一圈拱廊或柱廊，院落中央有一个水池。

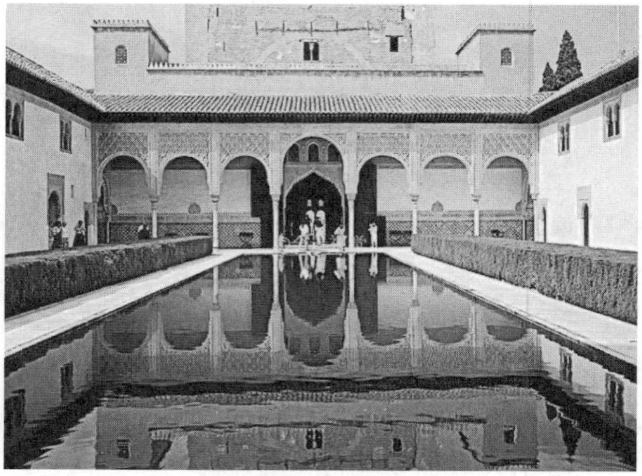

图5.5 伊斯兰建筑与"通式"庭院
来源：https://www.quanjing.com

古埃及阿蒙霍特普三世国王为了取悦王后，曾在她的家乡艾赫米姆(Akhmim)城附近挖了一个人工湖，比我国周文王挖"灵沼"还要早几百年，可以说是记载中世界最早的人工水景。

古巴比伦在两河流域的冲积平原上，曾经建造过不少美丽花园。这里经常遭到洪水的冲击，从而引起了人们拦洪蓄水、建造水库、变害为利的想法。例如在美索不达米亚发现的公元前6000年左右的灌渠，以及在约旦境内古城加瓦挖掘发现的公元前3000年左右建造的水坝，这几乎是已知现存时间最早的水库大坝。

2. 西方传统园林中的水景

16世纪中期是意大利园林的全盛时期。意大利境内多丘陵地貌，庭院顺着台地分阶布置，水景多沿中轴线对称布置，但由于地形的错落，在每个阶段又会有不同的表现形式，水的处理方式表现得富有变化。它通过渠道，或用隐蔽的管道自上而下引水，利用水压形成优美的喷泉。因此借助台地特点或以跌水、喷泉等形式表现水的活泼气氛是意大利台地园人造水景的主要艺术特点。这时期的园林以统一的构图、突出的轴线和整齐的格局为特征，基本的造园要素是石作、树木和水。水以流动的形式(池、泉、渠)为主，与石作结合，成为"建筑化"的水景，如喷泉、壁泉、溢流、叠落、阶式瀑布、池泉等。水还与大量的雕像结合构成局部的景观焦点。意大利台地园比较注意光影的对比，擅长运用水的闪烁、水中倒影和流水的声音作为造园题材(图5.6)。

17世纪，由于古典主义在法国各个文化领域中的发展，造园艺术也发生重大变化。法国多平原，有大片天然植被和大量的河流湖泊，把中轴线对称均齐的整齐式的园

图 5.6　意大利台地园中的水风琴泉
来源：https://weibo.com

图 5.7　法国索园的喷泉与叠水
来源：https://www.meipian.cn

林布局手法运用于平地造园，强调理性和君威，具有严谨的构图。水通常位于中轴线上，起到联系和贯穿全园的作用，是勒诺特尔式园林中不可或缺的要素之一。水还作为某些院落的主题，构成全园的视觉中心。勒诺特尔式将湖泊、河流、运河引入园林，以形成有镜面般效应的园林水景。多用规则对称的静水、大水面，以辽阔、宁静、深远的气势取胜，法国古典主义园林中最典型的水景要素——大运河作为全园主轴线之一的做法是勒诺特尔式的首创。在园路的景观处理上，也用水池、喷泉、雕塑等装饰园路边及交叉口。水景形式主要有喷泉与阶式瀑布、水渠，其中人物雕塑也是法式园林造园水法的常用题材（图5.7）。

18世纪欧洲文学艺术领域中兴起浪漫主义，英国开始欣赏自然之美，在英国开阔的牧场上可以寻觅到草地、点缀着鲜花的树丛和曲折的溪流，无限风光在于自然美景（参见图3.16）。这种新的变革对欧洲及美洲的规则式造园风格造成了较大的影响。

而东方传统园林则很少受到西方园林的冲击，始终在模仿并超越自然的情趣中，结合诗与画的意境，发展着近自然的山水园林。西方园林家对东方山水景观的赞赏由来已久，并从中获得许多创作的乐趣和灵感。随着东西方交流日益密切，现当代东西方风景园林设计早已相互融合，翻开生态园林新篇章。

5.1.3　水景的内涵和作用

随着人类社会、经济文化的不断发展，水和水体也逐步从具有单一的物质功能转变为具有实用和审美双重价值的水景。水的各种表现会令人产生一种神秘、舒适和安逸之感，获得许多美好的比喻和想象。水景是蕴涵着诗意、画意和情意的景观；水景是多种动植物在其中滋生、繁衍、和谐共生的自然博物馆；水景是许多环境艺术不可或缺的要素，能有效提升景观环境的审美趣味和实用功能。以下是水在人们生活中的主要作用。

1. 构成景观、增添美景

水是重要的造景要素，也是十分活跃的设计元素。在中国的传统园林中，水被称为"园之灵魂"，素有"有山皆是园，无水不成景"之说，创造的独到的理水手法，对世界上许多国家的园林艺术产生了重要影响。

园林水景，分集中和分散两种布局形式（图5.8）。集中而平静的水面能使人视线开阔心情宁静，一般中小型庭院多采用这种理水方法；分散而流动的水景常使人溯源远望而产生隐约迷离的深远感。分散用水还可以随水面的变化而形成若干大大小小的中心。无论是集中还是分散，水池本身的形状都可以采用规则形或不规则形，没有特别规定，但一般"大水宜分，小水宜聚"，以确保大而不单调，小而不局促。

园林水景从情态上看则有静有动（图5.9）。静水宁静安谧，能形象地倒映出周围环境的景色，给人以轻松、温和的享受。动水活泼灵动，或缓流，或奔腾，或坠落，或喷涌，波光晶莹，剔透清亮，令人感受到欢快、兴奋、激动的氛围。

以下是水在造景中起的几个基本作用。

（1）基底作用　大面积的水面视域开阔、坦荡，具有衬托岸畔和水中景物的基底作用[图5.10(a)]。当水面不大但在整个空间中仍具有面的感觉时，仍可作为岸畔或水中景物的基底，产生倒影，扩大和丰富景观空间。

（2）系带作用　水面具有将不同的、散落的景观空间及园林景点连接起来并产生整体感的作用，分为线型系带作用及面型系带作用[图5.10(b)]。前者水面多呈带状线型，景点多依水而建，形成一种"项链式"的效果。而后者水面多呈块面状，零散的景点均以水面为各自的构图要素，水面起到直接或间接的统一作用。除此之外，在有的景观设计中并没有大的水面，而只是在不同的空间中重复水这一主题，如用不同形式的流水、落水、静水等，加强各空间之间的联系。水还具有将不同平面形状和大小的水面统一在一个整体之中的能力。无论是动态的水还是静

a 规则式集中水面（成都某酒店式住宅水景）

b 不规则式集中水面（海口某艺术馆外部水景）

c 规则式分散水面（成都某庭院水景）

d 不规则式分散水面（某步行街体验式商业水景）

图 5.8 园林用水的不同布局形式
来源：广州山水比德设计股份有限公司

a 平静的水面

b 富有动感的水景

图 5.9 园林水景的不同情态

态的水，当其经过不同形状、不同大小、位置错落的"容器"时，由于它们都含有水这一共同而又唯一的因素，便产生了整体的统一。

（3）焦点作用 喷泉、瀑布、水帘、水墙、壁泉等动态的水，其形态和声响往往能吸引人们关注。在设计中除了要处理好它们与环境的尺度和比例关系外，还应考虑它们所处的位置。通常将水景安排在向心空间的中心、轴线的端点等空间的醒目处或容易集中视线处，使其成为视觉焦点[图 5.10（c）]。此外，由于运动着的水，无论是流动、跌落还是撞击，都会发出不同的声音效果，使原本静默的景色产生一种生生不息的律动感和天真活跃的生命力，因此，水的设计也应包含水声的利用。

a 水的基底作用(杭州西湖)

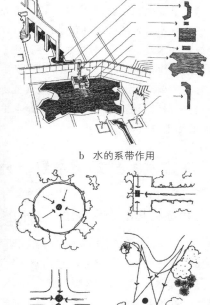

b 水的系带作用

c 水的焦点作用

图 5.10　水体在造景中的几个基本作用

2. 调节小气候

　　水体在增加空气的湿度和降温方面有显著的作用,可以减少尘埃,提高负氧离子含量,还能在小范围内起到调节气候的作用。水体面积越大,则这种作用就越明显。水体不仅可以改善园林内部的小气候条件,而且能优化周围的生态环境。

3. 排洪蓄水

　　在暴雨来临、洪涝暴发时,要及时排除和蓄积洪水,防止洪水泛滥成灾;到了缺水的季节再将所蓄之水有计划地分配使用,这是海绵城市雨洪管理的基本原理。园林中的水体和邻近天然水体的绿地,通过"蓝绿交融"的规划设计,可以起到排洪蓄水的重要作用。水体边的湿地植被还可以减缓水流,从而调节径流和削减洪峰,延迟洪峰的到来。

4. 开展水上活动

　　城市水系是难得的自然风景资源,也是城市生态环境质量的重要保障,因此应该大力保护天然水体,并在保护的前提下合理开发和利用。例如杭州西湖、扬州瘦西湖、南京玄武湖等天然水体,不仅在美化城市面貌方面起了不可磨灭的作用,而且都开展了游船画舫等传统的水上活动,成为一道流动的风景。国际上有些著名城市还专门建造人工湖作为城市中心景观。例如位于美国华盛顿特区国家广场西南的潮汐湖(Tidal Basin),就是人工梳理建设而成的城市中心湖。华盛顿的核心区,就在从国会山到林肯纪念堂、从白宫到杰斐逊纪念堂这两条东西、南北轴线交错的区域内,而潮汐湖恰好位于南北轴的南端,它与城市主河道相通,所以湖水水面随河水起伏变化,故称潮汐湖。潮汐湖沿湖分布有华盛顿纪念碑、杰斐逊纪念堂、林肯纪念堂、罗斯福纪念园,湖畔种有大量樱花树,泛舟潮汐湖,微风浮动落英缤纷,白色的建筑倒映在湖面上,给庄严的核心区轴线景观带去一片自然的柔美(图 5.11)。

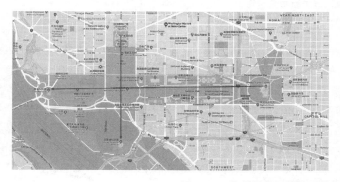

图 5.11　华盛顿特区核心区轴线示意图及潮汐湖景观
来源:https://m.mafengwo.cn

5. 发展水产事业

园林要综合发挥生态效益、社会效益和经济效益。利用园林水体进行水产方面的开发利用是切实可行的途径。但园林不是单纯的水产养殖场，发展水产要服从于水景和游览的基本要求。比如水的深度，太浅不利于满足水温上下热对流和养鱼的要求，太深虽可进行分层养鱼以提高单位面积水产量，但对游船活动不安全。养鱼和水生植物也有矛盾，因此要因地制宜，统筹安排。

5.2 城市水系规划与水景设计初步

5.2.1 中国古代的理水经验

水，不仅孕育了华夏民族，还影响了中华文明的产生。中华文化以水为载体既产生出了多样的精神及物质财富，也积累了丰富的理水实践。"理水"在《园冶》中特指中国古典园林对水的疏导和利用，今泛指各类园林及场地中的水景处理。"理水"是先人在漫长历史过程中应对自然环境所形成并发展起来的一个以规划设计为手段，因地制宜地改善水体径流的方式，是一种促进自然水循环，尤其是微循环的概念与方法。这种理水的方法既不任水漫流，又不完全约束水，体现了中国特有的雨水管理的"生态智慧"。

中国传统的理水主要有以下几种典型的手法。

1. 疏与引

疏是传统理水的基础。疏浚河道、梳理水系，使得上承水源、下连分脉、防洪治淤，实现水环境的整体贯通。例如位于四川成都的都江堰工程（图 5.12），是当今世界年代久远、唯一留存、以无坝引水为特征的宏大水利工程。它充分利用当地西北高、东南低的地理条件，根据江河出山口处特殊的地形、水脉、水势，乘势利导，无坝引水，自流灌溉，使堤防、分水、泄洪、排沙、控流相互依存，共为体系，保证了防洪、灌溉、水运和社会用水综合效益的充分发挥。它最伟大之处是建堰 2000 多年来经久不衰，而且发挥着越来越大的效益。

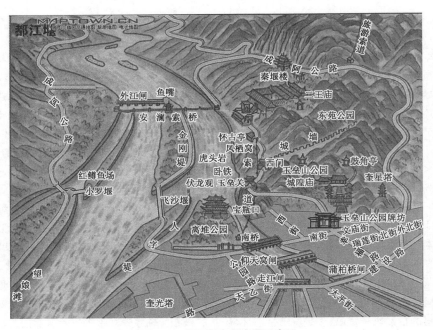

图 5.12　都江堰工程布置示意图
来源：https://www.mianfeiwendang.com

引是传统理水的精髓。都江堰工程不仅"疏"得妙，而且"引"得巧，在没有炸药的"冷兵器"时代，通过热胀冷缩的原理，烧热岩石再浇水冷却，使坚硬的岩石分崩离析。通过这种方法，李冰在玉垒山余脉凿离堆建宝瓶口，"辟沫水之害"，将岷江洪峰引走，从而削减了岷江沿岸的洪水压力；同时，"开二江于成都之中"，将岷江水引进缺水的成都平原，"百姓飨其利，旱则引水灌溉，雨则杜塞水门"，于是有了《水经注·江水》中记载的"水旱从人，不知饥馑，沃野千里，世号陆海，谓之天府也"。

"引水"在江南地区也广为应用，纵观传统的江南城镇空间结构演化过程，可概括为：因水利导，引水进城，临水而居，依水为生。因此形成了"街河并举，街随河走，河随街流，桥连街路，坊巷纵横"的空间形态。例如苏州在春秋时代建立都城时，伍子胥结合当地雨水"多而集中，土层难渗，地下水位高"的实际，因水制宜，创造性地规划以水系为脉络，河道为骨架，道路相依附的"水陆相邻、河街平行"的双棋盘式城市格局（图 5.13）。这种格局充分尊重当地自然环境，适时有效地利用河网水系，找到了集防洪、防涝、漕运、灌溉等于一体的综合解决雨洪问题的方法,从而让江南地区从"平原河流泛滥成灾,地广人稀,人迹罕至"的荒蛮之地,逐渐转变为"水城共荣"的繁盛的鱼米之乡(图5.14)。

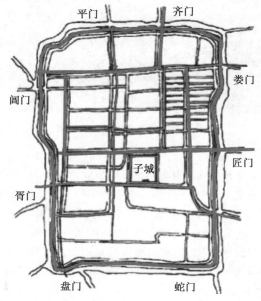

图5.13　苏州古城水陆相邻、河街平行的双棋盘格局

图5.14　水城共荣的江南水乡
来源:http://www.360doc.com

2. 排与防

排与防是传统理水的难点与亮点。基本原则是顺应地势,防排结合。古人往往择高临水建城,利用地形高差,挖排水沟渠引导水流顺应地势排入周边河道,解决排水问题;修筑堤坝,防止雨洪倒灌入城。例如安徽寿县的古城墙,它始建于北宋年间(1068—1077年),明清时曾多次修葺,已历经900多年,是国内保存最为完好的宋代古城墙。

1991年,我国江淮流域发生百年一遇的大水灾,最高水位达24.46 m,全国有18个省、区、市遭受洪涝灾害,到处一片汪洋。但寿县城墙内的居民却能安居乐业,免遭水灾。是什么让寿县古城能成功地躲避洪水呢?这源于它三处巧妙的设计:

(1)城墙的石堤岸　寿县古城墙主体也是城墙砖,但壁脚却加筑了一圈高3 m、宽8 m的坚固的石头堤岸。石堤大大提高了整个城墙的防洪能力,顶住了洪水对城墙根基的直接冲击,确保城墙千年不倒(图5.15)。

(2)城门设计　和大多数古城墙一样,寿县古城墙也设计了瓮城(瓮城是保护城门的一个小城)。在古代,即便敌军攻破瓮城的第一道城门,还面临第二道城门,瓮城上的士兵还能射杀进入瓮城的敌人。洪水如敌,在历次大洪水中,瓮城城门往往是防洪的重要环节。寿县古城墙瓮城的城门设计非常独特,它的第一道城门和第二道城门相互错开,这对于防洪是绝妙之笔(图5.16)。因为一旦瓮城第一道门溃决,汹涌的洪水必定以超常速度冲击正前方,但由于城门错开,直接承受洪水冲击的是足够坚固的城墙石堤,石堤极大地削弱了洪水的动能,避免了洪水对瓮城第二道城门的直接冲击,给防洪争取了时间。

图5.15　寿县的古城墙壁脚处加筑的石堤

图5.16　寿县古城墙瓮城及相互错位的两道城门

（3）月坝设计　城墙和城门挡住了城外的洪水，但如何防止城中内涝呢？古人首先在城内四角处开挖内城河和蓄水塘，其常水位低于城内街道，高于城外护城河常水位（图 5.17）。这样，平时城中的雨水径流能沿沟渠流入其中，蓄积雨水以解决居民饮用水之需，过多的水则通过月坝涵闸排入护城河；而洪涝季节则进月坝关闭涵闸，防止外面的洪水倒灌（图 5.18、图 5.19）。寿县古城设有东西月坝（图 5.20），"城管"可随时进坝启闭闸门，控流自如，这两个月坝分别荣膺了"崇墉障流"和"金汤巩固"的誉称。

图 5.20　寿县古城墙月坝外观

3. 蓄与净

蓄是传统理水最多彩的一环。饮水思源，巧蓄用水，古人常常用池塘、天井等各种容器蓄积雨水。"城池防洪体系"注重利用自然环境，顺河流湖泊因势利导，坑塘池沼以较小的陂塘形式分布于城中，蓄积洪涝，构成了古城内外重要的调蓄系统。寿县城墙四角的内河与蓄水塘就是一种具有生态智慧的城市级别的蓄水方式。而"四水归堂"则是中国古代建筑引导雨水的典型做法，即通过建筑合院天井四周的斜屋面将雨水引入院落内（图 5.21）。

图 5.17　寿县古城墙一角内设置的蓄水塘

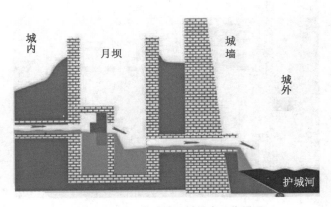

图 5.18　寿县古城墙月坝排水工作原理

图 5.21　安徽宏村汪家祠堂天井"四水归堂"
来源：https://www.baidu.com

净是最能体现传统理水"无为"的一环。河道污染，整体自净。江南园林自古就有"深柳疏芦，蔬蒲水芳"的说法，这不仅是园林水生植物造景理法的代表典型，还是源于古代生态治水护滩的重要措施。明代刘天和总结历代植柳固堤的经验，归纳出了"植柳六法"，即卧柳、低柳、编柳、深柳、漫柳、高柳，形成由堤到滩全面用柳设防的水工体系和净化水质的生态缓冲带。

5.2.2　现代城市水系规划有关知识

城市绿地系统规划是城市总体规划的组成之一，城市园林水体又是城市水系的一部分。城市水系规划的要领首先

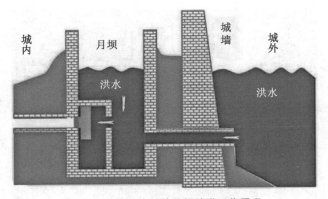

图 5.19　寿县古城墙月坝防洪工作原理

是"疏源之去由,察水之来历"。在进行城市绿地规划和有水体的公园设计时都要着眼于局部与整体的关系。其次,要收集、了解和勘查城市水系历史与文化、现状和相关规划。

城市水系在不同的历史时期是有所变迁的,城市的起源和发展与水系的自然变迁密切相关。以南京为例,南京城市东部有钟山,史称"龙蟠",西部有石头城,史称"虎踞",城市南部有秦淮河,称为"朱雀",北部的湖泊称为"玄武",再往北郊有长江。因此,古南京城市地理格局是:3条山脉,即北部沿江幕府山脉,中部钟山西延覆舟山脉,南部牛首山脉;2条河流,即南部秦淮河与北部金川河;3个湖泊,即玄武湖(后湖)、前湖和秦淮河畔的莫愁湖。各历史时期城市结构以及目前遗留城墙主要顺应这些山脉和河流,古都城市景观依托自然地理系统形成(图5.22、图5.23)。南京城河道水系与古都城结构位置关系密切,城垣之外必有城河,且与江、河、湖相连,市内水道纵横交错,在过去主要是运输通道,还起着城市排水防涝的作用。河道水系有其重要的历史价值,也有城市景观作用。古代河流是南京城市边界,也是规划城市道路系统的依据,后来又是商贸、文化繁荣的重要枢纽。经过历代的城市发展填埋,现代的南京城市河流已经大大地减少,大型湖泊严重退化,金川河只能依靠水闸与长江相连,玄武湖同长江的联系就更加弱小。

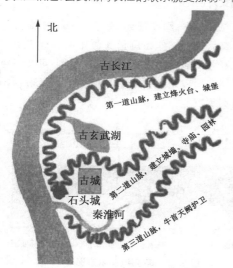

图5.22　南京山水与古城关系示意图

图5.23　南京自然地形与城市关系图

1. 水系规划的内容

城市水系规划的主要任务是保护、开发和利用城市水系,调节和治理洪水与淤积泥沙,开辟人工河湖,兴城市水利而防治城市水患,形成完整健康的水系。

城市水系规划为各段水体确定了一些水工控制数据。如最高水位、最低水位、常水位、水容量、桥涵过水量、流速及各种水工设施,同时也规定了各段水体的主要功能。依据这些数据进一步确定园林进水、出水口的设施和水位,使园林内水体务必符合城市水系规划的要求。

(1)河湖的等级划分和要求　如果我们在造园中接触到某一河湖,首先应该了解其等级,并由此确定一系列水工设施的要求和等级标准。《内河通航标准》将我国内河航道分为7个技术等级,不同等级的航道具有不同的净空尺度和要求,如长江南京段为Ⅰ级航道,而秦淮河航道规划等级于2003年被确定为Ⅴ级,远期按Ⅳ级航道标准预留。因此,临、跨、过河建筑物需服从内河航道等级规划的要求。

(2)河湖在城市水系中的任务　该任务的制定是比较概括的,如排洪、蓄水、航运、景观等。要力求在完成既定任务的前提下保护自然水体的生态和景观,处理好相互的关系。对于得天独厚的城市天然河、湖、溪流,更要重视其在城市生态环境和风景园林方面的作用,避免因为"整治"而被改建为钢筋混凝土的排水沟槽,使固有的自然景观遭到建设性的破坏。在这种情况下,应会同规划、水利、环保和园林绿化等有关部门,从综合的角度出发进行整治。比如南京外秦淮河是综合治理的典型案例,在整治过程中寻求水系、绿化与城市空间环境耦合的具有凝聚力的景观结构,并整合相关的历史文化与社会经济资源,成为南京河西新城的重要骨架。

(3)河湖近期和远期规划水位,驳岸的平面位置、代表性断面和高程　自由水体上表面的高程称为水位。一般包括最高水位、常水位和最低水位,这些是确定园林水体驳岸位置、类型,岸顶高程和湖底高程的依据。近海水体受潮汐影响,水位变化更复杂。

图5.24是南京秦淮河草场门桥南侧至二十九中分校段的部分滨河景观设计图,设计将原有硬质驳岸改为4个不同高程的小型驳岸,分别对应秦淮河的几种水位,强化了河滨绿地的亲水性和休闲功能,是内河驳岸景观化设计的一种典型案例。

(4)水工构筑物的位置、规格和要求　园林水景工程除了要满足相关水工要求以外,还要尽可能做到水工构筑物选址合理,对水生态影响较小,规格适宜,与周围景观尽可能相协调,工程生态化、园林化,成为绿色基础设施,甚至让绿色基础设施成为一种景观,解决水工与水景的矛盾。

2. 水系规划常用数据

城市水系规划与园林水景相关的常用数据有:

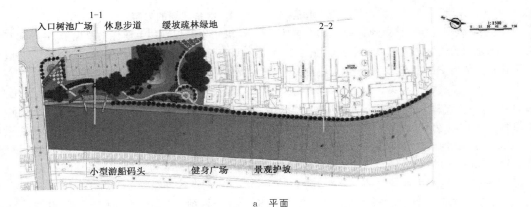

入口树池广场　休息步道　缓坡疏林绿地　　　　　2-2

小型游船码头　　　健身广场　　景观护坡

a　平面

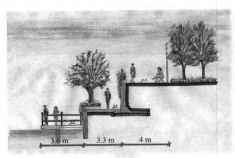

10 m　　4 m　　5 m

b　断面1-1

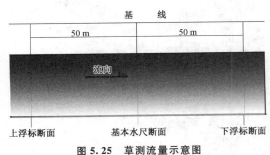

3.6 m　3.3 m　4 m

c　断面2-2

图5.24　南京秦淮河草场门桥南侧滨河景观设计

（1）水位　自由水体上表面的高程称为水位。将水位标尺设置在稳定的位置，水表在水位尺上的位置所示刻度的读数即水位。由于降水、潮汐、气温、沉淀、冲刷等自然因素的变化和人们用水生产、生活等活动的影响，水位往往产生相应的变化。通过查阅水文记载和实地观测历史水位、现在水位的变化并总结其变化规律，为设计水位和控制水位提供了依据。对于本无水面而需截天然溪流为湖池的地方，则需要了解天然溪流的流量和季节性流量变化，并计算湖体容量和拦水坝溢流量，以此控制确定合宜的设计水位。

（2）流速　即水体流动的速度。按单位时间流动的距离来表示，单位为m/s。流速过小的水体不利于水源净化，流速过大又不利于人在水中、水上的活动，同时也使岸边受到冲刷破坏。流速用流速仪测定。临时草测可以用浮标计时观察。应从多部位观察，取平均值。对一定深度水流的流速则必须用流速仪测定。

各浮标水面流速＝浮标在起讫间运行的距离/浮标在起讫间漂流历时

平均流速＝各浮标水面流速总和/浮标总数

（3）流量　在一定水流断面间单位时间内流过的水量称为流量，单位为m^3/s。

流量＝过水断面积×流速

在过水断面面积不等的情况下，则须取有代表性的位置测取过水断面的面积。如水深和不同深度流速差异很大，也应取平均流速。草测流量一般在拟测河段上选择比较顺直、稳定、不受回水影响的一段，断面选取方法如图

5.25所示。在河岸一测设基线，基线方向与断面方向垂直。将两者交点钉木桩作为测量断面距离的标志点。断面的平面位置可用横悬测绳上的刻度来控制，可扎各色布条于横悬测绳的相应刻度上。水深用测杆或带铅垂和浮标的钓鱼线测定。

基　线

50 m　　50 m

流向

上浮标断面　　基本水尺断面　　下浮标断面

图5.25　草测流量示意图

5.2.3　水景设计的基本要素

1. 水的尺度和比例

如何把握好设计中水的尺度？这需要仔细地推敲所采用的水景设计形式、表现主题、周围的环境景观，并采用合适的分区手法创造大小尺度各异的水面空间（图5.26）。

小尺度的水面亲切怡人，适合于安静、不大的空间，例如庭园、花园、城市小公共空间；尺度较大的水面浩瀚缥缈，适合于大面积自然风景、城市公园和巨大的城市开放空间或广场。无论是哪种尺度的水面，关键在于掌握空间中水与环境的比例关系。水面直径小、水边景物高，

则水区内视线的仰角比较大,水景空间的闭合性也比较强。在闭合空间中,水面的面积看起来一般都比实际面积要小。如果水面直径或宽度不变,而水边景物降低,水区视线的仰角变小,空间闭合度减小、开敞性增加,则同样面积的水面看起来就会比实际面积要大一些。因此,从视觉角度讲,水面的大小是相对的,同样大小的水面在不同的环境中产生的效果可能完全不同。如苏州的怡园和艺圃两处古典宅第园林中的水面大小相差无几,但艺圃的水面更加开阔和空透[图 5.27(a)、(b)]。若与网师园的水面相比,怡园的水面虽然面积要大出约 1/3,但是大不见其广,长不见其深,而网师园的水面反而显得空旷幽深[图 5.27(c)]。

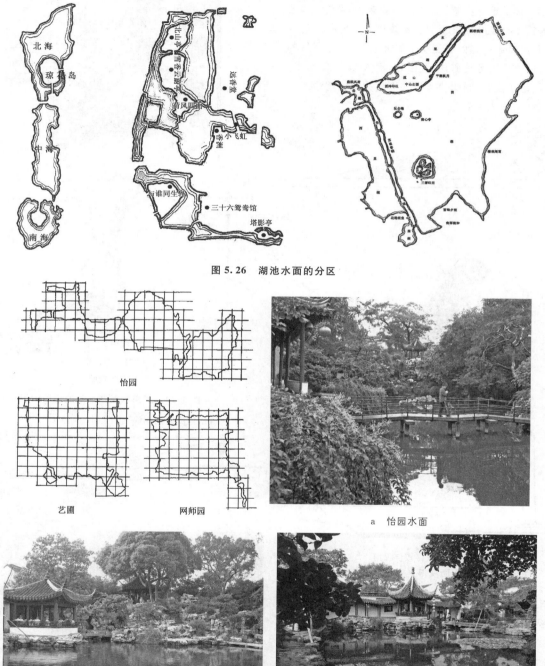

图 5.26　湖池水面的分区

图 5.27　相近大小水面视觉效果对比

a　怡园水面

b　艺圃水面

c　网师园水面

2. 水的平面限定和视线

用水面限定空间、划分空间有宛若天成的感觉,使得人们的行为和视线不知不觉地在一种较亲切的气氛中得到了控制。由于水面只是平面上的限定,故能保证视觉上的连续性和通透性,因此利用水面能获得良好的观景条件(图5.28)。另外,也常利用水面的行为限制和视觉渗透来控制视距,获得相对完善的构图;或利用水面产生的强迫视距,达到突出或渲染景物的艺术效果。江南私家宅第园林经常利用强迫视距以达到小中见大的效果,如苏州的环秀山庄,过曲桥后登栈道,上假山,左侧依山,右侧傍水。由于水面限定了视距,因此使本来并不高的假山增添了几分峻峭之感(图5.29)。

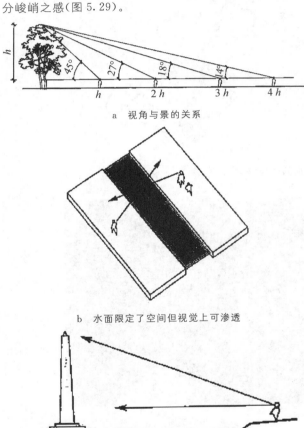

a 视角与景的关系

b 水面限定了空间但视觉上可渗透

c 控制视距,获得较佳视角

图 5.28　利用水面获得良好的观景条件

利用水面控制视距、分隔空间还应考虑岸畔或水中景物的倒影,这样一方面可以扩大和丰富空间,另一方面可以使景物的构图更完美。运用水面创造倒影主要和入射角和反射角有关,网师园就是利用近水观赏点较大的入射角而获得了月到风来亭与濯缨水阁的完美倒影(图5.30)。

利用水面创造倒影时,水面的大小应由景物的高度、宽度、希望得到的倒影长度以及视点的位置和高度等决定。倒影的长度或倒影的大小应从景物、倒影和水面几方

面加以综合考虑,视点的位置或视距的大小应满足较佳的视角,如图5.31所示。

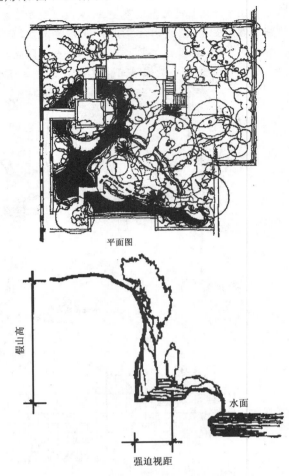

平面图

图 5.29　利用水面产生强迫视距作用

入射角与反射角相等

图 5.30　利用水面倒影增加水面层次

104

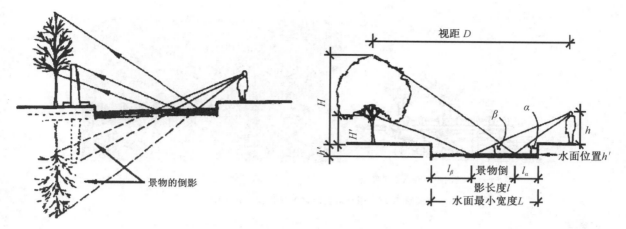

图 5.31　视距与倒影的计算关系图

视距与倒影的关系可用以下公式计算：

$$l = (h + h')(\cot\beta - \cot\alpha)$$

$$l_\alpha = h'\cot\alpha$$

$$l_\beta = h'\cot\beta$$

$$L = l + l_\alpha + l_\beta = h(\cot\beta - \cot\alpha) + 2h'\cot\beta$$

式中：l——景物（树冠部分）倒影长度；

　　　L——水面最小宽度；

　　　α,β——水面反射角；

　　　h——人视点离地高度；

　　　h'——地面离水面距离；

　　　H——树木高度；

　　　H'——树冠起点高度；

　　　D——视距（其中人到景物倒影顶点的水平距离为 D_h，景物到景物倒影顶点的水平距离为 D_H）。

$\because \tan\alpha = (h + h')/D_h$，$\tan\alpha = (H + h')/D_h$，$D_h + D_H = D$

$\therefore \alpha = \arctan[(H + h + 2h')/D]$

同理，$\beta = \arctan[(H' + h + 2h')/D]$。

5.2.4　水景设计的常用手法及景观效果

1. 亲和

通过贴近水面的汀步、平曲桥，映入水中的亭、廊建筑，以及又低又平的水岸造景处理，把游人与水景的距离尽可能地缩短，水景与游人之间就体现出一种十分亲和的关系，使游人感到亲切、合意、有情调且风景宜人。因此临水的园林建筑常伸入水面，给游人一种亲和的感受（图 5.32）。

2. 延伸

园林建筑一半在岸上，一半延伸到水中；岸边的树木树干向水面倾斜、树枝向水面垂落或向水心伸展的，这些都使临水之意显然。前者是向水的表面延伸，而后者却是向水上的空间延伸。例如谐趣园的饮绿亭和洗秋轩，饮绿亭一半在岸上，一半在水中，使游人视线延伸到水中；山水比德设计公司设计的武汉远洋长江樽小区服务中心的水景，用更为现代和抽象的设计手法表现了"延伸"（图 5.33）。延伸和亲和往往"互为因果，结伴而行"。

a　亲和——建筑在水中

b　杭州西湖花港观鱼竹水榭

图 5.32　园林水景亲和的应用模式及实例

a 延伸——建筑、阶梯向水中延伸　　　　　b 武汉远洋长江樽庭院水景

图 5.33　园林水景延伸的应用模式及实例

3. 藏幽

水体在建筑群、林地或其他环境中,都可以把源头和出水口隐藏起来。隐去源头的水面,反而可给人留下源远流长的感觉;把出水口藏起的水面,水的去向如何,也更能让人遐想(图 5.34)。

4. 渗透

水景空间和建筑空间相互渗透,水池、溪流在建筑群中流连、穿插,给建筑群带来自然鲜活的气息。有了渗透,水景空间的形态更加富于变化,建筑空间的形态则更加舒适、宽敞、灵秀。如山水比德设计公司设计的阳朔凤凰·山水尚境的水景观与建筑之间就有优美的充分的空间渗透(图 5.35)。

a 藏幽——水体在树林中　　　　　b 杭州太子湾溪流

图 5.34　园林水景藏幽的应用模式及实例

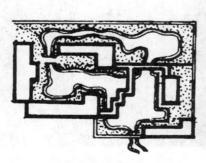

a 渗透——水体穿插在建筑群之中　　　　　b 阳朔凤凰·山水尚境

图 5.35　园林水景渗透的应用模式及实例

106

a 暗示——引水入室　　　　b 昆明世园会的粤晖园

图 5.36　园林水景暗示的应用模式及实例

5. 暗示

将庭院水体引入建筑物室内，水声、光影的渲染使人仿佛置身于水底世界；或者池岸岸口向水面悬挑、延伸，让人感到水面似乎延伸到了岸口下面，这些都是水景的暗示作用。如 1999 年昆明世园会的粤晖园，石岸悬挑于水面之上，暗示溪流源远流长，让人浮想联翩（图 5.36）。

6. 迷离

在水面空间处理中，利用水中的堤、岛、植物、建筑，与各种形态的水面相互包含与穿插，形成湖中有岛、岛中有湖、景观层次丰富的复合性水面空间。在这种空间中，水景、树景、堤景、岛景、建筑景等层层展开，不可穷尽，游人置身其中，顿觉境界相异，扑朔迷离。如杭州西湖的湖心亭就是典型的"湖岛环套"的迷离型水景（图 5.37）。

7. 萦回

蜿蜒曲折的溪流，在树林、草地、岛屿、水岸之间回还萦绕，突出了风景的流动感。这种效果反映了水景的萦回特点。如无锡寄畅园的八音洞，还有山水比德设计公司设计的海口万华江东麓岛"言·艺术馆"水景，都给人一种山环水绕的萦回感（图 5.38）。

8. 隐约

使种植着疏林的堤、岛和岸边景物相互组合或相互分隔，将水景时而遮掩、时而显露、时而透出，就可以获得隐隐约约、朦朦胧胧的水景效果。杭州西湖中处处可见中国山水文化的隐约与内敛（图 5.39）。萦回的水景，往往会出现若隐若现的视觉效果，所以萦回和隐约在水景设计中也是一对"黄金伴侣"。

9. 隔流

隔流是对水景空间进行视线上的分隔，使水流隔而不断，似断却连。可以利用桥分割水面空间，增加水面的层次。如拙政园小飞虹是连接水面和陆地的通道，而且构成了以廊桥为中心的独特景观，空间因"隔流"而更为深远，景观也更有层次（图 5.40）。

10. 引出

传统园林水池设计中，常常不管有无实际需要，都在池边留出一个水口，并通过一条小溪引水出园，到园外再截断。对水体的这种处理，其优点是尽量扩大水体的空间感，向人暗示园内水池就是源泉，暗示其流水可以通到园外很远的地方。如网师园水面聚而不分，池西北石板曲桥，低矮贴水，东南引静桥微微拱露，曲折多变，使池面有水广波延和源头不尽之意（图 5.41）。这种"引出"的手法，在今天的园林水景设计中也有应用。

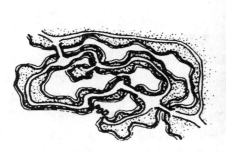

a 迷离——湖中岛与岛中湖

b 西湖湖心亭

图 5.37　园林水景迷离的应用模式及实例

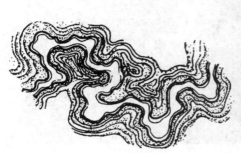 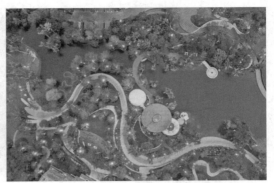

a 萦回——溪涧盘绕回还　　　　　b 海口万华江东麓岛"言·艺术馆"水景

图 5.38　园林水景萦回的应用模式及实例

a 隐约——虚实、藏露结合　　　　b 杭州西湖花港观鱼

图 5.39　园林水景隐约的应用模式及实例

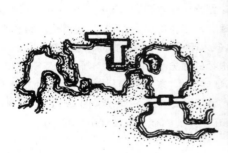 

a 隔流——隔而不断　　　　　　　b 拙政园小飞虹

图 5.40　园林水景隔流的应用模式及实例

11. 引入

水的引入和引出方法相反,但效果类似。引得一池活水来,正合"山要有限,水要有源"的古代画理。如沧浪亭园门一池绿水绕于园外,临水复廊的漏窗把园林内外山山水水融为一体,妙不可言(图 5.42)。

12. 收聚

小园林面积有限,应将水面尽量聚拢,这样可以"小中见大",增强水景表现。如拙政园水面有聚有散,聚处以辽阔见长,使得游人能从梧竹幽居一览无余地遥望北寺塔(图 5.43)。在坡地造园,由于地势所限不能开辟很宽大的水面,可以随着地势升降,安排几个水面高度不一样的较小水体,使之相互聚在一起,达到大水面的效果。

13. 沟通

将分散布置的若干水体,按顺序串联起来,构成完整的水系,这就是沟通。如杭州西湖既利用堤、岛分割湖面形成不同大小、不同形状、不同韵味的水空间,又通过水渠、河道、溪流将西湖南侧南山路以南的太子湾玉鸳池、西湖西侧杨公堤以西的乌龟潭等大小水面与西湖沟通起来,使水分散而不断,更使得山、水、林、田、湖、草融为一个不可分割的整体,成为一幅完整的画卷(图 5.44)。

14. 开阔

水面广阔坦荡,天光云影,烟波浩渺,有空间无限之感。这种水景效果的形成,常见的是利用天然湖泊点缀人工景点,使水景完全融入环境之中。而水边景物如山、树、建筑等,看起来都比较遥远。如杭州西湖由于空间分割巧妙,不仅有很多精美的小水面,而且有一些开阔的大湖面(图5.45)。

15. 象征与仿形

象征是指利用景物象形、表意、传神的作用,在水面的陪衬下,获得特殊的造型与寓意,象征某一方面的主题意义,使水景的内涵更深。如日本枯山水中,置石象征大海和岛群,使人联想到大海中群岛散落的自然景观,心情会格外超脱、平静,从而达到禅学所追求的精神境界(图5.46)。

仿形则是指比较直接地模仿某种形状来设计水体,使水景有较好的寓意或者较强的视觉冲击力。如奥林匹克森林公园的龙形水系。图5.47是某大学药材产业园的灌溉水系,设计采用仿形手法,用抽象的"龙形水系",获得较好的视觉效果。

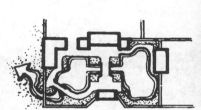

a 引出——引水出园

b 网师园用桥分隔暗示引水出园

图5.41 园林水景引出的应用模式及实例

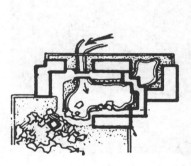

a 引入——引水入园

b 沧浪亭园外水面与临水复廊

图5.42 园林水景引入的应用模式及实例

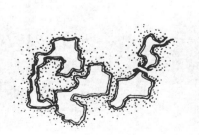

a 收聚——小水面聚合

b 拙政园水面:散处曲折、聚处辽阔

图5.43 园林水景收聚的应用模式及实例

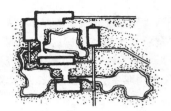

a 沟通——使分散水面相连　　　　　　　　　　b 杭州西湖曲院风荷

图 5.44　园林水景沟通的应用模式及实例

a 开阔——大尺度的水景空间　　　　　　　　b 西湖从花港观鱼看湖区景观

图 5.45　园林水景开阔的应用模式及实例

a 象征——日本式的枯山水,以沙浪象征水波　　　b 日本龙安寺的石庭

图 5.46　园林水景象征的应用模式及实例

图 5.47　园林水景仿形实例——江苏某大学药材产业园的灌溉水系　　**图 5.48　园林水景点色的实例——扬州瘦西湖水景**

16. 点色与借声

水面能反映周围物象的倒影,利用不同水体及水边景物的颜色来丰富园林的色彩景观称为点色。如海水呈天蓝色,湖水呈深绿色,池水呈碧绿色,随着季节的变化,还有新绿、红叶、白雪等点色美景。如果说"淡妆浓抹总相宜"是对西湖"点色"的高度评价,那么"邗沟春水碧如油,到处春风足逗留。二十四桥箫管歇,犹留明月满扬州"则是对扬州瘦西湖春色的绝妙演绎(图5.48)。

借声是指借助各种动水发出的声响来丰富游园的情趣。水是流动的,是轻灵的,是能够丰富游人感官体验的。流水不但能够提供视觉美,而且给人以听觉美。例如水跌落在堑道中的叮咚回声犹如不同音节的乐声,可以让人体验到园林声景的美感。桂林的琴潭、无锡寄畅园的八音洞、杭州的九溪十八涧等,都是由水借声的范例。清代俞曲园那首"重重叠叠山,曲曲环环路;叮叮咚咚泉,高高下下树"的诗,就包含着园林中水景的声音美。

5.2.5 水景设计的基本形式及设计要点

自然界中有江河、湖泊、瀑布、溪流和涌泉等自然水景。园林水景设计既要师法自然,又要不断创新。要做到这两点,就必须经过深刻分析和艺术概括。通常将水景设计中的水归纳为静水、流水、落水、喷泉4种基本形式。

1. 静水

静水是指园林中成片状汇集的宁静水面,它常以湖、塘、池等形式出现。静水一般无色而透明,具有安谧祥和的特点,它能反映出周围物象的倒影,赋予静水以特殊的景观,给人以丰富的想象。在色彩上,可以映射周围环境四季的季相变化;在风吹之下,可产生微动的波纹或层层的浪花;在光线下,可产生倒影、逆光、反射等,使水面变得波光潋滟,色彩缤纷,给庭园或建筑带来无限的光蕴和美感。

(1)静水的类型　静水是现代水景设计中最简单、最常用且最能取得效果的一种水景设计形式。室外筑池蓄水,或以水面为镜,倒影为图,作影射景,给人带来一种"半亩方塘一鉴开,天光云影共徘徊"的意境;或赤鱼戏水,水生植物满园飘香;或池内筑山、设瀑布及喷泉等各种不同意境的水式,使人浮想联翩,心旷神怡。水池设计主要讲究平面形式的变化,根据静水的平面变化,一般可分为规则式水池和自然式水池(湖、塘)。

① 规则式水池　其平面可以是各种各样的几何形,又可做立体几何形的设计,如圆形、方形、长方形、多边形或曲线、曲直线结合的几何形组合,多见于某一区域的中心。图5.49列举了几个规则式静水池的范例。规则式水池在平面和竖向布置上也有多种设计方式,比如下沉式、台地式、嵌入式、平满式等。

a　武汉某小区服务中心庭院圆形水池

b　成都某酒店式住宅庭院长方形水池

c　成都某小区服务中心方形水池及涟漪水景

d　大连旅顺某小区服务中心曲直线结合的水池景观

图5.49　规则式水池平面形状

来源:广州山水比德设计股份有限公司

图 5.50　美国华盛顿纪念碑前下沉式水池
来源：https://m.sohu.com

图 5.51　成都某酒店式住宅庭院台地式水池

图 5.52　日本 NNT 武藏野研发中心嵌入式静水
来源：*Landscape Design* 杂志社《日本最新景观设计》

图 5.53　朝鲜战争纪念公园（美国华盛顿）平满式水池

下沉式水池，就是使局部地面下沉，限定出一个范围明确的低空间，在这个低空间中设水池（图 5.50）。此种形式有一种围护感，而四周较高，人在水边视线较低，仰望四周，新鲜有趣。

台地式水池，与下沉式水池正好相反，把开设水池的地面抬高，在其中设池。处于池边台地上的人们有一种居高临下的优越之感，视野开阔，趣味盎然。抬高型水池常用来掩饰欠佳的景象，丰富景观层次，创造出更多样的视觉意境，更易于亲水、便于观察和维护，而且可以省去挖掘地面的工作，对于儿童安全性也较好，尤其对于水平面高、有季节性洪水或土质不好的地方是一种理想的选择（图 5.51）。

嵌入式水池，又称室内外沟通连体式水池，是通过水池创造灰色空间，联系室内外环境和景观的有效方法（图5.52）。

平满式水池，有圆形、直形和斜坡形等多种形式。这种水池池边或与地面平齐，将水蓄满，使人有一种近水和水满欲溢的感觉；或略高于地面，使水面平滑下落（图 5.53）。

② 自然式水池　自然式水池是指模仿大自然中的天然水池而开凿的人工水池。其特点是平面曲折有致，宽窄不一，虽由人工开凿，却宛若自然天成。中国古人常以山石理池，为了追求自然趣味，没有人工痕迹，山池周边置石、叠山切忌平均，要断续相间，高低错落，顾盼呼应，巧妙地设置岩壁、石矶、断崖、散礁。水面设计应注意要以水面来衬托山势的峥嵘和深邃，使山水相得益彰（图 5.54）。

自然式水池平面布局宜有聚有散，视面积大小不同各有侧重。小面积水池聚胜于分，聚处则水面辽阔，方能小中见大，有水乡弥漫之感。小型水池形状也宜简单，周边宜点缀山石、花木，池中若养鱼植莲，则更添情趣。应该注意的是点缀不宜过多，过多则拥挤落俗，失去意境[图 5.55(a)、(b)]。较大的水池，应以聚为主，以分为辅，在水池的一角缩水束腰，并可用桥、廊等建筑划出一弯小水面，非常活泼自然，主次分明[图 5.55(c)、(d)]。狭长的水池，应注意曲线变化和大小宽窄变化，处理不好会成为一段河。池中可设桥、廊或汀步，尤其转折处更宜植树栽花、置石点景。除了图 5.40 小飞虹这个典型案例，拙政园的山涧狭长水体的处理手法也是另一种范例[图 5.55(e)]。

a　退思园一隅

b　拙政园山涧水体

图 5.54　山池示例

a　粤晖园

b　拙政园

c　英国切兹渥斯花园

d　郭庄

e　拙政园北部狭长山涧水体

图 5.55　不同大小的自然式水池示例

（2）静水造景的原则

① 规则式水池　规则式水池的历史可以追溯到罗马和波斯，是现代庭园、露台和天井的理想水景，在城市造景中能突出"静"的主题及旨趣，有强调园景与色彩的突出效果。

· 规则式水池的特性　规则式水池像人造容器，池缘线条坚硬分明，形状规则，多为几何形，具有现代生活的特质，适合市区空间。规则式水池能映射天空或地面景物，增加景观层次。水面的清洁度、水平面、人所站位置角度决定映射物的清晰程度。水池的长宽由物体大小及映射的面积大小决定。水深映射效果好，水浅则差。池底可采用图案或特别材料式样来表现视觉趣味。

· 规则式水池的选址　规则式水池是城市环境中运用较多的一种形式，多运用于规则式庭园、城市广场及建筑物的外环境中。水池的位置应与其周围环境相映衬，宜位于建筑物的前方，或庭园的中心，作为主要视线上的一种重要景物（图 5.56）。

· 规则式水池的设计要点　规则式水池强烈的几何造型（圆形、长方形、椭圆形或狭长的渠道）总是带有清晰而明确的边缘，尤其是靠近建筑的水景可以被诠释为建筑物的延伸，因此它的整体必须与建筑物的高度和宽度构成理想的比例才更有美感。作为庭院或天井的一部分，水池应该恰当地融入周边景观中去，而不是从中切割。铺石可以垂悬于水面之上，以遮盖内部的衬砌。为了达到对周围建筑物的最佳反射效果，水池的底部必须是深色的，黑色尤佳。如果有阳光照射，奇妙的光束会反射在外部墙面或房间的天花板上，产生光影变化，丰富了建筑和庭院景观（图 5.57）。

水池面积应与庭园面积有适当的比例。池的四周可为人工铺装，也可布置绿草地，地面略向池的一侧倾斜，更显美观。若配置植物，水池深度以 50～100 cm 为宜，以使水生植物得以生长。水池水面可高于地面，亦可低于地面。但在有霜的地区，则池底面应在霜作用线以下，水平面则不可高于地面。

② 自然式静水　人工建造的湖泊、池塘等自然式静水是一种模仿自然的造景手段，强调水际线的变化，有着一种天然的野趣，追求"虽由人作，宛自天开"的艺术境界。

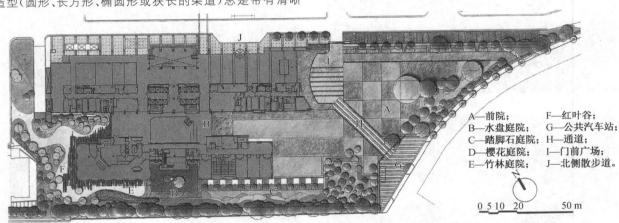

A—前院；
B—水盘庭院；
C—踏脚石庭院；
D—樱花庭院；
E—竹林庭院；
F—红叶谷；
G—公共汽车站；
H—通道；
I—门前广场；
J—北侧散步道。

0 5 10 20 50 m

a　平面图

b　规则式水池局部鸟瞰

图 5.56　日本 NNT 武藏野研发中心外环境

来源：*Landscape Design* 杂志社《日本最新景观设计》

图 5.57　日本屋久岛环境文化研修中心

来源：*Landscape Design* 杂志社《日本最新景观设计》

a 平缓的流水

b 湍急的流水

图 5.58　流水的形式

· 自然式静水的特点与功用　自然式静水是自然或半自然形式的水域,形状呈不规则形,能使景观空间产生轻松悠闲的感觉。无论是人造的还是改造的自然水体,一般都由泥土或植物收边,适合自然式庭园或乡野风格的景区。水际线强调自由曲线式的变化,并可使不同环境区域产生统一连续性(借水连贯),其景观可引导行人经过一连串的空间,充分发挥静水的系带作用。

· 自然式静水的设计要点　设计自然式静水时应多模仿自然江湖,源于自然,高于自然。一池静静的水,能给庭园带来天光云影和波光粼粼,因此,要善于利用水的光、色等特性创造多种自然景观。例如,结合轻风,让静水在风的吹拂下,产生微动的波纹或层层的浪花;结合光照,让静水在阳光的辉映之下,产生倒影、逆光、反射等。这种利用光、色使静水水面更加波光晶莹,水中色彩更加缤纷朦胧,园林景观更显得风采动人的手法,常称之为"光的景""色的景"。一池平静不动的水,可能看起来颜色深沉,但结冰后,表面却是明亮耀眼;缓缓流动的水,在结冰后也常产生独特的纹路和图案,可以说是"冰之景"。

自然式静水的形状、大小、材料与构筑方法,因地势、地质、水源及使用需求等不同而有较大差异。如划船水面,一般要求每只游船拥有 $80\sim85\ m^2$ 的水面;北方用于滑冰的湖面要求每人拥有 $3\sim5\ m^2$ 的水面。为避免水面平淡无奇,可在水池的适当位置设置小岛,或栽种植物,或设置亭榭等。人造自然式水池的任何部分,均应将水泥或堆砌痕迹遮隐。

园林湖池的水深一般不是均匀的。边缘的安全水深不超过 $0.7\ m$;中部及其他部分的水深可根据不同使用功能要求来确定:如划船要求水的深度不宜浅于 $0.7\ m$,儿童浅水池的水深一般为 $0.2\sim0.3\ m$,等等。具体可遵照《公园设计规范》的相关条文和要求。

2. 流水

(1)流水的形式及特点　除去自然形成的河流以外,城市中的流水常设计于较平缓的斜坡或与瀑布等水景相连处。流水虽局限于槽沟中,但仍能表现出水的动态美。潺潺的流水声与波光潋滟的水面,也给城市景观带来特别的山林野趣,甚至也可借此形成独特的现代景观。

流水依其流量、坡度、槽沟的大小,以及槽沟底部与边缘性质的不同而有各种不同的特性。

槽沟的宽度及深度固定,质地较为平滑,流水也较平缓稳定。这样的流水适用于宁静悠闲、平和、与世无争的景观环境中[图 5.58(a)]。如果槽沟的宽度、深度富有变化,且底部也有起伏,或是槽沟表面的质地较为粗糙,流水就容易形成涡流[图 5.58(b)]。槽沟的宽窄变化较大处,也容易形成旋涡。

流水的翻滚具有声色效果,流水的设计也多仿自然河川,盘绕曲折,但曲折的角度不宜过小,曲口必须较为宽大,以引导水向下缓流。一般采用 S 形或 Z 字形,使其合乎自然的曲折,但曲折不可过多。

有流水道之形但实际上无水的枯水流,在日式庭园中应用颇多,其设计与构造完全是以人工仿袭天然的做法。干河底放置石子、石块,构成一条河流,如两山之间的峡谷。在设计枯水流时,应注意在雨季或某时期枯水流可能会成为真水流,其堤岸的构造应相对坚固。

(2)流水的设计要点

① 流水位置的确定　流水常设于假山之下、树林之中或水池瀑布的一端;应避免贯穿庭园中央,因为流水为"线"的运用,宜使水流穿过庭园的一侧或一隅。

② 流水的平面线形设计　在流水的平面线形设计中,要求线形曲折流畅,回转自如;两条岸线的组合既要相互协调,又要有许多变化,要有开有合,使水面富于宽窄变化。流水水面的宽窄变化可以使水流的速度也出现缓急的变化。平缓的流水段具有宁静、平和、轻柔的视觉效果,湍急的流水段则容易泛起浪花和水声,更能引起游人的注

意。总之,流水的宽窄变化将会使水景效果更加生动自然,更加流畅优美。图5.59是杭州太子湾公园溪涧岸线设计的范例。

无锡寄畅园八音涧是以溪涧水景闻名的经典案例,即通过带状水体曲折、宽窄变化而获得很好的景观效果(图5.60)。在涧的前端,有引水入涧和调节水量的水池,自水池而出的溪涧与相伴而行的曲径相互结合,流水忽而在曲径之左,忽而又穿行到曲径之右,宽宽窄窄、弯弯曲曲,变化无穷。

③ 流水的坡度、深度与宽度的确定　应尽可能遵循自然规律,上游坡度宜大,下游宜小。在坡度大的地方放圆石块,坡度小的地方铺砾砂。坡度的大小还取决于给水的多寡,给水多则坡度大,给水少则坡度小。坡度的大小没有严格限制,最小可至0.5%,近似平地,局部最大可以垂直,成为流水中的瀑布。平地造园,其坡度宜小;山坡地理水,其坡度宜大,或者大小结合,缓急相间。水流的深度应根据流量而定,以20~35 cm为宜。宽度则依水流的总长和园中其他景物的比例而定。

④ 植物的栽植及附属物的设置　水流两岸,可栽植各种观赏植物,以灌木为主,草本为次,乔木类宜少。在水流弯曲部分,为求隐蔽曲折,可多栽植树木;浅水弯曲之处,则可放入石子,栽植水中花草等。在适当的地方可设置栏杆、桥梁、园亭、水钵、雕像等(图5.59)。

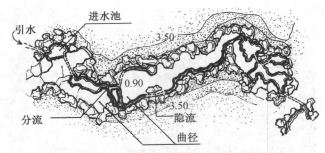

图5.60　无锡寄畅园八音涧局部平面示意图

a　平桥浅滩

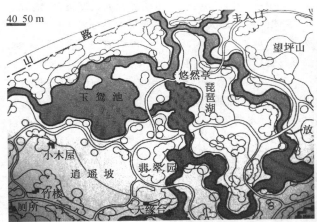

图5.59　杭州太子湾公园流水的线形设计

(3)流水的水源及其设置

① 引水入园　利用高差,将周围湖泊、河流、池塘或者地下水通过人工的手法引入园中。

② 利用城市供水管网系统进行补水　这是完全人工式的水源补给方式,流量宜小。这种方法费用较高,对后期管理、维护要求较高。

③ 收集天然雨水进行补给　利用自然地形尤其是坡地和建筑屋顶收集雨水,再储存起来补给造景之用。这是最生态的造园方法。

图5.61为日本中部大学流水景观。

b　石灯笼

图5.61　日本中部大学流水景观

(4)流水岸壁的构造　天然河岸和人造流水岸壁的构造一般分为土岸、石岸和水泥岸3种。

① 土岸　土岸水草相间,具有水土保持和生态联系的功能,是最自然的水岸形式[图5.62(a)]。土岸坡度宜低于土壤的自然安息角。若坡度较大,则容易崩塌,应

采用生态工程护岸[图 5.62(b)]。土岸边宜培植地被植物,防止水土流失;常水位以下还应培育水生植物,净化地表径流。

②石岸　石岸是在土质松软或堤岸要求坚固的地方,用圆石或碎石自然堆砌形成的岸壁。石岸既起到护坡的作用,又保持了水土之间的联系。石岸坡度也不宜太陡[图 5.62(c)]。

③水泥岸　为求安全及永久牢固,流水岸壁可用水泥浆砌或混凝土浇筑。人工式庭园的水泥岸,可磨平或做斩假石饰面处理,或者表层用石材、马赛克、砖料等块料铺装贴面;自然式庭园的水泥岸,则宜在其表面浆砌石砾或堆叠山石,以增加自然美感。但水泥岸隔绝了土壤和水流的联系,对生态环境影响较大,不宜在自然河流中大量使用[图 5.62(d)]。

(5)河床改造与水生植物　如果需要设计流水的场地的土壤保水能力较差,传统做法是砌筑硬质池底,其常见构造如图 5.63 所示。但这种池底对生态环境不友好,只能通过景石、植物等减弱人工痕迹(图 5.64)。目前,生态园林工程方兴未艾,正逐步代替硬质河床,发挥更好的

生态效益。例如上海世博会后滩公园人工河道采用了抗渗黏土生态河床技术,利用低渗透性的天然黏土做河床,铺设砾石沙层加强水体过滤,最后敷设土层种植水生植物以净化水质(图 5.65)。这种技术的特点是促进了地表水与地下水的交换互通,避免了"死水"的形成;消除了防渗土工膜的老化对水体的污染;解决了因采用刚性防渗材料而导致后期净化水质的高投入低效益的问题;有利于湖底动植物以及微生物种群的生长,促进了河道内生态系统的建立。同时,利用黏土的可塑性并配合机械及人工操作,能最大限度地满足河底地形变化的设计要求,并且建造成本低,施工方便,特别适用于地下水位较高的新建生态河道的河床。

天然流水的最大问题是水流变化,所以水岸消落带绿化尤其要选用适生植物,在略低于常水位的浅滩区宜种植水生植物,形成湿地景观,并起到相应的生态功能。侵蚀问题也是流水设计的难点,尤其是在转弯的地方水流迅猛,会逐渐侵蚀摧毁岸堤。可以在流速较快的水中以及水流转弯处布置卵石,并种植水生植物来减缓流速,保护岸堤(图 5.66)。

a　纽约中央公园土岸

b　上海世博会外滩土岸护坡

c　日本世园会碎石岸

d　华润置地郑东万象城庭院水泥岸

图 5.62　流水岸壁的三种构造

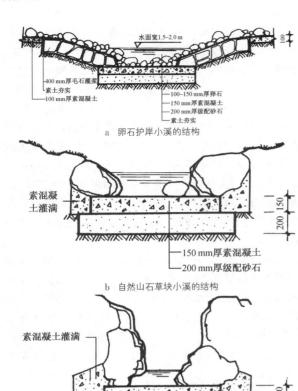

a 卵石护岸小溪的结构

b 自然山石草块小溪的结构

c 峡谷溪流的结构

图 5.63 常见流水道结构图

a 杭州某小区流水道

b 南京某小区流水道施工过程

图 5.64 人造流水道示例

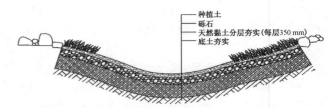

图 5.65 上海世博会后滩公园抗渗黏土生态河床技术示意图

a 浅滩水生植物

b 河滩石与水生植物

图 5.66 天然流水浅滩与水生植物示例

3. 落水

(1) 落水的形式及特点　将自然水或人工水聚集在一处,使水从高处跌落而形成白色水带,即为落水。在城市园林设计中,常以人工模仿自然而创造落水景观。落水有水位的高差变化,线形、水形变化也很丰富,视觉趣味多。同时,落水向下澎湃的冲击水声、水流溅起的水花,都能给人以听觉和视觉的享受,常成为设计焦点。根据落水的高度及跌落形式,可以分为以下几种。

① 瀑布　瀑布本是一种自然景观,是河床陡坎造成的,即水从陡坎处滚落下跌形成瀑布。瀑布可分为线形和面形两种。线形瀑布是指瀑布的宽度小于瀑布的落差,如李白诗歌中描述的庐山瀑布就是典型的线形瀑布。面形瀑布是指瀑布的宽度大于瀑布的落差,如尼亚加拉大瀑

布,宽度为 914 m,落差为 50 m,景观极其恢宏。人造瀑布往往是公园的核心景观和视觉趣味中心(图 5.67)。瀑布的设计形式种类比较多,如在日本园林中就有布瀑、跌瀑、线瀑、直瀑、射瀑、泻瀑、分瀑、双瀑、偏瀑、侧瀑等十几种。瀑布种类的划分依据,一是可根据流水的跌落方式来划分,二是可根据瀑布口的设计形式来划分。

a 杭州太子湾公园人造自然跌瀑

b 美国伊拉·凯勒水景广场

图 5.67　人造瀑布示例

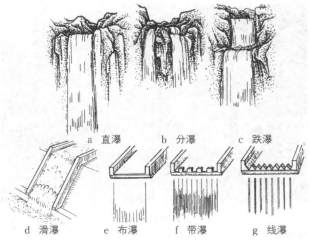

a 直瀑　　b 分瀑　　c 跌瀑

d 滑瀑　　e 布瀑　　f 带瀑　　g 线瀑

图 5.68　不同形式的瀑布

按瀑布跌落方式分,有直瀑、分瀑、跌瀑和滑瀑等 4 种(图 5.68)。直瀑即直落瀑布;分瀑实际上是瀑布的分流形式,因此又叫分流瀑布;跌瀑也称跌落瀑布,是由很高的瀑布分为几跌,一跌一跌地向下落;滑瀑就是滑落瀑布。

按瀑布口的设计形式来分,有布瀑、带瀑和线瀑等 3 种(图 5.68)。布瀑的水像一片又宽又平的布一样飞落而下;带瀑的水流能组成一排平整的水带从瀑布口齐齐地落下;线瀑的水溢出瀑布口后能形成一排线状的水流,如同垂落的丝帘飞流直下,这些都是特殊设计的瀑布口带来的富有特色的落水景观。

② 叠水　叠水本质上是瀑布的变异,它是一种强调规律性、人工美的阶梯形落水形式,具有韵律感及节奏感。它是落水遇到阻碍物或落到平面时,水暂时水平流动所形成的,水的流量、高度及承水面都可通过人工设计来控制,在应用设计时应注意层数,以免适得其反(图 5.69)。

a 美国罗斯福纪念公园叠水景观

b 苏州保利·时光印象叠水景观

来源:广州山水比德设计股份有限公司

图 5.69　叠水示例

③ 枯瀑　有瀑布之型而无水者称为枯瀑,多出现于日式庭园中。枯瀑可依据水流下落的规律,完全用人为之手法造出与真瀑布相似的效果。凡高山上的岩石,经水流过之处,石面即呈现出一种铁锈色,人工营建时可在石面上涂氢氧化物,如 $Fe(OH)_3$ 或 $Al(OH)_3$ 等,周围树木的种植也

与真瀑布相同。干涸的蓄水池及水道,都可改为枯瀑。

④ 水帘亭　水由高处直泻下来,由于水孔较细小、单薄,流下时仿若水的帘幕。水从亭顶向四周流下如帘,称为"自雨亭"。这种水态用于园门,可形成水帘门,可以起到分隔空间的作用,产生似隔非隔、又隐又透的朦胧意境。图 5.70(a)为山水比德设计公司设计的长沙龙湖春江天玺水帘门。

⑤ 溢流及泻流　水满往外流谓之溢流。人工设计的溢流形态,取决于池的面积大小及形状层次,如直落而下则成瀑布,如沿台阶而流则成叠水,或以杯状物如满盈般溢流等。图 5.70(b)是粤晖园结合雕塑设计完成的溢流水景。

泻流的含义原来是低压气体流动的一种形式。在园林水景中,则将那种断断续续、细细小小的流水称为泻流,它的形成主要是借助构筑物点点滴滴地泻下水流。图 5.70(c)是新加坡机场泻流水景。

⑥ 管流　水从管状物中流出称为管流。这种人工水态主要用于自然乡野的村落,常以中心挖空的竹竿,引山泉之水流入缸中,以作为生活用水。图 5.70(d)是日本花博会管流小景。

a　水帘亭

b　溢流

c　泻流

d　管流

e　传统壁泉

f　墙壁型壁泉

图 5.70　几种落水例图

⑦ 壁泉　泉水从建筑物壁面顺流而下形成壁泉。传统壁泉由墙壁、喷水口和水池组成。墙壁一般为平面墙，也可内凹做成壁龛形状；喷水口一般用大理石、花岗石或金属等材料，雕成动物头像雕塑，将导水管安装在头像里面，泉水由头像口中吐出，喷到承水盘中溢入水池，或直接喷入水池内[图 5.70(e)]。壁泉既可安置于室内，又可应用于户外，常布置在视觉焦点或轴线的终端，起到封闭视线、结束景观的作用，或者打破墙面的平淡单调感，起到富于自然生机的点缀装饰作用。

壁泉大体上有 3 种类型。

墙壁型：泉水直接从墙面的喷水口自上而下喷射入水池，或从墙面的石砌缝隙中流出，产生涓涓细流的壁泉。图 5.70(f)是香港公园绿地中很有艺术气息的壁泉水景。

山石型：人工堆叠或自然形成的陡坡壁面上有泉水滴落或喷射入水池的壁泉。山石型壁泉有东方园林的韵味，尽显山水的自然美感。

植物型：在中国园林中，常在垂吊植物如吊兰、络石、藤蔓植物等的根块中塞入若干细土，并将其悬挂于墙壁上，以水滋润或滴滴答答发出叮当响声者，或沿墙角设置"三叠泉"者，属于植物型壁泉。

壁泉和瀑布、叠水有相似的地方，尤其是创新设计后，常难以区分。从本源上讲，壁泉应有墙壁，高度有限，水的类型是"泉"，水量不大；而瀑布从山上飞流直下，有足够的高度，水量很大。虽然线瀑的水流也是一根根的类似泉水，但线瀑必须有一排，像帘子，而壁泉一般是单根或几根水流的组合。

（2）落水的设计要点

① 筑造瀑布等落水景观，应师法自然，以真山真水为参考，体现自然情趣。

② 落水设计有多种形式，设计前需先行勘查现场地形，以决定大小、比例及形式，并依此绘制平面图。筑造时要考虑水源的大小、景观主题，并依照岩石组合形式的不同进行合理的创新和变化。

③ 场地属于平坦地形时，落水景观不要设计得过高，以免看起来不自然。

④ 为节约用水，减少瀑布流水的损失，可装置循环水流系统的水泵，平时只需补充一些因蒸散而损失的水量。

⑤ 应用岩石及植栽隐蔽出水口，切忌露出塑胶水管，否则将破坏景观的自然性。岩石间的固定除用石与石互相咬合外，目前常用水泥强化其安全性，但应尽量用植栽掩饰，以免破坏自然山水的意境。

（3）用水量估算　人工建造瀑布、叠水等落水景观，因其用水量较大，多采用水泵循环供水。用水量标准可参

阅表 5.1。国外有关资料表明：高 2 m 的瀑布，每米宽度的用水量约为 0.36 m³/min。

表 5.1　瀑布用水量估算（每米宽度用水量）

瀑布的落水高/m	堰顶水流厚度/mm	用水量/(L/s)
0.30	6	3
0.90	9	4
1.50	13	5
2.10	16	6
3.00	19	7
4.50	22	8
7.50	25	10
>7.50	32	12

（4）瀑布的设计

① 水槽　不论引用自然水源还是自来水，均应于出水口上端设置水槽储水。水槽设于假山上隐蔽的地方，水经过水槽，再由水槽中落下。

② 出水口　出水口应模仿自然，并用树木及岩石加以隐蔽或装饰。图 5.71 为几种常见出水口形式。

当瀑布的水膜很薄时，能表现出极其生动的水态，但如果堰顶水流厚度只有 6 mm，而堰顶为混凝土或天然石材时，这样的堰顶在施工时很难做到平整光滑，因而容易造成瀑身水幕的不完整，此时可以采用以下办法：用青铜或不锈钢制成堰唇，并使落水口平整、光滑；增加堰顶蓄水池的水深，以形成较为壮观的瀑布；堰顶蓄水池可采用水管供水，可在出水管口处设挡水板，以降低流速。一般应使流速不超过 1.2 m/s，以消除紊流。

③ 瀑身设计　瀑身最能表现瀑布的各种水态和性格。注重瀑身的变化，可以创造多姿多彩的水态。天然瀑布的水态是很丰富的，设计时应根据瀑布所在环境的具体情况、空间气氛，确定所设计的瀑布的性格。瀑布的视觉效果与落差及视点的距离有密切的关系，随着视点的移动，在景观上有较大的变化。

线形瀑布水面，高与宽的比例以 6:1 为佳。落下的角度应当视落水的形式及水量而定，最大为直角。瀑身应全部用岩石构造或饰面，内壁面可用混凝土，高度及宽度较大时，则应加钢筋。瀑身内可装饰若干植物，在瀑身上端及左右两侧宜多栽植树木，使瀑布水势更为壮观，景观更趋自然（图 5.72）。

④ 潭（受水池）的设计　天然瀑布落水口下面多为一个深潭。在做瀑布设计时，也应在落水口下面做一个受水池。为了防止落水水花四溅，一般的经验是使受水池的宽度（B）不小于瀑身落差高度（H）的 2/3（图 5.73）。

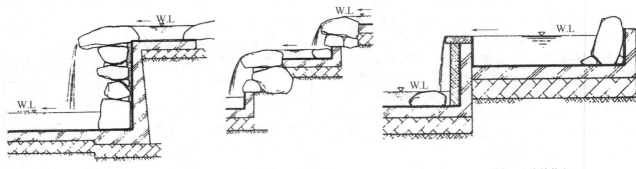

a 瀑布——远离落水   b 瀑布——三段落水   c 瀑布——连续落水

图 5.71　几种瀑布出水口形式示例图

a　日本传统庭院瀑布   b　粤晖园瀑布

图 5.72　瀑身形式范例图

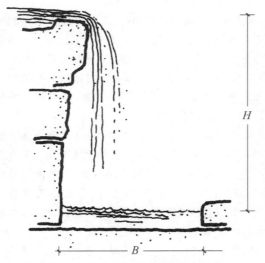

图 5.73　瀑身落差高度与潭面宽度的关系

图 5.74　杭州太子湾公园瀑布泵房

⑤ 瀑布循环水流系统 除天然瀑布外,园林中人造瀑布一般采用循环水流系统。杭州太子湾公园这样的大型人造瀑布可以单设泵房解决循环水流问题(图 5.74)。小型落水景观常见的有沉水泵(潜水泵)、水平式泵和大型沉水泵等几种瀑布循环水流系统(图 5.75)。

(5)叠水的设计 叠水的外形就像一段落水的楼梯,其设计的方法和前面的瀑布基本一样,只是它所使用的材料更加整齐美观,如经过装饰的砖块、混凝土、厚石板、条形石板或铺路石板,目的是获得规则式设计所严格要求的几何结构。台阶有高有低,层次有多有少,构筑物的形式有规则式、自然式及其他形式,故产生了形式不同、水量不同、水声各异的丰富多彩的叠水景观。图 5.76、图 5.77是两种叠水的断面设计图范例。

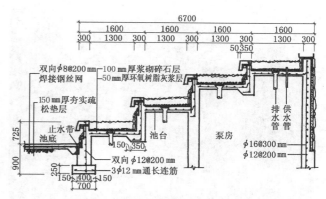

图 5.76 某叠水断面结构及池底详图

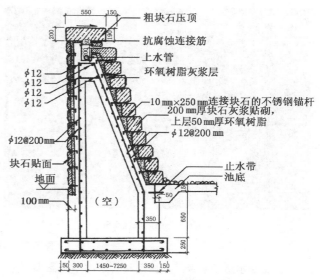

图 5.77 某叠水结构局部详图

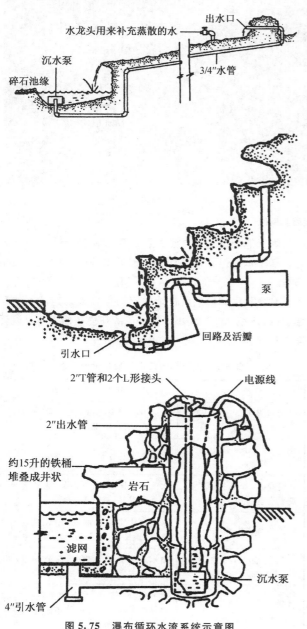

图 5.75 瀑布循环水流系统示意图

4. 喷泉

喷泉是利用压力使水从孔中喷向空中,再自由落下的一种优美的造园水景工程,它以壮观的水姿、奔放的水流、多变的水形,深得人们喜爱。喷泉和其他水景工程一样,并不是人类的创造发明,而是对自然景观的艺术再现。自然界的喷泉是因为地下水承压向地面喷射而形成的。

(1)喷泉的作用 从造景作用方面来讲,喷泉首先可以为园林环境提供动态水景,丰富城市景观。这种水景一般都被作为园林的重要景点来使用。其次,喷泉对其一定范围内的环境质量有改良作用。它能够增加局部环境中的空气湿度,并增加空气中负氧离子的浓度,减少空气尘埃,有利于改善环境质量,有益于人们的身心健康。它可以陶冶情操,振奋精神,培养审美情趣。正因为这样,喷泉在艺术上和技术上才能够不断地发展、创新,一直得到人们的喜爱。

(2)喷泉的形式 喷泉有很多种类和形式,如果进行大体上的区分,可以分为如下四类(图 5.78):

a 普通水造型

b 与雕塑小品结合

c 可参与的娱乐性喷泉

d 雾森

图 5.78 四类喷泉例图

① 普通水造型喷泉 是由各种普通的水花图案组成的固定喷水型喷泉。大型的扬程可达上百米,小型的只有十几厘米,千姿百态,美轮美奂。

② 与雕塑小品结合的喷泉 喷泉的各种喷水花形与雕塑、水盘、观赏柱等小品共同组成景观。两者相互配合,相得益彰。这种喷泉不喷水时一样引人注目,因此常用在重要的节点位置。

③ 可参与的娱乐性喷泉 这类喷泉以娱乐为目的,一般用于广场或水上活动中心,具有很好的参与性,是儿童特别喜欢的水景观,如音乐喷泉、光亮喷泉、激光水幕电影等。

④ 特殊的喷泉 由特殊喷头组成的水景,如雾森、跳泉、喷火泉等,一般用于特殊的环境,营造出奇异的视觉效果。

(3)喷泉布置要点 在喷泉选址及环境设计时,首先要考虑喷泉的主题、形式,要与环境相协调,用环境渲染和烘托喷泉,并达到美化环境的目的,或借助喷泉的艺术联想,创造意境。

一般情况下,喷泉的位置多设于建筑、广场的轴线焦点或端点处,也可以根据环境特点,做一些喷泉水景,自由地装饰室内外的空间。喷泉宜安置在避风的环境中以保持水型。

喷水池的形式有自然式和整形式两种。喷水的位置可以居于水池中心,组成图案,也可以偏于一侧或自由地布置。

其次要根据喷泉所在地的空间尺度来确定喷水的形式、规模及喷水池的大小比例。不同环境条件下喷泉设计要点见表5.2。

表 5.2 不同环境条件下喷泉设计要点

环境条件	适宜的喷泉规划
开阔的场地,如车站前、公园入口、街道中心岛	水池多选用整形式,水池要大,喷水要高,照明不要太华丽
狭窄的场地,如街道转角、建筑物前	水池多为长方形或它的变形
现代建筑,如旅馆、饭店、展览会会场等	水池多为圆形、长方形等,水量要大,水感要强烈,照明要华丽
中国传统式园林	水池形状多为自然式,可做成跌水、滚水、涌泉等,以表现天然水态为主
热闹的场所,如旅游宾馆、游乐中心	喷水水姿要富于变化,色彩华丽,如使用各种音乐喷泉等
寂静的场所,如公园的一些小局部	喷泉的形式自由,可与雕塑等各种装饰性小品结合,一般变化不宜过多,色彩也较朴素

（4）喷泉工艺流程　喷泉工艺流程比较复杂，但基本流程可以用图5.79表达。其中水源及给水方式详见图5.84及文字说明；池及管线布置详见图5.85及文字说明；分水配水设备的作用是保证各个喷嘴在相等的水压下、在不同的控制阀门的控制下有序工作。

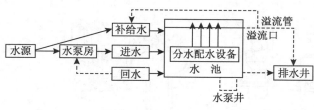

图5.79　喷泉工艺流程

（5）喷头与喷泉造型　喷头及其形成的水流造型是喷泉设计的基础与核心，从某种意义上讲，就像植物材料与种植设计的关系。不掌握足够多的喷头种类并熟悉它们的特点，是没有办法设计出优秀的喷泉的。下面重点介绍常见的喷头种类及其造型。

① 常用的喷头种类（图5.80）

·单射流喷头　单射流喷头又称可调直流喷头，是喷泉中应用最广的一种喷头，是压力水喷出的最基本形式。

·雾状喷头　雾状喷头也称水雾喷头、喷雾喷头，这种喷头内部装有一个螺旋状导流板，使水流做圆周运动，水喷出后，形成细细的弥漫的雾状水滴，因喷嘴构造差异，喷出的水姿也有不同。喷水时噪声小，用水量少，一般安装在雕像周围。另外，在隔热、防尘工程中也广泛应用。

·可调节环隙喷头　环隙喷头喷嘴断面为一环状缝隙，即外实内空，使水形成集中而不分散的环形水柱，安装时喷头顶部高于水面约5 cm。当压力水从中直射喷出时，其水姿呈筒状空心水膜，形似水晶圆柱，水势宏伟壮观，抗风性能良好，可作为喷泉的中心水柱和弯形喷射使用。

·旋转喷头　它利用压力水由喷嘴喷出时的反作用力或利用水流的离心作用等其他动力带动回转器转动，使喷头边喷水边旋转。由于喷头的支管数目、弯曲方向及喷头安装的倾斜角度不同，在喷水时形成美观多姿的不同造型。

·扇形喷头　扇形喷头是一种多嘴散射喷头，外形很像扁扁的鸭嘴。它是将一些直射小喷嘴设在统一配水室上，喷水造型犹如孔雀开屏，又像扇面。这种喷头可垂直安装，也可倾斜安装，广泛应用于室内外各种喷水池中。

·多孔直上喷头　该喷头也叫中心喷头，是在同一个配水室上安装许多方向的直射喷嘴，即多个单射流喷嘴组成一个大喷头。这些喷嘴规格相同时，喷出的水姿雄壮笔直、粗狂美观；规格不完全相同时，大小喷嘴布设得当，喷出的水姿粗壮有力、层次分明、主题突出，是大型喷泉必备

的主要喷头。安装时喷头顶部高于水面约12 cm，可调节射流的方向。

·半球形喷头　半球形喷头用水量少，喷水时水声较小，水膜均匀，形似蘑菇，又称蘑菇形喷头，在无风的条件下效果极佳。这种喷头应安装阀门调节水量，同时调节顶部盖帽，调至花形达到理想效果，喷头一般高出水面20～30 cm。

·牵牛花喷头　牵牛花喷头又称喇叭花喷头。该喷头利用折射原理，喷水时形成均匀的薄膜，其形状在无风和一定的水压下可形成完整的喇叭花形。这种喷头适用于室内或庭院的喷水池中。喷头顶部高于水面约15 cm，在喷头下方可安装阀门调节水量，同时还可以调节喷头顶部的盖帽，使喷水花形达到最佳效果。

·球形蒲公英喷头　球形蒲公英喷头又称水晶绣球喷头，是指在一个球形配水室上辐射安装许多支管，每根支管的外端装有向周围折射的喷嘴，从而组成一个球体。喷水时，水姿形如蒲公英花球，雄伟壮观。由于喷嘴口径较细，因此对水质要求较高，需经过过滤，否则容易堵塞，影响喷嘴效果。这种喷头可应用于各种喷水池中。其材质多为铸铜。

·半球形蒲公英喷头　半球形蒲公英喷头又称孔雀开屏喷头，但它结构原理与构造形式和开屏（散射）喷头都不相同，而与蒲公英喷头基本相同，其区别仅在于它是半球，喷出的水姿像一只孔雀。

·加气喷头　加气喷头也称玉柱喷头、掺气喷头、吸力喷头等。这种喷头利用射流泵的原理，在喷嘴的喷口处附近形成负压区。由于压差的作用，它能把空气和水吸入喷嘴外的环套内，与喷嘴内喷出的水混合并喷出。它以少量的水产生丰满的射流，喷出的水柱呈白色不透明状，反光效果好。调节外套的高度可以改变吸入的空气量，吸入的空气越多，水柱的颜色越白、泡沫越细。喷头有球形接头，可绕中心线轴向15°转动。安装时喷头顶部高于水面约5 cm。

此外，还有礼花喷头、雪松喷头、鼓泡喷头等许多种。也可以根据水花造型的需要，由两种或两种以上形体各异的喷嘴组合在一起形成全新的组合式喷头。

② 特殊喷头及喷泉介绍　随着喷头设计的改进、喷泉机械的创新以及喷泉与电子设备、声光设备等的结合，喷泉的自由化、智能化和声光化都有了长足的发展。下面介绍几种比较成熟的特殊喷头与喷泉。

·光亮喷头与光亮喷泉　光亮喷头与众不同的是在喷头内部设置灯光，水在喷头内经过稳流，喷出的水柱稳定光滑、无旋流，发散水滴少，而且灯光亮度跟踪好，喷出的水柱清晰透明，光洁无瑕，像一根流动的水晶玻璃柱。光亮喷泉就是由光亮喷头喷出形成的新型喷泉，调节光亮喷泉喷水的角度和流量可以形成半径1～7 m的弯曲连

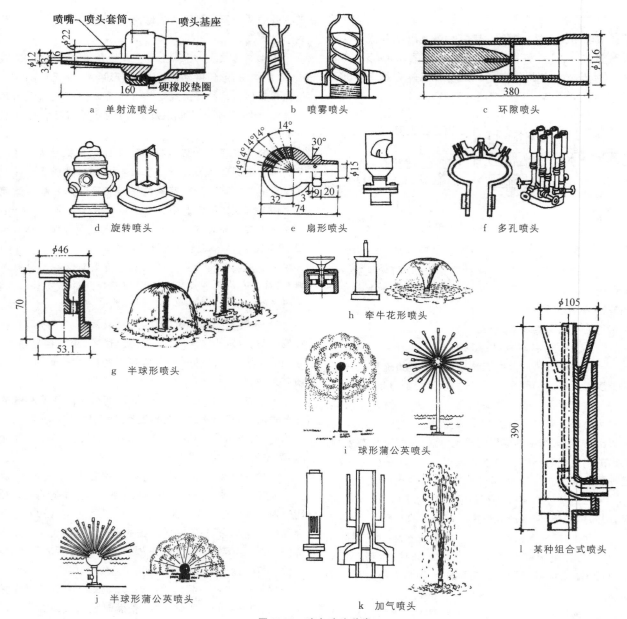

图 5.80　喷泉喷头种类

a　单射流喷头　　b　喷雾喷头　　c　环隙喷头

d　旋转喷头　　e　扇形喷头　　f　多孔喷头

g　半球形喷头　　h　牵牛花形喷头

i　球形蒲公英喷头

j　半球形蒲公英喷头　　k　加气喷头　　l　某种组合式喷头

续水柱,游客可从中行走而不会淋湿。尤其在夜间,光亮的水柱观赏性极高,给人们一种变幻莫测的感觉(图5.81)。

·跳跳泉　在光亮喷头的基础上改进而成,水型新颖别致,具有很强的趣味性。喷水时根据计算机编制程序的不同,喷水长短、快慢不一,而水柱呈水晶状,水型稳定,水柱光滑,发散水滴少,不易跌落。内置灯光使喷出的水柱晶亮透明,灯光跟踪效果好,可形成半径1～7 m 的弯曲连续水柱,或短杆状、续点状光亮水柱(图5.81)。

·激光水幕　激光光色纯正,能量集中,是新型的民用发光体。激光可以直接扫描或利用棱镜、转镜、光栅等光学设备的光学原理工作。其工作方式的不同,可产生不同的效果,营造出多姿多彩的现场气氛,如:海涛波浪、时光隧道、动画图文等。激光水幕音乐喷泉的图像介质是水幕,其特点是突出水的流动质感。激光表演利用现代高科技光学技术,在水幕、烟雾等介质上形成色彩鲜艳、表现独特的图形、文字、动画,把音乐、喷泉、激光三者有机结合在一起,充分发挥水景空间效应,创造震撼的视觉感官和美妙景象(图5.82)。

③ 喷泉的水型设计　喷泉水型是由喷头的种类、组合方式及俯仰角度等几个方面因素共同造成的。喷泉水型的基本构成要素,即不同形式的喷头喷水所产生的不同水型,包括水柱、水带、水线、水幕、水膜、水雾、水花、水泡等。由这些水型按照设计构思进行不同的组合,就可以创造出千变万化的喷泉来。

从喷泉射流的基本形式来分,水型及其组合形式有单射流、集射流、散射流和组合射流等 4 种(图5.83)。

单射流是由最基本的一个单射流喷头工作形成的射流。单射流虽然简单,但表现力非常丰富,既可以静得富有禅意,又可以让人热血澎湃;既可以观赏,也可以参与,前文中的图5.78(c)就是高低不一的单射流组成的戏水广场。

集射流是多个单射流集体工作形成的富有韵律和造型的喷泉射流。集射流既可以全部垂直喷射形成水帘、圆柱,也可以全部倾斜射出连续的抛物线,形成向心、拱顶、篱笆、屋顶等多种造型。为了表现集射流的韵律感,一般统一使用单射流喷头,喷出的水柱应尽可能稳定光滑,清晰透明。

散射流是各种类型的喷头按设计组合工作形成的造型丰富、气氛热烈的喷泉射流。散射流不追求水柱的线条感,而强调水雾、水花、水泡等体量感,因此多使用加气喷头,也常常从中心雕塑向外喷射。

组合射流是两种以上射流形式的混合使用,一般在大型喷泉工程中使用组合射流,按照控制方式分组工作,形成有如交响乐般的极为丰富的艺术表现力。

(6)喷泉的控制方式　喷泉喷射水量、时间和喷水图样变化的控制,主要有以下3种方式:

① 手阀控制　这是最常见和最简单的控制方式,即在喷泉的供水管上安装手控调节阀,用来调节各管段中水的压力和流量,形成固定的水姿。

② 继电器控制　通常用时间继电器按照设计的时间程序控制水泵、电磁阀、彩色灯等的启闭,从而可以实现自动变换的喷水水姿。

③ 音响控制　声控喷泉是利用声音来控制喷泉水型变化的一种自控泉。它一般由以下几部分组成:

图5.81　光亮喷泉与跳跳泉

图5.82　激光水幕表演

a　单射流喷泉示例

来源:左图 http://www.360doc.com　右图 https://www.163.com

b　集射流喷泉示例
来源：左图 http://resort.bytravel.cn　右图 https://www.19lou.com

c　散射流喷泉示例
来源：左图 https://zhuanlan.zhihu.com　右图 https://www.zhihu.com

d　组合射流喷泉示例
来源：左图 https://travel.qunar.com　右图 https://www.xmguanyu.com

图 5.83　喷泉射流的基本形式图

· 声电转换、放大装置　通常由电子线路或数字电路、计算机组成。

· 执行机构　通常使用电磁阀来执行控制指令。

· 动力设备　用水泵提供动力，并产生压力水。

· 其他设备　主要有管路、过滤器、喷头等。

声控喷泉的原理是将声音信号转变为电信号，经放大及其他一些处理，推动继电器或其他电子式开关，再去控制设在水路上的电磁阀的启闭，从而控制喷头水流的通断。这样，随着声音的起伏，人们可以看到喷泉大小、高矮和形态的变化。它能把人们的听觉和视觉结合起来，使喷泉喷射的水花随着音乐优美的旋律翩翩起舞。这样的喷泉因此也被喻为"音乐喷泉"或"会跳舞的喷泉"。

（7）喷泉的给排水系统　喷泉的水源应为无色、无味、无有害杂质的清洁水。因此，喷泉除用城市自来水作

128

为水源外,也可用地下水;其他像冷却设备和空调系统的废水也可作为喷泉的水源。

① 喷泉的给水方式 喷泉有下述 5 种给水方式:小型喷泉由城市自来水直接给水;泵房加压供水,用后排掉;大型喷泉泵房加压,循环供水;潜水泵循环供水;高位水体供水(图 5.84)。

为了确保喷水池的卫生,喷水池的水应定期更换。大型喷泉还可设专用水泵,以供喷水池水的循环,使水池的水不断流动;并在循环管线中设过滤器和消毒设备,以消除水中的杂物、藻类和病菌。在园林或其他公共绿地中,喷水池的废水可以和绿地喷灌或地面洒水等结合使用,做水的二次处理。

② 喷泉管道布置 大型水景工程的管道可布置在专用或共用管沟内,一般水景工程的管道可直接敷设在水池内。为保持各喷头的水压一致,宜采用环状配管或对称配管,并尽量减少水头损失。每个喷头或每组喷头前宜设置调节水压的阀门。对于高射程喷头,喷头前应尽量保持较长的直线管段或设整流器。

喷泉给排水管网主要由进水管、配水管、补充水管、溢流管和泄水管等组成。水池管线布置示意如图 5.85 所示。

其布置原理与设计要求是:

第一,由于喷水池中水的蒸发及在喷射过程中有部分水被风吹走等,造成喷水池内水量的损失,因此,在水池中应设补充水管。补充水管和城市给水管连接,并在管上设浮球阀或液位继电器,随时补充池内水量的损失,以保持水位稳定。

第二,为了防止因降雨使池水上涨而设的溢水管,应直通园林内的雨水井,并应有不小于 3% 的坡度;溢水口的设置应尽量隐蔽,可利用连通管将溢水口设置在水面以下。一般溢水口外应设拦污栅。

第三,泄水管应直通园林雨水管网系统,或与园林湖池、沟渠等连接起来,使池水泄出后,作为园林其他水体的补给水。也可供绿地喷灌或地面洒水用,但需另行设计。

第四,在寒冷地区,为防冻害,所有管道均应有一定的坡度,一般不小于 2%,以便冬季将管道内的水全部排空。

第五,连接喷头的水管不能有急剧变化,如有变化,必须使管径逐渐由大变小。另外,在喷头前必须有一段适当长度的直管,管长一般不小于喷头直径的 30 倍,以保持射流稳定。图 5.86 是某喷泉工程管线设计图的实例。

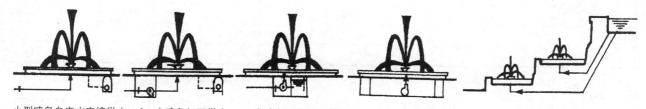

a 小型喷泉自来水直接供水　　b 小喷泉加压供水　　c 大喷泉泵房循环供水　　d 潜水泵循环供水　　e 利用高位蓄水池供水

图 5.84 喷泉的给水方式

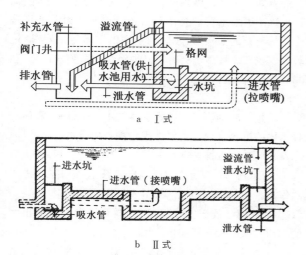

a Ⅰ式

b Ⅱ式

图 5.85 水池管线布置示意图

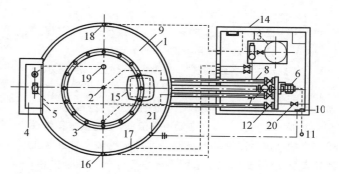

1—喷水池;2—加气喷头;3—装有直射流喷头的环状管;4—高位水池;5—堰;6—水泵;7—吸水滤网;8—吸水关闭阀;9—低位水池;10—风控制盘;11—风传感器;12—平衡阀;13—过滤器;14—泵房;15—阻涡流板;16—除污器;17—真空管线;18—可调眼球状进水装置;19—溢流排水口;20—控制水位的补水阀;21—液位控制器

图 5.86 某喷泉工程管线设计图

（8）喷泉的水力计算　各种喷头因流速、流量的不同,喷出的花形会有很大差异,达不到预定的流速、流量则不能获得设计的效果,因此喷泉设计必须经过水力计算,主要是求喷泉的总流量、管径和扬程。

① 总流量 Q

首先计算单个喷嘴的流量（q）

$$q = \varepsilon\varphi f\sqrt{2gH} \times 10^{-3} = \mu f\sqrt{2gH} \times 10^{-3}$$

式中:q——喷嘴流量（L/s）;

ε——断面收缩系数,与喷嘴形式有关;

φ——流速系数,与喷嘴形式有关;

μ——流量系数,与喷嘴的形式有关,一般在 $0.62\sim$ 0.94 之间,$\mu = \varepsilon\varphi$;

f——喷嘴出水口断面面积（mm^2）;

g——重力加速度（$9800\ mm/s^2$）;

H——喷头入口工作水头（mmH_2O）,例如入口水压是 $5\ m\ H_2O$,应换算成 $5000\ mmH_2O$。

一般喷头生产厂家也会提供各喷头的设计流量等技术参数。

表 5.3 是常见喷头流量表。然后计算喷泉总流量（Q）。总流量是指在某一时间同时工作的各个喷头喷出的流量之和的最大值。即该时刻同时工作的 n 个喷头的流量之和为全程最大值,该值即为总流量。

总流量（Q）的计算公式为:

$$Q = q_1 + q_2 + \cdots + q_n$$

表 5.3　各种常见单射流喷头流量表

喷头水流量/(L/min)											
喷高/cm	61	122	183	244	305	457	610	914	1524	2286	3048
水头/cm	91	152	244	305	427	610	823	1250	2103	2957	4572
1/4″喷嘴	7.6	10.6	12.9	15.1	18.9	22.7					
3/8″喷嘴	15.1	22.7	26.5	30.3	34.1	45.4	56.8	75.7			
1/2″喷嘴	26.5	41.6	45.4	56.8	71.9	83.3	98.4	124.9			
3/4″喷嘴	60.6	79.5	98.4	117.4	132.5	189.3	219.6	280.1	352.0		
1″喷嘴	140.1	174.1	189.3	212.0	227.1	310.4	401.3	480.8	632.2	753.3	900.9
1½″喷嘴					601.9	753.3	882	1150.3	1461.2	1680.7	1960.8
2″喷嘴					1169.7	1351.4	1152.0	1991.1	2460.5	2952.6	3550.7
3″喷嘴							3652.9	4618.0	6208.1	6624.5	7211.2

② 管径（D）

管径的计算公式为:$D = \sqrt{\dfrac{4Q \times 10^3}{\pi v}}$

式中:D——管径（mm）;

Q——流量（L/s）;

π——圆周率（3.1416）;

v——流速（通常选用 $500\sim600\ mm/s$）。

③ 总扬程　水泵的提水高度叫扬程。一般将水泵进、出水池的水位差称为"净扬程",水流进出管道的水头损失称为损失扬程。总扬程＝净扬程＋损失扬程。

所谓水头损失是指水在管道中流动,因克服水和管道壁产生的摩擦力而消耗的势能。可用水压表在管道起止两端实测水压力,求得差值即为该段管道的水头损失值;也可用《给排水设计手册》之"水力计算表"查得各种管道每米或每千米的水头损失值。一般喷泉的损失扬程可粗略地取净扬程的 $10\%\sim30\%$。净扬程则等于吸水高度与压力高度的和。用公式表达为:

$$H = H_1 + H_2 + H_3 + H_4$$

式中:H——总扬程（$m\ H_2O$）;

H_1——水泵和进水管之间的高差（m）;

H_2——进水管与喷头的高差（m）;

H_3——喷头入口所需的工作水头（$m\ H_2O$）;

H_4——沿程水头损失和局部水头损失之和（$m\ H_2O$）。

影响喷泉设计的因素较多,有些因素不易考虑,因此设计出来的喷泉不可能全部符合预计要求。为此特别是对于结构复杂的喷泉,为了达到预期的艺术效果,应通过试验加以校正。最后运转时还必须经过一系列的调整,甚至局部修改,以达目的。

5. 小型水闸

水闸是控制水流出入某段水体的水工构筑物,常设于园林水体的进出水口。主要作用是蓄水和泄水。

（1）水闸的功能及分类

① 进水闸　设于水体入口,起联系上游和控制进水量的作用。如颐和园西北门外的水闸。

② 节制闸　设于水体出口,起联系下游和控制出水量的作用。如颐和园绣漪桥水闸。

③ 分水闸　用于控制水体支流出水。如颐和园后溪河与昆明湖东岸的水闸。

（2）闸址选定　必须明确建水闸的目的,了解设闸部位地形、地质、水文等方面的基本情况,特别是原有的和设计的各种水位、流速与流量等。要考虑如何最有效地控制整个受益区域。先粗略地提出闸址的大概位置,然后考虑以下因素,最终确定具体位置。

① 闸孔轴心线与水流方向相顺应,使水流可畅通无阻通过水闸,否则有可能因水流原有流向被改变而造成淤积现象,或水岸一侧被冲刷,另一侧淤积。

② 避免在水流急弯处建闸,以免因剧烈的冲刷破坏闸墙与闸底。如由于其他因素限定必须在急弯处设闸时,则要改变局部水道使其平直或缓曲。

③ 选择地质条件均匀、承载力大致相同的地段,避免发生不均匀沉陷。在同样土质条件下选择高地或旧土堤做闸址,比利用河底或洼地更佳,如能利用天然坚实岩层则最好。

(3) 水闸结构 水闸结构由下至上可分为以下三部分。

① 地基 地基为天然土层经加固处理而成。水闸基础必须保证当承受上部压力后不发生超限度和不均匀沉陷。

② 闸底 闸底即水闸底层结构,是闸身与地基相联系的部分。闸底必须承受上下游水位差造成的水流急跌的冲力,避免地基土壤出现管涌,承受渗流的浮托力。因此闸底要有一定的厚度和长度。除闸底外,正规的水闸自上游至下游还包括三部分:

· 铺盖 上游和闸底相连接的不透水层。其作用是放水后使闸底上部分减少水流冲刷、减少渗透流量和消耗部分渗透水流的水头。

· 护坦 下游与闸底相连接的不透水层,作用是减少闸后河床的冲刷和渗透。

· 海漫 下游与护坦相连接的透水层。水流在护坦上仅消耗了70%的动能,剩余水流动能则靠海漫承担,以避免造成对河床的破坏。

③ 水闸的上层建筑(图5.87)

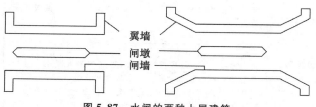

图5.87 水闸的两种上层建筑

· 闸墙 亦称边墙,位于闸门的两侧,构成水流范围,形成水槽并支撑岸土使之不坍。

· 翼墙 与闸墙相接、转折如翼的部分,作用是便于与上下游河道边坡平顺衔接。

· 闸墩 分隔闸孔和安装闸门的支墩,亦可支架工作桥及交通桥。多用坚固的石材制造,也可用钢筋混凝土制

造。闸墩的外形影响水流的通畅程度。闸墩高度同边墙。一般闸孔宽2~3 m。如启闸上下水位差在1 m以下,则闸孔宽度可小于2 m。叠梁式闸板水位差在1 m以上者,闸孔宽可大于1 m。

5.3 水景工程构造与细部设计

5.3.1 人造水池工程

这里所指水池区别于前面所讲的河流、湖和池塘。河湖、池塘多取天然水源,一般不设上下水管道,面积虽大但只做四周驳岸处理。湖底一般只进行简单处理。而人造水池面积相对小些,要求也比较高。多取人工水源,因此必须设置进水、溢水和泄水的管线,有的水池还要安装循环水设施。水池除池壁外,池底亦必须人工铺砌,而且池壁、池底应进行一体化设计。

1. 工程设计初步

人造水池包括规则式和自然式两种,在城市园林中用途很广。它既可以改善小气候条件、降温和增加空气湿度,又可起美化市容、重点装饰环境的作用。

(1) 选址 人造水池常选址在广场中心、门前门侧、园路尽端,或者与亭、廊、花架等组合在一起。大型人造水池工程选址前必须先探查。首先进行地质的勘察,沿中轴和两边要打足够的钻孔,孔间距不大于100 m;再进行坑探,确定土壤的透水能力。

适于修池塘的基址首选泥灰岩、黏土、泥质页岩等不透水的基岩层。砂质黏土、壤土或渗透力小于0.07 m/s的黏土夹层也是不错的选择。最好是土壤表面已变成沼泽或黏土。这类基址有时候可以直接挖塘蓄水,投资小,生态性能好。相反,易造成大量水损失的地段有:喷发岩(如玄武岩),可溶于水的沉积岩(如石灰岩、砂岩),粗粒和大粒碎屑岩(如砂岩、砂砾岩)。在这类基址造水池就必须仔细做好防水处理。

(2) 平面设计 水池的平面设计主要需与所在环境的气氛、建筑和道路的线形特征和视线关系相协调统一。水池的平面轮廓要"随曲合方",即体量与环境相称,轮廓与广场走向、建筑造型相呼应。要考虑前景、框景和背景的因素。规则式、自然式、综合式的水池都要力求造型简洁大方而又具有个性。

水池平面设计图主要显示其平面位置和尺度,标注池底、池壁顶、进水口、溢水口、泄水口、种植池的高程和所取剖面的位置(图5.88)。设循环水处理的水池要注明循环线路及设施要求。

2. 池底、池壁的基本构造

(1) 池底

① 基层 基层是刚性防水层的基础,也是柔性防水

层的下保护层,它的作用是使土工膜受力均匀,免受局部集中应力的损坏。一般基层经碾压平整即可。砂砾或卵石基层经过碾压平整后,面上必须再铺 15 cm 厚的细土层。

② 防水层 用于池底防水层的材料很多,主要有聚乙烯防水毯、聚氯乙烯防水毯、三元乙丙橡胶(EPDM)、膨润土防水毯、赛柏斯掺合剂、土壤固化剂等。刚性防水层

的做法则是在混凝土中掺防水剂。

③ 保护层 柔性防水膜的上保护层,其作用是保护人工水池防渗工程在运行的过程中防渗膜不被破坏。一般在防水层上平铺 15 cm 厚的过筛细土,以保护防水膜。钢筋混凝土等刚性防水层的保护层则主要用防水砂浆或马赛克等贴面,起保护和装饰双重作用。池底构造图参见表 5.4。

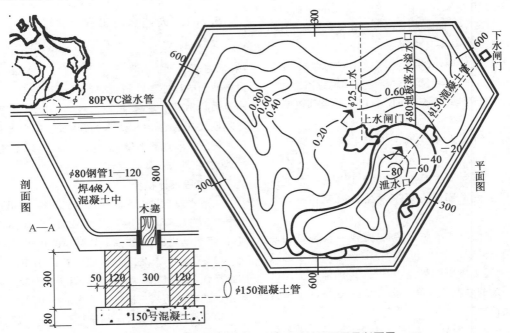

图 5.88　上海天山公园盆景式水池设计平面图及剖面图

表 5.4　国内常用的池底构造与防渗技术简介

防水材料	构造图	防渗技术简介
抗渗黏土	种植土 / 砾石 / 厚1000mm左右的黏土,分三层夯实 / 素土夯实	利用天然黏土的低渗透性防渗漏,可促进地表水与地下水的交换互通,消除了防渗膜老化对水体的污染,有利于湖底生物种群的生长和河道生态系统的建立。可塑性强,建造成本低,施工方便,但工程量较大
防水砂浆砌卵石	水泥砂浆嵌卵石 / C15混凝土 / 3∶7灰土 / 素土夯实	当水面不大,基土微漏或不漏,防水要求不高时,可在混凝土中掺防水剂形成刚性防水池底,用防水砂浆嵌卵石饰面
防水钢筋混凝土	面层及黏结层 / 20mm厚1∶2.5水泥砂浆保护层 / 防水钢筋混凝土 / C15素混凝土垫层 / 3∶7灰土 / 素土夯实	当水面不大,防漏要求很高时,可在钢筋混凝土中掺防水剂形成刚性防水池底。若水池形状比较规整,则50 m内可不做伸缩缝;若形状变化较大,则每隔20 m并在其断面狭窄处做伸缩缝
聚乙烯薄膜防水层	450 mm厚黄土,分层夯实 / 0.18~0.2 mm厚聚乙烯薄膜一层,搭缝宽300 mm / 平铺50 mm厚黄土一层 / 素土碾压(12 t 振动碾压)	当基土微漏,可采用聚乙烯防水薄膜柔性防水池底

132

防水材料	构造图	防渗技术简介
LDPE 土工膜防水层	80 mm厚预制混凝土砖或250 mm厚砂砾料层 150 mm厚中细砂或细土过滤层 0.5 mm厚LDPE土工膜 100 mm厚压实壤土层或砂土层 基础砂砾石 素土夯实	LDPE 土工膜防水层由聚乙烯材料制成,是一种连续、柔软的防渗材料,具有施工简便、工期短、防渗性能好、适应变形能力强、无冻胀破坏、耐腐蚀性强、不易老化、造价低等优点
膨润土防水毯	卵石 砂浆压层 保护层 膨润土防水毯 素土夯实	膨润土,又叫膨土岩或斑脱岩,具有膨胀性、黏结性、吸附性等多种特殊性能。膨润土遇水膨胀形成不透水的凝胶体,从而起到天然的防水抗渗作用
聚氯乙烯防水毯	300 mm厚砂砾石 200 mm厚粉砂 聚氯乙烯薄膜层、编织布上下各一层 300 mm厚3∶7灰土 素土夯实	以聚氯乙烯为主合成的高聚合物,其拉伸强度大于5 MPa,断裂伸长率大于150%,耐老化性能好,使用寿命长。原料丰富,价格便宜
三元乙丙橡胶(EPDM)防水层	800 mm厚卵石(粒径30~50 mm) 200 mm厚1∶3水泥砂浆 三元乙丙防水卷材 400~500 mm厚3∶7灰土 素土夯实	三元乙丙橡胶(EPDM)是由乙烯、丙烯和任何一种非共轭二烯烃共聚合成的高分子聚合物,再加上丁基橡胶混炼可制成防水卷材。使用寿命可长达50年,断裂伸长率为450%,抗裂性能极佳,耐高低温性能好,能在-45~160℃下长期使用

(2)池壁 水池池壁顶与周围地面要有合宜的高程关系。既可高于路面成为台地形,也可低于路面或与路面持平做成下沉式水池。池壁顶可做成平顶、拱顶和挑伸、倾斜等多种形式。一般所见水池的通病是池壁太高而看不到多少池水。池边若允许游人接触,则应考虑坐池边观赏水池的需要。水池与地面相接部分可做成凹入的变化形式。剖面应有足够的代表性,要反映从地基到壁顶各层材料的厚度。

池壁构造及做法一般与池底对应。可以按结构分为砖、条石、混凝土和钢筋混凝土等池壁。也可以按防水材料分为刚性防水池壁和柔性防水池壁。如膨润土防水毯防水池壁构造做法(从外到里)依次为:

① 面层;

② 100 mm 厚钢筋混凝土保护层;

③ 膨润土防水毯防水层;

④ 15 mm 厚1∶3水泥砂浆找平层;

⑤ 钢筋混凝土结构。

图 5.89 是传统砖砌池壁,图 5.90 是《环境景观——室外工程细部构造》(15J012-1)中的现浇混凝土池壁构造图,其防水层可以查阅该图集 L5 页 F10~F13,也可以参阅本章表 5.4。

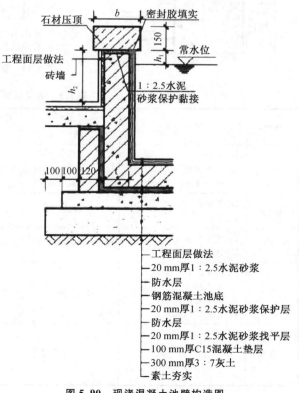

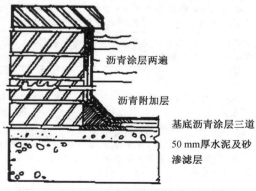

图 5.89 砖砌池壁构造图

图 5.90 现浇混凝土池壁构造图

水池池壁压顶的做法也很多。图 5.90 是《环境景观——室外工程细部构造》(15J012-1)中的现浇混凝土池壁,该池壁采用了石材压顶,150 mm 厚石材与钢筋混凝土池壁间用 20 mm 厚防水砂浆(1:2.5 水泥砂浆+5%防水剂)保护黏接。图 5.91 是几种池壁压顶的常用形式示意图。

3. 人工水池主要工程技术

(1) 人工水池常用防渗技术 蒸发、渗漏的水量在人工水池设计中是一个非常重要的方面。如果水池不能控制这些损失,水池的持水和保水能力就会受到影响。渗漏是导致整个水池建造和管理中水量损失最重要的原因,因此做好防渗工程是人工水池构建的基础。

国内外学者对防渗材料及技术进行了广泛的研究,在多年的施工实践中,人工水池的防渗技术措施已越来越多样化。针对不同的工程地质条件、施工工艺及项目投资量,有许多不同类型的防渗材料和技术可供选择(表5.5)。

下面重点介绍几种防渗材料及技术。

① LDPE 土工膜

LDPE 土工膜由聚乙烯材料制成,是一种连续、柔软的防渗材料,具有下列优点:

第一,施工简便、工期短。施工主要是挖填土方、铺膜、焊接等,不需要复杂的技术,大大缩短了周期,保证了质量。

第二,防渗性能好。经室内试验和现场观测,采用焊接接头,可减少渗漏损失 93%~94%。

第三,适应变形能力强。土工膜具有良好的柔韧性、延展性和较强的抗拉能力,不仅适用于各种不同形状的断面,而且适用于可能发生沉陷和位移的基础。

第四,无冻胀破坏。LDPE 土工膜具有很好的柔韧性和伸展性,不会受到冻胀的影响,因此,不会产生冻胀破坏。

第五,耐腐蚀性强。LDPE 具有较好的抵抗细菌侵害和化学作用的性能,它不受酸、碱和土壤微生物的侵蚀,耐腐蚀性能很好。因此,特别适用于具有侵蚀性水文地质条件及盐碱化地区的工程。

第六,不易老化。国外的抗老化试验结果表明 LDPE 土工膜暴露在大气中可使用 15 年,埋在土中或水下可使用 40~50 年,而我国现行规范规定,水工建筑物经济使用年限一般为 20~50 年,因此,只要精心施工完全可以满足要求。

第七,造价低。根据经济技术分析,每平方米 LDPE 土工膜防渗的造价平均为混凝土防渗的 1/10~1/5,浆砌石防渗的 1/10~1/4,即使采用混凝土面板做保护层,其总

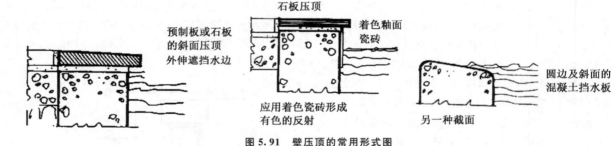

图 5.91 壁压顶的常用形式图

表 5.5 各类防渗材料防渗效果及适用条件

材料	防渗种类	使用年限/年	防渗效果/[m³/(m²·d)]	适用条件
混凝土	1. 现浇 2. 预制拼板 3. 喷混凝土	30~50	0.04~0.17	防渗抗冲性能好,耐久性强。适合于不同地形、气候和运用条件的工程,但造价较高
砌石类	1. 浆砌片石 2. 浆砌卵石	30~50	0.09~0.4	抗冻和抗冲性能好,施工简易,耐久性强,但防渗能力一般,需劳力多,适用于石源丰富,有抗冻和抗冲要求的工程
沥青类	1. 沥青混凝土 2. 沥青玻璃布	25~40	0.04~0.14	防渗能力强,适应冻胀变形能力较好,造价与混凝土相近,一般适用于附近有沥青料源的工程
塑料类	1. LDPE 土工膜 2. 聚乙烯薄膜 3. 聚氯乙烯防水毯 4. 三元乙丙橡胶	20~30	0.04~0.08	防渗能力强,质轻,运输便利,适用范围广,适合大中型工程
土料类	1. 素土、黏土 2. 三合土、四合土 3. 灰土 4. 膨润土	5~长期	0.04~0.17	能就地取材,生态环保,造价低,施工简便,但抗冻性差,耐久性差,需劳动力多,使用年限差异大。适用于气候温和地区的小型工程

造价也不会高于混凝土防渗,同时也克服了土保护层糙率大、允许流速小、易坍塌和滋生杂草等缺点。

② 膨润土

膨润土,又叫膨土岩或斑脱岩,由大约1亿年前白垩纪火山爆发产生的火山灰沉积组成。膨润土粒径为 10^{-10} ~ 10^{-8} m(1 nm = 10^{-9} m),是天然纳米材料,具有膨胀性、黏结性、吸附性等多种特殊性能。膨润土遇水发生水合作用,膨胀后形成不透水的凝胶体,从而起到天然的防水抗渗作用。

膨润土一般分为钠基土和钙基土。钠基土的膨胀倍数可达自身体积的10~30倍。钙基土的膨胀速度快,但是膨胀倍数仅为自身体积的3倍。用于防水材料的膨润土首选优质钠基土。利用膨润土膨胀抗渗的性能,人们采用土工材料与膨润土进行复合,制成土工合成黏土防水卷材,简称GCL。

钠基膨润土防水毯简单来讲就是在一层特种土工布(一般为有纺布)上,铺撒钠基膨润土,然后再覆盖另外一种土工布(一般为无纺布),中间经过高强度针刺(每平方米百万次)将钠基膨润土紧密交织在土工布上,制成防水衬垫,因其外形像地毯一样,故称"膨润土防水毯"(图5.92)。根据需要,还可再覆膜,制成加强型防水毯。

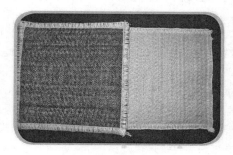

图 5.92 钠基膨润土防水毯

由于膨润土是天然无机矿物材料,因此不会发生降解和老化反应,环保耐久,使用寿命长达400年。膨润土作为天然矿物质,它产生的防渗效果是一种物理变化的过程,故这个过程可以无限次地重复并发挥作用。而且它不像塑料防渗膜,虽然防渗性能好,但细微的浸润仍然允许水体与土壤层之间的营养、水分交换,相对其他防水材料更为生态、耐用。

③ 黏土

利用黏土防渗可以大幅度降低渗漏,而不是完全停止渗漏,能保证适当渗漏率,所以不影响湖水与地下水的双向调节,不会使湖水变成死水。同时黏土对水质净化也有重要作用,特别是黏土可以不断吸附水体中的无机磷化物,从而避免湖泊的富氧化过程,避免有毒性的藻类生长,利于当地的生态系统恢复。

但黏土防渗相对于人工膜防渗效果略差,一般需要比较厚的黏土层,且需分层夯实,才能起到较好的防渗作用,所以,工程量较大,施工费较高。此外,这种方法时间一长

受地下水影响较大,比较适合在地下水位高的地区使用。而且景观湖侧壁的渗漏问题较难解决,不能稳定保持人工湖泊的水量,需要有稳定的供给水源,最好利用雨水及中水回用补给水源。

采用黏性较强的黏土作为防渗材料时,根据需要的水分传导度选择适当的黏性土壤,对黏土层进行压实处理,一般可在湖底换填80~100 cm厚的保水性较好的黏土,其上再添加1 m左右的砂性土壤,以供水生植物生长。上海后滩公园新建河床运用抗渗黏土防渗,可总结出以下参数:

粉质颗粒含量为51%~60%,如果原料粉质颗粒含量稍高,可采用适量加水混合的方法增加黏性;

原料含水量为18.2%~20.6%,而最佳含水量为30%~35%,可采用加水措施达到最佳含水量;

塑性指数为26.1%~30.0%,属于软塑土;

固结(压缩指数)为0.20~0.54,可压缩性强,适合施工的多次夯实;

渗透系数为 5.9×10^{-8} ~ 1.54×10^{-7},这是最为关键的指标,远远小于 5×10^{-6} 的标准,属于极为理想的防渗材料。

(2)混凝土池底设计施工技术要点

① 混凝土池底的设计面应在霜冻线以下,并依情况不同加以处理。当基土为排水不良的黏土,或地下水位甚高时,在池底基础下及池壁之后,应放置碎石,并埋10 cm直径的排水管,管线的倾斜度为1%~2%,将地下水导出。若池宽为1~2.5 m的狭长形水池,则池底基础下的排水管应沿水池长轴埋于池的中心线下。池底基础下的地面,则向中心线做1%~2%倾斜,池下的碎石层厚10~20 cm,壁后的碎石层厚10~15 cm,加以夯实,然后浇灌混凝土垫层。

② 混凝土垫层浇完隔1~2天(应视施工时的温度而定),在垫层面测量确定底板中心,然后根据设计尺寸进行放线,定出柱基以及底板的边线,画出钢筋布线,依线绑扎钢筋,接着安装柱基和底板外围的模板。

③ 在绑扎钢筋时,应详细检查钢筋的直径、间距、位置、搭接长度、上下层钢筋的间距、保护层及埋件的位置和数量,看其是否符合设计要求。上下层钢筋均应用铁撑(铁马凳)加以固定,使之在浇捣过程中不发生移动。

④ 底板应一次连续浇完,不留施工缝。施工间歇时间不得超过混凝土的初凝时间。如混凝土在运输过程中发生初凝或者离析现象,应在现场拌板上进行二次搅拌后方可入模浇捣。底板厚度在20 cm以内,可采用平板振动器,20 cm以上应采用插入式振动器。

⑤ 池壁为现浇混凝土时,底板与池壁连接处的施工缝可留在基础上口20 cm处。施工缝可以留成台阶形、凹槽形、加金属止水片或遇水膨胀橡胶止水带。表5.6是各种施工缝的优缺点及做法。

(3)膨润土池底设计施工技术要点

① 防水毯铺设时非织造布一侧应对着遇水面。

表 5.6　各种施工缝的优缺点及做法

施工缝种类	简图	优点	缺点	做法
台阶形		可增大接触面积,使渗水路线延长和受阻,施工简单,接缝表面易清理	接触面简单,双面配筋时,不易支模,阻水效果一般	支模时,可在外侧安设木方,混凝土终凝后取出
凹槽形		加大了混凝土的接触面,使渗水路线受更大阻力,提高了防水质量	在凹槽内易于积水和存留杂物,清理不净时影响接缝严密性	支模时将木方置于池壁中部,混凝土终凝后取出
加金属止水片		适用于池壁较薄的施工缝,防水效果比较可靠	安装困难,且需耗费一定数量的钢材	将金属止水片固定在池壁中部,两侧等距
遇水膨胀橡胶止水带		施工方便,操作简单,橡胶止水带遇水后体积迅速膨胀,将缝隙塞满、挤密		将腻子型橡胶止水带置于已浇筑好的施工缝中部即可

② 除了在防水毯重叠部分和边缘部位用钢钉固定外,整幅中间也需视平整度加钉。平整度应符合 $D/L=1/10\sim1/6$,其中,D 为基面相邻两凸面间凹进去的深度,L 为基面相邻两凸面间的距离。

③ 膨润土的防水机制决定其只有处在一个密闭、受约束的空间内才能发挥防水作用,所以覆盖层必须有一定的厚度。考虑 GCL 有一定的自约束能力,因此其覆盖层厚度最好不小于 100 mm。

④ 大面积施工中防水毯尺寸不足时,可采用搭接的办法,搭接宽度不小于 100 mm。

(4) LDPE 土工膜池底设计施工要点

① 安装施工应根据具体现场情况和当时气候条件适当预放 2%～5% 的伸放量。

② 安装基底表面要夯实整平,去掉树根、石块等尖锐物体。

③ 安装基底阴阳角需修整圆顺,圆角半径≥50 cm。

④ 焊接施工采用双轨热熔、单轨热熔、挤出式焊条焊接工艺。焊接缝表面必须清理干净。接缝搭接宽度为 10 cm。

⑤ 铺设安装必须让接缝进行错位安装以避免出现十字焊接缝,一般采用 T 形安装铺设。膜边采用边沟锚固填埋方式或压条密封安装。

另外,为防止 LDPE 土工膜被刺破,首先在砂砾料的基层上铺设 10 cm 厚的壤土层或细砂土层作为下层保护层,压平整并确保没有外露砖石等硬物后再铺设 LDPE 土工膜,待焊接后再铺设 15 cm 的中细砂或壤土层作为上层过渡层,最后铺设预制混凝土方砖或砂砾料。

(5) 抗渗黏土池底施工技术要点

① 土方开挖外运:新建池塘河道前,基地的建设垃圾、黑臭污染土等不合格土应首先进行置换,可采用经检测合格的土壤(上海后滩公园的标准是土壤 pH≤8.3,土壤 EC 值为 0.12～0.50 mS/cm)。

② 河床池底排水,底土夯实:在铺设黏土前必须排干河床池底的地表积水,在做好排水工作的基础上,层层夯实底土。

③ 回填黏土,分层碾压:根据设计要求的黏土厚度分层回填,按每层 350 mm 回填、分层碾压,可用机械来回均匀碾压,再配合人工局部修整。

④ 回填砾石、种植土:对已铺设完黏土的施工段应用草包覆盖,并保持一定的湿润度,及时回填河床构造的下道工序如砾石沙层,以及种植土层,以免黏土层长期暴露、水分蒸发过快而导致开裂。

抗渗黏土河床、池底施工技术体现了生态环境工程和城市景观工程的有机结合,是土建工程技术、园林工程技术和生态工程技术的融合。在项目组织上,必须考虑项目设计理念新、内容多、工期紧凑、施工质量要求高等特点;在项目技术管理上,要针对新工艺、新技术需要,在实践中探索解决工期进度控制、工程施工测量复合、分类工程监控等难度较大的重点问题。

5. 水池设计案例

广州山水比德设计股份有限公司是一家以创新设计为驱动的综合型景观设计平台。山水比德长期服务于中国城乡发展与生态文明建构,秉承"诗意栖居,传承创新"的理念,致力于新山水理论与实践,即根植于山水的自然精神与文化价值,以人比德于自然的情感交流为媒介,依据现代生活的方式,通过新思想、新手法、新技术、新工艺、新材料等创新设计的无限可能,构建以生命为本的诗意空间(见 p137—141 图,因原图纸图幅较大,不便印刷,请读者扫描封底二维码,通过数字资源阅读原大施工图)。

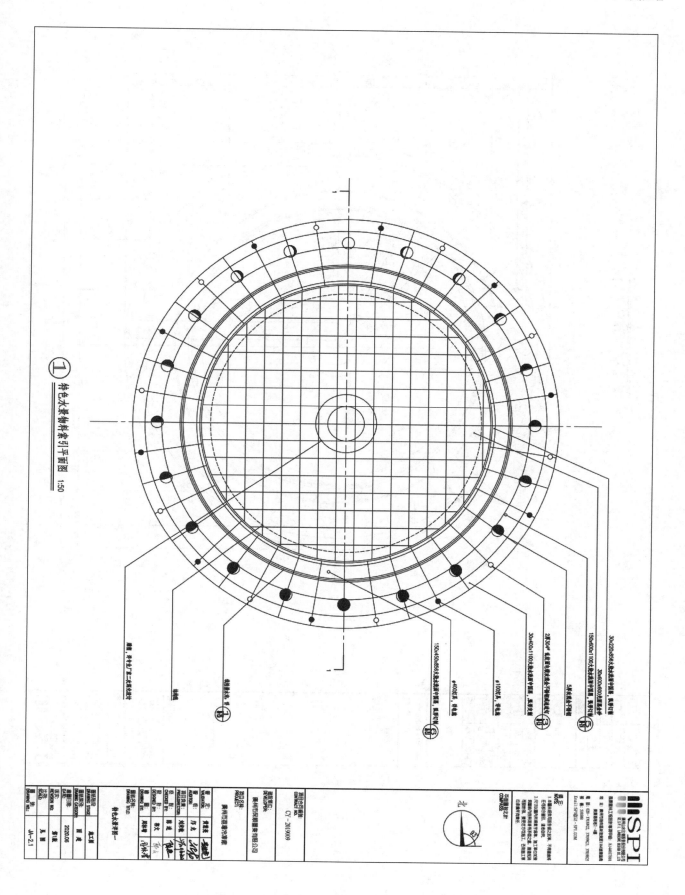

特色水景物料索引平面图　1:50

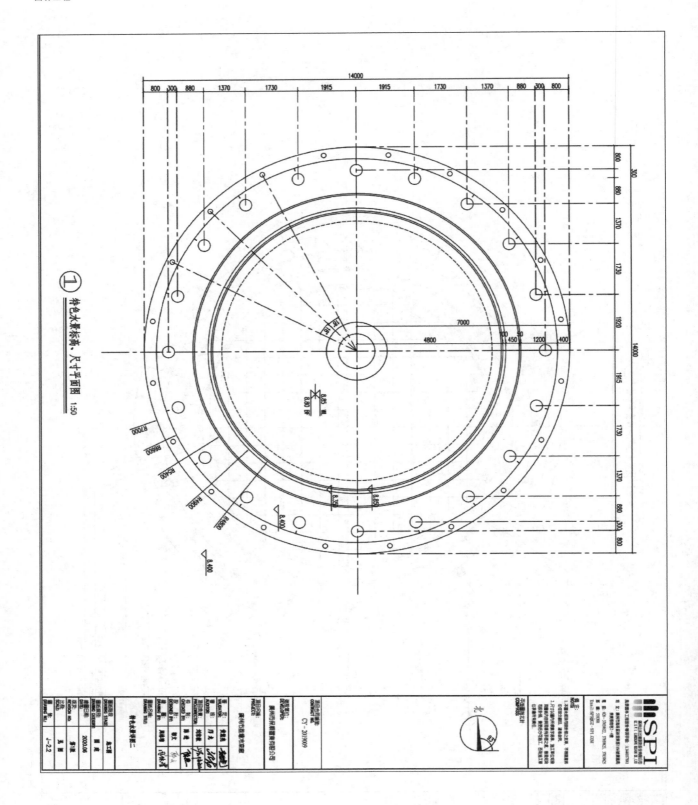

① 特色水景标高、尺寸平面图 1:50

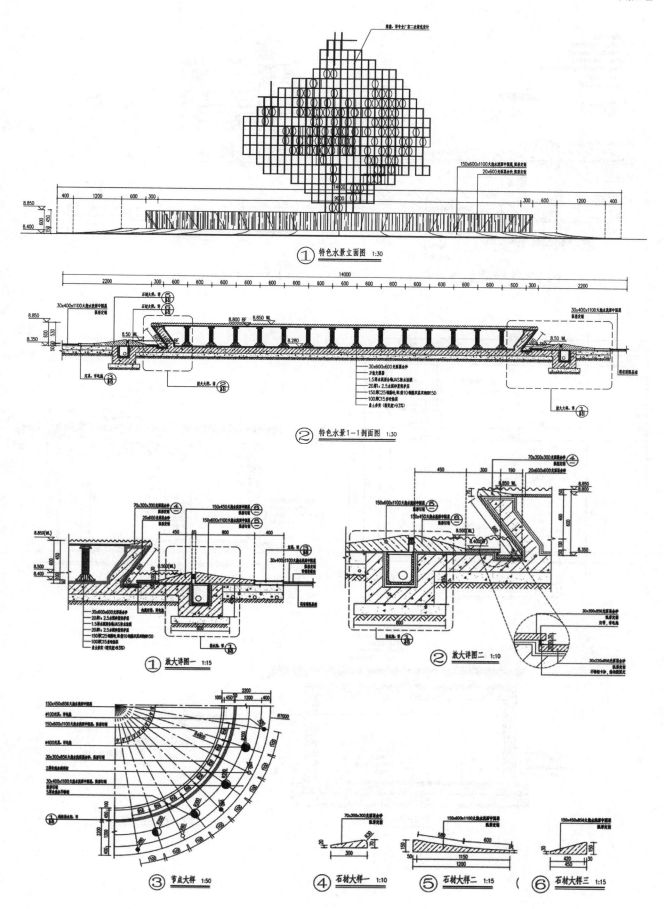

① 特色水景立面图 1:30

② 特色水景1—1剖面图 1:30

① 放大详图一 1:15

② 放大详图二 1:10

③ 节点大样 1:50

④ 石材大样一 1:10

⑤ 石材大样二 1:15

⑥ 石材大样三 1:15

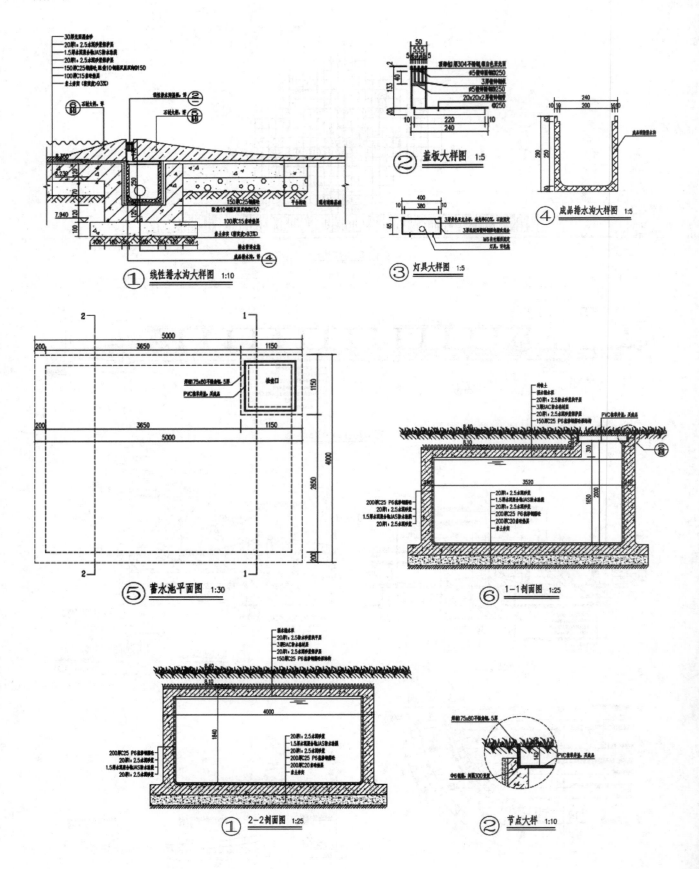

① 线性排水沟大样图 1:10

② 盖板大样图 1:5

③ 灯具大样图 1:5

④ 成品排水沟大样图 1:5

⑤ 蓄水池平面图 1:30

⑥ 1-1剖面图 1:25

① 2-2剖面图 1:25

② 节点大样 1:10

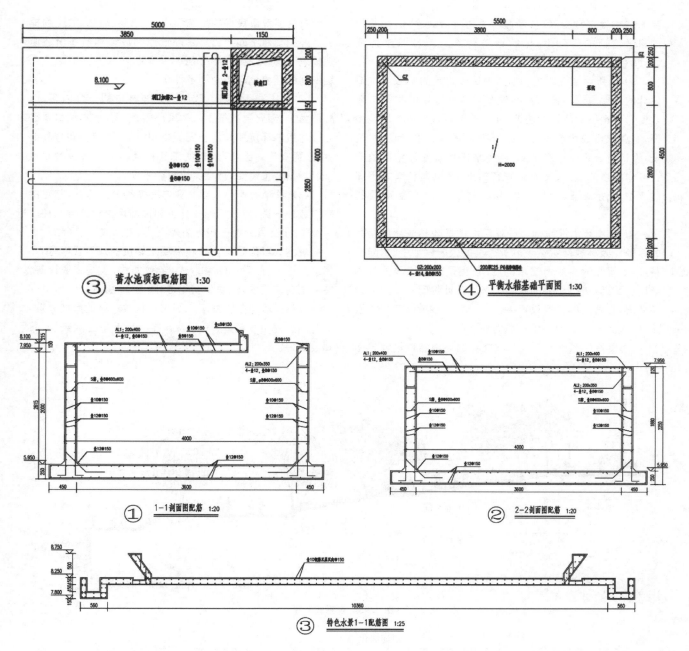

③ 蓄水池顶板配筋图 1:30

④ 平衡水箱基础平面图 1:30

① 1-1剖面图配筋 1:20

② 2-2剖面图配筋 1:20

③ 特色水景1-1配筋图 1:25

以上案例是某社区景观中圆形水池的施工图。简洁的外形与丰富的细节相结合,较好地体现了"新山水"的设计思想。

5.3.2 驳岸及护坡工程

1. 驳岸工程

(1)驳岸概述 驳岸是建于水体边缘和陆地交界处,用工程措施加工岸边而使其稳固,以免遭受各种自然因素和人为因素的破坏,用于保护水体的设施。

园林水景驳岸是在园林水体边缘与陆地交界处,为稳定岸壁、保护水岸不被冲刷或水淹所设置的构筑物,也是园景的重要组成部分。在古典园林中,驳岸往往用自然山石砌筑,与假山、置石、花木相结合,共同组成园景。

驳岸设计的好坏,影响滨水区能否成为吸引游人的空间,并且,作为城市中的生态敏感带,驳岸的处理对于滨水区的生态也有非常重要的影响。因此,驳岸必须结合所处环境的地形地貌、地质条件、材料特性、种植特色以及施工方法、技术经济要求等来选择其结构形式,在实用、经济的前提下注意外形的美观,使其与周围景色协调。

(2)驳岸的设计原则

① 结构稳定性原则 驳岸的最初功能是规范水的流向,而驳岸在规范水的流向的同时会受到水流的冲淘和背后土压力的侵袭,因此结构稳定是园林驳岸设计最首要的前提,也只有满足了结构的稳定性,才能有继续发挥其他功能的余地。为满足结构稳定性原则,必须在充分踏勘现场的基础上,分析岸坡的潜在威胁与崩塌形式,进行必

要的结构稳定性验算、抗倾覆验算与抗滑坡验算,在充分的科学论证的基础上,进行经济有效的园林驳岸构造设计。

② 场所地域性原则 场所地域性也是园林驳岸构造设计的重要原则。该原则不仅要求园林驳岸的材料与形式要与该地域的环境相协调,而且要尊重该场所的地域特征,避免盲目的构造设计。如场所大环境缺水,地下水位低,设计时一定要注意防渗,避免采用水量充沛地区的典型驳岸构造的做法;又如北方有冻土,这也是和南方不同的典型场所特征,会对园林驳岸构造设计产生重要的影响。

③ 景观亲水性原则 景观亲水性是园林驳岸所特有的原则。园林驳岸常位于风景秀美的公园绿地中、水陆交替处,是满足游客亲水需求的场所,也是公园积聚人气的场所。因此,进行必要的景观和亲水设计是园林驳岸的独特要求,在适宜的位置设置平台、台阶、木栈道等亲水性设施,将大大提高公园的服务能力和水平。

④ 良好生态性原则 水陆交界的环境特殊性决定了驳岸更需要健康良好的生态环境,为植物、动物、微生物提供良好的栖息空间。当然生态性原则应该和前面所述原则相统一,因地制宜,尽可能地采取适宜且多样的形式满足不同的环境生态条件和各种功能。

⑤ 主从关系原则 驳岸只是园林中的一个内容,以配角为主,因此要遵循主从关系原则,色调、色彩和材质等应该与周围环境和其他造园要素相协调,不突兀和喧宾夺主,不适宜用对比色,最宜使用互补色。不过有些时候也可以根据造景需要,重点突出驳岸景观。

(3)驳岸的类型 园林驳岸有多种分类方法,常见的有按造景分类、按结构形式分类和按所用材料分类三种。

① 按造景分类一般分为规则式、自然式和混合式。

规则式驳岸是指用块石混凝土砌筑的几何式岸壁,多属永久性的,如常见的重力式、半重力式、扶壁式驳岸等。特点是简洁明快,但缺少变化,如图5.93所示。

自然式驳岸是指外观无固定形状或规格的岸坡处理,如常见的假山石驳岸、卵石驳岸等。特点是自然亲切,景观效果好。

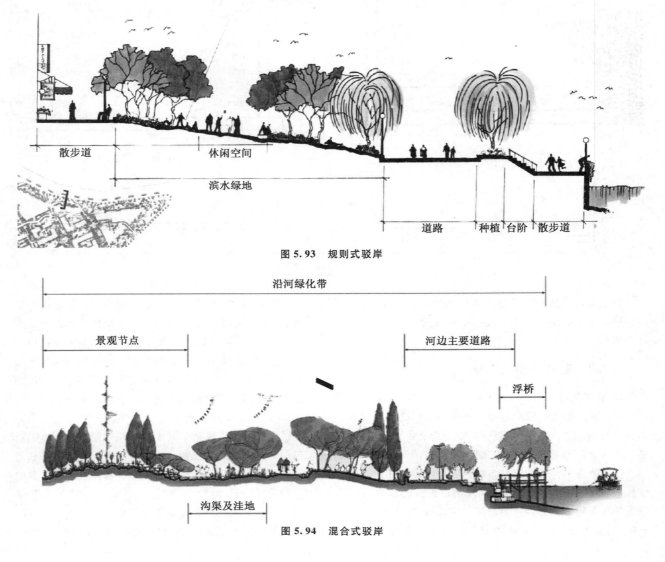

图 5.93 规则式驳岸

图 5.94 混合式驳岸

混合式驳岸是规则式和自然式相结合的驳岸造型。一般是毛石岸墙,自然山石岸顶。特点是易于施工,具有一定的装饰性,如图 5.94 所示。

② 按结构形式分类,一般分为重力式、悬臂式、扶垛式、桩式驳岸等。

重力式驳岸主要依靠墙身自重来保证岸壁的稳定,抵抗墙背土压力。常见的有混凝土重力式、块石砌重力式、砖砌重力式等,后面将重点讲解。

混凝土悬壁式驳岸一般设置在高差较大或是表面要求光滑的水池壁以及不适宜采用浆砌块石驳岸之处,造价较高。

扶垛(扶壁)式驳岸是从墙上突出的一种加固结构,是和墙体连成一体的支墩。悬臂式和扶垛式的结构形式如图 5.95 所示。

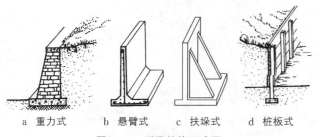

a 重力式　　b 悬臂式　　c 扶垛式　　d 桩板式

图 5.95　驳岸结构形式图

桩板式驳岸是指用多根木桩、竹桩或水泥桩等沿河岸脚线组合排布,以阻止河水冲刷河岸的防护结构,同时该结构还能减少河岸上的水土流失,是一种简易的、生态的驳岸形式。桩板式驳岸也可以与其他类型的驳岸混合使用,在保持美观自然的同时,提高驳岸的强度和耐久性。

③ 按所用材料分类,一般分为天然材料园林驳岸和人工材料园林驳岸。

(4) 重力式园林驳岸的设计　园林驳岸不同于普通水工堤坝和防洪墙,相对而言它的防洪要求较低,具有更大的灵活性和机动性,而景观生态学和美学要求较高,在长期实践中形成了相互交叉而又相对独立的一种设计原理与方法。现介绍常见的重力式驳岸设计方法。

① 重力式驳岸结构形式的选择　园林中使用的驳岸形式以重力式结构为主,它主要依靠墙身自重来保证岸壁稳定,抵抗墙背土压力。重力驳岸按其墙身结构分为整体式、砌块式、扶壁式;按其所用材料分为砖(用 MU7.5 砖和 M10 水泥砂浆砌筑而成,临水面用 1∶3 水泥砂浆粉面)、浆砌块石(用块石及 M7.5 水泥砂浆做胶结材料分层砌筑,使之坚实成整体,临水面砌缝用水泥砂浆勾成凸缝或凹缝)、混凝土(目前常用 MU10 块石混凝土)及钢筋混凝土结构等;按其墙背坡度分为直立式、倾斜式和台阶式(图 5.96)。

由于园林中驳岸高度一般不超过 2.5 m,因此可以根据经验数据来确定各部分的构造尺寸,而省去繁杂的结构计算。重力式园林驳岸的基本构造见图 5.97。

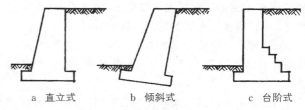

a 直立式　　　b 倾斜式　　　c 台阶式

图 5.96　重力式驳岸基本形式

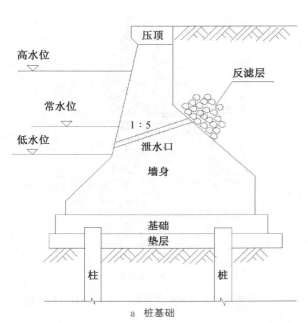

a 桩基础

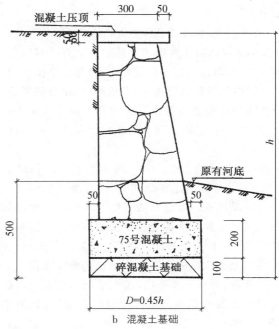

b 混凝土基础

图 5.97　重力式驳岸基本构造

·压顶　驳岸之顶端结构，一般向水面有所悬挑。

·墙身　驳岸主体，常用材料为混凝土、毛石、砖等，还可将木板、毛竹板等材料作为临时性的驳岸材料。

·基础　驳岸的底层结构，作为承重部分，厚度常为400 mm，宽度在高度的$\frac{9}{20}$～$\frac{4}{5}$范围内。

·垫层　基础的下层，常用材料如矿渣、碎石、碎砖等整平地坪，以保证基础与土层均匀接触。

·基础桩　增加驳岸的稳定性，是防止驳岸滑移或倒塌的有效措施，同时也起加强土基承载能力的作用。材料可以用木桩、灰土桩等。

·沉降缝　当墙高不等，导致墙后土压力不同、地基沉降不均匀时所设置的断裂缝。

·伸缩缝　避免因温度等变化引起的破裂而设置的缝。一般 10～25 m 设置一道，宽度一般为 10～20 mm，有时也兼做沉降缝用。

·泄水孔　为排除地面渗入水或防止地下水在墙后滞留，应考虑设置泄水孔，其分布可做等距离布置，@3～5 m，驳岸墙后孔口处需设倒滤层，以防阻塞。泄水孔的做法：常用打通的毛竹管埋于墙身内，铺设成 1：5 斜度。泄水孔出口高度宜在低水位以上 500 mm。

·倒滤层　为防止泄水孔入口处土颗粒的流失，又要能起到排除地下水的作用，常用细砂、粗砂、碎石等组成。

后倾式驳岸是重力式驳岸的特殊形式，墙身后倾，受力合理，较重力式驳岸更经济。在岸线固定、地质情况较好处，基础可利用河池内场地砌筑。它介于一般重力式驳岸和护坡之间，因此具有两者的优点。基础桩同样亦可按重力式设置。

②砌体、桩基、沉褥等几种重力式驳岸详解

·砌体驳岸结构　是指在天然地基上直接用毛石、砖等砌筑的驳岸，特点是埋设深度不大，基址坚实稳筑。如块石驳岸中的虎皮石驳岸、条石驳岸、假山石驳岸等。此类驳岸的选择应该根据基址条件和水景景观要求而定，既可处理成规则式，也可以结合山石做成自然式（图5.98）。

·桩基驳岸结构　桩基是我国古老的水工基础做法，在水利建设中得到了广泛的应用，直至现在仍是常用的一种水工地基的处理方法。当地基表面为松土层且下层为坚实土层或者基岩时最宜使用桩基。其特点是：基岩或坚实土层位于松土层下，桩尖打下去后，可通过桩尖将上部荷载传给下面的基岩或坚实土层。若桩打不到基岩，则利用摩擦桩，借木桩侧面与泥土间的摩擦力将荷载传到周围的土层中，以达到控制沉陷的目的（图5.99）。

·沉褥驳岸　沉褥或称沉排，它是用树木枝杆编成的

柴排。沉褥驳岸即用沉排做基层的重力式驳岸。在沉排上加载块石等重物使之下沉到水下的地表，一旦其下土基被湖水淘冲而下沉时，沉褥也随之下沉，土基相应得到了保护。这对水流速度不大的河湖水岸尤为适宜，同时也起到了扩大基底面积、减少正压力和不均匀沉陷的作用。沉褥的宽度视冲刷程度而定，一般约为 2 m，厚度为 30～75 cm。块石层的厚度约为沉褥厚度的 2 倍，其上缘应保证浸没在低水位下（图5.100）。沉褥可用柳枝或其他木柴条编成方格网状，交叉点中心间距@30～60 cm，交叉处用细柔的藤皮、枝条或涂焦油的绳子扎接，也可用其他方法固定。

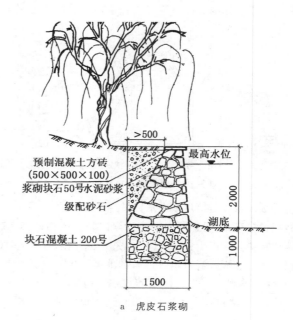

a　虎皮石浆砌

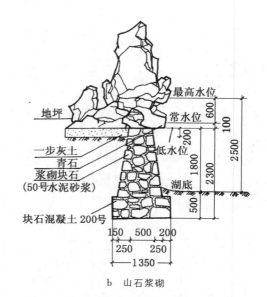

b　山石浆砌

图5.98　重力式砌体驳岸示例：北京动物园驳岸图

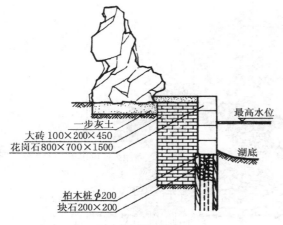

a 东堤条石驳岸

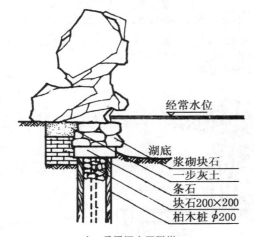

b 后溪河山石驳岸

图 5.99 重力式桩基驳岸示例：北京颐和园梅花桩驳岸

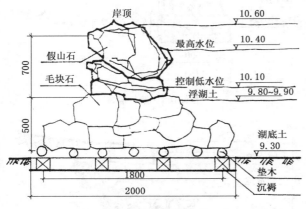

图 5.100 重力式沉褥驳岸示例：杭州西湖苏堤山石驳岸

实例：杭州花港观鱼公园金鱼园驳岸

杭州花港观鱼公园金鱼园驳岸（图 5.101）是一个经典的自然式驳岸案例。原地形是一条水塘居于中间的土埂。利用当地块料填筑扩大后两面都临水，左面水浅而湖底坡缓，用作水生鸢尾种植带，根部在低水位以下，利用木材沉褥护低岸；右面岸墙陡直，宜作山石驳岸。桩间除用

碎石填充外，还用木材沉褥。岸上散植鸡爪槭和五针松。驳岸的山石与岸边种植、路边散点山石结为一体，是很具有园林特色的驳岸。

③ 驳岸平面位置与岸顶高程的确定　与城市河流接壤的园林水系驳岸按照城市河道系统规定的平面位置建造。园林内部驳岸则根据湖体施工设计确定驳岸位置。在平面图上用常水位线显示水面位置。如岸壁为直墙，则常水位线即为驳岸向水面的平面位置。整体式驳岸岸顶宽度一般为 30～50 cm。如为倾斜的坡岸，则根据坡度和岸顶高程推算求得。

岸顶高程应比最高水位高出一段以保证湖水不致因风浪拍岸而涌入岸边地面，高出多少应根据当地风浪拍击驳岸的实际情况而定。湖面宽广、风大、空间开旷的地方高出多一些，而湖面分散、空间内具有挡风的地方则高出少一些。一般高出 25～100 cm。一般湖面驳岸贴近水面较好，游人可亲近水面，并显得水面丰盈、饱满。在地下水位高、水面大、岸边地形平坦的情况下，对于游人量少的次要地带可以考虑短时间被最高水位淹没，从而降低由于大面积垫土或加高驳岸的造价。

（5）园林驳岸断面结构详图

① 混凝土仿木驳岸和塑竹驳岸断面结构详图　木驳岸采用自然的实圆木排列于水岸，和水面土坡融为一体，有良好的视觉和生态效果。因木材易受水腐蚀，可改用混凝土仿木桩，视觉效果尚好，但生态性略差（图 5.102）。类似的水泥塑竹驳岸也是一种仿生态驳岸的做法，采用水泥塑竹处理岸壁，增强了驳岸的装饰性，延长了其使用寿命，又给人一种亲切自然的感觉（图 5.103）。

② 浆砌块石驳岸断面结构详图　浆砌块石驳岸岸墙要求墙面平整、美观，砂浆饱满，勾缝严密。驳岸墙体应于水平方向 2～4 m、竖直方向 1～2 m 处预留泄水孔，口径为 120 mm × 120 mm，以排除墙后的积水，保护墙体。也可以设置暗沟，填置砂石排除积水。图 5.104 为常见浆砌块石驳岸断面结构详图。（图 5.52—5.104 来源：孟兆祯，毛培琳，黄庆喜，等《园林工程》）

③ 阶梯型驳岸断面结构详图　阶梯型驳岸主要应用在水位变化较为明显的地带，在不同的水位情况下，此类驳岸会呈现不同的装饰效果。在常水位时，人们可以下几级阶梯到水边，参与各种亲水活动。在洪水位时，上层驳岸角色转换，起到防护作用。图 5.105～图 5.110 是《国家建筑标准设计图集》景观建筑分册选用的园林驳岸标准图例，需要时可在设计中直接引用，以提高园林工程标准化设计的水平。

（6）园林驳岸相关设计规范　《公园设计规范》第七章对驳岸有以下规范：

① 河湖水池必须建造驳岸并根据公园总体设计中规定的平面线形、竖向控制点、水位和流速进行设计。岸边的安全防护应符合本规范第 7.1.2 条第三款、第四款的规定。

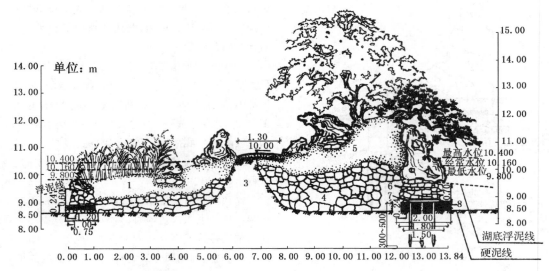

1—田园土及西湖淤泥；2—灰梆碎块填底；3—原有土埂；4—坟地灰梆废物填底；5—灰上方加埋土，每30cm分层夯实；6—干砌块石；7—椿头加盖石板；8—木柴沉褥，每束木柴直径10～12cm，束距φ30cm。

图5.101　杭州花港观鱼公园金鱼园驳岸

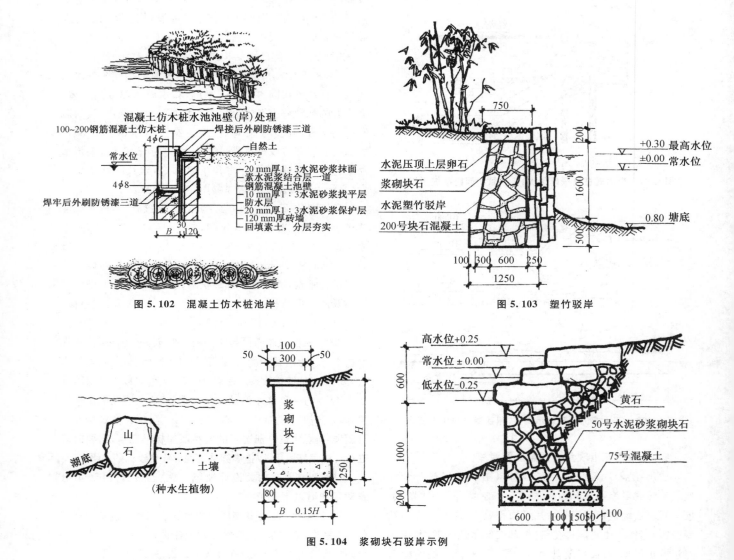

图5.102　混凝土仿木桩池岸

图5.103　塑竹驳岸

图5.104　浆砌块石驳岸示例

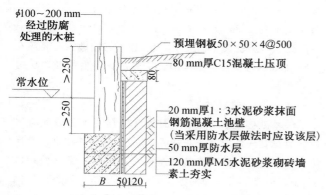

图 5.105　防腐木柱驳岸断面结构详图

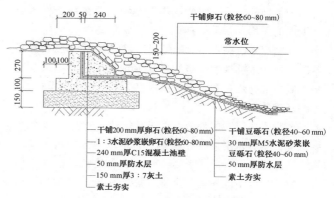

图 5.106　干铺卵石驳岸断面结构详图

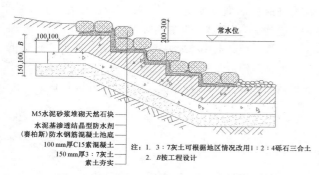

图 5.107　干砌天然块石驳岸断面结构详图

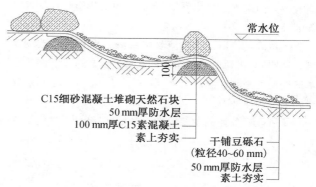

图 5.108　混凝土砌天然石块驳岸断面结构详图

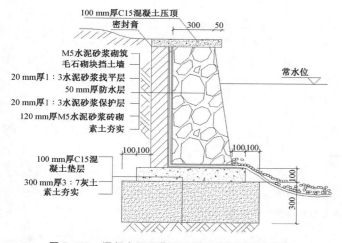

图 5.109　混凝土压顶浆砌毛石驳岸断面结构详图

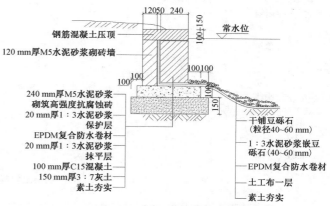

图 5.110　混凝土压顶砌砖驳岸断面结构详图

②　岸顶至水底坡度小于100%者应采用植被覆盖;坡度大于100%者应有固土和防冲刷的技术措施。

③　寒冷地区的驳岸基础应设置在冰冻线以下,并考虑水体及驳岸外侧土体结冻后产生的冻胀对驳岸的影响,需要采取的管理措施在设计文件中注明;驳岸地基基础设计应符合《建筑地基基础设计规范》(GB 50007—2011)的规定。

④　采取工程措施加固驳岸,其外形和所用材料的质

地、色彩均应与环境协调。

(7)　园林驳岸的破坏与加固、修缮　由于园林驳岸材料的老化和设计师对现场影响因素的考虑不全,这些都会使园林驳岸存在潜在危险,因此对园林驳岸进行加固和修缮也是必须注意的一个环节。

①　驳岸的破坏因素　驳岸可以分成湖底以下基础部分、常水位以下部分、常水位与最高水位之间的部分和不被淹没的部分,驳岸不同部分的破坏因素各不相同。

·基础部分　因池底地基强度和岸顶荷载不相适应而造成的不均匀沉陷,使驳岸出现纵向裂缝甚至局部塌陷。在寒冷地区湖水不深的情况下,可能由于冰胀而引起基础变形。木桩做的桩基则因受腐蚀或遭到水底某些动物的破坏而朽烂。在地下水位很高的地区会产生浮托力,影响基础的稳定。

·常水位以下的部分　由于常年被水淹没,因此其主要破坏因素是水浸渗。在我国北方寒冷地区常因水渗入驳岸内冻胀后而使驳岸胀裂,有时会造成驳岸倾斜或位移。常水位以下的岸壁又是排水管道的出口,如安排不当亦会影响驳岸的稳固。

·常水位至最高水位的部分　这部分会经受周期性的淹没。如果水位变化频繁,那么会对驳岸造成冲刷腐蚀等破坏。

·最高水位以上不被淹没的部分　这部分主要受浪击、日晒和风化剥蚀。驳岸顶部则可能因超过荷载和地面水的冲刷而受到破坏。另外,驳岸下部的破坏也会引起这一部分受到破坏。

了解破坏驳岸的主要因素以后,可以结合具体情况采取减少和防止破坏的措施。实践证明,园林驳岸要稳定,首先要满足最基本的一个条件:作用在墙体上所有力的合力的延长线与基础底面交于一点,该点与墙踵的距离应在1/6～1/3的墙体高度范围内。不满足该条件的驳岸比较容易倒塌。

② 加固与修缮方法

·基础被湖水冲刷掏空时的抢救方法　驳岸基础一般应砌筑在河湖床最低冲刷线1 m以下,但往往会发生河床、湖床的变动,以致影响到基础。严重时基础下面被掏空,引起驳岸的倾斜和倒塌。因此需要对这种隐患进行排除,可以通过抛石护基、混凝土护脚加固、板桩护基、叠草包等方法来加固。

抛石护基是在驳岸基础被冲刷以致有掏空危险,或已被掏空时的简便应急措施。一般抛石坡度在1:1.5～1:1范围内,高度应大于基础面0.5～1.0 m。

混凝土护脚也是种较好选择。在基部有掏空危险的驳岸基脚外侧用混凝土浇灌加固护脚。若最低水位高于基础顶面时,则采用板桩护脚比较合适(图5.111)。

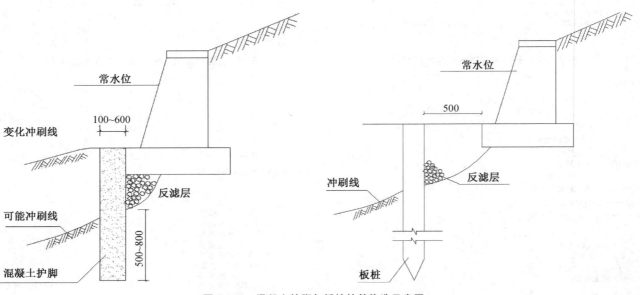

图5.111　混凝土护脚与板桩护基构造示意图

·墙身基脚综合加固　当驳岸有可能发生严重倒塌危险,而以上方法不能奏效时,可以采用贴壁式加固。较简便的方法是用板桩紧贴原驳岸打入土中,再在板桩与原驳岸间浇捣混凝土及用块石混凝土填充。

·钢筋混凝土墙裂缝修补　对于缝宽大于10 mm,缝长大于500 mm的裂缝需进行修补,可以采用水泥砂浆或环氧树脂修补。

2. 护坡工程

(1)概述　护坡是为防止堤岸、坡面遭受冲刷侵蚀等而铺筑的保护设施,包括在坡面上所做的各种铺砌和栽植。护坡可以防止波浪冲刷、雨水侵蚀、冰冻、风蚀、干裂以及滑坡等破坏作用,以保证岸坡的稳定。

有人认为护坡是驳岸的别称,严格来讲,两者是有区别的。"驳"在方言中指"把岸或堤向外扩展",因此,驳岸仅指水陆交界处的防护构筑物,主体部分一定建在沿河地面以下;而护坡则涵盖各种坡面,包括公路两侧挖方形成的坡面。事实上,在园林中,除了河湖池塘的岸坡,护坡也常用在自然山地、土假山、园路的边坡,往往顺其自然、就地取材,采用各种材料做成伸向水中或平地的斜坡。此外,驳岸一定是用石块等砌筑的构筑物,而护坡则可以是各种铺砌和栽植,比如草坪护坡。

护坡的类型有:抛石、干砌石、浆砌石、混凝土预制板、钢筋混凝土板、沥青混凝土、柳框填石和草坪等。从广义上讲,依据护坡的功能可将其分为两类:

① 仅为抗风化及抗冲刷的坡面保护工程,该保护工程并不承受侧向土压力,如喷凝土护坡、格框植生护坡、植生护坡等均属此类,仅适用于平缓且稳定无滑动之虞的边坡上。

② 提供抗滑力的挡土护坡,如刚性自重式干砌石护坡、柔性自重式预制框格护坡、钢筋石笼护坡等。

(2)园林护坡的常见类型及做法 园林护坡根据不同的形式和作用分为:抛石护坡、干砌石护坡、混凝土预制框格护坡、园林绿地护坡、编柳抛石护坡、组合型护坡等类型。

① 抛石护坡 在岸坡较陡、风浪较大的情况下,或因造景的需要,在园林中常使用抛石护坡。护坡的石料应就地取材,最好选用石灰岩、砂岩、花岗岩等块石,也可以用大卵石等护坡,以表现江河滩地的景观。在寒冷的地区还要考虑石块的抗冻性。抛石护坡是指将适当级配的石块倾倒在坝坡的垫层上,不加人工铺砌,厚度为 0.5～0.9 m。垫层一般采用砂砾石,厚 0.3～0.6 m,按反滤层的原则设计。护坡不允许土壤从护面下流失,为此应做过滤层,并且护坡应预留排水孔,每隔 25 m 左右做一伸缩缝。抛石护坡能适应坝体较大的不均匀沉陷,但护面高度以小于 2 m 为宜。具体可参阅中华人民共和国水利行业标准《堤防工程施工规范》(SL 260—2014)关于抛石护坡等设计施工的要求。

② 干砌石护坡 若水面较大,坡面较高(一般在 2 m以上时),则护坡要求较高,可采用干砌石护坡(图5.112)。干砌石护坡是指选择坚固不易风化的石块,人工铺砌在碎石或砾石垫层上,砌石厚度为 0.2～0.6 m,夯填的垫层最小厚度为 0.15～0.25 m,在大型工程中使用机械化施工时则往往铺筑垫层厚度在 1 m 以上。块石用 75号水泥砂浆勾缝。压顶石用 75 号浆砌块石,坡脚石一定要坐在湖底下。

③ 预制框格护坡 一般是将由预制的混凝土、塑料、铁件、金属网等材料制作的框格,覆盖、固定在陡坡坡面,框格内仍可植草种树,从而固定、保护了坡面。这种护坡最适于较高的道路边坡、水坝边坡、河堤边坡等的陡坡。混凝土预制框格护坡常用方形板和六角形板,方形板边长为 0.9 m,六角形板的边长为 0.3～0.4 m,厚度一般为0.15～0.20 m,板下的垫层厚度为 0.15～0.25 m。

预制框格采用塑料、铁件、金属网等材料制作时,框格单元的形状和大小可以单独设计,预制生产后装配成各种预想的图形,用锚和矮桩固定后,再往框格中填满肥沃壤土并植草固土,土要填得高于框格,并稍稍拍实,以免下雨

时流水渗入框格下面,冲刷走框底泥土,使框格悬空(图5.113)。

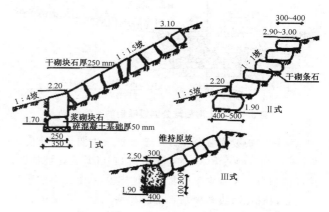

图 5.112 干砌石护坡

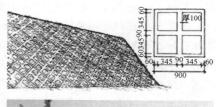

图 5.113 预制框格护坡平面图及示例

④ 钢筋石笼护坡 上海后滩公园的滩涂护坡采用了适合缓滩岸坡固土的钢筋石笼护坡做挡土固土结构(图5.114)。为方便施工,钢筋石笼设计为宽 1000 mm,高500 mm,长 3000 mm;笼内填充直径为 40～150 mm的卵石,并用 30～50 mm 的砾石灌缝,3 个网笼固定成“L”形,以强化挡土功能。笼外用直径为 50～80 mm 的砾石填实。施工时注意控制石笼顶部标高在 3.5 m。最后回填种植土,栽植花草绿化固土,以防止地表雨水径流的冲刷。

⑤ 植被护坡 当岸壁坡角在自然安息角以内时,水岸缓坡坡度在 1∶20～1∶5 间起伏变化是很美的风景。这时水面以上部分可用草皮、灌木和花境等园林绿化形式护坡,即在坡面种植草皮或花灌木,利用密布土中的根系来固土,使土坡能够保持较大的坡度而不会发生严重的水土流失,既美化了坡地,又起到了护坡的作用。

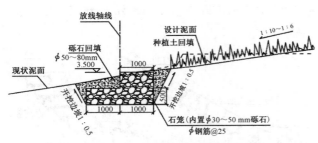

图 5.114　上海后滩公园缓滩钢筋石笼护坡

• 植被护坡的坡面设计　植被护坡主要包括草皮护坡[图 5.115(a)]、灌木丛护坡[图 5.115(b)]或花境护坡，这 3 种护坡的坡面构造基本上是一样的，从上到下的顺序分别是：植被层、坡面根系表土层和底土层。各层的构造情况如下：

植被层　采用草皮护坡的植被层厚 15～45 cm；用花境护坡的植被层厚 25～60 cm；用灌木丛护坡，则灌木层厚 45～180 cm。在设计中，最好选用须根系发达的植物，其护坡固土作用比较好。草皮要尽可能从土壤条件和湿度接近于边坡土质的草地上切取，移植草皮的时间最好是秋季和早春。植被层慎用乔木做护坡植物，因乔木重心较高，有时可因树倒而使坡面坍塌，若确需使用则应加防护措施。

根系表土层　用草皮与花境护坡时，根系表土层坡面保持斜面即可。若坡度太大，达到 60°以上时，坡面土壤应先整细并稍稍拍实，然后在表面铺上一层铁丝护坡网，最后才撒播草种或栽种草丛、花苗。用灌木丛护坡时，则坡面可先整理成小型阶梯状，以方便栽种树木和积蓄雨水。

图 5.115　植被护坡坡面的两种断面

底土层　坡面的底土一般应拍打结实，但现状条件好的底土，也可不做任何处理。底土为砂土时，则先在边坡上铺一层腐殖土。

植被护坡的营建，要求设计者必须熟悉各种花草的生长情况、生态适应能力及其观赏习性，以确定优势种和优势种群，实现缀花草地近期与远期景观相结合，从而使整个营建过程更科学、合理、经济。

• 植被护坡的截水沟设计　为了防止地表径流直接冲刷坡面，应在坡的上端设置一条小水沟，以阻截、汇集地表水，从而保护坡面。截水沟一般设在坡顶，与等高线平行，沟宽 20～45 cm，深 20～30 cm，用砖砌成。沟底、沟内壁用 1:2 水泥砂浆抹面。为了不破坏坡面的美观，可将截水沟设计为盲沟，即在截水沟内填满砾石，砾石层

上面覆土种草。从外表看不出坡顶有截水沟，但雨水流到沟边就会下渗，然后从截水沟的两端排出坡外（图 5.116）。

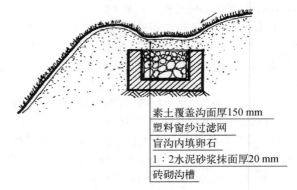

素土覆盖沟面厚150 mm
塑料窗纱过滤网
盲沟内填卵石
1:2水泥砂浆抹面厚20 mm
砖砌沟槽

图 5.116　护坡截水沟的构造

⑥ 编柳抛石护坡　采用新截取的柳条十字交叉编织。编柳空格内抛填厚 20～40 cm 的块石，块石下设厚 10～20 cm 的砾石层以利于排水和减少土壤流失。柳格平面尺寸为 30 cm×30 cm 或 100 cm×100 cm，厚度为 30～50 cm。柳条发芽便成为较坚固的护坡设施。

编柳时先在岸坡上用铁钎开孔洞，间距为 30～40 cm，深度为 50～80 cm。在空洞中顺根的方向打入顶面直径为 5～8 cm 的柳树橛子，橛顶高出块石顶面 5～15 cm。

⑦ 组合型护坡　园林水体形式多样，护坡既要稳固安全，又要生态美观，难度较大，对设计要求很高。为了解决多种问题，常采用组合型护坡。

比如上海后滩公园岸坡由于防洪要求和用地性质都发生了变化，不再需要生硬的钢筋混凝土防洪墙，需要设计对环境更友好的生态型岸坡。但岸坡坡度较陡（坡度 < 1:3），为防止岸坡构造物被江水冲刷，设计师采用块石抛石＋石笼护坡方式改造江岸，即在现状驳岸混凝土护脚处设计 49.75 cm 高的钢筋石笼，石笼内填入直径 30～50 mm 的砾石，并在石笼外侧用自然抛石支撑，形成一个结构稳定的 50 cm 厚的种植仓，回填种植土后即可做成植被护坡（图 5.117）。设计严格控制抛石顶标高不低于 3.7 m，石笼顶标高控制在 3.5 m，高于年平均高潮位 3.140 m，保证了防洪安全。

此外，组合型护坡强调良好的生态稳定性，可实现绿化体系与生态水系紧密结合的"蓝绿交融"的健康活力水岸（图 5.118）。这种组合型护坡一般包括常水位至坡顶的第一区域和常水位至坡脚的第二区域。第一区域应根据立地条件，尤其是水文情况选择适生植物，并适当铺设卵石，添加亲水步道和软质景观，形成富有活力的生态的河漫滩湿地景观带；第二区域用卵石抛石护坡，也可留有挺水植物种植区，使得整个坡面整体性更强，景观性更佳，水生态更加稳定，游人亲水性也更好。

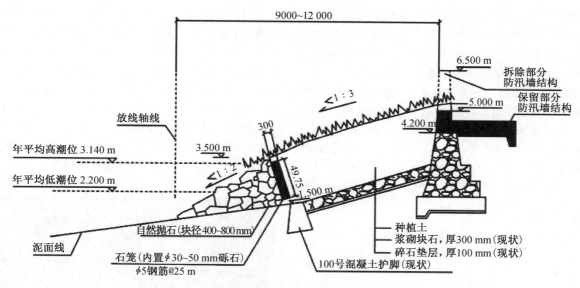

图 5.117　上海后滩公园陡滩块石抛石＋石笼＋植被护坡

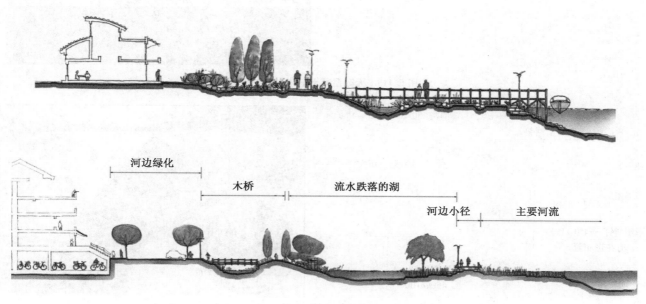

图 5.118　"蓝绿交融"的生态型组合护坡

⑧ 其他新型生态型护坡

·无砂混凝土护坡　无砂混凝土是由大粒径的粗骨料、水泥和水配制而成的混凝土。由于水泥浆不起填充作用，只是包裹在石子表面将石子胶结成大孔结构的整块混凝土结构，因此，它具有孔隙多、透水性强、抗变形能力好的特点。孔隙多、透水性强有利于植物的生长发育。无砂混凝土块护坡如图 5.119 所示。

无砂混凝土块护坡的施工较简单，关键在于植物的种植。首先，无砂混凝土块表面必须足够粗糙，以提高表面及孔隙内的附土和保土能力，草籽与种植土拌匀后，轻耙入孔隙内，并覆盖表面；选择合适的种植时间，如春季，以保证植物在汛期到来前，有足够的生长时间；按时养护，对

植物生长较差的部位应及时补种避免块体裸露。

·三维土工网护坡　三维土工网是一种类似于丝瓜瓤状的植草土工网，由加入炭黑的尼龙丝加工制成，丝与丝的交叉点熔合黏结，相互缠绕，质地蓬松，孔隙率在 90% 以上，在其孔隙中可添加土料和草种。三维植被网与植物根系咬合后加强了岸坡防冲刷的能力。因为植草穿过网垫生长后，其根系深入土中，植物、网垫、根系与土合为一体，形成牢固密贴于坡面的表皮，可有效地防止岸坡土壤被暴雨径流或水流冲刷破坏(图 5.120)。

铺设有三维土工网垫的岸坡在草皮没有长成之前，可以保护土地表面免受风雨的侵蚀，在播种初期还起到稳固草籽的作用。实践证明，草皮形成以前，当坡度为 45° 时，

土工网垫的固土阻滞率高达 97.5%;当坡度为 60°时,土工网垫的固土阻滞率仍高达 84%,可见三维网具有极好的固土效果,提高了边坡的抗冲刷能力。当边坡的植被覆盖率达到 30% 以上时,能承受小雨的冲刷,覆盖率达 80%以上时能承受暴雨的冲刷。在河道迎水坡水流有一定流速的情况下,植被起到良好的消能作用,促进落淤。试验表明,在水流较深情况下,它能够抵御 6 m/s 的短期流速,对历时 2 天的水流,也能经受 4 m/s 的流速,并能使流速显著降低。

· 格宾网护坡 格宾网是由金属线材编织的六角形网制成的网笼,内填块石,网格的大小以不漏填充的块石为限。它具有以下特性:适应性强、柔韧性高、不易断裂,能很好地适应地基大范围的变形。耐腐蚀抗冲刷,有很强的抵御自然破坏的能力。具有透水性,石头缝隙间可填充淤泥,有利于植物生长,其多孔结构也有利于生物的栖息,可与周围自然环境融为一体。施工简便,不需特殊技术,只需将石头装入笼子封口即可。节约运输费用,可将其折叠起来运输,在工地配装。格宾网护坡如图 5.121 所示。

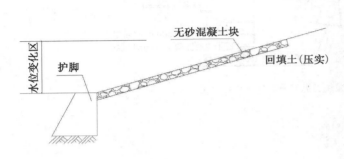

图 5.119 无砂混凝土护坡构造与效果

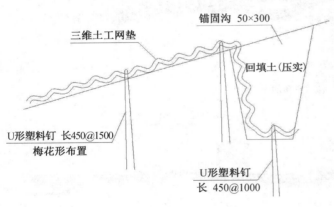

图 5.120 三维土工网护坡构造与效果

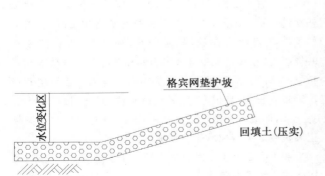

图 5.121 格宾网护坡结构与效果

施工要点：铺设格宾网时网间上下左右要连接好，坡脚要有足够的埋深。石块装笼时要保护好土工布，笼底选择较小的石块，从下而上石块按小到大安放。石笼的孔隙间必须认真覆土，否则不利于植物的生长，植物类型的选择与无砂混凝土相似。

5.3.3　特殊水池设计施工技术要点

1. 临时性水池

临时性水池要求结构简单，安装方便，使用完毕后能随时拆除，在可能的情况下能重复利用。临时性水池的结构形式简单，可在临时性水池内根据设计安装小型的喷泉与灯光设备。

做一个使用时间相对较长的相对自然一些的临时性水池，可以用挖水池基坑的方法。方法步骤如下：

（1）定点放线　按照设计的水池外形，在地面上画出水池的边缘线。

（2）挖掘水坑　按边缘线开挖，由于没有水池池壁结构层，因此一般开挖时边坡限制在自然安息角范围内。挖到预定的深度后应把池底与池壁整平拍实，剔除硬物和草根。在水池顶部边缘还需挖出放置压顶石的厚度，在水池中如果需要放置盆栽的水生植物，可以根据水生植物的生长需要留有土墩，土墩也要拍实整平。

（3）铺塑料布　在挖好的水池上覆盖塑料布，然后放水，利用水的重量把塑料布压实在坑壁上，并把水加到预定的深度（图 5.122）。

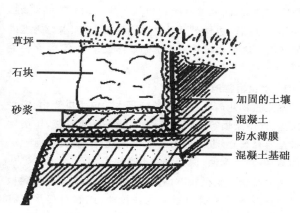

图 5.122　塑料布铺底做法

（4）压顶　将多余的塑料布裁去，用石块或混凝土预制块将塑料布的边缘压实，并形成一个完整的水池压顶。

（5）装饰与清理　可以把小型喷泉设备一起放在水池内，并摆上水生植物的花盆。最后，清理现场内的杂物、杂土，将水池周围的草坪恢复原状。这样，一个临时性水池就形成了。

2. 预置模水池

（1）预制模水池的种类及应用　预制模水池是国外较为常用的一种小型水池制造方法，通常用高强度塑料制成，易于安装，如高密度聚乙烯塑料、ABS 工程塑料以及玻璃纤维。如图 5.123，预制模最大跨度可达 3.66 m，但以小型为多，一般只有 0.9～1.8 m 的跨度，0.46 m 的深度，最小的深度仅有 0.3 m。

塑料预制模的造价一般低于玻璃纤维增强膜或玻璃纤维预制模，但使用寿命也相对较短，数年之后就会变脆、开裂和老化。

在选购预制模时，另一个需要考虑的因素是预制模上沿的强度。尽管玻璃纤维预制模也需做一些技术处理，但无须太多的加固措施。为避免日后出现麻烦，选定使用塑料预制模后，一定要确保预制模上沿是水平的，绝对不能弯翘。

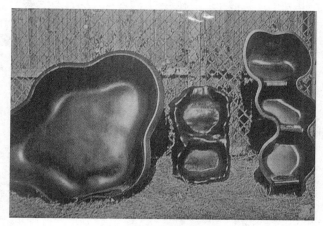

图 5.123　预制模水池实物

预制模有各种规格，许多预制模上都留有摆放植物的池台。在选择这类预制模时，一定要注意池台的宽度要能放得下盆栽植物。

（2）预制模水池的安装　专业安装预制模水池绝不

仅仅是画线、挖坑和回填那么简单。首先要使预制模边缘高出周围地面 2.5～5 cm，以免地表径流流进池塘污染池水，或造成池水外溢。挖好的池底和地台表面都要铺上一层 5 cm 厚的黄沙。如果池沿基础较为牢固，可用一层碎石或石板来加固池沿。池塘周围用挖出的土或新鲜的表土覆盖，以遮住凸起的池沿。

安装预制模水池程序：首先标出池塘形状；其次挖坑，铺一层沙子，把预制模水池放在恰当的位置；然后开始回填土，并将池塘放水检查渗漏情况；最后沿池塘铺上石块。

将预制模放入挖好的池中，测量池沿的水平面，同时往池中注入 2.5～5 cm 高的水。注水时慢慢地沿池边填入沙子。用水管接水，将沙子慢慢地冲入池边。将池水基本注满，同时用水将填沙冲入，使回填沙与池水基本处于同一水平。然后，再继续测量池沿的水平面。当回填沙达到挖好的池沿，而且预制模边也处于水平时，便可以加固池边了。加固池边材料可以是现浇混凝土、加水泥的土或一层碎石。其后也可在池塘上修瀑布或水槽，可参照相关章节。

3. 水生植物池与养鱼池

水生植物池与养鱼池的关键是水。鱼类排泄物、空中的灰尘、雨中杂质等的沉淀腐烂，会造成池水缺氧，鱼类生病甚至窒息死亡，进而成为寄生虫的温床，故要注意池底水的清洁，防止浑浊，保持水中丰富的氧气。

水生植物生长极快，对每种植物应该用水泥或塑料板等材料做成各种形状的围池或种植池，或者直接用缸种植，限制水生植物的生长区域，避免向全池塘蔓延，并防止水生植物种类间互相混杂生长。

为便于施工，在施工前最好能把池塘水抽干。池塘水抽干后，用石灰或绳画出要做围池（或种植池）的范围，在砌围池的位置挖一条下脚沟，下脚沟最好能挖到老底子处。先用砖砌好围池墙，再在围池墙两面抹 2～3 cm 厚的水泥砂浆，阻止水生植物的根穿透围池墙。围池墙也可以使用各种塑料板，塑料板要进到泥的老底子处，塑料板之

间要有 0.3 cm 的重叠，以防止水生植物根越过围池。围池墙做好后，再按水位标高添土或挖土。用的土最好是湖泥土、稻田土、黏性土，适量施放肥料，整平后即可种植水生植物(图 5.124)。

工程上要注意：

① 池底要设缓和的坡度。

② 在最深部分设区划，安装塑胶管吸水。

③ 给水口要安装于水面上。下部给水口仅作为预备使用，这样清扫较方便。

④ 水宜放流，以夏天一天内能更换池内全部水量的一半为宜，水温在 25 ℃ 左右最理想。

⑤ 养鱼时池深 30～60 cm，或满足最大鱼生长的深度即可。

⑥ 池中养水生植物可增加水池的生动效果，一般可使用盆栽或种植穴方式。

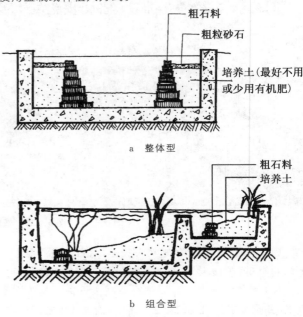

a 整体型

b 组合型

图 5.124 水生植物栽培池

■ 思考与练习

1. 请以西湖为例，谈谈水景在城市中的作用。

2. 简述水景设计的基本形式及设计要点。试在 500 m² 的庭院中设计融合四种基本形式的水景。

3. 试深化设计本章图 5.93 至图 5.94 的两种驳岸形式。

4. 简述生态护坡的特点，调查并绘制三种优秀的生态护坡设计图。

6 细部设计

【导读】 本章介绍园林工程中细部设计的定义及其在职业实践和设计教学中所起的作用,并针对铺装、花池、座椅和墙这四种典型的细部设计类型,针对品质、美学、创造力和实施等关键设计要素,分析其实用功能和构图作用,阐述其基本构造和常用材料,并总结其设计要点。读者可从中找到有关园林工程细部设计核心内容的介绍,及设计师所关注的关键要素的介绍。除了一般意义上的园林工程细部设计,本章还阐述了乡土景观细部、生态景观细部的概念与设计要点,以响应园林工程设计实践的发展。

6.1 导言

6.1.1 细部的概念

在园林设计中,很多不同的场合都会使用"细部"一词,它有许多用法和定义,可以分为如下两组:园林建设中的细部和园林设计中的细部。园林建设中的细部是指在细部尺度上的园林建设操作和园林建材、安装指导材料以及在现场施工中的细部性能与构造等,其中包括一系列在设计单位中经常使用的术语,如"构造细部"、"细部图纸"(详图)和"现场细部"等。这些定义指的是用文字、图纸表达细部,使人们可以交流和理解,以及对建造实施过程中所需材料、技术和工艺的描述。园林设计中的细部是关于设计概念、主题和形式的,它们出现在设计构思的形成和发展过程中,是园林设计的一部分。园林设计的细部是复杂设计概念的一部分,可以在设计概念的发展过程中形成,也可以是园林设计概念本身,它决定了细部的类型或条件。例如:在绘图比例为 1∶50 以上的图纸中由铺地、花池或座椅所建立的图形和空间元素,都可称之为"园林设计的细部"。

本章所分析的细部是指以上两种概念的结合,既强调其在设计中的重要性,认为细部设计是一个过程,或者说是细部尺度上的设计过程,是对园林规划设计内容的细化;同时,又将其作为施工图册中的详图部分加以分析,详细阐述其构造、材料等。本章的主要目的是将设计概念、细部形式和细部构造结合起来研究。

6.1.2 细部的性质

细部具有适宜性、精确性、安全性、耐久性、连续性及文化性等 6 个方面的特性,这些特性最终将决定园林工程中细部的形式和品质。

1. 细部的适宜性

细部的适宜性是指细部以适宜的形式、图案、色彩、纹理、材料和工艺对应特定的场地、自然及人文条件。

2. 细部的精确性

细部的精确性包括以下三个层次:

(1) 设计概念的表达 细部简单或复合地、清晰地表达总体景观构思的设计概念,并在该项目的整个过程中支持并强化这一概念,每个细部不是成为独立的片段,而是都在支持并解释总体设计概念。

(2) 细部语言的层次 每个单独的细部都是整个基地的细部系统的一部分,促成细部语言在任何不同时间段在同一层次发展。

(3) 安装时的精确性 细部与细部之间以精确的形式交接。

3. 细部的安全性

细部从尺度上说是园林中最容易与人接触的部分,应充分考虑其安全性,包括以下几个方面:

(1) 细部本身的安全性 应通过消除锐角、加固结构、符合人体工程学原理等方式,确保其对游人不造成人身伤害。

(2) 细部的警示功能 在危险地段或在易发生事故的地段,设置用于提醒游人注意的细部如铺装、护栏等,能起到安全防范的作用。

4. 细部的耐久性

细部的耐久性关注的是细部在设定时间内的坚固性、恒定性和持久性,是指细部自身能在这一时间内应对外部条件引起的细部材料、结构、机械以及美学的变化。

5. 细部的连续性

细部的连续性包括以下两个层次:

(1) 空间连续性 通过空间中垂直于水平面上的细部把基地不同部分联系起来。

（2）视觉联系性　通过相似性、重复性将基地不同部分联系起来。

6. 细部的文化性

细部通过与传统建筑、园林等细部产生关联，或者与某些具有文化符号性质的图形结合，对城市的历史文化特点有所反映。

6.1.3　细部的分类

当代的园林细部类型可按照以下类别分组：标准的细部、地方性的细部和特殊的细部。

1. 标准的细部

这类细部不断被采用，经过长期使用受到好评，在功能和美学方面都很成功，并具有一定的普适性，被正规的机构所接受，成为他们满意的细部。比如由中国建筑标准设计研究院编著的《环境景观：室外工程细部构造》中所列举的细部基本上都是经过实践检验的标准细部（图6.1）。

图6.1　砌块砖铺地
来源：中国建筑标准设计研究院《环境景观——室外工程细部构造》

2. 地方性的细部

地方性的细部是设计师使用当地的材料和建造方法，参考历史性景观或当地景观明显的地区特征，形成的符合当地气候模式及地方性习惯与价值观的细部。这类细部与基地场所及文脉紧密相连，所运用的设计方法往往具有普适性，因而有一定的参考价值。因此，地方性的细部也可称为"可模仿的细部"。比如，日本京都迎宾馆庭院内的碎石路，其石料本身来自设计场地内，经过挑选和水洗，再一一研磨整形（图6.2），这一做法加强了园林作品与原有场地的关系。

3. 特殊的细部

特殊的细部是在某个项目或某个场所使用的独特的、特殊的细部。这些细部与标准的细部及地方性的细部的不同点在于灵感的来源和设计师的出发点是与基地场所及文脉无关的美学或文化概念，比如威尼斯建筑双年展中的中国馆——瓦园（图6.3）。设计师王澍为了展现中国本土建筑师和艺术家对中国城市现状的一种思想态度和工作方式，采用取自旧城拆迁的回收旧瓦，支撑起一片巨大的瓦面，这与场地本身毫无关系。因此，特殊的细部不宜随意在别处套用或模仿。

图6.2　日本京都迎宾馆庭院内的碎石路
来源：《景观设计》（国际版）2007(01)

图6.3　威尼斯建筑双年展中的中国馆——瓦园
来源：《景观设计》2006(11)

6.1.4　细部设计的内容

本章阐述的细部设计的内容以园林工程中对最后的实施效果有较大影响的铺装、座椅、墙和花池为主，从三方面展开分析：

第一，分析每一类细部的实用功能和构图作用；

第二，阐述每一类细部的建造材料并列举若干典型的构造样式；

第三，结合前面两点内容，总结其设计要点。

具体内容以体现细部的适宜性、精确性、安全性、耐久性、连续性与文化性等特性以及这些细部与周围其他要素的相互关系为主。至于施工流程、要点及由细部典型构造样式演变出的各种构造形式可参阅其他相关参考资料。

6.2　铺装

地面覆盖材料有铺装、水以及植被层，如草坪、多年生地被植物或低矮灌木等。在所有这些铺地要素中，铺装材料是唯一"硬质"的要素。园林铺装是指在园林绿地中采用天然或人工的材料，如沙石、混凝土、沥青、木材、瓦片、青砖等，按一定的形式或规律铺设于地面形成的地表形式，又称铺地。园林铺装不仅包括路面铺装，还包括广场、庭院、停车场等铺装。

6.2.1 铺装的实用功能

与其他园林设计要素一样,铺装也具有许多实用功能和美学功能,有些功能单独出现,而大多数的功能则同时出现,其中的许多功能常和其他要素相结合。

1. 延长场地寿命

铺装最明显的使用功能是使地面适应长期的磨蚀,保护地面不直接受到破坏。与草坪、地被或裸露的土地相比,有铺装的地面能经受住长久而大量的践踏磨损。铺装按其承受外来压力和磨蚀的能力,可分为车行铺装和人行铺装。

2. 引导作用

精心推敲的铺装形状和材质变化组合可以起到某种指引作用。当地面被铺成一条带状或某种线型时会指出明确的方向。铺装可以通过以下几种方式发挥这一功能:铺装呈现明显的带状并以草坪或和铺装有明显区别的要素为背景时,可以指示游人行走的方向;铺装呈现某种线型或者铺装上的某种主要材料以某种线型铺设时,会产生一定的方向感(图6.4);铺装上的分割线宽度不一致时,粗的线条具有方向性(图6.5)。另外,当铺装材料发生变化时,容易吸引游人进入。因此,主园路和次园路的铺装材料可以有所区分,这有利于将游人导向相应的景点,园林建筑入口处场地的铺装可以做适当的变化,以吸引游人进入(图6.6)。

3. 暗示游览速度和节奏

铺装材料和形状还能影响游人行走的速度和节奏(图6.7、图6.8)。铺装的路面越宽,运动的速度也就越缓慢。在较宽的路上,游人能随意停留观看景物而不妨碍旁人行走,而当铺装路面较窄时,游人便只能一直向前行走,几乎没有机会停留。路面上如果使用粗糙难行的铺装材料,那么游人就不会行走得很快;而如果使用较平整易行的材料,那么可提高游人的通行速度。在线型道路上行走的节奏也能受到地面铺装的影响。行走节奏包括两个部分:一是游人脚步的落处,二是行人步伐的大小。两者都受到各种铺装材料的间隔距离、接缝距离、材料的差异、铺装的宽度等因素的影响。道路上铺装的宽窄变化,也会形成紧张、松弛的节奏,由此限制游人行走的快慢。另外,改变铺装材料的式样,也能使行人走在铺装上感受到节奏的变化。

图6.4 铺装呈现某种明显的线型

图6.5 粗的线条具有方向性

图6.6 园林建筑入口处铺装

图6.4—图6.6来源:香港日瀚国际文化有限公司《景观设计绿皮书》

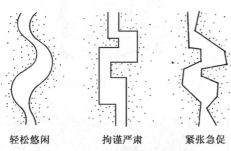

轻松悠闲　　拘谨严肃　　紧张急促

图6.7 不同形状的铺装可控制游览速度

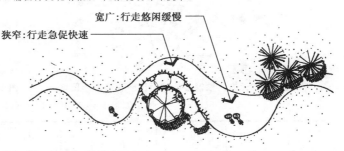

狭窄:行走急促快速　　宽广:行走悠闲缓慢

图6.8 铺装形状和景物结合控制游览速度

图6.7、图6.8来源:布思 N K《风景园林设计要素》

4. 提供休息场地

合适的铺装纹理能使铺装产生静止的休息感。当铺装处于适宜的位置,并且以无方向性的形式出现时,它会暗示着一种静态停留感(图6.9)。适宜的位置是指道路的尽端或一旁等无交通流线穿越的位置;无方向性的形式是指铺装以"回"字形或正方形等无任何指向性的形式出现。在使用铺装创造休息场所时,应仔细考虑铺装材料、造型和色彩。铺装材料应质感细腻,不反光;造型应简洁大方;色彩以素雅为主,避免过于鲜艳或对比太强烈。

5. 表示场地的用途

铺装材料以及其在不同空间中的变化,能在室外空间中表示出不同地面的用途。铺装材料的变换能使游人辨认和区别出运动、休息、入座、聚集等场地的功能。如果改变铺装材料的色彩、质地或铺装材料本身的组合,那么各空间的用途或活动的区别也由此而得到明确(图6.10)。实践证明,如果用途有所变化,那么不同地面的铺装应在设计上有所变化;如果用途或活动不变,那么铺装也应保持原样。铺装表示地面的使用功能,最明显的应用便是在安全提醒方面,比如提醒人注意危险地段、地面高差变化等。

6.2.2 铺装的构图作用

铺装作为园林空间界面中的底界面,在构图方面发挥着重要的作用:影响空间比例、统一协调各要素、充当背景、形成空间个性和创造视觉趣味。

1. 影响空间比例

铺装能影响空间的比例及场地上其他物体的尺度感。人所观察的物体与人自身或人熟悉的物体之间的比例关系给人的感受称为尺度感。每一块铺装材料的大小,以及铺砌形状的大小和间距等,都能影响铺装的视觉比例。较大、较开阔的形状,会使空间产生一种宽敞的尺度感(图6.11);而较小、紧缩的形状,则使空间具有压缩感和亲密感(图6.12)。铺装分割线(带)的宽度、分割线(带)之间的铺料的大小会影响场地尺度感和场地中其他各要素的尺度感(图6.13)。比如,铺装的分割线(带)之间的间距过大,而分割线(带)之间的铺料无进一步的细分,就会使场地内的植物、小品设施等显小,从而造成比例失调。一般地,场地面积较小时,铺装应使用大块铺料或加大分割线(带)之间的间距,从而使场地显得较大,削弱其局促感;场地面积较大时,则相反处理,使场地尺度感趋于亲切和人性化。

2. 统一协调各要素

铺装有统一协调各要素的作用,铺装这一作用,是利用其充当与其他设计要素和空间相关联的公共因素来实现的。即使在设计中,其他因素会在尺度和特性上有着很大的差异(图6.14),但在总体布局中,铺装有两种途径发挥统一协调各要素的作用:

(1)利用铺装线与建筑、小品、植被等其他要素的对位关系,相互之间连接成整体。比如,铺装线与场地上其他要素在轴线、边界、中心线上有对齐、平行或垂直的位置关系(图6.15)。

(2)铺装的形状与场地上其他要素的平面形状保持一致性或相似性(图6.16)。

3. 充当背景

铺装还可以为其他引人注意的景物做中性背景。在这一作用中,铺装地面被看作是一张空白的桌面或一张白纸,为其他焦点物的布局安置提供基础,铺装也可作为建筑、雕塑这样一些因素的背景。凡充当背景的铺装应满足以下要求:

(1)色彩上趋于中性色,颜色纯度、明度要低,不鲜艳、不反光,并且尽量减少变化;

(2)铺装材料的质地与被衬托的景物的质地应存在一定的对比关系(图6.17);

(3)铺装线与被衬托的景物存在一定的对位关系(图6.18)。

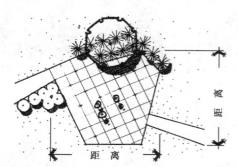

图6.9 无方向性铺装能暗示出一种静态停留感

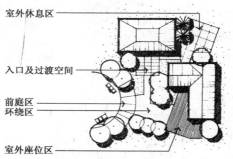

室外休息区
入口及过渡空间
前庭区
环绕区
室外座位区

图6.10 铺装能表示出不同的地面用途和功能

图6.9、图6.10来源:布思ＮＫ《风景园林设计要素》

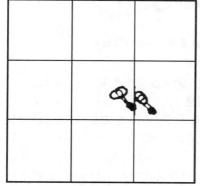

图6.11 铺装图案使人感到尺度大

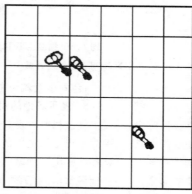

图6.12 铺装图案使人感到尺度小

图6.13 铺装影响空间比例的实例

来源:香港日瀚国际文化有限公司《景观设计绿皮书》

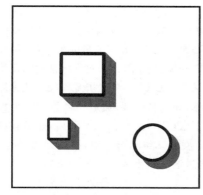

图 6.14　单独的元素缺少联系

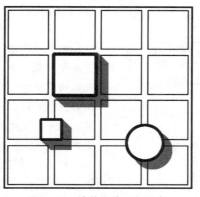

图 6.15　铺装线统一各因素

图 6.16　铺装与各因素形状相似
来源:香港日瀚国际文化有限公司《景观设计绿皮书》

图 6.17　铺装以质感、色彩衬托景物

图 6.18　铺装线与景物之间存在着精确的对位关系

图 6.17、图 6.18 来源:香港日瀚国际文化有限公司《景观设计绿皮书》

4. 形成空间个性

铺装的材料质地、形状及铺砌图案都能对所处的空间产生重大影响。不同的铺装材料和图案造型,都能形成和增强这样一些性质,如细腻感、粗犷感、宁静感和喧闹感。即便是同一种铺装材料,其不同的加工方式、不同的铺砌方式,也能形成完全不同的视觉效果。比如:日本某瓦片铺装,精确地按设计形式铺砌瓦片,空间显得极为细腻;而中国古典园林中的花街铺地同样运用瓦片,却显得古朴自然,与古典园林追求自然美的意境一致(图 6.19)。

图 6.19　瓦片铺装既可形成细腻感,又可形成古朴自然感
来源:香港日瀚国际文化有限公司《景观设计绿皮书》

5. 创造视觉趣味

马赛克、卵石、水刷石、碎瓷片和瓦片等碎料或粒料铺装材料可按设计意图拼成各种具象或者抽象图案,形成某种视觉趣味,例如中国传统园林中的花街铺地;也可以使用现代工艺技术在块料铺装材料上镌刻图案,这种方式使得铺装在表达地方文化特性上显示出很强的表现力。无论用传统的拼花还是现代的镌刻技术,都能在铺装上创造出各种视觉趣味(图 6.20)。

图 6.20　铺装设计成棋盘
来源:香港日瀚国际文化有限公司《景观设计绿皮书》

6.2.3　铺装的构造

1. 铺装的基本构造

铺装的基本构造一般由路面和路基组成,其中路面由面层、结合层、基层和垫层等几部分组成。图 6.21 是一个典型的铺装构造示意图。

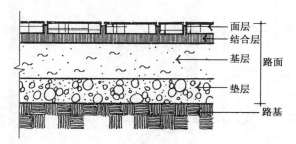

图 6.21　铺装构造的基本示意图
来源：赵兵《园林工程学》

（1）面层　面层是地面最上面的一层，它直接承受人流和车辆的磨损，承受着各种大气因素的影响和破坏。如果面层选择不好，那么就会给游人带来行走的不便或是反光刺眼等不良影响。因此，面层设计要坚固、平稳、耐磨耗、具有一定的粗糙度、少尘、便于清扫。

（2）结合层　结合层是当采用块料铺筑路面层时，在路面层与基层之间，为了黏结和找平而设置的一层。结合层一般选用 3～5 cm 厚的粗砂，或 25 号水泥石灰混合灰浆，或 1：3 石灰砂浆。

（3）基层　基层一般在路基之上，起承重作用。一方面支承由面层传下来的荷载，另一方面把荷载传给路基。基层不直接承受车辆和气候因素的作用，对材料的要求比面层低。一般选用坚硬的（砾）石、灰土或各种工业废渣等筑成。

（4）垫层　垫层是在路基排水不良，或有冻胀翻浆的地段上为了排水、隔温、防冻的需要，在基层下用煤渣石、石灰土等筑成。在园林铺地中也可以采用加强基层的办法，而不另设此层。

（5）路基　路基是地面面层的基础，它不仅为地面铺装提供一个平整的基面，承受地面传下来的荷载，还是保证地面强度和稳定性的重要条件之一，对保证铺地的使用寿命具有重大的意义。一般认为，黏土或砂性土，开挖后用蛙式跳夯夯实三遍，如无特殊要求，就可以直接作为地基。对于未压实的下层填土，雨季被水浸润后，能以其自身沉陷稳定，当其容重为 1.8 g/cm³ 时，可以用作地基。在严寒地区，严重的过湿冻胀性或湿软呈橡皮状土，宜采用 1：9 或 2：8 灰土加固，其厚度一般为 15 cm。

（6）附属工程　包括种植池、明沟和雨水井。种植池是为满足绿化而特地设置的，规格依据相关规范而定，一般为 1.5 m×1.5 m。明沟和雨水井是为收集不透水铺装上的雨水而建的构筑物，园林中常以砖块砌成。

2. 铺装构造的类型

铺装的构造按面层材料来分可分为整体铺装、块料铺装和粒料铺装；按基础特性来分可分为刚性铺装和柔性铺装；按透水性来分可分为透水铺装和不透水铺装。

（1）整体铺装、块料铺装和粒料铺装（图 6.22 至图 6.24）　整体铺装是指整体浇注、铺设的铺装，如混凝土、沥青、塑胶地面等；块料铺装是以石材、烧结砖、混凝土预制板等整形板材、块料作为结构面层的铺装；粒料铺装是以碎石、木屑、煤渣等碎料、粒料为结构面层的铺装。块料铺装边缘应设置边条以防止使用时发生水平位移。

（2）刚性铺装和柔性铺装（图 6.25、图 6.26）　刚性铺装是指基层或面层含有混凝土或钢筋混凝土的铺装。柔性铺装是指铺装构造中不含混凝土或钢筋混凝土，基层为砾石、灰土或煤渣。柔性铺装应以硬质材料收边。

图 6.22　整体铺装：混凝土
来源：《中国园林》2005（03）

图 6.23　块料铺装：天然石板、石块

图 6.24　粒料铺装：砾石
图 6.23、图 6.24 来源：香港日瀚国际文化有限公司《景观设计绿皮书》

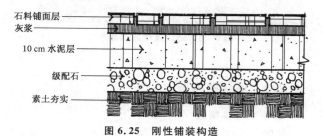

石料铺面层
灰浆
10 cm 水泥层
级配石
素土夯实

图 6.25　刚性铺装构造

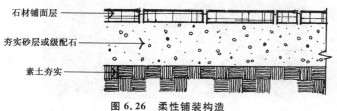

石材铺面层
夯实砂层或级配石
素土夯实

图 6.26　柔性铺装构造

图 6.25、图 6.26 来源：布思 N K《风景园林设计要素》

（3）透水铺装和不透水铺装　透水铺装是指铺装面层、基层或面层间隙具有透水的特性，比如透水砖、透水混凝土、透水沥青、植草砖、砾石等。有时在必须使用混凝土基层时，为达到透水目的，采取在混凝土上打孔的方法。不透水铺装是指采用非透水性的砖、混凝土、石材等材料铺设的铺装。不透水铺装一般应设置暗沟或明沟等排水设施。

3. 铺装的材料性能比较

（1）面层材料　面层材料包括整体铺装材料、块料铺装材料及粒料铺装材料三类，各类铺装材料的性能详见表6.1。

表 6.1　铺装的材料性能对照表

铺装类型		优势	劣势
整体铺装	混凝土	铺筑容易，可有多种表面、质地和颜色 可整年使用，有多种用途 使用期维护成本低，耐久 热量吸收低 表面坚硬，无弹性，可做成曲线形状	需要设置变形缝，有的表面不美观，铺筑不当会分解 难以使颜色一致及持久，浅颜色反射并能引起眩光 有些类型会受冻防盐腐蚀 张力强度相对较低而易碎，弹性低
	沥青	热辐射低且反光弱，可整年使用，有多种用途 耐久，维护成本低 表面不吸尘，弹性随混合比例而变化 表面不吸水，可做成曲线形状，可做成通气性的	边缘如无支撑易磨损 热天会软化 汽油、煤油和其他石油溶剂可将其溶解 如果水渗透到底层易受冻胀损害
	合成表面	可用于特殊目的的设计（如运动场、跑道） 颜色范围广，比混凝土或水泥弹性大 有时可铺设在旧的混凝土或沥青之上	铺筑或维修可能需要专门培训的劳动力 比沥青或混凝土成本高
块料铺装	烧结砖	有防眩光表面，路面不滑 颜色范围广，尺度适中，容易维修	铺筑成本高，清洁困难 冰冻天气易发生碎裂 易受不均衡沉降影响，会风化
	瓷砖	表面光滑 色泽鲜艳	只适用于温暖的气候 铺筑成本高
	花岗岩	坚硬且密实，在极端易风化的天气条件下耐久 能承受重压，能够抛光成坚硬光洁的表面 耐久且易于清洁	坚硬致密，难于切割 有些类型易受化学腐蚀 相对较贵
	石灰岩	操作容易 颜色和质地丰富	易受化学腐蚀（特别是在湿润气候和城市环境下）
	砂岩	操作容易 耐久	易受化学腐蚀（特别是在湿润气候和城市环境下）
	片岩	耐久，风化慢 颜色丰富	相对较贵 湿时易滑
	模压板材	可选择设计，用于各种目的 铺筑时间较短，容易铺筑、拆除、重铺，且通常不需要专业化的劳动力	易被人为破坏 比沥青或混凝土成本高
粒料铺装	砾石、矿渣	经济性的表面材料 透水性强	根据使用情况每隔几年需要进行补充 可能会有杂草生长，需要加边条 不适宜老人、女性（穿高跟鞋）行走
	卵石	质感好 可拼成各种图案	铺筑时间长 表面不平整有让人崴脚的危险

（2）结合层材料　白灰干砂施工时操作简单，遇水后会自动凝结。净干砂施工简便，造价低，但如果经常遇水会使砂子流失，造成结合层不平整。混合砂浆由水泥、白灰、砂组成，整体性好，强度高，黏结力强，适用于铺筑块料路面，但造价较高。

（3）基层材料　基层材料的选择应视路基土壤的情况、气候特点及路面荷载的大小而定，并应尽量利用当地材料。在冰冻不严重、基土坚实、排水良好的地区，在铺筑游步道时，只要把路基稍微平整，就可以铺砖修路。灰土基层是由一定比例的白灰和土拌和后压实而成，使用较广,具有一定的强度和稳定性,易透水,后期强度接近刚性物质。在一般情况下,使用一步灰土布厚度为 30 cm 的灰土,踩实到 15 cm 左右,夯实到 10 cm 多的厚度;在交通量较大或地下水位较高的地区,可采用压实后厚度为 20～25 cm 或二步灰土(在一步灰土上加土重复一步灰土的施工过程)。在季节性冰冻地区,地下水位较高时,为了防止发生道路翻浆,基层应选用隔温性较好的材料。研究认为,砂石的含水量少,导温率大,故该结构的冰冻深度大,如用砂石做基层,需要做得较厚,不经济;石灰土的冰冻深度与土壤相同,石灰土结构的冻胀量仅次于亚黏土,说明密度不足的石灰土(压实密度小于 85%)不能防止冻胀,

压实密度较大时可以防冻;煤渣石灰土或矿渣石灰土做基层,用 7：1：2 的煤渣、石灰、土混合料,隔温性较好,冰冻深度最小,在地下水位较高时,能有效地防止冻胀。

6.2.4　铺装的设计要点

1. 对位关系

铺装与场地上的建筑物、小品在轴线、边界、中心线上有对齐、平行或垂直的位置关系,使铺装能有效地发挥统一各个要素的作用(图 6.27 至图 6.29)。植物配置形式与铺装形式存在对应关系,铺装划分方式与建筑、小品立面划分方式应存在一定的相似性。

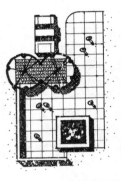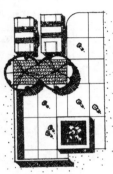

图 6.27　铺装的分割线与周围其他要素对齐　　**图 6.28　铺装的分割线与周围其他要素垂直**

图 6.27、图 6.28 来源:布思 N K《风景园林设计要素》

图 6.29　铺装与其他要素的对位关系实例

来源:香港日瀚国际文化有限公司《景观设计绿皮书》

2. 视觉调整

铺装分隔单元的尺度关系根据周围要素如建筑物、小品、植物的尺度确定。图纸上的内容在现实中会受到透视及视错觉的影响。一个正方形场地上砖的长边均朝一个方向铺设,如果顺着砖的长边观看,那么会感觉空间纵深感加强,反之则突出了空间的宽度(图 6.30)。因此,狭长的场地,铺装的铺设线形应与场地长边的方向垂直,以此调整空间纵深感(图 6.31)。另外,当场地呈线性时,图 6.32 所示铺法对铺砌工艺要求很高,如人行道,要使顺着人行道的砖缝保持笔直或整齐是较为困难的,因为砖的长边是连续排列的,人眼很容易识别;而图 6.31 所示铺法则较适用,与人行道方向平行的砖缝是打断的,即使有误差也不易被觉

察,与人行道方向垂直的砖缝虽然连续,但长度较短,容易铺砌,并且这一方向的直线的平直度,人眼不易觉察。

3. 材料组合

两种不同性质的材料中间应以某种中性材料分隔(图 6.33)。在铺装和小品的交界处,可以某种中性材料收边。作为分隔带的材料在质地、色彩、形状上是中性的、自然的,比如近年来常用的规格为 10 cm×10 cm 的灰色花岗岩小料石或者卵石就很适宜做分隔带(图 6.34)。

4. 安全问题

第一,室外场地铺装应注意防滑,主要从铺装面层工艺及防止青苔两方面入手。室外场地铺装不适宜大面积使用光滑材质,比如面层抛光的石材。如使用石材铺装,

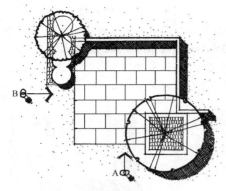

图 6.30　砖铺筑成的铺地图案

图 6.31　从 A 点看强调空间宽度

图 6.32　从 B 点看强调空间深度

图 6.30—图 6.32 来源：布思 N K《风景园林设计要素》

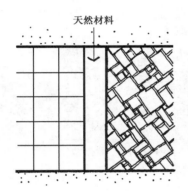

图 6.33　以天然材料隔开两种不同的材料
来源：布思 N K《风景园林设计要素》

图 6.34　以卵石做分隔带材料
来源：香港日瀚国际文化有限公司《景观设计绿皮书》

按铺装的使用功能和使用频率可分别采用火烧面、荔枝面、斧凿面、拉丝面等表面处理工艺。光滑材质可运用于花池、树池等收边的位置，铺设宽度不应超过 30 cm。第二，在危险及容易发生事故的地段，铺装应予以提示。比如，台阶向下的第一级踏步应用铺装的质感或颜色予以提示，尤其是在台阶的级数较少，踢面高度较低的情况下。不设护栏的滨水场地临水处应以铺装的形式给予人提示。

6.3　墙

广义地讲，园林中的墙应包括园林内所有能够起阻挡作用的，以砖石、混凝土等实体性材料修筑的竖向工程构筑物，可分为边界围墙、景观墙和挡土墙等。在园林中作为园界，起防护功能，同时具有美化街景的墙体称为边界围墙；在园林中为截留视线，丰富园林景观层次，或者作为背景，以便突出景物时所设置的墙称为景观墙；当自然土体形成的陡坡超过所许许的极限坡度时，土体的稳定性就遭到了破坏，从而产生了滑坡和塌方，如若在土坡外侧修建人工的墙体便可维持稳定，这种在斜坡或一堆土方的底部起抵挡泥土崩散作用的工程结构体称为挡土墙；在园林水体边缘与陆地交界处，为稳定岩壁、保护河岸不被冲刷或水淹所设置的与挡土墙类似的构筑物称为驳岸，或叫

"浸水挡土墙"。

6.3.1　墙的实用功能与构图作用

1. 边界围墙

（1）界定用地边界　边界围墙使区域范围界限分明，并为其所封闭的空间提供安全感。边界围墙在边界确立长久的界限，加强了各自财产的位置范围，同时用来保护财产不受破坏，并抵制那些不受欢迎的行为和活动。

（2）美化城市环境　除了一些特殊单位，边界围墙一般要求将单位内部绿地的景色渗透出来，以美化城市视觉环境，增加城市景观的层次；同时，边界围墙本身应设计得具有一定的吸引力，与植物、地形等要素结合，形成生动的街景立面。

（3）突出单位特色　边界围墙可通过一定的设计手法，运用某种与单位特征有关联的符号或图形突出单位的特色。

当前，我国的公园逐步实现开放式管理，边界围墙在新建的公园中逐步失去作用，但对于单位、机关，边界围墙仍是划定边界、保护财产、美化街景和突出单位特色必不可少的要素。

2. 景观墙

（1）构成空间　景观墙在构成空间方面的作用主要

体现在制约空间和分隔空间两方面。景观墙体可以在垂直面上制约和封闭空间,而它们对空间的制约和封闭程度,取决于它们的间距、高度和材料,也就是说,墙体越坚实、越高,则空间封闭感越强烈。当墙体与观赏者之间的高度与视距为1:1时,墙体便能形成完全封闭;而低矮墙体或矮灌木只是暗示空间,而无实体来封闭空间范围。墙体能将相邻的空间彼此隔离开。有时候,在设计的功能分配布局上需要将不相同甚至不协调的空间布置在一起,此时,墙体像建筑的内墙一样,使这些不同用途的空间在彼此不干扰的情况下并存在一起(图6.35)。

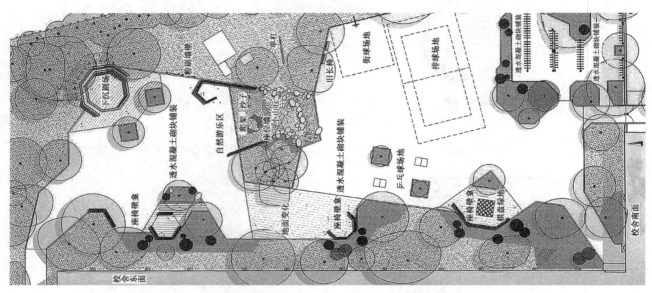

图6.35 景观墙用于分隔不同功能的空间
来源:斯塔克,西蒙兹《新景观设计》

(2)屏障视线 具体可分为挡景、漏景和框景三种情况。墙体是可用于遮挡影响美观或景区画面完整性的物体,有时也故意屏障视线,以避免景物一览无余,造成景区层次单一(图6.36)。有些情况中,视线仅需部分被屏障,景物并非不悦,而是需要用部分遮挡来逗引观赏者,诱惑他(她)向景物走去,以窥其全貌,这种方式称为漏景。漏墙墙面虚实变化丰富,加上大小、明暗的相互作用,趣味无穷(图6.37)。此外,由于墙体透空,就不会显得笨重厚实。如对形成漏景的框予以美化处理,便形成框景(图6.38)。

图6.36 挡景
来源:《景观设计学》2008(02)

图6.37 漏景
来源:香港日瀚国际文化有限公司《景观设计绿皮书》

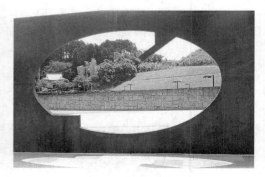

图6.38 框景
来源:《景观设计学》2008(02)

(3)调节气候 景观墙可以在一定程度上削弱阳光和风所带来的影响。无论是自身也好,还是与植物相配合,都可以阻挡阳光照射在建筑物的外墙上,降低建筑物室内的温度;还可以一定的布局形式引导、改变风向(图6.39、图6.40)。

(4)休息座椅 低矮独立式墙在充当其他功能角色的同时,也可以作为供人休息的座椅。墙体的这种作用在使用频繁的城市空间或其他外部空间中,具有广泛的实用性。这些地方要满足游人就座的需求,同时避免长凳占据过多空间,低矮墙体正好能解决这个矛盾。为了能使人舒适就座,墙体高度必须和标准座椅相关尺寸相符,宽度不小于300 mm,细节可详见"6.4 座椅"中的有关内容。

(5)充当背景 景观墙以单纯的形式充当其他具有视觉焦点效果的景物的背景。比如苏州园林中的白墙,大多充当这种角色。以白色衬托植物、假山的景物,所谓"以墙为纸,以石为绘"(图6.41)。廊往往依附白墙而建,以实衬虚,衬托廊的通透、精巧。有时也将墙体立面顶部设计成曲线状,配合景物形成丰富的立面形式。

(6)视觉媒介　类似于铺装统一功能,将零散的景物通过景墙联系成整体(图6.42)。

(7)文化表达　在景墙上雕刻带有文化符号特征的图形,表达地方文化(图6.43)。

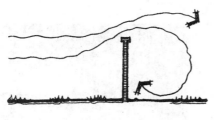
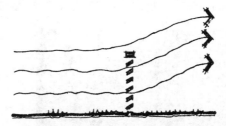

实墙会在背风面形成涡流风　　　　　向上倾斜的通风口使风的流向从空间上部通过

图6.39　景观墙的构造引导风向
来源:布思ＮＫ《风景园林设计要素》

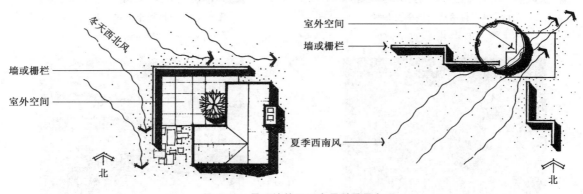

图6.40　景观墙的平面布局引导风向
来源:布思ＮＫ《风景园林设计要素》

图6.41　苏州博物馆中白墙衬托景石　　**图6.42　墙作为构图的主要手段**　　**图6.43　墙与文化符号结合**
　　　　　　　　　　　　　　　　来源:《景观设计学》2008(02)　　来源:香港日瀚国际文化有限公司《景观设计绿皮书》

3. 挡土墙

挡土墙是防止土坡坍塌、承受侧向压力的构筑物,它在园林建筑工程中被广泛地用于房屋地基、堤岸、码头、河池岸壁、路堑边坡、桥梁台座、水榭、假山、地道、地下室等工程中。在山区、丘陵地区的园林中,挡土墙常常是非常重要的地上构筑物,起着十分重要的作用。挡土墙的具体作用可归结如下:

(1)固土护坡、阻挡土层塌落　挡土墙的主要功能是在较高地面与较低地面之间充当泥土阻挡物,以防止陡坡坍塌(图6.44)。当由厚土构成的斜坡坡度超过所允许的极限坡度时,土体的平衡即遭到破坏,发生滑坡与坍塌。

(2)节省占地,扩大用地面积　在一些面积较小的园林局部,当自然地形为斜坡地时,要将其改造成平坦地,以便修筑房屋。可利用挡土墙将斜坡地改造为两级或多级台地,以便获得更大的使用面积(图6.45)。

(3)削弱台地高差　当上下台地地块之间高差过大,下层台地空间受到强烈压抑时,地块之间挡土墙的设计可以化整为零,分作几层台阶形的挡土墙,以缓和台地之间高度变化太强烈的矛盾(图6.46)。

(4)制约空间和空间边界　当挡土墙采用两方甚至

三方围合的状态布置时,就可以在所围合之处形成一个半封闭的独立空间。有时,这种半闭合的空间很有用处,能够为园林造景提供具有一定环绕性的良好的外在环境。

（5）造景作用 由于挡土墙是园林空间的一种竖向界面,在这种界面上进行一些造型造景和艺术装饰,就可

图6.44　利用挡土墙固土护坡
来源：https://goods.jc001.cn

图6.46　利用挡土墙削弱台地高差
来源：http://www.360doc.com

6.3.2　墙的构造和材料

1. 边界围墙

现在的城市建设一般要求场地的围墙为通透式,将场地内的绿化景观透出来,以丰富城市景观,因此,当前的边界围墙的构造通常是砖砌体结合金属围栏的形式（图6.48）,一般是连续式的墙体。墙体基础部分一般采用砖砌体,露出地面大约墙高的1/3,再辅以贴面或饰面。常用的贴面材料为文化石（通常为板岩）、蘑菇石（花岗石）及各种面砖。常用的饰面材料为水刷石、斩假石、真石漆等。砖砌体以上一般以方管、扁铁、钢筋、打孔钢板、钢板网、钢丝网及各种金属型材为材料,设计成各种围栏。如围墙长度较长,为增强其稳定性和调节视觉平衡,每隔一定距离安置一立柱,有时为增强景观效果,立柱上往往会做些雕饰或将立柱设计成灯柱的形式,以产生一定的韵律感或表达场地本身的特点。边界围墙构造应注意以下几点:

（1）如遇地形高差变化大,可采用单元重复和跌级式相结合的方式消除落差;

以使园林的立面景观更加丰富多彩,进一步增强园林空间的艺术效果（图6.47）。

挡土墙的作用是多方面的。除了上述几种主要功能外,它还可作为园林绿化的一种载体,增加园林绿色空间或作为休息之用。

图6.45　利用挡土墙扩大用地面积
来源：https://wap.qichengzaixian.com

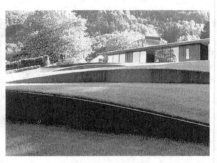

图6.47　利用挡土墙增强园林空间的艺术效果
来源：沃尔 E,沃特曼 T《国际景观设计：景观与城市环境设计》

（2）墙体金属围栏部分应尽量避免被人攀爬的可能性;

（3）应做好排水处理,可每隔一定距离在砖砌体与地面交界处留排水口;

（4）所有露明铁件,如刷普通漆,则应先刷防锈漆两度;如刷氟碳漆,可免去刷防锈漆的工序。

2. 景观墙

（1）砖墙 以砖砌筑,有实心的一砖（240 mm 厚）、半砖（120 mm 厚）、空斗墙三种,主要通过变化压顶、墙上花窗、粉刷、线脚以及平面立体构成组合来进行造型设计。目前较多的是在混凝土压顶下安置砖砌图案、雕饰或混凝土预制花格,与作为下段的实心砖墙勒脚来组成整体造型。如此压顶、墙身和墙基,俗称“三段式”,应用广泛（图6.49）。

（2）混凝土墙 以钢筋混凝土浇筑而成的景墙,坚固耐用,通常辅以贴面,如花岗岩、砂岩、板岩、砖贴面等。

（3）石墙 采用石块或预制混凝土块直接砌筑（图6.50）,其构造类似于重力式挡土墙。

（4）木栅景墙 以木板、木柱构成横向或竖向排列的墙体（图6.51）,一般需要进行表面的防腐处理。

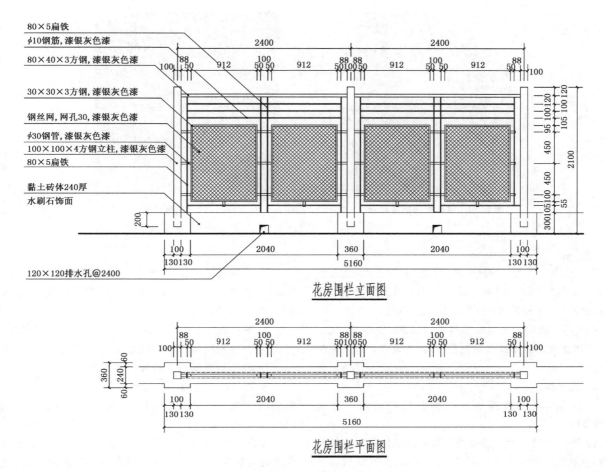

花房围栏立面图

花房围栏平面图

图 6.48 边界围墙构造举例

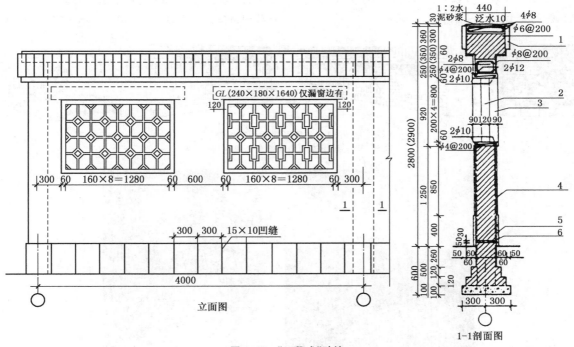

立面图

1-1剖面图

图 6.49 "三段式"砖墙
来源：吴为廉《景观与景园建筑工程规划设计》

图 6.50 混凝土预制块砌筑

图 6.51 木栅景墙

图 6.50、图 6.51 来源:香港日瀚国际文化有限公司《景观设计绿皮书》

（5）生态绿色墙　构造与边界围墙相同,上部为透空栏杆露明,下部为砖砌体,植物与墙结合,有垂直攀缘型、篱垣悬挂型、缠绕蔓生型和艺术绿墙型等多种形式(图 6.52)。

（6）特殊的墙　利用某些特殊材料建造的墙体,比如利用不锈钢或工业零件废品制作的,具有现代艺术风格的墙体(图 6.53)。

3. 挡土墙

（1）园林中一般挡土墙的构造情况有如下几类(图 6.54):

① 重力式挡土墙　这类挡土墙依靠墙体自重维持稳定性,在构筑物的任何部分都不存在拉应力,砌筑材料大多为砖砌体、毛石和不加钢筋的混凝土。

② 悬臂式挡土墙　其断面通常作 L 形或倒 T 形,墙体材料都是混凝土。

③ 扶垛式挡土墙　当悬臂式挡土墙设计高度大于 6 m 时,在墙后加设扶垛,连接墙体和墙下底板,扶垛间距为 1/2~2/3 墙高,但不小于 2.5 m。

④ 桩板式挡土墙　预制钢筋混凝土桩排成一行插入地面,桩后再横向插下钢筋混凝土栏板,栏板相互之间以企口相连接,这就构成了桩板式挡土墙。

⑤ 砌块式挡土墙　按设计的形状和规格预制混凝土砌块,然后按一定花式做成挡土墙。砌块一般是实心的,也可做成空心的。但孔径不能太大,否则挡土墙的挡土作用就降低了。这种挡土墙的高度在 1.5 m 以下为宜。用空心砌块砌筑的挡土墙,还可以在砌块空穴里充填树胶、营养土,并播种花卉种子或草籽,以保证水分供应;待花草长出后,就可形成一道生趣盎然的绿墙或花卉墙。这种与花草种植结合一体的砌块式挡土墙,被称作"生态墙"。

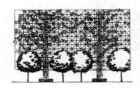
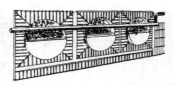
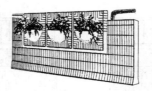

图 6.52 各种形式的生态绿墙

来源:吴为廉《景观与景园建筑工程规划设计》

图 6.53 特殊构造的景观墙

来源:香港日瀚国际文化有限公司《景观设计绿皮书》

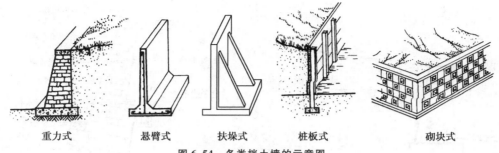

重力式　　　悬臂式　　　扶垛式　　　桩板式　　　　　砌块式

图6.54　各类挡土墙的示意图
来源:赵兵《园林工程学》

（2）园林挡土墙的材料　在古代有用麻袋、竹筐取土，或者用铁丝笼装卵石成"石龙"，堆叠成庭园假山的陡坡，以取代挡土墙，也有用连排木桩插板做挡土墙的，这些土、铁丝、竹木材料都用不了太久，所以现在的挡土墙常用石块、砖、混凝土、钢筋混凝土等硬质材料构成。

①石块　不同大小、形状和区域特色的石块，都可以用于建造挡土墙。石块一般有两种形式:毛石（或天然石块）、加工石。无论是毛石还是加工石，建造挡土墙都可使用下列两种方法:浆砌法和干砌法。浆砌法就是将各石块用黏结材料黏合在一起。干砌法是不用任何黏结材料来修筑挡土墙，此种方法可将各个石块巧妙地镶嵌成一道稳定的砌体，由于重力作用，每块石头相互咬合十分牢固，增强了墙体的稳定性。

②砖　砖也是挡土墙的建造材料，它比起石块，能形成平滑、光亮的表面。砖砌挡土墙须用浆砌法。

③混凝土和钢筋混凝土　既可现场浇筑，又可预制。现场浇筑具有灵活性和可塑性，预制水泥件则有不同大小、形状、色彩和结构标准。就形状或平面布局而言，预制水泥件没有现浇的那种灵活和可塑之特性。

④木材　粗壮木材也可以做挡土墙，但必须进行加压和防腐处理。用木材做挡土墙，其目的是使墙的立面不要有耀眼和突出的效果，特别是能与木建筑产生统一感。其缺点是没有其他材料经久耐用，而且还需要定期维护，以防止其受风化和潮湿的侵蚀。木质墙面最易受损害的部位是与土地接触的部分，因此，这一部分应安置在排水良好的地方，尽量保持干燥。木质挡土墙在实际工程中应用较少。

（3）挡土墙的剖面细部构造（以重力式挡土墙为例）

①挡土墙的剖面细部构造如图6.55所示。

②重力式挡土墙常见的横断面形式有以下三种（图6.56）。直立式:直立式挡土墙是指墙面基本与水平面垂直，但也允许有10:1～10:0.2的倾斜度的挡土墙。倾斜式:倾斜式挡土墙常指墙背向土体倾斜，倾斜坡度在20°左右的挡土墙。台阶式:对于更高的挡土墙，为了适应不同土层深度的土压力和利用土的垂直压力增加稳定性，可将墙背做成台阶形。

③挡土墙排水处理。挡土墙后土坡的排水处理对于维持挡土墙的安全意义重大，因此应给予充分重视。常用的排水处理方式有:地面封闭处理，即在土壤渗透性较强而又无特殊使用要求时，可做20～30 cm厚夯实黏土层或种植草皮封闭，还可采用胶泥、混凝或浆砌毛石封闭;设地面截水明沟，即在地面设置一道或数道平行于挡土墙的明沟，利用明沟纵坡将降水和上坡地面径流排除，减少墙后地面渗水，必要时还要设纵、横向盲沟，力求尽快排除地面水和地下水（图6.57、图6.58）;内外结合处理，即在墙体之后的填土之中，用乱毛石做排水盲沟，盲沟宽不小于50 cm。经盲沟截下的地下水，再经墙身的泄水孔排出墙外。

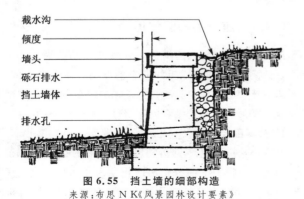

截水沟
倾度
墙头
砾石排水
挡土墙体
排水孔

图6.55　挡土墙的细部构造
来源:布思ＮＫ《风景园林设计要素》

直立式　　　倾斜式　　　台阶式

图6.56　重力式挡土墙的三种横断面形式
赵兵《园林工程学》

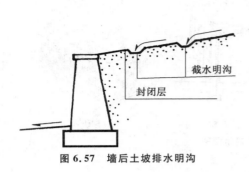

图 6.57　墙后土坡排水明沟　　　　图 6.58　墙背排水盲沟和暗沟

截水明沟

封闭层

盲沟内填砾石

浆砌砖石墙体

孔后砾石堆

泄水孔

排水暗沟

泄水孔

浆砌基础

素土夯实

图 6.57、图 6.58 来源：赵兵《园林工程学》

6.3.3　墙的设计要点

1. 边界围墙

（1）透绿借景　尽量采取通透的形式，彰显庭院的美景，美化沿途街景。

（2）设计恰当的形式单元　这是边界围墙设计的关键，合适的形式单元不仅可以形成优美的韵律感，使横向的构图获得合理的划分，还能使围墙灵活地适应地形的高差变化。

（3）与所围合的场地的特点相符。

2. 景观墙

（1）明确墙体的功能，选取合适形态：连续型或独立型。

（2）协调与建筑、场地等园林要素的空间关系，尽可能与花池、水池等小品相结合，室外空间中孤立的墙体容易显得单薄。

（3）依据墙体功能和观赏距离，选择恰当的材质以表现应有的质感。

（4）协调墙体的高度与视线的封闭性。

3. 挡土墙

（1）与地形设计紧密结合，充分发挥挡土墙的功能，避免设置无实际意义的挡土墙。

（2）参与景观构图。平面上参与分割围合空间，立面上可与雕刻相结合。

6.4　座椅

园林中的座椅属于休息性小品设施，在恰当的位置设置形式优美的座椅，具有舒适宜人的效果。丛林中、草地上、大树下，几张座椅往往能将无组织的自然空间变为有意境的风景。

6.4.1　座椅的实用功能

1. 休息

园林中的建筑虽然能提供休息场所，但现代园林主要以植被为主，建筑的分布点有限，为了使游人在游赏、活动的过程中能获得短暂的休息以补充体力，座椅的设置是必不可少的。

2. 交谈

座椅除了供游人休息、等候外，也是三两好友交谈的好地方。任何场所只要有座椅就可以让人们坐下来聊天，经过特别设计的座椅更有助于人们交谈。直线排列的座椅让人们在交谈时总是很别扭地转向对方，而群体组合安排的座椅能使人面对面交谈。此外，在僻静之处，人们之间的交谈会更轻松自如。

3. 观赏

在恰当的观景点，面向观赏面设置座椅，按照设计师的预期引导人们的观赏活动，确保游人能在舒适的环境下观赏到最佳的景致。有时，靠近主要的活动场所处也可以设置座椅，因为对某些游人来说，观看别人的活动是他们最感兴趣的事之一。

4. 阅读、用餐

座椅也是看书或用餐的好地方。看书的座椅最适合校园等教育机构，因为有些学生喜欢在室外座椅上看书，也有些学生喜欢躺在草地上或靠在树旁看书，且座椅的干净表面还可以放些书籍纸张。同样地，座椅也是享用午餐或快餐的好地方，如果在座椅前附设桌子，那么看书、用餐则更加便利。

6.4.2　座椅的构图作用

座椅的构图功能和座椅的形态相联系，直线形态的座椅可以分隔空间，曲线或折线形态的座椅可以围合空间，点形态的座椅可以作为具有视觉趣味的雕塑存在，与空间在材质上和形态上紧密结合的座椅可以强化空间的特性。

1. 分隔围合空间

利用座椅排列成行，可分隔出不同功能的空间，比如滨河步道上以座椅为隔断分割出通行空间和休憩观赏空间（图 6.59）；利用座椅向心排列围合安定的休息空间（图 6.60）；座椅分隔围合空间的功能常和绿篱、墙体等结合，以弥补椅背高度的不足。有时，在特殊的场合，如椅背后必须留

出通行空间的情况下,为增强座椅在使用者心理上形成的

领域感,而将椅背高度增加至夸张的尺度(图6.61)。

图6.59　座椅用以分隔不同功能的空间　　**图6.60　座椅用以围合空间**　　**图6.61　加高椅背的座椅**

图6.59—图6.61来源:香港日瀚国际文化有限公司《景观设计绿皮书》

2. 强化空间特性

将座椅和道路的线形、场地的边界结合起来,或者将座椅的构成形式与其他硬质要素如建筑、场地在尺度、色彩和材质保持一致时,可起到强化空间特性的作用。比如,图6.62中形态与道路吻合的红色座椅强化了滨河绿带线性空间的特征并优化了景观效果。再如,图6.63中的座椅以扁钢为材料,并与铺地的构成形式保持统一,强

化了具有现代艺术气氛的空间特征。

3. 创造视觉趣味

座椅打破常规的形态,与雕塑小品结合,创造某种视觉趣味。比如,在座椅上放置就座姿态的人物雕塑,吸引人就座或拍照留念,形成游人与设施之间的对话。或者,座椅本身设计成有趣的雕塑小品,但在概念上仍保留座椅的形态(图6.64至图6.66)。

图6.62　座椅与道路边界形态一致　　　　**图6.63　座椅与铺装形式统一**

图6.62、图6.63来源:香港日瀚国际文化有限公司《景观设计绿皮书》

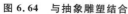  

图6.64　与抽象雕塑结合　　　　**图6.65　与传统根雕艺术结合**　　　　**图6.66　与抽象艺术结合**

图6.64—图6.66来源:香港日瀚国际文化有限公司《景观设计绿皮书》

6.4.3　座椅的构造

园林中的座椅可分为标准座椅、种植池座椅、台阶座椅、座墙和其他等五种类型,其中以标准座椅的构造为标准,其余各类座椅在尺寸、材质等方面以之为参考。

1. 标准座椅

座椅的标准形态,包含靠背、座面、椅腿等部分,有时靠背可取消。标准座椅一般可分为成品座椅与定制座椅两类。随着我国园林绿地建设事业的发展,工厂生产的户外成品座椅不仅种类繁多、符合人体工程学原理(图6.67),而且形态美观,设计师有很大的选择余地。但有时为了使座椅与场地

在形式上达到统一的效果,也会采用以设计图纸为依据定制座椅的方法(图6.68),但这种设计方式造价较高。在设计定制座椅时应注意正确的尺寸,这样才能使座椅舒适实用。对于成人来说,座位应高于地面37~43 cm,宽度在40~45 cm之间。如果加靠背,那么靠背应高于座面38 cm,而且座面与靠背应形成微倾的曲线,与人体相吻合。带扶手的座椅,扶手应高于座面15~23 cm。座面下应留有足够的空间以便收腿和脚。这样,座椅的腿或支撑结构应比座椅前部边缘凹进去7.5~15 cm。另外,如果座椅下不设置铺装场地,那么在座椅下面就应铺设硬质材料或砾石,以防止该区因长期雨淋和践踏出现坑穴。

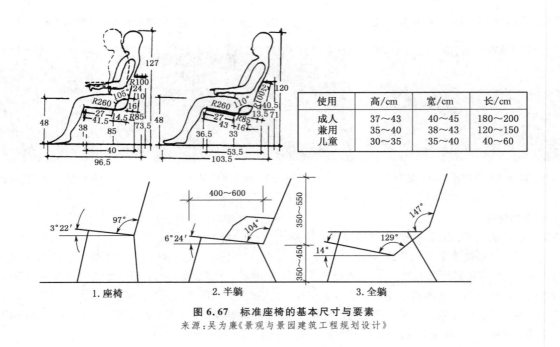

使用	高/cm	宽/cm	长/cm
成人	37～43	40～45	180～200
兼用	35～40	38～43	120～150
儿童	30～35	35～40	40～60

图 6.67　标准座椅的基本尺寸与要素
来源:吴为廉《景观与景园建筑工程规划设计》

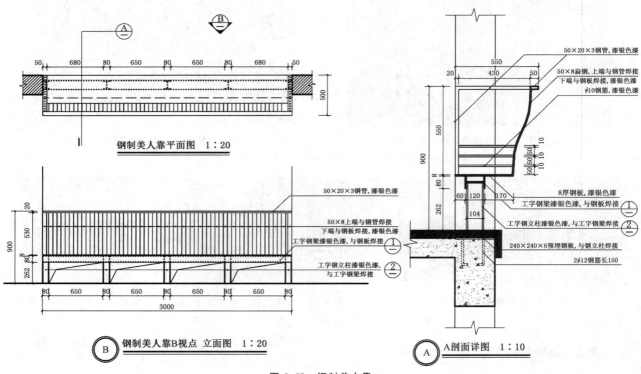

图 6.68　钢制美人靠

2. 种植池座椅

将种植池与座椅结合,在某些情况下是一举多得的方法,既保护了植物,又形成了座椅,还借用了树荫。种植池座椅分为花池座椅和树池围椅两种形式。花池座椅将花池池壁的高度和压顶的宽度设计得符合就座要求(图 6.69)。树池围椅是以形态连续或独立的座椅围合树池的一种座椅形式,树池中一般是冠大荫浓的大乔木,既

利用树荫形成覆盖空间,又很好地保护了植物(图 6.70)。

3. 台阶座椅

现代园林中常设计观演舞台以满足人们开展文化娱乐活动的需要。围绕表演舞台,利用地形高差设计台阶式的看台,台阶高度常为 30 cm,并辅以木质铺面,形成台阶座椅(图 6.71),有时还利用滑槽等构造设计成可移动的座面。现代滨水景观常设置临水观景平台,有时也设置台阶座椅。

4. 座墙

在多边形场地边界的某一角形成"L"型墙体，或者在圆形场地形成半包围的墙体，将其高度限定在 30～40 cm，辅以座面，形成既分割空间又可供休息的座墙。这种景观墙的构造通常包括砌体、基础和椅面三个部分（图 6.72）。

5. 其他

草地、置石、雕塑、挡土墙、驳岸只要具有被想象成座椅的可能性，在实际使用中均有可能被游人自发地利用。某些情况下，设计师可以有意识地将这些要素的形态暗示成座椅，吸引人就座（图 6.73 至图 6.75）。

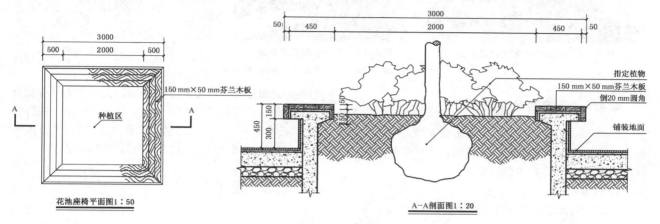

图 6.69　花池座椅

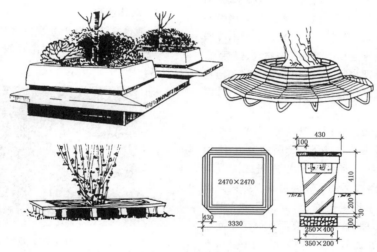

图 6.70　树池围椅
来源：吴为廉《景观与景园建筑工程规划设计》

图 6.71　台阶座椅
香港日瀚国际文化有限公司《景观设计绿皮书》

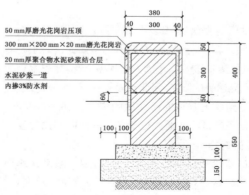

图 6.72　座墙

图 6.73 游人坐在起伏的草皮上

图 6.74 游人坐在艺术小品上

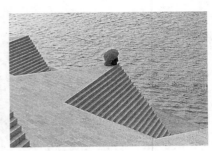

图 6.75 游人坐在堤坝上

图 6.73—图 6.75 来源：《景观设计学》2008(02)

6.4.4 座椅的设计要点

座椅的设计除了在尺寸、形态上应满足人体工程学原理及户外使用的特殊要求外，还应结合座椅在园林中的使用和构图功能，注意以下设计要点。

1. 统筹规划

座椅的设置应根据不同空间的需求统一规划。首先，应明确使用者的构成，尤其是特殊人群（老人、儿童、病人等）的比例，以此确定座椅的材质、人体工程学的要求、分布密度等；其次，将全园的座椅按不同功能分类设计，明确哪些用于中途休憩，哪些用于赏景，哪些用于围合分隔空间，哪些用于点景等，以此为依据确定座椅的类型和形态等；最后，根据前两点的分析，结合设计理念、造价等因素，确定成品座椅和定制座椅的比例，并确定定制座椅的细节。

2. 位置和朝向

座椅的设计与安放位置必须配合其功能，需要考虑到许多因素。座椅一般安放在活动场所和道路的旁边，不能直接放于场所之中或道路上，否则会阻挡通行或造成混乱，理想的摆放位置是角落或活动区域的边缘。如果座椅背靠墙或树木，那么最令人觉得安稳、踏实。另一个理想的安放场所是树荫下或荫棚下，树冠的高度限制了空间高度，同时提供阴凉。设置在比较空旷的场地上的座椅，则为户外就座的人们提供另一种选择：有人喜欢绿荫，有人喜欢阳光。而在一年之中，有些日子能享受阳光是很舒适的。

高纬度地区的晚秋、寒冬及早春之际，没有多少人愿意在阴冷的室外就座。炎热地区的夏季也是如此。对于一年中的这些气候因素应该多加考虑。如秋冬之际，建筑物南边的座椅可以享受温暖的阳光，因此比较受欢迎；此外，应该注意不使座椅受到冬天寒冷的西北风的侵袭。在冬春季节，座椅不应设置于建筑物北面或处于冬季寒风吹袭的位置。

3. 材料的选择

园林中的座椅可以由多种材料制造，但一般来说座面用木质材料比较合适（图 6.71）。木质较为暖和、轻便，材料来源容易，而且施工简便。天然石材、砖、金属以及水泥也用于座面材料，但夏天经阳光暴晒后，座面会发烫，而冬天又冰冷，因此不适宜老人、儿童及妇女就座。使用何种材料一方面应充分考虑使用者的特征，另一方面也应服务于具体设计内容和空间特性。再者，因园林中座椅的用量较大，应尽量考虑使用合成材料或可再生材料，避免大量使用天然石材，以符合建设"节约型"园林的要求。

6.5 花池

6.5.1 花池的实用功能

1. 栽种植物

花池最主要的功能是提供栽种植物的容器，增加种植面积，保护花木免遭行人踩踏及满足植物生长所必需的条件（图 6.76）。

图 6.76 栽种植物

来源：香港日瀚国际文化有限公司《景观设计绿皮书》

2. 提供休息设施

某些空间中不适宜放置座椅时，可将花池砌体的高度和上表面的宽度设计成符合游人就座的要求，作为休息设施，其形态可以与座椅相似（详见座椅一节中的花池座椅），也可以仅仅具有被想象成座椅的形态（图 6.77）。

图 6.77 提供休息设施

6.5.2 花池的构图作用

1. 围合分隔空间

利用形态连续的种植池或多个独立的花池分隔空间，形成不同的功能区域（图 6.78、图 6.79）。以花池分隔、围合空间的优点在于保持了空间的通透性，又可形成相对稳定的空间；由于以植物为主，因此比用墙体或构筑物形成的空间边界更为自然。

2. 增加竖向变化

在某些缺少竖向变化的空间中，通过设置跌级式花坛或处理花坛边缘和种植土的形态，增加场地的竖向变化和细节（图 6.80）。

3. 形成视觉焦点

位于建筑物的中轴线、道路交叉点、场地中心的花池可形成视觉焦点，在具有向心形态特征的空间中这一效果尤为突出（图 6.81）。

4. 构成空间序列

利用花池边缘平面形状有规律的变化或者花坛的有序排列可形成轴线、韵律、方向等空间序列（图 6.82）。

6.5.3 花池的构造和材料

1. 固定式花池

一般有方形、圆形、正多边形，需要时还可拼合。固定式花池有普通花池和水中花池两种，普通花池通常为砌筑式，水中花池的构造由于防水和排水的需要相对比较复杂。

图 6.78　连续花坛分隔空间

来源：香港日瀚国际文化有限公司《景观设计绿皮书》

图 6.79　独立花坛分隔空间

来源：《景观设计学》2008（02）

图 6.80　增加竖向变化

来源：香港日瀚国际文化有限公司《景观设计绿皮书》

图 6.81　形成视觉焦点

图 6.82　构成空间序列

来源：香港日瀚国际文化有限公司《景观设计绿皮书》

（1）砌筑式花池　通常包含压顶、砌体和基础，块石砌筑可取消压顶。压顶为花岗岩石板或现浇钢筋混凝土板，以防止雨水渗入破坏砖砌体。砌体通常将块石或砖用标号为 M5 的水泥砂浆砌筑，砌体与地面接触部分留出排水孔，砖砌体内壁与排水孔上方要做防潮层，可采用掺入防水粉的水泥砂浆作为材料。基础部分为避免砌体出现不均匀沉降而设置大放脚。

① 毛石花池（图 6.83）

② 清水砖砌花池（图 6.84）

③ 饰面花池（图 6.85、图 6.86）

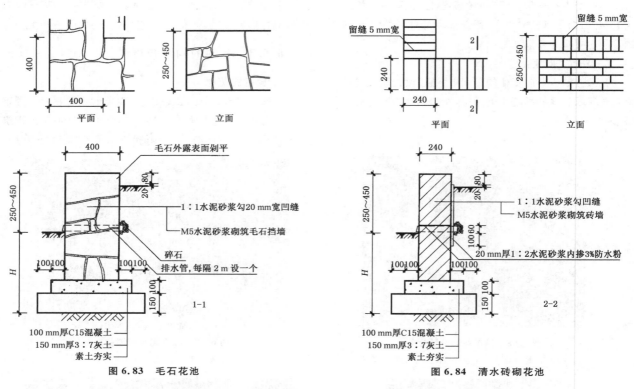

图 6.83　毛石花池

图 6.84　清水砖砌花池

图 6.83—图 6.85 来源：中国建筑标准设计研究院《环境景观——室外工程细部构造》

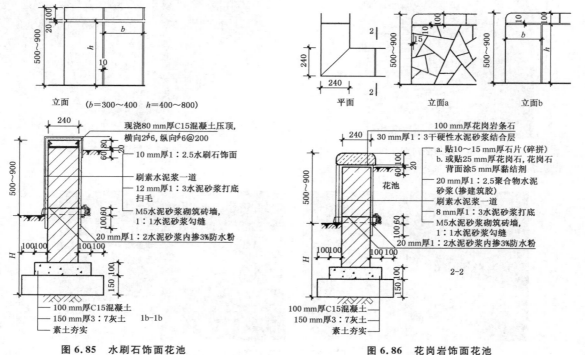

图 6.85　水刷石饰面花池

图 6.86　花岗岩饰面花池

（2）水中花池　水中花池相比普通花池，其主要特征在于具有防水与排水要求（图6.87、图6.88）。因此，水中花池的构造与水池的构造基本相同，包含钢筋混凝土池壁、池底、防水层，另外池底还必须设置排水管，覆盖15 cm厚的碎石滤水层，确保降水量过大时，花池中多余的水分能经由排水管排出，滤水层上再覆盖不少于30 cm厚的种植土。水中花池的面积不能超过水池总面积的2/3。

图6.87　水中花池实景
来源：香港日瀚国际文化有限公司《景观设计绿皮书》

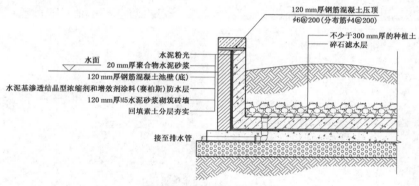

图6.88　水中花池构造示例

2. 移动式花池

在不适宜设置固定花池的场地中，可以根据要求放置移动式花池，移动式花池一般多为预制装配式，可搬卸、堆叠、拼接，地形起伏处还可以顺势做成台阶跌落式。通常有木质花池、玻璃钢花池、玻璃纤维混凝土模制花池等。

6.5.4　花池的设计要点

（1）明确花池的用途及在方案中的作用，选择相应的花池形式与构造。

（2）形态上应和其他要素相结合：与场地边界、铺装形式、道路、座椅、墙体等要素在形态、色彩和组合形式上建立统一协调的关系，加强细部之间的整体感。比如美国著名景观设计大师丹·凯利设计的喷泉广场，花池与地面铺装采用同样的材质，简化了形式，并在拼缝交接时采取完全对缝的做法，凸显了细部的精确性和连续性，强化了整体性。

（3）注意细部的舒适度和安全性，花池作为座椅时应按照座椅设计的要求，在尺寸、材质方面注意人体的舒适度。花池在分隔空间、界定道路或场地边界时，在转角处应避免坚硬、突出的锐角。

6.6　乡土景观细部设计

乡土景观是某一特定地域内当地居民为适应自然环境而采取的生活方式的物化结果，包括了自然生态、农业生产和农村生活等多个方面，是地方文化与自然资源互动的动态展示，代表了居民对土地和生活的独特适应方式。从这个意义上考察，乡土景观是没有设计师干预的景观，是一种地理与社会的选择结果。在"千景一面"的背景下，乡土景观设计理念不仅应用于乡村，还作为一种根植于地方特色的设计理念应用于一般的景观设计项目。因此，乡土景观细部设计至少包含以下两种情况。

6.6.1　对比与协调：乡土景观中的新景观细部

既有的乡土景观因功能更新的需求，在局部嵌入或置换新的景观。所谓"嵌入"，是指在乡土景观中空余或被破坏的部分嵌入新的部分；而所谓"置换"，则是指将乡土景观中无益或有损于整体风貌及功能的部分替换成更为适宜的单元或模块。无论是"嵌入"还是"置换"，均是为了激活原有乡土景观的活力，不会从根本上改变其总体结构与基本特性。

在"嵌入"与"置换"的引导下,乡土景观中新景观的细部设计可遵循两种思路:一是对比,即新景观的风格、形态、材料、结构与乡土景观形成对比。一方面,从原真性的角度区分了原有景观与新景观,保留了原有景观的可识别性;另一方面,新旧对比强化了原有景观的发展意象,增强了空间的活力。例如,东莞丁彭黄连片有机更新项目基于传统自然山村风貌和文化基础条件,以"山水新天地"为主题,植入满足现代休闲生活需求的新空间(图6.89),新旧兼用,相得益彰。二是协调,即新景观是对原有乡土景观的复刻或简化,并与之形成维持原有景观风貌的新景观系统。例如,江西婺源篁岭古村改造项目遵循"最小干预"的原则,充分利用场地已有的红土、毛石等材料,以传统营造技艺"无痕"植入新景观(图6.90)。

图6.89　东莞丁彭黄连片有机更新项目的现代生活休憩的功能空间
来源:https://www.gooood.cn

图6.90　江西婺源篁岭古村改造项目的传统街巷景观营建
来源:https://www.gooood.cn

6.6.2　描摹与简化：乡土景观设计的细部

在风景园林规划设计项目前期分析阶段，一般须考虑景观风格、形态的特色问题，而传统的地域性景观常常作为"特色"的来源。在这一行业习惯的影响下，县级及以下行政区的新建风景园林项目常以当地的乡土景观为母版，以形成地方特色。此类项目的特点是，不在某个具体的乡土景观之中，但其设计场地处于某一区域性的乡土景观辐射范围之内。因此，在选择用以形成"特色"的景观素材时，对当地一定范围内乡土景观的形态特征凝练成为关键性的问题。

对于细部设计而言，描摹与简化是新景观与地方乡土景观保持呼应关系的有效手法。所谓"描摹"是指沿用乡土景观的形态、材料、结构，不做改动与简化，尽可能完全还原乡土景观的特征。例如，江西吉州窑国家考古遗址公园入口形象区展现了《东昌志》所载史料描绘的永和古镇场景（图6.91）。"简化"则是指简化乡土景观的形态、结构，在体现现代感、时代感的同时，尽可能突出乡土景观的韵味。例如，万科客家文化客厅设计项目将老西村村落肌理、农耕田园、民俗文化简化为图底形式，形成印刻村庄记忆的"剪纸"墙、客家方言墙、特色铺装，营造空间识别性、延续原有的场所记忆（图6.92）。

图6.90　江西吉州窑国家考古遗址公园入口形象区设计项目的竹林古树茅草轩
来源：https://www.gooood.cn

图6.91　万科客家文化客厅设计项目的景墙和铺地
来源：https://www.gooood.cn

6.7　生态景观细部设计

从学科术语的角度考察，生态景观是社会、经济、自然复合生态系统的多维生态网络。这一概念在城乡空间中的落地依赖于风景园林、城乡规划学、生态学、社会学等多学科的交叉协作。由于园林工程强调园林领域实践对象的确定性、图纸设计的落地性与工种的专业性，在涉及生态景观时，将生态景观视作系统或网络的概念显得相对抽象与宽泛。因此，基于以绿地为主体的城乡绿色空间实践范畴，将生态类景观中的人工景观细部、基于生态设计的景观细部作为园林工程中生态景观细部设计考察的主要类型。

6.7.1　"最小干扰"：生态类景观中的人工景观细部

生态类景观以保护具有国家、地方代表性的自然生态系统为主要目的，实现自然资源科学保护和合理利用，包括国家公园、自然保护区以及现行的《城市绿地分类标准》（CJJ/T 85—2017）中"其他专类公园"（G139）与"区域绿地"（EG）所列的湿地公园、森林公园、地质公园等自然公园。生态类景观的规划管辖范围往往与国家、地方生态红线范围存在重叠的部分，人类活动的种类、范围受到严格限定。在允许人类活动的区域，应减少不必要的功能，控制好建设强度。在这些前提下，生态类景观中的人工景观是因人类游憩、休闲、管理、科研、生产等必要的需求而嵌入原本并不属于此地的景观。在生态类景观相对较多且完善的生态系统中，并不需要刻意强调人工景观本身的生态效益，因此其细部设计的关键点是如何在功能、材料、结构、美学等方面实现对生态类景观的最小干扰。

这类人工景观的细部设计在功能、材料、结构、美学等方面应遵循最小干扰的原则，以保护生态类景观的原生性特征与生境。第一，简化功能，满足最基本的使用需求，强调生态景观本体对于使用者的意义。第二，采用自然、耐久的材质，能够适应使用强度、地方的气候变化及景观细部所在的微气候环境。第三，景观的结构与构造尽可能

减少对场地的破坏，如以架空的方式缩小结构基础与土地的接触面积或采取临时性景观的结构设计等。云南丽江的"荒野花园和草甸剧场"项目充分地展示了这一思路（图6.93）。第四，景观形态应融于环境，减少人工痕迹，隐去专业技术人员的主观审美偏好，特别是应规避风格特征明显的、现代意义上的设计感。例如，美国黄石国家公园中用于游览的栈道、观景平台等设施在原生性的景观环境中几乎不具备存在感。未加修饰的木材、满足基本要求的结构以及平淡无奇的形式充分表达了专业技术人员对黄石国家公园原生性景观与生境的尊重（图6.94）。在某种意义上，这种细部也可以称为"零细部"。

图6.93 荒野景观中架空的景观设施
来源:https://www.gooood.cn

图6.94 美国黄石国家公园的景观设施与环境融为一体

6.7.2 "低碳、可持续、低影响"：基于生态设计的景观细部

基于生态设计的景观是指设计过程基于生态系统的运作机制，以构建、重建或优化规划设计范围内的环境可持续性和生态平衡为主旨，同时兼顾他地生态环境的景观。一方面，充分考虑规划设计范围内的生物环境、气候条件、土壤特性等自然因素，遵循生态的内涵与生态系统的运行规律，使景观构建场地新的生态系统，发挥生态效益，或优化场地原有生态系统。另一方面，景观的营建应尽可能规避使用不可再生的工程材料，以保护材料产地的生态环境。基于生态设计的景观在细部上表现出生态逻辑主导下的一种非机械美学的技术理性。

景观细部尺度上的生态设计主要体现在三个方面：低碳、可持续与低影响。低碳是指景观材料的制造、景观的建造过程呈现低碳的特点。比如，生产混凝土砖比烧结砖所需能耗要低，使用煤渣、碎石铺筑临时性路面相较于混

凝土、块料路面的施工，其过程更为低碳。还可以使用太阳能、风能等可再生能源的设施，如太阳能景观灯具。可持续是指景观的材料多采用可再生材料或回收材料，同时延长景观细部的"生命周期"，即具有耐久性。例如，"土包石"地形可以用建筑废料填充。再如，在场地更新中旧混凝土地面被处理成碎块后，仍可用于铺装，这样既节约了成本，实现了场地景观可持续，又在某种程度上延续了场所精神（图6.95）。近十年来，塑木在室外铺地、小品、景观建筑、家具、护栏等园林设施上的应用不仅节约了木材、保护了环境，而且延长了设施的使用寿命，降低了维护成本（图6.96）。低影响主要是指景观的细部尽可能保持场地水文条件前后不变，表现为雨水收集和利用设施与景观的结合，如透水地面、雨水花园、植草沟等设施及其配套构件（图6.97）。当然，在相对宽泛的"生态理念"下，"低影响"也可以是一种设计师对既有环境尊重的结果。例如，2009年向公众开放的美国纽约高线公园原本是一段废弃了近三十年的高架铁路，其植被区特意保留了部分铁轨，

以维持场地原有植物特定的生长环境(图6.98)。

图6.95 园区景观重塑混凝土地面废料被用于新的路面铺装
来源:https://www.gooood.cn

图6.96 美国芝加哥某公园大量使用塑木

图6.97 雄安万科绿色研究发展中心"雨水街坊"细部设计
来源:https://www.gooood.cn

图6.98 高线公园原地保留了部分铁轨以延续原有生境

■ 思考与练习

1. 什么是园林工程的细部设计？

2. 细部的性质有哪些，如何在设计中体现？

3. 如何加强园林中细部之间的整体性？

4. 结合实例探讨如何在城市园林绿地中正确使用"标准的细部""地方性的细部""特殊的细部"？

5. 结合实例探讨如何在细部设计中体现"生态""节约""地域性"？

7 景观照明工程

【导读】 本章研究如何利用电、光来塑造园林的灯光艺术形象,创造明亮、优美的园林环境,满足群众夜间游园活动、节日庆祝活动及安全保障的需要。我们先了解园林供电的基本知识,然后再重点研究如何利用电、光来塑造园林的灯光艺术形象。

7.1 供电基本知识

在学习景观照明工程之前,应了解有关电源、电压、变电和送配电等方面的基本知识。

7.1.1 电源与电压

1. 电源

使其他形式的能量转变为电能的装置叫电源,如发电机、电池等。园林供电基本上都取之于地区电网,而地区电网的电源则为发电厂中的水力或火力发电机,只有少数距离城市较远的风景区才可能利用自然山水条件自己发电使用。发电厂的电能需要通过输电线路,送到远距离的工业区、城市和农村。电能传输有两种方式:经变压器升压后直接输送的电能称为"交流输电";高压交流经整流,变换为直流后再输送的称为"直流输电"。交流输电输送的交流电是电压、电流的大小和方向都随着时间变化而做周期性改变的一类电能。园林照明、喷泉、提水灌溉、游艺机械等的用电,基本上都是交流电。在交流电供电方式中,一般都提供三相交流电源,即在同一电路中有频率相同而相位互差120°的三个电源。园林供电系统中常见的电源也是三相的。

2. 电压与电功率

电压是静电场或电路中两点间的电势差,实用单位为伏(V)。在交流电路中,电压有瞬时值、平均值和有效值之分,常将有效值简称为"电压"。电功率是电做功快慢程度的量度,常用单位时间内所做的功或消耗的功来表示,单位为瓦特(W)。园林设施所直接使用的电源电压主要是220 V和380 V,属于低压供电系统的电压,其最远输送距离在350 m以下,最大输送功率在175 kW以下。中压线路的电压为1~10 kV,10 kV的输电线路的最大送电距离在10 km以下,最大送电功率在5000 kW以下。高压线路的电压在10 kV以上,最大送电距离在50 km以上,最大送电功率在10 000 kW以上(表7.1)。

表7.1 输电线路电压与送电距离

线路电压/kV	送电距离/km		送电功率/kW	
	架空线	埋地电缆	架空线	埋地电缆
0.22	≤0.15	≤0.20	≤50	≤100
0.38	≤0.25	≤0.35	≤100	≤175
6	5~10	≤8.00	≤2 000	≤3 000
10	8~15	≤10.00	≤3 000	≤5 000
35	20~50		2000~10 000	
110	50~150		1万~5万	
220	100~300		10万~50万	
330	200~600		20万~100万	

3. 三相四线制供电

从电厂的三相发电机送出的三相交流电源,采用三根火线和一根地线(中性线)组成一条电路,这种供电方式就叫做"三相四线制"供电。在三相四线制供电系统中,可以得到两种不同的电压,一是线电压,一是相电压。两种电压的大小不一样,线电压是相电压的$\sqrt{3}$倍。单相220 V的相电压一般用于照明线路的单相负荷;三相380 V的线电压则多用于动力线路的三相负荷。三相四线制供电的好处是不管各相负荷多少,其电压都是0~220 V,各相的电器都可以正常使用。当然,如各相的负荷比较平衡,则更有利于减少地线的电流和线路的电耗。园林设施的基本供电方式都是三相四线制的。

4. 用电负荷

负荷又称"负载",指动力或电力设备在运行时所产生、转换、消耗的功率。例如发电机在运行时的负荷指当时所发出的千瓦数。电力用户的负荷是指该用户向电网取用的功率。设备实际运行负荷与额定负荷相等时称"满负荷"或"全负荷",超过额定负荷时则称"过负荷"。有时将连接在供电线路上的用电设备,例如电灯、电动机、制冰机等,称为该线路的负荷。相同时间内不同设备的用电量一般不一样,其负荷就有大小的不同。一般用度数来表示用电量,1度电就是1 kW·h。在三相四线制供电系统中,只用两条电线工作的电气设备如电灯,其电源是单相交流电源,其负荷称为单相负荷;凡是应用三根电源火线或四线全用的设备,其电源是三相交流电源,其负荷也相应属于三相负荷。无论是单相负荷还是三相负荷,接入电源而能正常工作的条件,都是电源电压达到其额定数值。电压过低或过高,用电设备都不能正常工作。根据用电负荷性质(重要性和安全性)的不同,国家将负荷等级分为三级:其中一级负荷是必须确保不能断电的,如果中断供电就会造成人身伤亡或造成重大的政治、经济损失,这种负荷必须有两个独立的电源供应系统;二级负荷是一般要保证不断电的,若断电就会造成公共秩序混乱或较大的政治、经济损失;三级负荷是对供电没有特殊要求,没有一、二级负荷的断电后果。

7.1.2 送电与配电

1. 电力的输送

由火力发电厂和水电站生产的电能,要通过很长的线路输送,才能送达电网用户的电器设备。送电距离越远,则线路的电能损耗就越大。送电的电压越低,电耗也会越大。因此,电厂生产的电能必须要用高压输电线输送到远距离的用电地区,然后再经降压,以低压输电线将电能分配给用户。通常,发电厂的三相发电机产生的电压是6 kV、10 kV或15 kV,在送上电网之前都要通过升压变压器升高电压到35 kV以上。输电距离越远、功率越大,则输电电压也应越高。高压电能通过电网输送到用电地区所设置的6 kV、10 kV降压变电所,降低电压后又通过中压电路输送到用户的配电变压器,将电压再降到380/220 V,供各种负荷使用。图7.1是这种送配电过程的示意简图及某水电厂升压变压器实例。

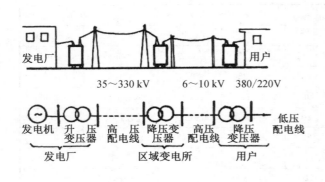

图7.1 送配电过程示意简图及某水电厂升压变压器实例

2. 配电线路布置方式

为用户配电主要是通过配电变压器降低电压后,再通过一定的低压配电方式输送到用户设备上。在到达用户设备之前的低压配电线路,可采用如下所述的布置形式(图7.2)。

(1)链式线路 从配电变压器引出的380/220 V低压配电主干线,将若干用户的配电箱顺序地连接起来,其线路布置如同链条状。这种线路布置形式适宜在配电箱设备不超过5个的较短的配电干线上采用。

(2)环式线路 通过从变压器引出的配电主干线,将若干用户的配电箱顺序地连接起来,而主干线的末端仍返回到变压器上。这种线路构成了一个闭合的环。环状电路中任何一段线路发生故障,都不会造成整个配电系统断电。以这种方式供电的可靠性比较高,但线路、设备投资也相应要高一点。

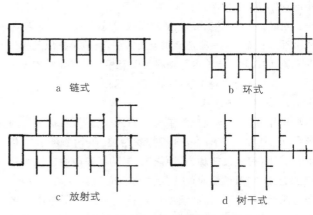

图7.2 低压配电线路的布置方式

(3)放射式线路 由变压器的低压端引出低压主干线至各个主配电箱,再由每个主配电箱各引出若干条支干线,连接到各个分配电箱。最后由每个分配电箱引出若干条小支线,与用户配电极及用电设备连接起来。这种线路分布呈三级放射状,供电可靠性高,但线路和开关设备等投资较大,所以较适合用电要求比较严格、用电量也比较大的用户地区。

(4)树干式线路　从变压器引出主干线,再从主干线上引出若干条支干线,从每一条支干线上再分出若干支线与用户设备相连。这种线路呈树木分枝状,减少了许多配电箱及开关设备,因此投资比较少。但是,若主干线出故障,则整个配电线路即不能通电,所以,这种形式用电的可靠性不太高。

(5)混合式线路　即采用上述两种以上形式进行线路布局,构成混合了几种布置形式优点的线路系统。例如在一个低压配电系统中,对一部分用电要求较高的负荷采用局部的放射式或环式线路,对另一部分用电要求不高的负荷则可采用树干式局部线路,整个线路则构成了混合式。

7.2　照明工程

视觉中物之所以存在,乃是光的作用。从单一的物品到环境整体,"光"界定其质感、颜色、体积甚至于精神层面的特质。从苏州庭园中白粉墙漫射产生的剪影般的背景光,到屹立在夜空中的上海东方明珠塔发出的璀璨的宝石光,人们通过光,把自然的升华为人性的,把人性的回归为自然的。在高度文明的今天,人类对灯的认识,绝不仅是照明功能这一粗浅刻板的层面,而已经积极地延伸到文化艺术科学的层面。

灯用在不同的地方,以不同的使用方法,创造出不同的灯光效果,不仅具有艺术性、安全性、防范性、经济性,还融为环境的一道景观。富有创造性的造型设计,能使白天的街道更具魅力,而灯光明暗、色泽、层次的变化营造出的夜晚环境的魅力,突出了城市、自然与人之间和谐共生,进而创造出了富有个性的氛围。那么光的性质是什么?怎样选择光源?什么是灯具的艺术性、安全性、防范性、经济性?如何选择灯具?这些将是我们下面要探讨的问题。

7.2.1　光和电光源

1.光的性质与强弱

(1)色温　光的性质是由光的色温来确定的。色温是使国际标准黑体发出某一颜色光的温度,用作衡量各种光源发射出光的颜色。不同的光产生不同的色调,有的显现暖色调,有的显示冷色调。我们以开尔文(K)为计量单位来表示色温的变化(表7.2,图7.3,图7.4)。

(2)光的强弱　常用的照明光线量度单位有光通量、发光强度、照度和亮度等。

表7.2　光与色温关系对照表

自然光	色温/K	相应的电光源
晴朗的天空	12 000 7500	蓝色金属 卤化物灯
阴云的天空	7000	白色荧光灯
白天北窗 射进的光	6500 5500	白色金属 卤化物灯
头顶的 太阳光	5250 4500	汞灯
圆月光	4152 3300 2800 2100	暖色荧光灯 白炽灯 高压钠灯
地平线上 的太阳光	1850	

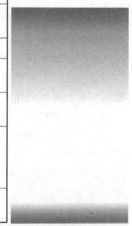

图7.3　晴朗白天的天空(色温约为 5500 K)

图7.4　地平线上的太阳光(色温约为 2000 K)

① 光通量(Φ)　光通量是指单位时间内光通过的大小,表示一个光源在不管其方向的情况下发出的光能总量,光通量的单位是流明(lumen,简写 lm)。

② 发光强度(I,光强)　发光强度是指光源在某方向发出的光通量的强度。发光强度的单位是坎德拉(cd)。它表示在一球面立体角内均匀发出 1 lm 的光通量。

③ 照度(E)　照度表示被照物表面接收的光通量密

度,可用来判定被照物的照明状况,照度的常用单位是勒克斯(lx),它等于 1 lm 的光通量均匀分布在 1 m² 的被照面上,即 1 lx=1 lm/m²。照明的照度按如下系列分级:简单视觉照明应采用 0.5 lx、1 lx、2 lx、3 lx、5 lx、10 lx、15 lx、20 lx、30 lx;一般视觉照明应采用 50 lx、75 lx、100 lx、150 lx、200 lx、300 lx;特殊视觉照明应采用 500 lx、750 lx、1000 lx、1500 lx、2000 lx、3 000 lx。

④ 亮度(L) 亮度是指发光面在某一方向的发光强度与可看到面积之比。它表示一个物体的明亮程度,亮度的单位是坎德拉/米²(cd/m²)。

⑤ 光效(luminance efficiency,光效率) 光效是光源发出的光通量与消耗功率之比,反映了电光源将电能转化为光的能力,以发光量除以输入功率来表示。单位是流明/瓦(lm/W)。

⑥ 光衰(light depreciation) 灯输出的有效光将会逐渐衰减至原始照度的 50%～70%。通常新装灯具的初始照度是其需要量的 1.5～2 倍,以避免超过灯的预期寿命而使光照不足。

(3)色温、亮度与气氛的关系 光色对人有一定的生理和心理作用。在生理作用方面,红色使人神经兴奋,蓝色使人沉静,夜晚看到火或红色的灯光感到物体的距离近,而看到蓝色则会感到物体的距离远。这是由于红黄色光的波长较长,有近感;而蓝色光波长较短,有远感。在心理作用方面,红色能使人食欲增强,蓝色则使人食欲减退。人看到红色、橙色易联想到火,看到蓝色易联想到水。因此我们把红、橙、黄称为暖色,把青、蓝、紫称为冷色,而白、灰、黑亦属于冷色范畴(表 7.3)。

表 7.3 光色与气氛的关系

光源颜色分类	色温/K	光色	颜色特征与气氛效果	相应的电光源
I	≥5000	带蓝的白色	冷,清凉、幽静	高级金属卤化物灯、镝灯
II	>3 300～<5000	白色	中间,爽快、明亮	日光灯、白色金属卤化物灯、白色荧光灯、汞灯
III	≤3300	带黄的白色	暖,稳重、祥和	白炽灯、高压钠灯

注:根据《民用建筑电气设计标准》(GB 51348—2019)整理编写

除了色温影响照明气氛之外,色温与亮度的关系也影响环境的气氛。当使用色温高的光源时,若亮度不够、均匀度不好时,则会给人一种阴森可怕的感觉。所以在医院、学校或行人稀少的地方,慎用色温高的光源,同时应特别注意亮度的要求。相反,使用色温低的光源,若亮度太高,则会使环境变得闷热、压抑。所以在使用色温低的光源时,也应注意控制光的亮度。一般情况下室内照明如使用白炽灯,照度在 50～200 lx,而用日光灯、金卤灯,照度往往需要在 300～500 lx(图 7.5)。

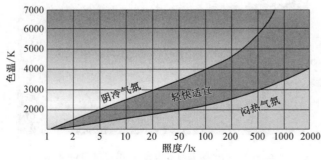

图 7.5 亮度、色温与气氛的关系图

2. 光的照明质量

高质量的照明效果是对受照环境的照度、亮度、眩光、阴影、显色性、稳定性等因素正确处理的结果。在园林照明设计中,这些方面都是要注意并处理好的。

(1)照度与亮度 照度水平是衡量照明质量的一种基本技术指标。在影响视力的因素方面,由不同照度水平所造成的被观察物与其背景之间亮度的反差,是我们考虑

照度安排时的一个主要出发点。环境照度水平的确定,要照顾视觉的分辨度、舒适度、用电水平和经济效益等诸多因素。表 7.4 是一般园林环境及其建筑环境所需照度水平的标准值。

表 7.4 园林环境与建筑照明的照度标准值

照度/lx	园林环境	室内环境
10～15	自行车场、盆栽场、卫生处置场	配电房、泵房、保管室、电视室
20～50	建筑入口外区域、观赏草坪、散步道	厕所、走道、楼梯间、控制室
30～75	小游园、游憩林荫道、游览道	舞厅、咖啡厅、冷饮店、健身房
50～100	游戏场、休闲运动场、建筑庭院、湖岸边、主园路	茶室、游艺厅、主餐厅、卫生间、值班室、播音室、售票室
75～150	游乐园、喷泉区、游艺场地、茶园	商店顾客区、视听娱乐室、温室
100～200	专类花园、花坛区、盆景园、射击馆	陈列厅、小卖部、厨房、办公室、接待室、会议室、保龄球馆
150～300	公园出入口、游泳池、喷泉区	宴会厅、门厅、阅览室、台球室
200～500	园景广场、主建筑前广场、停车场	展览厅、陈列室、纪念馆
500～1000	城市中心广场、车站广场、立交广场	试验室、绘图室

注:表中所列标准照度的范围,均指地面的照度标准

在园林环境中,人的视觉从一处景物转向另一处景物时,若两处亮度差别较大,眼睛将被迫经过一个适应过程,如果这种适应过程次数过多,视觉就会感到疲劳。因此,在同一空间中的各个景物,其亮度差别不要太大。另外,被观察景物与其周围环境之间的亮度差别却要适当大一些。景物与背景的亮度相近时,不利于观赏景物。所以,相近环境的亮度就应当尽可能低于被观察物的亮度。国际照明委员会(CIE)推荐认为,被观察物的亮度如为相近环境亮度的 3 倍时,视觉清晰度较好,观察起来比较舒适。

(2)光源的显色性 同一被照物在不同光源的照射下显现出不同颜色的特性就是光源的显色性。照射对象的颜色效果在很大程度上取决于光的显色性,其表现方法有两种:一种是正确表现照射对象的色彩,即所谓的"忠实显色",比如白炽灯照射图画,画中的颜色变化很少,真实地反映了图画中的颜色;另一种是加强显色,比如绿色金属卤化物灯照在绿树上,树的颜色会更显亮丽。

评价显色性的指标叫显色指数(R_a),由于人们非常习惯于在日光照射下分辨颜色,因此在显色性比较中,就以日光或接近日光光谱的人工光源作为标准光源,以其显色性为显色指数 100。光源的显色指数数值越接近 100,显色性越高。比如白天的阳光 R_a 为 100,日光灯 R_a 为 63~76,金属卤化物灯的 R_a 为 70,高压钠灯的 R_a 为 23,白炽灯的 R_a 为 95。

不过照明的目的并非全都是为了反映照明对象的真实颜色,所以,并不能说显色指数越高的光源,其质量就越高。在需要正确辨别颜色的场所,就要采用显色指数高的光源,或者选择光谱适宜的多种光源混合起来进行混光照明。

(3)眩光与照明稳定性 眩光造成视觉不适或视力降低,其形式有直射眩光和反射眩光两种。直射眩光是由高光度光源直接射入人眼造成的,而反射眩光则是由光亮的表面如金属表面和镜面等反射出强烈光线间接射入人眼而形成的眩光现象。

限制直射眩光的方法,主要是控制光源在投射方向 45°~90°范围内的亮度,如采用乳白玻璃灯泡或用漫射型材料做封闭式灯罩等。限制反射眩光的方法是适当降低光源亮度并提高环境亮度即减小亮度对比,或者采用无光泽材料制作灯具。

照明光源要求具有很好的稳定性,但稳定性却是由电源电压变化造成的。在对照明质量要求较高的情况下,照明线路应当完全和动力线路分开,从配电变压器引出一条至几条照明专用干线,分别接入各照明配电箱,然后再从配电箱引出多条照明支线,将多个照明点连接起来,为照明输送电源,避免动力设备对电压的冲击影响,或者安装稳压器以控制电压变化。

气体放电光源在照射快速运动的物体时,会产生频闪现象,破坏视觉的稳定性,甚至使人产生错觉发生事故。因此,气体放电光源不能用于有快速转动或移动物体的场所作为照明光源。如果要降低频闪效应,可采用三相电源分相供给三灯管的荧光灯;对单相供电的双灯管荧光灯则采用移相法供电。

(4)立体感 为了使照明对象更富有魅力,有必要做立体感、层次感的照明。对照明对象而言,没有立体感或过分强调立体感都不是理想的处理效果。

立体感是由照明对象左右两侧明暗之差形成的,若左右差距不够,照明阴影则不明显;若差距太大,则阴影强烈。一般较适当的照度差在 1:5~1:3 之间。

3. 电光源的种类及其应用

根据发光特点,照明光源可分为热辐射光源(图 7.6)和气体放电光源(图 7.7)两大类。热辐射光源最具有代表性的是钨丝白炽灯和卤钨灯,气体放电光源比较常见的有荧光灯、荧光高压汞灯、金属卤化物灯、钠灯、氙灯等。

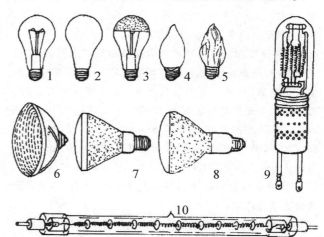

1—普通白炽灯;2—乳白灯泡;3—镀银碗形灯泡;4~5—火焰灯;6~7—PAR 灯;8—R 灯;9—卤钨灯;10—管状卤钨灯。

图 7.6 热辐射光源的种类

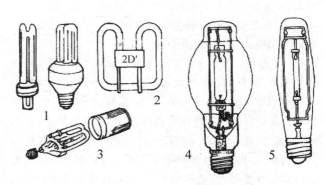

1—H 灯;2—双 D 灯;3—双曲灯;4—高压汞灯;5—钠灯。

图 7.7 气体放电光源的种类

(1)白炽灯 普通白炽灯具有构造简单、使用方便、能瞬间点亮、无频闪现象、价格便宜、光色优良、易于进行光学控制等特点。所发出的光以长波辐射为主,呈红色,与天然光有些差别。其发光效率比较低,仅 6.5～19 lm/W,只有 2%～3% 的电能转化为光。灯泡的平均寿命为 750～1500 h。白炽灯灯泡有以下一些形式。

① 普通型 为透明玻璃壳灯泡,有功率为 10 W、15 W、20 W、25 W、40 W 以至 1000 W 等多种规格。40 W 以下是真空灯泡,40 W 以上则充以惰性气体。

② 反射型 在灯泡玻璃壳内的上部涂以反射膜,使光线向一定方向投射,光线的方向性较强,功率常见的有 40～500 W。

③ 漫射型 采用乳白玻璃壳或在玻璃壳内表面涂以扩散性良好的白色无机粉末,使灯光具有柔和的漫射特性,常见的有 25～250 W 等多种规格。

④ 装饰型 用颜色玻璃壳或在玻璃壳上涂以各种颜色,使灯光成为不同颜色的色光,其功率一般为 15～40 W。

⑤ 水下型 水下灯泡一般用特殊的彩色玻璃壳制成,功率为 1000 W 和 1500 W。这种灯泡主要用在涌泉、喷泉、瀑布水池中作为水下灯光造景。

(2) 微型白炽灯 这类光源虽属白炽灯系列,但由于它功率小,所用电压低,因而照明效果不好,在园林中主要是作为图案、文字等艺术装饰使用,如可塑霓虹灯、美耐灯、带灯、满天星灯等。微型灯泡的寿命一般在 10 000 h 以上,其常见的规格有 6.5 V/0.46 W、13 V/0.48 W、28 V/0.84 W 等几种,体积最小的其直径只有 3 mm,高度只有 7 mm。微型白炽灯泡主要有以下三种形式:

① 一般微型灯泡 这种灯泡体积小、功耗小,只起普通发光装饰作用。

② 断丝自动通路微型灯泡 这种灯泡可以在多灯串联电路中某一个灯泡的灯丝烧断后,自动接通灯泡两端电路,从而使串联电路上的其他灯泡能够继续发光。

③ 定时亮灭微型灯泡 灯泡能够在一定时间中自动发光,又能在一定时间中自动熄灭。这种灯泡一般不单独使用,而是在多灯泡串联的电路中,使用一个定时亮灭微型灯泡来控制整个灯泡组的定时亮灭。

(3) 卤钨灯 是白炽灯的改进产品,光色发白,较白炽灯有所改良;其发光效率约为 21 lm/W,平均寿命为 500～2000 h,规格有 500 W、1000 W、1500 W、2000 W 四种。卤钨灯有管形和泡形两种形状,具有体积小、功率大、可调光、显色性好、能瞬间点燃、无频闪效应、发光效率高等特点,多用于较大空间和要求高照度的场所。管形卤钨灯需水平安装,倾角不得大于 4°,在点亮时灯管温度达 600 ℃ 左右,故不能与易燃物接近。

(4) 荧光灯 俗称日光灯,其灯管内壁涂有能在紫外线刺激下发光的荧光物质,依靠高速电子,使灯管内蒸气状的汞原子电离而产生紫外线进而发光。其发光效率一般可达 45 lm/W,有的可达 70 lm/W 以上。灯管表面温

度很低,光色柔和,眩光少,光质接近天然光,有助于颜色的辨别,并且光色还可以控制。灯管的寿命长,一般为 2000～3000 h,国外也有达到 10 000 h 以上的。荧光灯的常见规格有 8 W、20 W、30 W、40 W 等,其灯管形状有直管形、环形、U 形和反射形等。近年来还发展有用较细玻璃管制成的 H 形灯、双 D 形灯、双曲灯等,被称为高效节能日光灯,其中还有些将镇流器、启辉器与灯管组装成一体的,可以直接代替白炽灯使用。从发光特点方面,可以将荧光灯分为下述几种形式。

① 普通日光灯 是直径为 16 mm 和 38 mm、长度为 302.4～1213.6 mm 的直灯管。

② 彩色日光灯 灯管尺寸与普通白光灯相似,有蓝、绿、白、黄、淡红等各色,是很好的装饰兼照明用的光源。

③ 黑光灯 能产生强烈的紫外线辐射,用于诱捕危害园林植物的昆虫。

④ 紫外线杀菌灯 也能产生强烈紫外线,但用于小卖部、餐厅食物的杀菌消毒和其他有机物贮藏室的灭菌。

(5) 荧光高压汞灯 发光原理与荧光灯相同,有外镇流荧光高压汞灯和自镇流荧光高压汞灯两种基本形式。自镇流荧光高压汞灯利用自身的钨丝作为镇流器,可以直接接入 220 V/50 Hz 的交流电路上。荧光高压汞灯的发光效率一般可达 50 lm/W,灯泡的寿命可达 5000 h,具有耐震、耐热的特点。普通荧光高压汞灯的功率为 50～1000 W,自镇流荧光高压汞灯的功率常见的有 160 W、250 W 和 450 W 三种。高压汞灯的再启动时间长达 5～10 s,不能瞬间点亮,因此不能用于事故照明和要求迅速点亮的场所。这种光源的光色差,呈蓝紫色,在光下不能正确分辨被照射物体的颜色,故一般只用作园林广场、停车场、通车主园路等不需要仔细辨别颜色的大面积照明场所。

(6) 钠灯 是利用在高压或低压钠蒸气中放电时发出可见光的特性制成的灯。钠灯的发光效率高,一般在 100 lm/W 以上,寿命长,一般在 3000 h 左右。其规格从 70～400 W 的都有。低压钠灯的显色性差,但透雾性强,很少用在室内,主要用于园路照明。高压钠灯的光色有所改善,呈金白色,透雾性能良好,故适用于一般的园路、出入口、广场、停车场等要求照度较大的广阔空间照明。

(7) 金属卤化物灯 是在荧光高压汞灯基础上,为改善光色而发展起来的所谓第三代光源。灯管内充有碘、溴、锡、钠、镝、钪、铟、铊等金属的卤化物,紫外线辐射较弱,显色性良好,可发出与天然光相近似的可见光。发光效率可达 100 lm/W,其规格则有 250 W、400 W、1000 W 和 3500 W 四种。金属卤化物灯类的最新产品是陶瓷金属卤化物灯(CMH)。金属卤化物灯尺寸小,功率大,光效高,光色好,启动所需电流低,抗电压波动的稳定性比较好,因而是一种比较理想的公共场所照明光源。但它也有不足,寿命较短,一般在 1000 h 左右,3500 W 的金属卤化

物灯的寿命则只有 500 h 左右。

（8）氙灯　氙灯具有耐高温、耐低温、耐震、工作稳定等特点，并且其发光光谱与太阳光极其近似，因此被称为"人造小太阳"，可广泛应用于城市中心广场、立交桥广场、车站、公园出入口、公园游乐场等面积广大的照明场所。

氙灯的显色性良好，平均显色指数达 90～94，其光照中紫外线强烈，因此安装高度不得小于 20 m。不足的是氙灯的寿命较短，在 500～1000 h 之间。

园林照明的常用光源在电工特性方面的比较，可见表 7.5。

表 7.5　常用照明光源的特性比较表

	白炽灯	卤钨灯	荧光灯	荧光高压汞灯	管形氙灯	高压钠灯	金属卤化物灯
额定功率/W	10～1000	500～2000	6～125	50～1000	1500～10 000	250～400	400～1000
光效/(lm/W)	6.5～19	19.5～21	25～67	30～50	20～37	90～100	60～80
平均寿命/h	1000	1500	2000～3000	2500～5000	500～1000	3000	2000
显色系数	95～99	95～99	70～80	30～40	90～94	20～25	65～85
色温/K	2700～2900	2900～3200	2700～6500	5500	5500～6000	2000～2400	5000～6500
启动稳定时间	瞬时	瞬时	1～3 s	4～3 min	1～2 s	4～8 min	4～8 min
再启动时间	瞬时	瞬时	瞬时	4～10 min	瞬时	10～20 min	10～15 min
功率因数 cos φ	1	1	0.33～0.7	0.44～0.7	0.44～0.9	0.44	0.4～0.61
频闪效应	不明显	不明显	明显	明显	明显	明显	明显
表面亮度	大	大	小	较大	大	较大	大
电压对光通的影响	大	大	较大	较大	较大	大	较大
温度对光通的影响	小	小	大	较小	小	较小	较小
耐震性能	较差	差	较好	好	好	较好	好
所需附件	无	无	镇流器 启辉器	镇流器	镇流器 启辉器	镇流器	镇流器 触发器
使用场所	大量用于景物装饰照明、水下照明和公共场所强光照明	较大空间和要求高照度的场所，如广场、体育场、建筑物等照明	家庭、办公室、图书馆、商店等建筑物室内照明	公园、广场、步行道、运动场所等大面积室外照明	特别适合城市广场、公园入口及游乐场等大面积场所的照明	广泛用于公园、广场、医院、道路、机场等	主要用于广场、大型游乐场、体育场、道路等投光照明

4. 电光源的选择

为园林中不同的环境确定照明光源，要根据环境对照明的要求和不同光源的照明特点做出选择。

对园林内重点区域或对辨别颜色要求较高、光线条件要求较好的场所照明，应考虑采用光效较高和显色指数较高的光源，如氙灯、卤钨灯和日光色荧光灯等。对非主要的园林附属建筑和边缘区域的园路等，应优先考虑选用廉价的普通荧光灯或白炽灯。

需要及时点亮、经常调光和频繁开关灯的场所，或因频闪效应影响视觉效果以及需要防止电磁干扰的场所，宜采用白炽灯或卤钨灯。

有高挂条件并需大面积照明的场所，如城市中心广场、车站广场、立交桥广场、园景广场和园林出入口场地等，宜采用氙灯或金属卤化物灯。

选用荧光高压汞灯或高压钠灯，可在振动较大的场所获得良好而稳定的照明效果。

当采用一种光源仍不能满足园林环境显色要求时，可考虑采用两种或多种光源做混光照明，以改善显色效果。

在选择光源的同时，还应考虑灯具的选用，灯具的艺术造型、配光特色、安装特点和安全特点等都要符合充分发挥光源效能的要求。

5. 园林灯具选择

灯具是光源、灯罩及其附件的总称。灯具的作用是固定电光源，把光分配到需要的方向，防止光源引起的眩光以及保护光源不受外力及外界潮湿气体的影响等。

（1）灯具的分类　灯具按照用途可分为装饰灯具和功能灯具两类，装饰灯具以灯罩的造型、色彩为首要考虑因素，而功能灯具却把提高光效、降低眩光、保护光源作为主要选择条件。

一种比较通行的分类方法，是按照灯具的散光方式分为五类：

① 间接型灯具　灯具下半部用不透光的反光材料做成，光通量仅为 0～10%。光线全部由上半部射出，经顶棚再向下反射，上半部可具有 90%～100% 的光通量。这类灯具的光线均匀柔和，能最大限度地减弱阴影和眩光，但光线的损失量很大，使用起来不太经济，主要是作为室内装饰照明灯具。

② 半直接型灯具　这种灯具常用半透明的材料制成

开口的灯罩样式,如玻璃碗形灯罩、玻璃菱形灯罩等。它既能将较多的光线照射到地面或工作面上,又能使空间上半部得到一些亮度,改善了空间上、下半部的亮度对比关系。上半部的光通量为 10%～40%,下半部为 60%～90%。这种灯具可用在冷热饮料店、音乐茶座等需要照度不太大的室内环境中[图 7.8(a)]。

③ 半间接型灯具　灯具上半部用透明材料,下半部用漫射性透光材料做成。照射时可使上部空间保持明亮,光通量达 60%～90%,而下部空间则显得光线柔和均匀,光通量为 10%～40%。在使用过程中,上半部容易积灰尘,会影响灯具的效率。半间接型灯具主要用于园林建筑的室内装饰照明[图 7.8(a)]。

④ 均匀漫射型灯具　常用均匀漫射透光的材料制成封闭式的灯罩,如乳白玻璃球形灯等。灯具上半部和下半

部光通量都差不多,各为 40%～60%。这种灯具损失光线较多,但造型美观,光线柔和均匀,因此常被用作庭院灯、草坪灯及小游园场地灯[图 7.8(b)]。

⑤ 直接型灯具　一般由搪瓷、铝和镀银镜面等反光性能良好的不透明材料制成,灯具的上半部几乎没有光线,光通量仅为 0～10%,下半部的光通量为 90%～100%,光线集中在下半部发出,方向性强,产生的阴影也比较浓。在园路边、广场边、园林建筑边都常用直接型灯具[图 7.8(c)]。

如果按照灯具的结构方式来划分,可分为开启型、闭合式、密封式和防爆式,即光源与外界环境直接相通的开启式灯具,具有能够透气的闭合透光罩的保护式灯具,透光罩将内外隔绝并能够防水防尘的密闭式灯具,在任何条件下也不会引起爆炸的防爆式灯具。

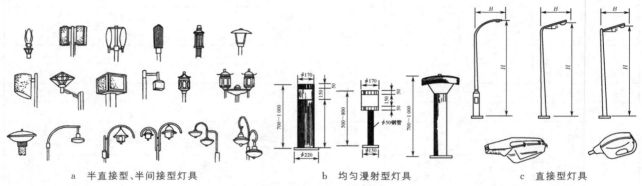

图 7.8　各类灯具的示例

a 半直接型、半间接型灯具　　b 均匀漫射型灯具　　c 直接型灯具

(2) 道路与街路照明灯具的安全要求

根据《道路与街路照明灯具的安全要求》(GB 7000.5—2005)和 IEC(国际电工委员会)标准,道路和街路照明灯具应符合如下基本要求:

① 灯具的结构要求;
② 关于爬电距离和电气间隙的要求;
③ 关于接地规定的要求;
④ 关于接线端子的要求;
⑤ 关于外部及内部接线的要求;
⑥ 关于防触电保护的要求;
⑦ 关于耐久性试验和热试验的要求;
⑧ 关于防水、防尘的要求;
⑨ 关于绝缘电阻和电气强度的要求;
⑩ 关于耐热、耐火和耐起痕的要求。

(3) 合格的灯具应具备的基本要求

① 抗风能力　要求整个灯具投影面上承受 150 km/h 的风速时,没有过分弯曲和结构件移动。

② 防护等级　要求达到 IP55、IP56 或 IP66,如表 7.6。

③ 安全有效接地　灯具在安装、清洁或更换灯泡等其他电器时,绝缘体可能会出现问题,变为带电的金属体,因此必须保证它们永久地、可靠地与接地端子或接地触点

连接。

④ 使用双层保护的导线　如 BVV1.5 mm²/500 V,并装有过载保护装置,如保险丝等。

⑤ 触电保护　在正常使用过程中,即使是徒手操作,如更换灯泡,带电部件是不易触及的;更换镇流器、触发器等导电元件时,不需整片断电,通过断开保险丝的方法就可进行操作。

⑥ 电器箱的配置　电器箱在便于维护的同时应能有效地防止儿童玩耍中触及带电部件。

⑦ 良好的防腐性能　钢件应经过热镀锌处理或使用铝质及不锈钢材料。

表 7.6　各种防护等级的含义

等级	含义
IP55	防尘:不能完全防止尘埃进入,但进入量不会妨碍光源的正常光效 防水:任何方向的喷水无有害影响
IP56	防尘:不能完全防止尘埃进入,但进入量不会妨碍光源的正常光效 防水:强烈喷水时,进入灯体的水量不致达到有害程度
IP66	防尘:无尘埃进入 防水:强烈喷水时,进入灯体的水量不致达到有害程度

7.2.2 户外照明

人们夜间活动需要提供满足室外照明功能的场所。户外照明的目的包括:① 增强重要节点、标志物、交通路线和活动区的可辨性;② 提高环境的安全性,降低潜在的人身伤害和人为财产破坏,增强行人行走和车辆通行的安全性;③ 通过强光照射使重要景点显露出来,有助于场地的夜间使用。

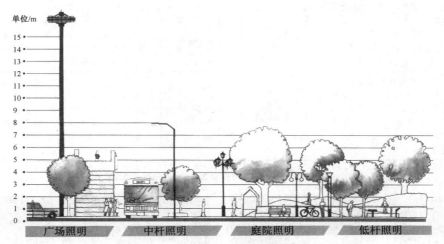

图 7.9 户外照明的几种主要方式

1. 户外照明的几种主要类型

户外照明通常按照高度分类,根据需要照亮的面积大小和照度,一般可分为以下四类(图 7.9)。

(1) 广场照明(高度 15~20 m)

① 位于广场的突出位置;

② 设置时应创造中心感,并成为区域中心的象征;

③ 成本高,安装和维护难度大,要求具有很高的安全性;

④ 光源为高功率的高压钠灯或金属卤化物灯。

(2) 中杆照明(高度 6~15 m)

① 常用于路面宽阔的城市干道、行车道两侧,主要为行车所用,要求确保路面明亮度;

② 要求不能有强烈的眩光干扰行车视线;

③ 要求照度较为均匀,长距离连续配置,以刻画出空间光的延续美感;

④ 以使用高压钠灯为主。

(3) 庭院照明(高度 3~6 m)

① 广泛用于非主行车道的街道、商业街、景观道路、公园、广场、学校、医院、住宅小区等;

② 要求保证路面明亮的同时,力求使"光和影"的组合配置富有旋律,因为它的高度较低,最能让人感觉到它的存在,所以必须根据环境的气氛精心设计外观造型,并使其具有良好的安全性和防范性;

③ 主要使用高压钠灯、金属卤化物灯或荧光灯等。

(4) 低杆照明(高度 1 m 以下)

① 不是连续的照明方式,只是在树木或角落部分做突出点缀性照明和安全性照明;

② 注重光产生的突出效果;

③ 宜使用节能灯或白炽灯。

2. 户外照明的主要配光形式和光照形式

(1) 配光形式　照明配光形式的选择由明确的功能要求来决定,它影响到光线强度、光照形式和设备选型。各类配光形式一般用配光曲线来定量说明。所谓配光曲线,其实就是表示一个灯具或光源发射出的光在空间中的分布情况。它可以记录灯具的光通量、光源数量、功率、功率因数、灯具尺寸、灯具效率以及灯具制造商、型号等信息。当然最关键的还是记录了灯具在各个方向上的光强。

配光曲线按照其对称性质通常可分为:轴向对称、对称和非对称配光。轴向对称:又被称为旋转对称,指各个方向上的配光曲线都是基本对称的,一般的筒灯、工矿灯都是这样的配光。对称:当灯具 C0°和 C180°剖面配光对称,同时 C90°和 C270°剖面配光对称时,这样的配光曲线称为对称配光。非对称:就是指 C0°~180°和 C90°~270°任意一个剖面配光不对称的情况。

配光曲线按照其光束角度通常可分为:窄配光(<20°)、中配光(20°~40°)、宽配光(>40°)。图 7.10 介绍了户外照明的主要配光形式和配光曲线。

(2) 光照形式　户外照明的光照形式很多,大致可分为定向照明和漫射照明。定向照明(directional lighting)指光主要是从某一特定方向投射到工作面和目标上的照明。漫射照明(diffused lighting)指光无显著特定方向投射到工作面和目标上的照明。定向照明常用于景观照光,常见以下几种方式(图 7.11)。

① 重点照明(spot lighting)　为提高限定区域或目标的照度,使其比周围区域亮,而设计成有最小光束角的照明。

全方位扩散型		灯具自身露出空间,光线从各个方向放射,即能达到明亮的路面效果,能使空间显得宽敞,适用于商店、步行道路、站前广场、公园等		上、下方向型	光从上下方向扩散,水平方向的光受到限制,适用于种植着高大树木的公园、广场等
下方向主体型		相比全方位扩散型,上方受到很大限制,从横方向可以看出发光部分,突出灯具本身的空间效果,具有较强的装饰效果,适用于公园、广场、人行道等		下方向主体型	内藏反应器,从侧面完全看不到发光部分,光线倾斜,朝下大部分垂直向下,仅注重单方向路面的照明效果,适用于主干道之行车道的中杆照明
下方向主体型		下方可以看出发光部分,光线大部分朝下,强调灯具的造型和路面的照明效果。由于光线朝下,使用时节奏感强、不产生光污染,因此适用于公园、住宅、步行街道等		下方向主体型	内藏反应器,从主体上只能看见部分光源,光线大部分垂直照射,侧光弱,仅注重路的照明效果,适用于主干道中杆照明

图 7.10　户外照明的主要配光形式和配光曲线

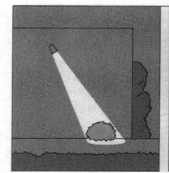

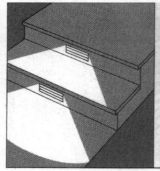

a　重点照明　　　　b　柔和顶光照明　　　　c　内嵌式台阶照明　　　　d　低矮安全照明

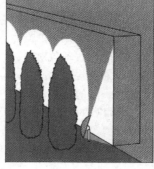
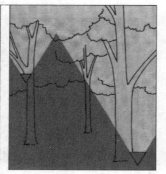

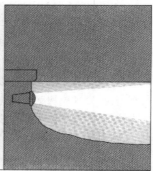

e　背光照明　　　　f　泛光照明　　　　g　剪影照明　　　　h　水下照明

图 7.11　定向照明的几种形式

②柔和顶光照明(soft overhead lighting)　通过向下方向的主体型配光,使局部空间柔和明亮,有较大光束角的照明。

③内嵌式台阶照明(recessed step lighting)　嵌于台阶内部的电光源投射到台阶面上,使台阶区域相对明亮,方便行人安全行走的定向照明。

④低矮安全照明(low safety lighting)　在道路铺装的角落部分或转折处用低矮的向下方向的主体型配光,做突出点缀性或安全性的照明。

⑤背光照明(back lighting)　通过定向照明提高景物后面背景的照度,从而凸显景物轮廓的照明。

⑥泛光照明(flood lighting)　通常由泛光灯投光来照射某一情景或目标,且其照度比其周围照度明显高的照明。景观中常用向上泛光照明来渲染景物的色彩和形态。

⑦剪影照明(silhouette lighting)　通过定向照明投光于景物,并在背景上形成景物的黑色轮廓、侧面影像等剪影效果的照明。

⑧水下照明(underwater lighting)　通过安装于池壁上的水下彩灯定向照明投光于水下景物的照明。

3. 公园、绿地的照明原则

公园、绿地的室外照明,主要以明视及饰景为目的。明视照明主要应用于园路及广场,饰景照明则用于创造各种环境气氛。由于环境复杂,用途各异,因而很难予以硬性规定,仅提出以下原则供参考。

(1)目标明确 户外照明应支持设计的全部目标。没有适当的照明,一个设计和功能很好的户外场所在夜晚可能变得不安全并无法充分利用。诸如种植、雕塑及车辆交通道路等元素,都需要特殊的照明以完善其美学、功能和安全目标。

(2)节能环保 公园的种类有很多,而且公园内的各种建筑、广场及设施对照明的要求也各不相同,因此需要采用不同的照明方式及相应的设备,并根据照度标准中推荐的照度选用合适的光源与灯具。当某些饰景照明能够同时满足明视要求时,可以用饰景照明兼顾明视照明,力求节能环保、环境友好。

(3)景观突出 饰景照明是创造夜间景色的照明,可以凸显出环境的气氛,采用不同方式布置的饰景照明,可以创造出安逸详和、热情奔放、流光溢彩、庄严肃穆等不同的氛围。应把握园林景观的设计意图,通过对趣味景物的特殊照明、背景空间的适当衬托以及和谐的色彩来加以强化。原则上,以能最充分体现其在灯光下的景观效果为原则来布置照明设施,不要泛泛设置。

4. 植物的饰景照明

树叶、灌木丛林以及花草等植物以其自然舒心的色彩、美丽的形态、和谐的构图成为城市不可缺少的景观组成部分。在夜间环境下,饰景照明能够延长其发挥作用的时间,并且不是以白天的面貌重复出现,而是以新的姿态展露在人们面前。

(1)植物饰景照明应遵循的原则

① 一致原则 要研究植物的基本几何形状(圆锥形、球形、塔形等)以及植物在空间所展示的形态,照明类型必须与其一致。如针叶树只在强光下才反映良好,宜采取暗影处理法;而阔叶树种如白桦、垂柳、枫树等对泛光照明有良好的反映效果;对淡色的和耸立空中的植物,可以用强光照明,以达到一种突显轮廓的效果。

② 差异原则 从远处观察,成片树木的投光照明通常作为背景而设置,一般不考虑个别的目标,而只考虑其颜色和总的外形大小。从近处观察目标,若需要对目标进行直接评价,则应该对目标做单独的光照处理。

③ 同色原则 不应使用光源去改变树叶原来的颜色,但可以用某种颜色的光源来加强某些植物的景观效果。如白炽灯、卤钨灯能增加红、黄色花卉的色彩,使它们显得更加鲜艳;小型投光器使局部花卉色彩绚丽夺目;汞灯使树木和草坪的绿色鲜明夺目等。

④ 适应原则 许多植物的颜色和外观是随着季节变化的,照明也应适应植物的这种变化。对未成熟的及未伸展开的植物,一般不施以饰景照明。

(2)照明设备的选择和安装

① 照明设备的选择 照明设备的选择(包括型号、光源、灯具光束角等),主要取决于被照明植物的重要性和要求达到的效果。应以能增加树木、灌木和花卉的美观为主要前提。同时,所有灯具都必须是水密防虫的,并能耐除草剂与除虫药水的腐蚀。

② 灯具的安装 投射植物的灯具安装要考虑到白天的美观,灯具一般安装在地平面上。为了避免灯具影响割草等绿化养护工作,可以将灯具固定在略微高于水平面的混凝土基座上。这种布灯方法比较适用于只有一个观察点的情况,如果被照明物附近有多个观察点或围绕目标可以走动时,要注意消除眩光。将投光灯安装在灌木丛后面是一种可取的方法,这样既能消除眩光又不影响白天的外观。

(3)树木的投光照明 对树木的投光造型是一门艺术,图7.12为树木投光照明的几种主要布灯方式。其主要方法和要点是:

① 投光灯一般放置在地面上,根据树木的种类和外观确定排列方式。有时为了更突出树木的造型和便于人们观察欣赏,也可将灯具放在地下灯槽内。

② 如果想照明树木上的一个较高的位置(如照明一排树的第一根树杈及以上部位),可以在树的旁边放置一根高度等于第一根树杈的小灯杆或金属杆来安装灯具。

③ 在落叶树的主要树枝上,安装一串串低功率的白炽灯泡,可以获得装饰的效果。但这种安装方式一般在冬季使用。因为在夏季树叶会碰到灯泡,灯泡会烧伤树叶,对树木不利,而且也会影响照明的效果。

④ 对必须安装在树上的投光灯,其系在树杈上的安装环必须能按照植物的生长规律进行调节。

• 对一片树木的照明 用几只投光灯具,从几个角度照射过去。照射的效果既有成片的感觉,又有层次、深度的感觉[图7.12(a)]。

• 对一棵树的照明 用两只投光灯具从两个方向照射,成特写镜头[图7.12(b)]。

• 对一排树的照明 用一排投光灯具,按一个照明角度照射,既有整齐感,又有层次感[图7.12(c)]。

• 对高低参差不齐的树木的照明 用几只投光灯,分别对高、低树木投光,给人以明显的高低、立体感[图7.12(d)]。

• 对两排树形成的绿荫走廊的照明 对于由两排树形成的绿荫走廊,采用两排投光灯具相对照射,效果很佳[图7.12(e)]。

• 对树杈、树冠的照明 在大多数情况下,对树木的照明主要是照射树杈与树冠,因为照射了树杈、树冠,不仅层次丰富、效果明显,而且光束的散光也会将树杆显示出来,起衬托作用[图 7.12(f)]。

（4）花坛的照明　一般花坛位于地平面上,人群的观赏视角是由上向下的,所以花坛的照明方法常采用蘑菇式灯具向下照射。这些灯具被放置在花坛的中央或侧边,高度取决于花的高度。另外,花卉颜色各异,应使用显色指

数高的光源,如白炽灯、紧凑型荧光灯等。

5. 水景照明

水是生命的源泉,理想的水景应既能听到它的声音,又能通过光线看到它的闪烁与摆动。

（1）水景照明的形式与方法　水景种类繁多,因此水

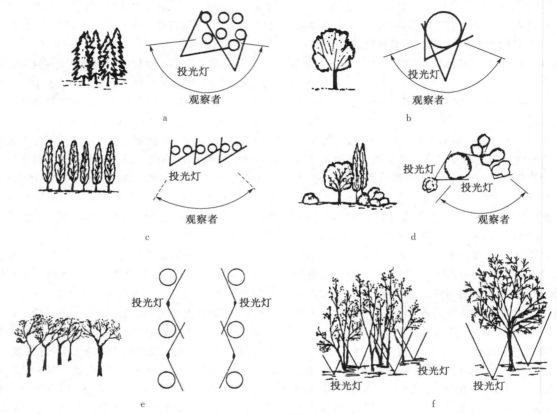

图 7.12　树木照明方法

图 7.13　水景照明的常见应用形式

景照明的应用形式有很多种。

① 水下灯光略低于水面，从池壁向池中央平行照明，这是最常见的水池和户外泳池照明。其特点是光匀称、稳定，不易发生炫光，常在池边并排使用，能展现光的韵律和水中梦幻般的色彩［图 7.13(a)］。

② 水下灯光按需要设置在池底或池壁深处，通过局部投射照明，使灯光附近的水生植物、景物有更好的观赏效果，甚至形成迷人的水下星空。其特点是易产生光膜现象，因而能利用光膜使得景物轮廓化，但一定要避免看见光源，避开在与主要观赏视线相同的方向上投射灯光。如果是浅海、湖泊等自然水体，还要找出对策防止水下生物附着［图 7.13(b)］。

③ 灯具在水面以上，灯光从驳岸射向水面或水岸景物，产生水光激滟的视觉效果，常用于自然式水池和自然水体，其特点是光不匀称，有摇动效果；光折射明显，水下光量少；易发生眩光，光源照眼，应注意选择合适的位置投射灯光［图 7.13(c)］。

④ 灯具通过特定装置被固定在水面或水下，实现浮游照射或水底照射，满足水下观赏、摄影、科考的需要。具有安装位置不受限制，维修检测容易，水面上无眩光危害，水面上下明暗差比较大等特点。但也存在灯具安装不稳定、无法产生波光粼粼的艺术效果以及影响水面整体景观等问题［图 7.13(d)］。

⑤ 灯光从水族箱或其他观赏水槽的顶部或四个角射入水中，使得观赏鱼和水生植物生动亮丽，常用于室内玻璃水池的照明。也可以让灯光从玻璃壁外投射入水中，使展望窗附近明亮清晰。这种照射方式也容易产生光膜，并使景物平面化［图 7.13(e)］。

此外，水景照明还越来越多地应用于室内外温泉、浴场，通过组合照明的方式，发挥明视与景观的双重功能。当然，在园林景观中，水景照明更多地应用于喷水、瀑布等，下面将单独详述。

(2) 喷水和瀑布的照明　喷水和瀑布可用照明处理得很美观，尤其是当灯光通过流水时会形成水柱晶莹剔透、闪闪发光的效果。无论是在喷水的四周，还是在小瀑布流入

池塘的地方，均宜将灯光置于水平面之下。在水下设置灯具时，应注意使其在白天难以发现，但也不能埋得过深，否则会导致光强不足。一般以安装在水面以下 100 mm 为宜。

① 对喷水的照明　在水流喷射的情况下，将投光灯具装在水池内的喷口后面或装在水流的落点下面，或者在这两个地方都装上投光灯具。因为水离开喷口处的水流密度最大，所以当水流通过空气时会发生扩散。水和空气有不同折射率，使投光灯的光在进出的水柱上产生了二次折射。在"下落点"，水已变成如细雨一般，投光灯具应装在离下落点大约 100 mm 的水下，这样可使下落的水珠闪闪发光，效果极佳。图 7.14 为喷水照明布灯方式，实例效果参见第 5 章相关图片。

② 对瀑布叠水的照明（图 7.15）　对瀑布叠水进行投光照明时要关注以下六点。第一，灯具应装在水流下落处的底部。第二，输出光通量不仅取决于瀑布的落差和与流量成正比的下落水层的厚度，还取决于流出口的形状所造成水流的散开程度。第三，对于流速比较缓慢、落差比较小的阶梯式叠水，每一阶梯底部或侧壁必须装有照明，线状光源（荧光灯、线状的卤素白炽灯等）最适合于这类情形。第四，由于下落水的重量与冲击力，可能冲坏投光灯具的调节角度和排列，因此必须牢固地将灯具内嵌于水槽壁内或加重灯具。第五，具有变色程序的动感照明，既可以产生一种固定的水流效果，也可以产生变化的水流效果。第六，某些大瀑布采用前照灯光，即将投光灯放置在瀑布落水处的前方向瀑布照射，效果很好，但如果让设在远处的投光灯直接照在瀑布上，效果并不理想（图 7.15）。

(3) 静水和湖的照明

① 对于静水面的照明，如果以直射光照在水面上，虽然对水面本身作用不大，但却能使其附近被灯光所照亮的小桥、树木或园林建筑等呈现出波光粼粼的效果，有一种梦幻似的意境。

② 所有静水或慢速流动的水，比如水槽内的水、池塘、湖或缓慢流动的河水，其镜面效果是令人十分感兴趣的。所以只要照射河岸边的景象，必将在水面上反射出令人神往的景观，格外具有吸引力。

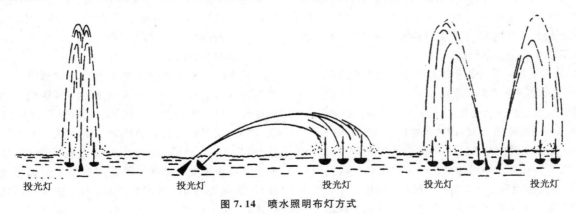

投光灯　　　投光灯　　　投光灯　　　投光灯　　　投光灯

图 7.14　喷水照明布灯方式

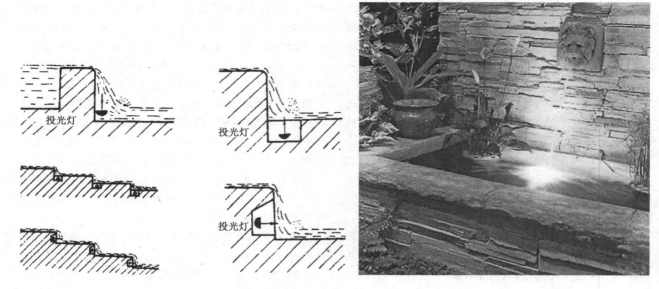

图 7.15　针对不同流水效果采用的投光照明方法及实例

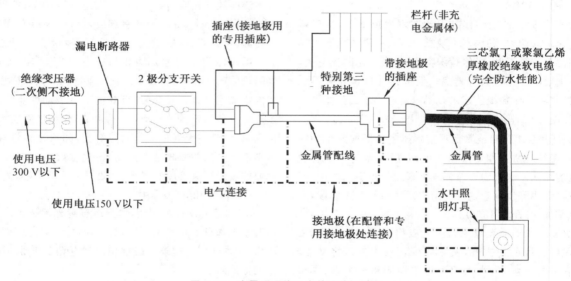

图 7.16　水景照明施工中的设施系统图

③ 对岸引人注目的物体或者伸出水面的物体(如斜倚着的树木等),可用浸在水下的投光灯具来照明。

④ 对由于风等原因而使水面涌动的景象,可以通过岸上的投光灯具直接照射水面来得到有趣的动态效果。此时的反射光不再均匀,照明提供的是一系列不同亮度区域中呈连续变化的水的形状。

⑤ 彩色装饰灯可营造节日气氛,特别是反映在水中更为美丽,但是这种装饰灯光不易获得宁静、安详的气氛,也难以表现出大自然的壮观景象,只能有限度地调剂使用。

静水照明参见图 7.31:园林景物色光渲染实例。

(4)水景照明的施工　水中的灯具应具有抗蚀性和耐水构造。由于在水中设置灯具时会受到波浪或风的机械冲击,因此必须具有一定的机械强度。水中布线必须满足电气设备的有关技术规程和各种标准,同时在线路方面

也应有一定的强度。水中使用的灯具上常有微生物附着或浮游物堆积的情况,因此要能够易于清扫或检查表面。水景照明施工中的设施系统和水、光、电控制系统参见图7.16、图7.17。图7.18是水下灯具的几种设置方式。表7.7是这几种设置方式的主要特点。

6. 园林道路照明

道路是公园和其他公共场所的基本脉络。路灯照明的首要目的是帮助行人识别道路。照明的差别有助于区分主路、支路和使用区,通过使用不同的灯光亮度、高度、距离和灯光颜色可以提高司机和行人的方向感(图 7.19)。路灯照明的另一个重要目的是保障行人安全和维护治安。清晰的照明和有效的光照覆盖非常重要,在适当的地方安装灯,消除潜在的易受攻击的黑暗处,有助于确保行人安全,提高安全感(图 7.20)。

表 7.7　水景照明灯具几种设置方式的主要特点

设置方式	特点
电线管连接	A 耐腐蚀性好 B 在连接部位,由于连接材料的原因,难以进水 C 在造价、施工方面有利 D 在强度方面不如金属管
金属管连接	A 露天配管等的机械强度很好 B 最易腐蚀
钢化玻璃密封	A 最一般的施工 B 电缆的连接,端部处理容易出问题

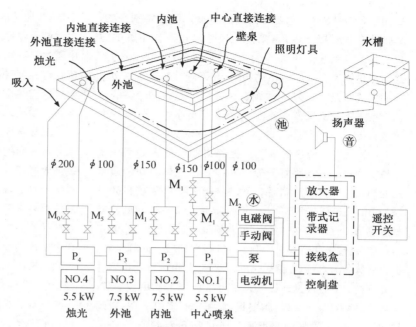

图 7.17　水景照明施工中的水、光、电控制系统图

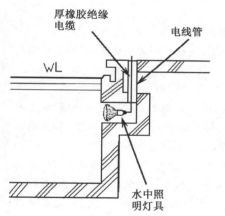
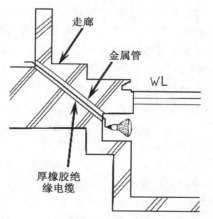
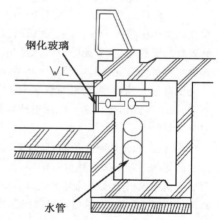

图 7.18　水景照明灯具设置的几种示例图

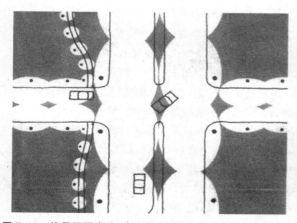

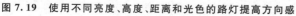

图 7.19　使用不同亮度、高度、距离和光色的路灯提高方向感

a　不合需要的　　b　合乎需要的

图 7.20　照明形式与安全

（1）路灯的布置　园林路灯以庭园照明为主,偶见中杆照明。园林路灯的布置既要保证路面有足够的照度,又要讲究一定的装饰性,路灯的间距一般为 10～40 m,杆式路灯的间距取较大值,柱式路灯则取较小值。采取何种方

式如何来布置路灯,主要看园路的宽度。园路特别宽的,如宽度在 7 m 以上的,可采用沿道路双边对称布置的方式。为使灯光照射更加均匀,也可采用双边相交错的方式。若是宽度在 7 m 以下的园路,其路灯一般采用单边单排的方式布置。在园路的弯道处,路灯要布置在弯道的外侧。在道路的交叉节点部位,路灯应尽量布置在转角的突出位置上。

(2) 路灯的架设方式　园路路灯的架设方式有杆式和柱式两种。杆式路灯一般用在园林出入口内外和通车的主园路中,可采用镀锌钢管做电杆,底部管径为 φ160～180 mm,顶部管径可略小于底部,高度为 5～8 m,悬伸臂长度可为 1～2 m。柱式路灯主要用于小游园散步道、滨水游览道、游憩林荫道等处,可以利用石柱、砖柱、混凝土柱、钢管柱等作为灯柱,在围墙边的园路路灯,也可以利用墙柱作为灯柱。灯柱高度一般可设计为 0.9～5 m。每柱一灯,也可每柱两灯甚至多灯,需要提高照度时,多灯齐明,或隔柱设置控制开关来调整照明。还可利用路灯灯柱安装 150 W 的密封光束反光灯来照亮花圃和灌木。

(3) 路灯的光源选择　园林内的主园路,要求其路灯照度比其他园路大一些。为了保证有较好的照明效果、装饰效果和节约用电,主园路上可选择功率更大的光源如高压钠灯和荧光高压汞灯。园林内其他次要园路路灯,则不一定要有很大的照度,而经常要求有柔和的光线和适中的照度,因此可酌情使用具有乳白玻璃灯罩的白炽灯或金属卤化物灯。

在公园、绿地园路装照明灯时,要注意路旁树木对道路照明的影响。可以适当减少灯间距、加大光源的功率以补偿由于树木遮挡所产生的光损失;也可以根据树型或树木高度的不同,采用较长的灯柱悬臂以使灯具突出树缘外,或改变灯具的悬挂方式等以减少树木的遮挡。总之,园路照明设计中,无论是路灯的布置位置和配光形式,还是其架设方式和光源选择,都应当密切结合具体园林环境来灵活确定,要做到既使照度符合具体环境照明要求,又使光源、灯具的艺术性比较强,具有一定的环境装饰效果。

7. 园林场地照明

在对小面积的园林场地进行照明设计时,要考虑场地面积和形状对照明的要求。若是矩形的小面积场地,则灯具最好布置在 2 个对角上或在 4 个角上都布置。灯具布置最好要避开矩形边的中段。圆形的小面积场地,灯具可布置在场地中心,或对称布置在场地边沿。一般可选用卤钨灯、金属卤化物灯和荧光高压汞灯等作为光源。

休息场地面积一般较小,可将较矮的柱式庭院灯布置在四周,灯间距可小一些,10～15 m 即可。光源可采用白炽灯或卤钨灯,灯具则既可采用直射型的,也可采用漫射型的。直射型灯具适宜于有阅读、观看要求的场地;漫射型灯具则宜设置在不必清楚分辨物体细节的一些休息

场地,如座椅区、园林中的活动场地、露天咖啡座、茶座等。

游乐或运动场地因动态物多,运动性强,在照明设计中要注意不能采用频闪效应明显的光源如荧光灯、荧光高压汞灯、高压钠灯、金属卤化物灯等,而要采用频闪效应不明显的卤钨灯和白炽灯。灯具一般以高杆架设方式布置在场地周围。

园林草坪场地的照明一般以装饰性为主,但为了体现草坪在晚间的景色,也需要有一定的照度。对草坪照明和装饰效果最好的是矮柱式灯具和低矮的石灯、球形地灯、水平地灯等,由于灯具比较低矮,既能很好地照明草坪,又能使草坪具有柔和的、朦胧的夜间情调。灯具一般布置在距草坪边线 1.0～2.5 m 的草坪上,若草坪很大,也可在草坪中部均匀地布置一些灯具。灯具的间距为 8～15 m,其光源高度为 0.5～1.5 m。灯具可采用均匀漫射型和半间接型的,最好在光源外设有金属网状保护罩,以保护光源不受损坏。光源一般要采用照度适中的、光线柔和的、漫射性的一类,如装有乳白玻璃灯罩的白炽灯、装有磨砂玻璃罩的普通荧光灯和各种彩色荧光灯、异形的高效节能荧光灯等(图 7.21)。

8. 园林建筑照明

(1) 园林建筑内部照明　分为整体照明、局部照明与混合照明三种方式。具体情况如下所述:

① 整体照明　为整个被照场所设置的照明。它不考虑局部的特殊需要,而将灯具均匀地分布在被照场所上空,适合于对光线投射方向无特别要求的地方,如公园的茶餐厅、接待办公室、游泳运动馆等处。

② 局部照明　在工作点附近或需要突出表现的照明对象周围,专门为照亮工作面或重点对象而设置的照明。它常设置在对光线方面有特殊要求或对照度有较高要求之处,只照射局部的有限面积,如动物园笼舍的展区部分、公园游廊的入口区域、庙宇大殿中的佛像面前和突出建筑细部装饰的投射性照明等。

③ 混合照明　由整体照明与局部照明结合起来共同组成的照明方式。在整体照明基础上,再对重点对象加强局部照明。这种方式有利于节约用电,在现代建筑室内照明设计中应用十分普遍,如在纪念馆、展览厅、会议厅、园林商店、游艺厅等处,就经常采用这种照明方式。

园林中一般的风景建筑和服务性建筑内部,多采用荧光灯和半直接型、均匀漫射型的白炽灯作为光源,使墙壁和顶棚都有一定亮度,整个室内空间照度分布比较均匀。干燥房间内宜使用开启式灯具;潮湿房间中,则应使用瓷质灯头的开启式灯具;湿度较大的场所,要使用防水灯头的灯具;特别潮湿的房间,则应使用防水密封式灯具。

高大房间可采用壁灯和顶灯相结合的布灯方案,而一般的房间则仍以采用顶灯照明为宜。单纯用壁灯做房间照明时,容易使空间显得昏暗,还是不采用为好。高大房间内的

灯具应该具有较好的装饰性,可采用一些造型优美的玻璃吊灯、艺术壁灯、发光顶棚、光梁、光带、光檐等来装饰房间。

在建筑室内布置灯具,如果用直接型或半直接型的灯具布置,要注意避免在室内物体旁形成阴影,就算是面积不大的房间,也要安装2盏以上灯具,以尽量消除阴影。

(2)园林建筑外部照明 公园大门建筑和城市广场主体建筑,如楼阁、殿堂、高塔等,以及水边建筑,如亭、廊、榭、舫等,常可进行立面照明,用灯光来突出建筑的夜间艺术形象。建筑立面照明的主要方法有用灯串勾勒轮廓和用投光灯照射两种。

沿着建筑物轮廓线装置成串的彩灯,能够在夜间突出园林建筑的轮廓,彩灯本身也显得光华绚丽,可增加环境

的色彩氛围。这种方法耗电量很大,对建筑物的立体表现和细部表现不太有利,一般只作为园林大门建筑或主体建筑装饰照明所用。但在公园举行灯展、灯会活动时,这种方法就可用作普遍装饰园林建筑的照明方法。

采用投光灯照射建筑立面,能够较好地突出建筑的立体性和细部表现,不但立体感强、照明效果好,而且耗电较少,有利于节约用电。这种方法一般可用在园林大门建筑和主体建筑的立面照明上。投光灯的光色还可以调整为绿色、蓝色、红色等,则建筑立面照明的色彩渲染效果会更好,色彩氛围和环境情调也会更浓郁。图7.21右及图7.22上为法国第戎城市广场建筑照明,图7.22下为乌江寨夜景。

图 7.21 园林场地与草坪照明实例

图 7.22 园林建筑照明实例

对建筑照明立面的选择,常根据各建筑立面的观看频率多少来决定,一般以观看频率高的立面作为照明面。同时,要掌握好照度的选择,照度大小应当根据建筑物墙壁、门窗材料的反射系数和周围环境的亮度水平来决定。根据《民用建筑电气设计标准》(GB 51348—2019),建筑物立面照明的照度值可参考表7.8的数据。

表 7.8　建筑物立面照明的推荐照度

建筑物或构筑物立面特征		平均照度/lx		
		环境状况		
外观颜色	反射系数/%	明亮	明	暗
白　色	75～85	75～100	50～75	30～50
明　色	45～70	100～150	75～100	50～75
中间色	20～45	150～200	100～150	75～100

（3）园林古建筑照明　在全面了解中国古建筑特征的基础上,根据建筑物的使用功能、建筑风格、结构特征、饰面材料、装饰图案以及建筑所处的环境,抓住照明的重点部位,以突出重点,兼顾一般的多元空间立体照明的方法,充分展示建筑物的艺术风采。

照明设计要点:

① 充分体现古建筑特征,突出一个"古"字。鉴于中国古建筑的布局、形态色彩与现代建筑不同,因此夜景照明的用光、配色、灯具造型均应突出古建筑特征,力求准确地表现其特有的文化和艺术内涵。

② 通过照明的亮度和颜色的变化,既要显现出建筑物的轮廓,又要尽可能清晰地展现其局部特征,如斗拱彩画等装饰细部的特征,表现出最佳的层次感和立体感。

③ 照明的亮度水平必须严格执行有关标准。由于古建筑表面的反射比即反射系数较低,故以亮度标准设计为宜。

④ 照明光源必须具有良好的显色性能,用光以暖色调为主。色彩力求简洁、庄重和鲜艳;灯具造型应和古建筑协调一致,并富有民族特色。

⑤ 照明设备具有防火、防水及防腐蚀性能,设备安装应谨慎,切勿损坏古建筑、文物或遗迹、遗址。

⑥ 整个照明设施要维修方便,便于管理。

9. 雕塑、雕像的饰景照明

对高度不超过5～6 m的小型或中型雕塑,其饰景照明的方法如下:

（1）照明点的数量与排列,取决于被照目标的类型。要求是照明整个目标,但不要均匀,其目的是通过阴影和不同的亮度,创造出轮廓鲜明的效果。

（2）根据被照明目标的位置及其周围的环境确定灯具的位置:① 处于地面上的照明目标,孤立地位于草地或空地中央。此时,灯具的安装应尽可能与地面平齐,以保持周围的外观不受影响和减少眩光的危险。也可装在植物或围墙后的地面上(图7.23)。② 坐落在基座上的照明

目标,孤立地位于草地或空地中央。为了控制基座的亮度,灯具必须放在更远一些的地方,并且基座的边不能在被照明目标的底部产生阴影[图7.24(a)]。③ 坐落在基座上的照明目标,位于行人可接近的地方。通常不能围着基座安装灯具,因为从透视上说距离太近。只能将灯具固定在公共照明杆上或装在附近建筑的立面上,但必须注意避免眩光[图7.24(b)]。

（3）通常照明塑像脸部以及塑像的正面主体部分,背部照明要求低得多,甚至在某些情况下,一点都不需要照明。

（4）从下往上照明雕塑时要注意,凡是可能在塑像脸部产生不愉快阴影的方向都不能施加照明。

（5）对某些塑像,材料的颜色是一个重要的要素。一般说,用白炽灯照明有好的显色性。通过使用适当的灯泡——汞灯、金属卤化物灯、钠灯,可以增加材料的颜色。采用彩色照明最好能做一下光色试验。

图 7.23　无基座雕塑的投光照明

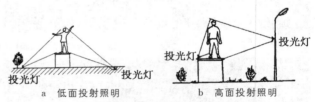

a 低面投射照明　　　b 高面投射照明

图 7.24　有基座雕塑的投光照明

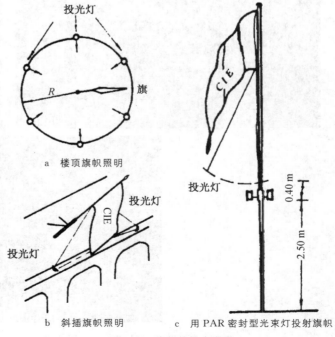

a 楼顶旗帜照明

b 斜插旗帜照明　　　c 用PAR密封型光束灯投射旗帜

图 7.25　旗帜的投光照明

10. 旗帜的照明

对旗帜的照明方法如下：

① 由于旗帜会随风飘动，因此应该始终采用直接向上的照明以避免眩光。

② 对于装在大楼顶上的一面独立的旗帜，在屋顶上布置一圈投光灯具，光圈的大小是旗帜飘扬能达到的极限位置。将灯具向上瞄准，并略微向旗帜倾斜。根据旗帜的大小及旗杆的高度，可以采用3~8只宽光束投光灯照明[图7.25(a)]。

③ 当旗帜插在一个斜的旗杆上时，从旗杆两边低于旗帜最低点的平面上分别安装两只投光灯具，这个最低点是在无风情况下确定的[图7.25(b)]。

④ 当只有一面旗帜装在旗杆上时，也可以在旗杆上装一圈PAR密封型光束灯具。为了减少眩光，这种灯组成的圆环离地至少2.5 m高。为了避免烧坏旗帜布料，在无风时，圆环离垂挂的旗帜下面至少有40 cm距离[图7.25(c)]。

⑤ 对于多面旗帜分别升在旗杆顶上的情况，可以将密封光束灯分别装在地面上进行照明。为了照亮所有的旗帜，且不论旗帜飘向哪一方向都能被照亮，灯具的数量和安装位置取决于所有旗帜覆盖的空间。

11. 生活小区的照明

（1）小区公共空间环境的照明配置　小区公共空间环境的灯光照明应满足居民日常生活的需要，提供安全、舒适、优美、柔和的灯光环境，尤其要注意路灯和庭院灯的布点，防止灯光对住户夜晚休息的影响。公共场所的灯光宜明亮而柔和，避免眩光，慎用冷色调光源。整个小区的照明应采用多路控制，以满足不同时段的需要，节约能源。

小区平均照度一般在1 lx/m² 左右，而道路要达到2 lx/m² 左右。从数字上看，小区照明比道路照明要暗得多，其实并非如此。道路对亮度均匀性（最低亮度与平均亮度之比）要求高，一般不低于40%。因为对于快速行驶的车辆而言，明显的亮度变化容易引起视觉错误甚至暂时地失去视觉，造成交通事故。而小区中车辆、人员的行进速度都比较缓慢，对住宅小区而言，亮度均匀性要求很低。所以住宅小区中一些主出入口、路口、公共区亮度都比较高，而其他地方亮度较低，因此平均亮度较低。出于交通方面的同样考虑，道路要求无眩光或眩光极小，所以道路比较适合采用截光或半截光灯具，一方面防止眩光，另一方面增加光效。而小区照明对眩光不做限制，可以采用非截光灯具。非截光灯具的光不但射到地面，还射到墙面、树林、建筑物等其他工作面，能起到一定的环境照明作用。

照明的视觉指导作用一般跟灯的排列有关，单侧排列指引性最强，双侧对称次之，双侧交叉最次。如果生活小区内道路比较直、变化小，对照明指引性要求低，可采用均匀性好的双侧交叉和双侧对称排列；如果小区道路较为复杂，路口多、分叉多，要求照明有较好的视觉指导作用，一般可采用单侧排列，道路较宽的小区主干道，也应采用双侧对称排列。另外，在小区中进行照明设计应时刻注意避免室外照明对居民室内环境造成不良影响，这一点主要是通过选择合理的灯具和恰当的灯位来控制。

（2）小区宅间环境的照明配置　早期的小区宅间环境照明往往倾向于重复设置相当数量的庭院灯和草坪灯，而庭院灯的功率较大，且基本上都是团状的光，无法有效地照亮楼间和底层小庭院中的道路和植物，却很容易将行走在此间的人的注意力吸引到灯泡上，掩盖了景观特色和建筑细节。合理的小区宅间照明应该在楼间的步行道、绿化视觉节点以及景观小品等处，设置较小功率的照明设施，照亮道路和其他特色部分，营造一种温和自然的楼间氛围。具体在灯具布置时，还可以选择一些标志性的植物或建筑小品，经过装饰后作为路标，巧妙而安全地指引小区内行人行进的方向，沿路还可以欣赏小区景观在夜间特有的形态。灯具位置的选择尽量让其在白天看起来不显眼，做到"见光不见灯"。图7.26为生活小区灯光的配置。

a　散步道

让生活在此的人们能够充分感受大自然的绿色之道。利用高方位的照明确保夜晚的安全，并用低柱照明（草坪灯）营造出一种格调优美的舒适环境。

b　小道

人们日常生活区的小路，连接住户与住户、广场与广场之间的路。根据庭园植物的高度使用低柱照明，以突出绿色点缀效果和供人行走的灯光，为了确保行人的安全，建议与脚光灯同时使用。

c　街心小花园

在小街边设有长椅休憩场所，借助住宅二楼透过的灯光采用稍低的公园灯（柱高3.3 m）进行全方位照明，并可产生舒适柔和的灯光效果。

d 生活区道路

住宅区的人行道、车道是生活在此的人的通行之路,所以应使用让人感到安全的防范灯和象征街道主旋律的庭院灯,也可使用低柱照明。

e 公共场所

住宅区的路口或中央设立的象征性的公共空间是这条街的正大门,为增加街区小路的基本灯光,展现街区的情调,推荐加些光亮。

f 小公园

儿童公园、附近草坪公园为生活在此的人们提供休闲的场所。在这些场所应使用全方位照明灯具,这些灯具发出的光使人感到舒适、安全。

图 7.26 生活小区灯光的配置

（3）庭院照明施工方法　庭院是居家生活的重要场所,庭院照明应考虑家庭的活动情况,创造安全的活动环境和良好的生活氛围。庭院照明电源一般引自住户家。可按照施工拉线方式分为移动式施工、埋地式施工和架空式施工。移动式的电线放在地表,不永久固定,便于灯具移动位置,方便但不够安全、美观;埋地式将电源线埋入地下,较为整洁、安全,但工程量较大,也不便于移动;架空式将电源线架在 3 m 以上的空中,方便、安全,但不够美观(图 7.27)。

图 7.28 是室外灯具安装的图示。介绍了不同室外灯具在不同施工方式中的细节与注意事项。

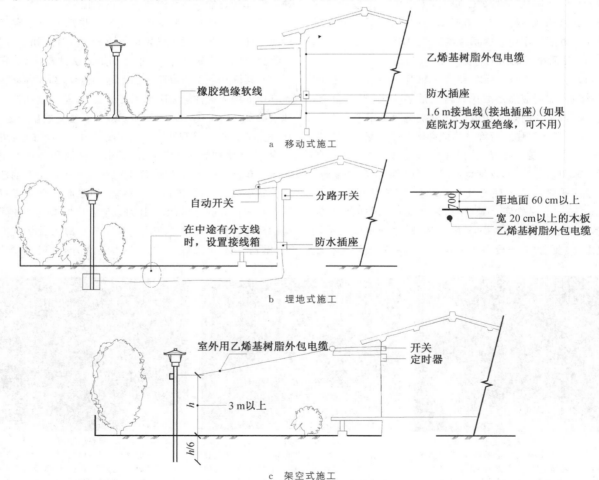

a 移动式施工

乙烯基树脂外包电缆

橡胶绝缘软线

防水插座

1.6 m接地线(接地插座)(如果庭院灯为双重绝缘,可不用)

b 埋地式施工

自动开关

分路开关

在中途有分支线时,设置接线箱

防水插座

距地面 60 cm 以上

宽 20 cm 以上的木板

乙烯基树脂外包电缆

c 架空式施工

室外用乙烯基树脂外包电缆

开关

定时器

3 m 以上

图 7.27 庭院照明施工方法

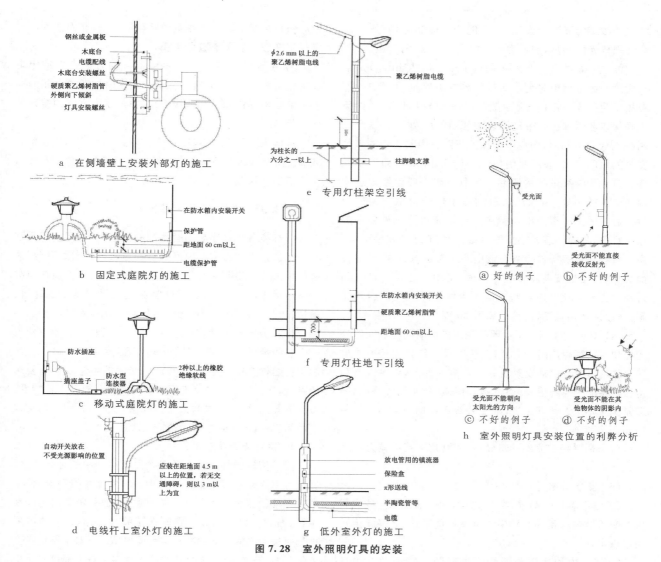

a 在侧墙壁上安装外部灯的施工

钢丝或金属板
木底台
电缆配线
木底台安装螺丝
硬质聚乙烯树脂管外侧向下倾斜
灯具安装螺丝

b 固定式庭院灯的施工

在防水箱内安装开关
保护管
距地面 60 cm 以上
电缆保护管

c 移动式庭院灯的施工

防水插座
插座盖子
防水型连接器
2 种以上的橡胶绝缘软线

d 电线杆上室外灯的施工

自动开关放在不受光源影响的位置
应装在距地面 4.5 m 以上的位置,若无交通障碍,则以 3 m 以上为宜

e 专用灯柱架空引线

φ2.6 mm 以上的聚乙烯树脂电线
聚乙烯树脂电缆
为柱长的六分之一以上
柱脚横支撑

f 专用灯柱地下引线

在防水箱内安装开关
硬质聚乙烯树脂管
距地面 60 cm 以上

g 低外室外灯的施工

放电管用的镇流器
保险盒
π形送线
半陶瓷管等
电缆

ⓐ 好的例子

ⓑ 不好的例子
受光面
受光面不能直接接收反射光

ⓒ 不好的例子
受光面不能朝向太阳光的方向

ⓓ 不好的例子
受光面不能在其他物体的阴影内

h 室外照明灯具安装位置的利弊分析

图 7.28 室外照明灯具的安装

12. 溶洞照明

(1) 明视照明 明视照明是以溶洞通道为中心开展活动和工作所需的照明,它包括常见灯光和附加灯光两部分。当导游介绍景观时,两种灯光同时亮,而当导游离开该景观时,附加的那部分灯光便自动熄灭。这样做可以省电,更重要的是通过灯光的明暗变化烘托气氛,给游客以动感,提高欣赏情趣。

通道照明灯具不宜安装过高,以距离底部 200 mm 为宜,为了保证必要的照度值(不小于 0.5 lx),每 4~6 m 应设置 60 W 照明灯具 1 盏。

(2) 饰景照明 饰景照明是用于烘托景物的,利用灯光布景使大自然的鬼斧神工表现出各种主题,如"仙女下凡""金鸡报晓""大闹天宫"等,给游客以丰富的想象,得到美的享受(图 7.29)。

为了得到较好的烘托效果,饰景照明不宜采用大功率的灯光,同时还要求灯具既能下部位可变,又能调整焦点。在目标附近还可增设其他灯具,以亮度对比方式突出目标的艺术形象。

图 7.29 溶洞照明实例

为了表现一种艺术构思,饰景用的灯光的颜色应根据

特定的故事情节进行设计,而不能像一般游艺场、舞厅的灯光那样光怪陆离,使景观的意境受到干扰和破坏。

(3)应急照明 应急照明(emergency lighting)是当一般照明因故断电时为了疏散溶洞内游客而设置的一种事故照明装置。包括:① 疏散照明(escape lighting),即用于确保疏散通道被有效地辨认和使用的照明。② 安全照明(safety lighting),即用于确保处于潜在危险之中的人员安全的照明。③ 备用照明(stand-by lighting),即用于确保正常活动继续进行的照明。应急照明一般设置于溶洞内通道的转角处,为人员疏散的指示信号提供一定的照度。通常采用的灯内电池型应急照明装置是一种新颖的照明灯具,其内部装有小型密封蓄电池、充放电转换装置、逆变器和光源等部件。当交流电源正常供电时,蓄电池被缓缓充电;当交流电源因故中断时,蓄电池通过转换电路自动将光源点亮。应急照明应采用能瞬时点亮的照明光源,一般采用白炽灯,每盏功率取 30 W。

(4)灯光的控制 明视照明和饰景照明的控制有红外光控和干簧管磁控两种方式,一般以采用红外光控方式居多。这种遥控器包括发射器和接收器两部分,导游人员利用发射器发射控制信号,通过接收器通、断照明线路,启闭灯光。红外光为不可见光,不受外界干扰时其射程为 7~10 m。

对于需要经常变幻的灯光,可以利用可控硅调光器进行调光。

(5)安全措施

① 由于溶洞内潮湿,容易触电,为了保证安全,溶洞供电变压器应采用 380 V 中性点不接地系统,最好能用双回路供电。

② 溶洞内的通道照明和饰景照明在特别潮湿的场所,其使用电压不应超过 36 V。

③ 根据安全要求,溶洞内的供电和照明线路不允许采用黄麻保护层的电缆。固定敷设的照明线路可以采用铝芯塑料绝缘护套电缆或普通塑料绝缘线,非固定敷设时宜采用橡胶或氯丁橡胶套电缆。

④ 在溶洞内,凡是由于绝缘破坏而可能带电的用电设备金属外壳,均须做接地保护。将所有电缆的金属的外皮不间断地连接起来构成接地网,并与洞内水坑的接地板(体)相连。

接地板装于水坑内,其数量不得少于两个,以便在检修和清洗接地板时互为备用。接地体采用厚度不少于 5 mm、面积不少于 0.75 m² 的钢板制作。

7.2.3 户外灯光造景

园林夜景是在园林固有景观的基础上,利用夜间照明和灯光造景来塑造的。夜间照明和造景往往密不可分,这是因为园林环境有其突出的生态特性,行人不仅要在园林环境中休闲娱乐,而且还要欣赏穿插在景观各处的建筑、雕塑、小品、水景等。鉴于此,园林景观在夜间以灯光的手段强化和突出整个环境的设计构思和造型特点,使之成为一个以线带面、突出重点、既统一和谐又主次分明的优美景观。在园林户外灯光设计中,对于光源的色彩及明暗要求较高,而显色性及均匀度等照明要素则退而求其次,一般要服从造景的需要,力求营造出高质量的夜间景观。前文以照明为重点,下面则主要讨论灯光造景的方法。

1. 用灯光强调主景

为了突出园林的主景或各个局部空间中的重要景点,我们可以采用直接型的灯具从前侧方对着主景照射,使主景的亮度明显大于周围环境的亮度,从而鲜明突出地表现主景,强调主景。灯具不宜设在正前方,因为正前方的投射光对被照物的立体感有一定削弱作用。一般也不设在主景的后面,若在后面,将会造成眩光并使主景正面落在阴影中,不利于主景的表现,除非是特意为了用灯光来勾勒主景的轮廓,否则都不要从后面照射主景。园林中的雕塑、照壁、主体建筑等,常用以上方法进行照明强调(图7.30)。

a 前侧底部投射光　　　　　　　　　b 前侧顶部投射光

图 7.30　园林用灯光强调主景实例

在对园林主体建筑或重要建筑用灯光照射加以强调时,如果充分利用建筑物的形象特点和周围环境的特点,有选择地进行照明,就能够获得建筑立面照明的最大艺术效果。如建筑物的水平层次形状、竖向垂直线条、长方体形等形状要素,都可以通过一定方向光线的投射、烘托而更加富于艺术性的表现。又如将建筑物近旁的水池、湖泊作为夜间一个黑色的投影面,使被照明的建筑物在水中倒映出来,可获得建筑物与水景交相映衬的效果。或者将投光灯设置在树木之后,透过稀疏枝叶向建筑照射,可在建筑物墙面投射出许多光斑、黑影,也进一步强化了建筑物的光影效果(图7.22)。

2. 用色光渲染氛围

利用有色灯光对园林夜间景物以及园林空间进行照射着色,能够很好地渲染园林的环境气氛和夜间情调。这种渲染可以从地上、夜空和动态音画三个方面进行。

(1) 景物色光渲染 园林中的草坪、水面、花坛、树丛、亭廊、曲桥、山石甚至铺装地面等,都可以在其边缘地带设置投射灯具,利用灯罩上不同颜色的透色片透出各色灯光为地面及周围景物着色。亭廊、曲桥、地面用各种色光都可以,但草坪、花坛、树丛则不能采用蓝、绿色光,因为在蓝、绿色光照射下,鲜活的植物却仿佛成了人造的塑料植物,给人虚假的感觉(图7.31)。

图7.31 园林景物色光渲染实例

(a)水岸造型优美的植物与山石摆件一起在光色渲染下营造出富有禅意的庭院景观;(b)凉亭外部的山石树丛在光色渲染下展现出真实的色彩与质感;(c)贵州乌江寨水岸景观用相同色温的照明光源渲染亭、廊桥等园林建筑,构成一幅完整的画卷;(d)南京长江时代用灯带勾勒庭院水池边界,展现出水景的迷离与梦幻。

（2）夜空色光渲染　对夜空的色彩渲染有漫射型渲染和直射型渲染两种方式。漫射型渲染是指将大功率的光源置于漫射性材料制作的灯罩内，向上空发出色光。这种方式的照射距离比较短，因此只能在较小范围内营造出色光氛围。直射型渲染则是指用方向性特强的大功率探照灯，向高空发射光柱。若干光柱相互交叉晃动、扫射，形成夜空中的动态光影景观。探照灯光一般不加色彩，因为若成为彩色光柱，照射距离就会缩短。对夜空进行色光渲染，在灯具上还可以做些改进，加上一些旋转、

摇摆、闪烁和定时亮灭的功能，甚至使用无人机表演，使夜空中的光幕、光柱、光带、光斑等具有各种形式的动态效果（图7.32）。

（3）动态音画渲染　在园景广场、公园大门内广场以及一些重点的灯展场地，采用水景、巨型电视屏等，以音画结合的方式来渲染园林夜景，能够增强园林夜景的动态效果。此外，也可以对园林中一些照壁或建筑山墙墙面进行灯光投影，在墙面投影出各种图案、文字、动物、人物等简单的形象，可以进一步丰富园林夜间景色（图7.33）。

图 7.32　贵州乌江寨夜空色光渲染与无人机表演实例

图 7.33　法国第戎某城市广场旱喷色光渲染实例

3．用灯光造型饰景

灯光、灯具还有装饰和造型的作用。特别是在喷泉水景及灯展、灯会上，灯的造型千变万化，绚丽多彩，成了夜间园林的主要景观。

（1）装饰彩灯造型　用各种形状的微光源和各色彩灯以及定时亮灭灯具，可以制作成装饰性很强的图形、纹样、文字及其他多种装饰物。

① 装饰灯的种类　专供装饰造型用的灯饰种类比较多，下面列举其中一些较常见的装饰灯。

• 满天星　用软质的塑料电线间隔式地串联起低压微型灯泡，然后接到 220 V 电源上使用。这种灯饰价格低、耗电少、灯光繁密，能组成光丛、光幕和光塔等。

• 美耐灯　商业名称又叫水管灯、流星灯、可塑电虹灯等，是将多数低压微型灯泡按 2.5 cm 或 5 cm 的间距串联起来，并封装于透明的彩色塑料软管内制成的装饰灯。若配以专用的控制器，则可以营造出灯光明暗、闪烁、追逐等多种效果。灯串中如有一两个灯泡烧坏，电路能够自动接通，不影响其他灯泡发光。在制作灯管图案时，可以根据所需长度在管外特殊标记处剪断，如果需要增加长度，也可使用特殊连接件做有限的加长。

• 小带灯　将特种耐用微型灯泡在导线上连接成串，然后镶嵌在带形的塑料内做成的灯带。灯带一般宽 10 cm，额定电压有 24 V 和 22 V 两种，小带灯主要用于建筑、大型图画和商店橱窗的轮廓显示，也可以拼制成简单的直线图案做环境装饰用。

• 电子扫描霓虹灯　这也是一种线形装饰灯，即将专门的电子程序控制器作为发光控制，使灯管内的发光段能够平滑地伸缩、流动，动态感很强，可做图案装饰用。这种灯饰要根据设计交由灯厂加工定做，市面上难以购到合用的产品。

• 变色灯　在灯罩内装有红、绿、蓝三种灯泡，通过专用的电子程序控制器控制三种颜色灯泡的发光，在不同颜色灯泡发光强弱变化中实现灯具的不断变色。

• 彩虹玻璃灯　这种灯饰是利用光栅技术开发的，可以在彩虹玻璃灯罩内产生五彩缤纷的奇妙光效，显得神奇迷离，灿烂夺目。

② 图案与文字造型　用灯饰制作图案与文字，应采用美耐灯、霓虹灯等管状的易于加工的装饰灯。先要设计好图案和文字，然后根据图案文字制作其背面的支架，支架一般用钢筋和角钢焊接而成。将支架焊稳焊牢之后，再用灯管照着设计的图样做出图案和文字来。为了方便更换烧坏的灯管，图样中所用灯管的长度不必要求很长，短一点的灯管多用几根也是一样的。由于用作图案文字造型的线形串灯具有管体柔软、光色艳丽、绝缘性好、防水节能、耐寒耐热、适用环境广、易于安装和维护方便等优点，因而在字形显示、图案显示、造型显示和轮廓显示等多种

功能中应用十分普遍。

③ 装饰物造型　利用装饰灯还可以做成一些装饰物，用来点缀园林环境。例如，用满天星串灯组成一条条整齐排列的下垂的光串，可做成灯瀑布，布置在园林环境中或公共建筑的大厅内，能够获得很好的装饰效果。在园路路口、桥头、亭子旁、广场边等环境中，可以在 4～7 m 高的钢管灯柱顶上，安装许多长度相等的美耐灯软管，从柱顶中心向周围披散展开，组成如椰子树般的形状，这就是灯树。用不同颜色的灯饰还可以组合成灯拱桥、灯窑塔、灯花篮、灯座钟、灯涌泉等多姿多彩的装饰物。

（2）灯展中的灯组造型　在公园内举办灯展灯会，不但要准备许多造型各异的彩灯灯饰，而且还要制作许多大型的造型灯组。灯组造型所用题材范围十分广泛，每一灯组都是由若干的造型灯形象构成的。

在用彩灯制作某种形象时，一般先要按照该形象的大致形状做出骨架模型，骨架材料的选择视该形象体量的大小轻重而定，大而重的要用钢筋、铁丝焊接做成骨架；小而轻的则可用竹木材料编扎、捆绑成为骨架。骨架做好后，进行蒙面或铺面工作。蒙面或铺面的材料多种多样，常用的有色布、绢绸、有色塑料布、油布、碗碟、针药瓶、玻璃片等，也有直接用低压灯泡的。如果是供室内展出的灯组，还可以用彩色纸作为蒙面材料。

（3）激光照射造型　在使用探照灯等直射光源以光柱照射夜空的同时，还可以使用新型的激光射灯，在夜空中创造各种光的形状。激光发射器可发出各种可见的色光，并且可随意变化光色，各种色光可以在天空中绘出多种曲线、光斑、图案、花形、人形甚至写出一些文字来，使园林的夜空显得无比奇幻和奥妙，具有很强的观赏性。

7.2.4　照明工程设计步骤与要点

1．公园、绿地照明设计的基本步骤

（1）在进行户外照明设计以前，应首先掌握下列一些原始资料：

① 公园、绿地的总平面图、竖向设计图，以及主要建筑物的平面图、立面图和剖面图。

② 该公园、绿地对电气的要求（设计任务书），特别是一些专用性强的公园、绿地照明，应明确提出照度、灯具选择、布置、安装要求。

③ 电源的供电情况及进线方位。

照明设计的顺序常有以下几个步骤：

① 明确照明对象的功能和照明要求。

② 选择照明方式。根据设计任务书中对电气的要求，在不同的场合选择合适的照明方式。

③ 光源和灯具的选择。根据公园、绿地的配光和光色要求，与周围景色的融合等来选择光源和灯具。灯具的合理布置，除考虑光源光线的投射方向、照度均匀度等，还

应考虑灯具的经济性、安全性等。

④ 进行照度计算。具体照度计算可参考有关照明手册。

2. 公园、绿地照明设计的要点

园林照明的设计及灯具的选择应在设计之前做一次全面细致的考察。可在白天对周围环境空间进行仔细的观察，以决定何处适宜于灯具的安装，并考虑采用何种照明方式最能突出表现夜景。与其他景观设计一样，园林照明也要兼顾局部和整体的关系。位置适当的灯具布置可以创造出一系列兴奋点，所以恰到好处的设计可以增加夜晚园林环境的活力；但统筹全园的整体设计，则有利于分别主次、突出重点，使园林的夜景在统一的规划中显现出秩序感和本身的特色。如能将各类照明有机地结合，可最大限度地减少不必要的灯具，节省能源和灯具上的花费。而与造园设计一并考虑，能避免因考虑不周而带来的重复施工。

照明设计的原则应突出园中造型美丽的建筑、山石、水景与花木，掩藏园景的缺憾。园林的不同位置对照明的要求具有相当大的差异，为展示出园内各种景物的优美，照明方法应因景而异。建筑、峰石、雕塑与花木等的投射灯光应按需要使之强弱变化，以便在夜晚展现各自的风韵；园路两侧的路灯应照度均匀连续，从而满足安全的需要。为使小空间显得更大，可只照亮必要的区域而将其余置于阴影之中；而对大的室外空间，处理的手法正好相反，这样会产生一种亲切感。园林照明应慎重使用光源上的调光器，大多数采用白炽灯作为光源的园灯使用调光器后会使光线偏黄，给被照射的物体蒙上一层黄色，对于植物，会呈现病态，失去原有的生机。彩色滤光器也最好少用，因为经其投射出的光线会造成失真感，对于植物尤显不真实。当然天蓝滤光器例外，它能消除白炽灯中的黄色调，使光线变成令人愉快的蓝白光。

灯光亮度要根据活动需要以及安全需要而定，过亮或过暗都会给游人带来不适。照明设计尤其应注意眩光。所谓眩光是指使人产生极强烈不适感的过亮、过强的光线。将灯具隐藏在花木之中既可以提供必需的光亮又不致引起眩光。要确定灯光的照明范围还必须考虑灯具的位置，即灯具高度、角度以及光分布，而照明时所形成的阴影大小、明暗度与环境及气氛相协调，以利于用光影来衬托自然，创造一定的场景与气氛。这些都需要在白天对周围空间进行仔细的观察，并通过计算校核，以确定最佳的景观照明效果。

虽然灯具设置的目的主要是用于照明，以便在黑夜也能活动自如，然而布置适宜、造型优美的园灯在白天也有特殊的装饰作用。灯具的选择，虽说应优先考虑灯光效果，但其造型也相当重要，尤其是对于那些具有装饰作用的灯具，不能太随意普通，否则难以取到良好的效果。外观造型应符合使用要求与设计意图，强调灯具的艺术性有助于丰富空间的层次和立体感。所以园灯的形式和位置应在照明需要的基础上兼顾白天的装饰作用。

3. 公园、绿地照明设计的安全性

（1）防侵犯照明　城市园林属于人员密度相对较高的室外公共场所，从人身安全角度考虑，夜间照明要满足能够迅速识别远处来人行为的要求，以便有足够时间做出正确的反应。在夜间，以能够看清楚对面走近的行人脸部表情的照度最为适宜，可以有效地避免照度不足引发的夜间恶性伤害事件。

（2）应急照明　园林场所的夜间照明设置应防止由断电引起的突发性事件，因此需设置应急照明。所谓应急照明，就是因正常照明的电源失效而启用的照明。正常电源断电后转换到应急电源供电的转换时间越短越好，应急照明持续工作时间应根据园林中观景点的设计人流量、疏散通道情况等确定，一般不宜小于 30 min。应急照明的光源可采用 LED 灯或紧凑型荧光灯等节能光源。对于可能发生安全事故的场所，还应采用长余辉材料制作疏散用的指示标记，尤其是在护栏、台阶、出口等处应采用自发光的指示标记，使人群能识别障碍物、转弯处等从而找到疏散方向。长余辉材料能吸收天然光和灯光，并将吸收的光能"储存"起来，当吸光 5～15 min 后，一旦停电，则能在较暗处持续发光 12 h 以上。

（3）照射方向　园林景观照明的灯光照射方向应避开人们的眼睛，尤其是禁止用高亮度的光束射向人群或有人活动的场所。如强光射入人眼，会产生失能眩光，易使活动的人们发生安全事故。由于激光束的亮度极高，光束指向性又强，如射入人眼，则会损坏视网膜，引发人眼病变，所以在园林夜间照明中使用激光束照射时，严禁照射人群，同时也严禁用激光束固定照射一处物体，否则会产生高温高热，使易燃物体发生火灾等安全事故，在晃动激光束时，也应控制好晃动速度。

（4）用电安全　园林景观照明设备必须符合防止触电要求，即要求在一般场所可采用电气防护类别Ⅰ类和Ⅱ类灯具，在使用条件比较差的场所应采用Ⅲ类电气产品。例如金属外壳的泛光照明灯具可用Ⅰ类灯具，塑料外壳的可用Ⅱ类灯具；而金属的配电箱、控制柜外壳，应是接地连续性的Ⅰ类防触电保护电气产品；水下使用的灯具应使用防触电保护为超低电压的Ⅲ类灯具。设置于人们易触及的街道、庭园、广场等处的景观照明装置的金属部件，应进行安全接地处理，同时尽量使灯具安装高度符合要求，避免人员触及，如在墙面上安装的灯具宜在 2.5 m 以上，成组安装的落地灯架不宜低于 3 m；达不到上述高度的，应考虑设置护栏、挡板，同时按国家标准的安全防范系统的通用图形符号设置安全提示标志。用电安全是保证人身安全的一个重要方面，在进行园林照明建设时必须遵循国家有关标准、规范的规定。

（5）照明设备安全　景观照明灯具及电气设备的外壳防护等级，应遵循国家标准《外壳防护等级（IP 代码）》（GB 4208—2008）中与灯具使用环境相适应的基本规定，景观照明设备的耐热等级也要满足使用环境要求。景观照明宜采用一体化灯具，同时应使选用的灯具便于安装、维修、清扫、更换，坚固耐用，灯具外壳上不得有毛刺、飞边等锋利的凹凸，同时必须具备抗风、雨、雪、冰、雹等恶劣气象条件的能力，以及抗大气腐蚀能力，能确保在设计使用寿命时间内安全运行。园林照明的电气装置和线路，必须有良好的散热条件，以防止因短路和过载故障引发电气火灾。园林景观照明装置传递给园林中建（构）筑物的荷载或附加应力，应经过相关单位对设计的认可，不得超过建（构）筑物的允许承载能力。高空（屋顶、高层建筑的外墙）安装的景观照明装置，必须与建（构）筑物主体结构做牢固固定。计算风荷载时，对于非常突出、高耸的高大建（构）筑物，应考虑一定的风压高度变化系数。安装在室外高空的园林照明装置必须进行防雷和安全接地处理，避免发生雷击现象。

（6）环境安全　城市园林景观照明不仅要提升园林环境自身的形象，而且要有利于创建一个周边乃至城市主体的宜居环境。照明设计应使园林夜间照明符合光污染的防治标准规定。尤其是周边有居住建筑和医院建筑病房楼时，这类场所在室内直接看到的室外景观照明的发光强度不应超过通常情况下人体的耐受度。此外，由于昆虫等具有趋光性，含有较多的波长为 380 nm 附近的光辐射和高亮度的景观照明灯会吸引昆虫和飞鸟，并使它们发生扑灯而亡的现象。而城市园林又是整个城市飞鸟、昆虫相对较为聚集的地方，所以在进行园林景观照明建设时也要考虑昆虫等的生活习惯，不应干扰动物昼夜活动的生物钟节律，满足环境照明的同时应降低照明产生的亮度，且所有这些措施均有利于保护该区域的生态平衡。同时，景观照明的灯光不应长时间、大光通量，并且不按植物生长需要地照射植物，尤其是禁止对光照敏感的枫树、垂柳等树种进行景观照明。总之，景观照明不应破坏植物体内的生物钟节律，应保护树木和花草等植物正常生长，保护生态环境，创造一个宜居的城市环境。

■ **思考与练习**

1. 园路的照明设计原则主要有哪些？
2. 景观照明设计主要包括哪些方面？
3. 园林环境中建筑物照明应该注意哪些方面？
4. 园林景观照明中如何做到技术性和经济性的统一？

8 假山石景工程

【导读】 山石,作为我国传统造园的基本要素,在现代景观设计中同样占有重要地位。读者在学习本章时既要熟悉中国园林筑山的发展演化历史及风格特点,掌握传统假山设计的原则和要点,又要将其和现代石景设计紧密联系在一起,取其精髓,运用到现代设计中来,创作出具有民族特色又不乏时代特征的景观。

8.1 假山石景概论

山石、水、植物和建筑是构成中国传统园林的四大要素,由此可见山石在景观设计中的重要地位。园林中的山石是对自然山石的艺术摹写,故称之为"假山",它不仅师法于自然,而且还凝结了设计师的艺术创造,因而除形神兼备外,还具有传情的作用,正所谓:"片山有致,寸石生情。"中国园林艺术一个很重要的特点,就是视山石为最重要的景物之一,大量营造的山石地形和石景,使园林"无园不山,无园不石"。

8.1.1 中国园林筑山发展演化史略及风格特点

夏禹治水以疏浚挖出的泥土堆成九州山,生民上山抗洪而得以活命,由此开辟了华夏筑山之先河。斗转星移,造山已从生产、生活之需,逐渐发展成为"仁者寿"等儒家哲理;从"山岳崇拜,封禅礼仪",逐渐发展成为求真、求善、求美的独特的艺术门类。

1. 先秦及秦汉

(1) 山岳崇拜,封禅礼仪。《礼记·祭法》云:"山林、川谷、丘陵,能出云,为风雨,见怪物,皆曰神。""崇"字的构成,反映了中国自古以高山为宗的文化内涵。在古人心目中,山具有神性,甚至是上天意志的体现,是人类崇拜的"圣山"(如昆仑山,在中国古代山川崇拜中占有极为重要的地位)。古代的封禅活动也是借山岳行祭祀之礼,因此,我们熟悉的"五岳"都和封禅活动息息相关,表现了华夏民族敬畏天地的精神导向和"天人合一"精神。

(2) 灵台灵沼,观象眺景。中国早期苑囿中用于观天象、通神明的台是园林筑山的雏形和文化基因。台的原型就是自然界的山岳。周文王的灵台、灵沼利用掘沼之土作台,取其高敞而于其上再造建筑,用灵台象征圣山,用灵沼象征圣水,台与池相结合,表现了"昆仑之丘""其下有弱水

之渊环之"的理想境界。灵台有与山岳相似的祭祀、观眺风景功能;灵沼即水体,挖低填高,平衡挖方和累土,具有山水的高下之势和山高水低、俯仰成景的人造山水的变化。为保证"垒土"成台的形状不致坍塌,下大上小,顶部平整成台,取其高敞,而作为建筑的基址以及与水面结合,起伏高低,相映成趣(图8.1、图8.2)。

图8.1 周文王灵台遗址
来源:汪菊渊《中国古代园林史》

图8.2 周文王灵沼、灵台示意图
来源:据佟裕哲《陕西古代景园建筑》绘制

211

严格来讲,先秦的观眺高台、疏浚堆山、封土等,以观象通神、水利生产为主要目的,与园林筑山在文化和功能等方面还有很大区别,可以说是中国筑山文化的肇始之源。

(3)仙山仙海,土山渐台。"秦始皇作长池,引渭水,东西二百里,南北二十里。筑土为蓬莱山",这段记载于《三秦记》的史料,是已知最早的在苑囿中的引水开池及筑山。建元四年(公元前137年)在长安西郊建章宫太液池中堆筑了因循秦制的象征"东海三仙山"的蓬莱、方丈、瀛洲、壶梁诸仙山,开创了"一池三山"的仙山仙海制式,奠定了皇家园林的基本山水框架(图8.3、图8.4)。

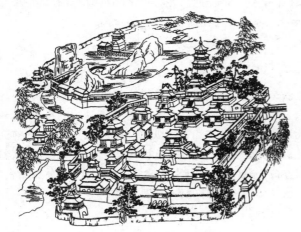

图8.3 建章宫示意鸟瞰图
来源:汪菊渊《中国古代园林史》

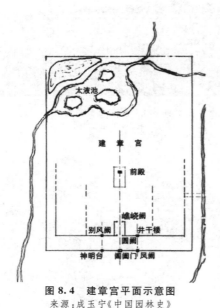

图8.4 建章宫平面示意图
来源:成玉宁《中国园林史》

西汉除了作池堆山平衡土方外,也在陆地堆山。《汉官典职》记载:"宫内苑聚土为山,十里九坂。"《后汉书·梁冀传》记载东汉时梁冀"广开园囿,采土筑山,十里九坂,以象二崤。深林绝涧,有若自然,奇禽驯兽,飞走其间"。二崤为名山东崤、西崤,说明汉代宫苑筑山以真山为准,全景

式、等尺度地模仿自然真山高大、雄壮的基本特征,追求恢宏气势和山林意境,突显帝王权力的象征。

(4)山水审美,高楼池苑。秦、西汉的造园风格具有明显的延续性(诸如范囿的构成、宫宅园林的格局等)和蓬勃的发展,典型特征就是"山水化"倾向。彻底实现这一转化是在东汉三国时期。西汉末年的动乱,促使大批儒士退隐,倾心"归田园居",从客观上激发了隐逸思潮的兴起与文人造园的崛起。由于山水成为最主要的审美对象和造园题材,叠山理水技术较之于秦、西汉有了长足的发展,在前朝以土筑山的基础上,发展为土石并用,从而强化了人工假山的艺术表现力,假山的形体也具有"绵延起伏、岗阜透迤"之势。比如西园中堆土筑山模仿少华山,呈现出绿竹遍野,浓荫蔽天,渭水西来,萦绕山前的山水相映的景象。

就早期造园艺术的发展而论,东汉三国是一个鼎盛时期。造园活动更加普遍,园林类型和造园思想也日趋丰富。与秦、西汉相比,园林山水不再是求仙的产物,而是审美的对象;市井宅园的"土山筑台"为"高楼池苑"所代替,说明中国特色的山水园林艺术及其表现手法在这一时期初成框架,文人造园由此产生,并形成崇尚自然、清雅含蓄的审美主流。

2. 两晋南北朝

两晋南北朝园林上承汉魏余韵,在体系、审美、营造方法与技术等方面有了全面的进步,为进入隋唐全盛期奠定了基础,是中国园林史上一个重要的、承上启下的转折点。

在体系上,摆脱求仙思想、游赏成为主导的苑囿,大量涌现的宫宅园林与庄园,初现端倪的人文园林,异军突起的寺观园林,奠定了后世园林体系的基础。在审美上,由于自然观发生重大变化,崇尚自然的审美情趣和寄情山水的社会风尚带动士人园林的兴盛,使得园林意趣、境界、规模都发生重大变化。以筑山为例,山水诗、山水画的兴起,影响筑山有目的地模仿和再现自然山体的美,以"俨如真山""有若自然"为追求,艺术手法逐渐由写实走向写意,真正的山水园开始发足。特别是受"竖划三寸,当千仞之高;横墨数尺,体百里之迥"等画论影响,认识到造山概括、提炼和局部夸张的理法,归结为"卷山勺水"。这些理论与相关实践奠定了后世园林发展的基础。在营造方法与技术上,中国园林的四大构景要素——山石、水、植物、建筑,在两晋南北朝都已齐备,而且进行综合性组合,形成完整的园林景观。

山池是两晋南北朝园林中的基本景观,山是堆砌,可聚石,可覆土,以势为主。苑囿和王公贵族府邸园林中的假山规模较大,如南北朝华林园中的景阳山等。士人宅园中的山以小山为主,庾信的《枯树赋》中"小山则丛桂留人"正与当时的小园特征相吻合。

两晋南北朝土山仍然盛行,在南方园林中,常常自起

土山来构筑景观。如《建康实录》记载，吴后主"起土山作楼观"，《晋书·谢安传》："又于土山营墅。"齐豫章王建园起土山，齐安昏侯筑园"作土山"。土山容易改造和重新塑造，特别易于植树栽花。

除土山外，这一时期也出现了土石山和石山，土石相混的"土山戴石"的做法已很流行，并且叠石技巧已经达到了一定高度，近观山体的悬崖绝洞等造型已经出现在筑山实践中。如北魏茹皓主持营造洛阳华林园时，"为山于天渊池西，采掘北邙及南山佳石"。建成后的景阳山"石路崎岖，岩嶂峻险，云台风观，缨峦带阜"。又如洛阳张伦宅园内的景阳山，据《洛阳伽蓝记》记载："有若自然。其中重岩复岭，嵚崟相属。深溪洞壑，逦迤连接……崎岖石路，似雍而通；峥嵘涧道，盘纡复直。"这一时期的假山洞构筑技法也有较大进步，梁湘东王萧绎的湘东苑中有石洞"潜行委宛二百余步"，虽不知其具体构造形式，但也可想见其理洞技术已比较成熟。用石砌筑水岸的做法也在这时出现，宋人刘勔造园于"钟岭之南，以为栖息，聚石蓄水，仿佛丘中"。

随着两晋南北朝士人对假山石审美水平的提高，个别园林中甚至出现了孤赏石。《南史·到溉传》中关于梁武帝与近臣到溉赌园林中一块石头的例子是最重要的证明："（到）溉第居近淮水，斋前山池有奇礓石，长一丈六尺，帝戏与赌之，并礼记一部，溉并输焉。……石即迎置华林园宴殿前。移石之日，都下倾城纵观，所谓到公石也。"

3. 隋唐五代

隋唐五代时期是我国中古时代的繁盛期。隋唐园林不仅继承了秦汉大气磅礴的闳放风度，而且发展了两晋南北朝以来的自然审美趣味与文人意趣。《大业杂记》记载："元年夏五月，筑西苑，周二百里……苑内造山为海，周十余里，水深数丈，其中有方丈、蓬莱、瀛洲诸山，相去各三百步。山高出水百余尺，上有通真观、集灵台、总仙官，分在诸山。"这种造山为海的做法，则具有创新特色。大体得知西苑的布局以山、湖与十六院为基础（图8.5、图8.6）。由于开渠造湖，方能"积土石为山，构亭殿"。可以设想，十六院的地形高低起伏，各院位置不同，山水形势各异，或左山右水，或南山北水。在依山临水的形势中，院址及建筑"屈曲盘旋"，富有变化。可以说，西苑是受南北朝自然山水园的影响而转变到"湖山为境域，宫室建筑在其中"的一种新形式，汪菊渊先生称之为"隋山水建筑宫苑"，完全以山水为主题的北宋山水宫苑华丽现身，这是宫苑史上的一个转折点，是清代的皇家宫苑园林的原始范本。它将山水环境包容于建筑和庭院之中，使山水成为独立欣赏的主体，人工山水在园林中的主体地位由此得以确立。后期园林中大量出现的园中园结构，如清代圆明园，可以视为这种庭院山水模式的进一步发展和精致化。

另外，隋唐在造园手法艺术化、园居生活精致化上也取得了辉煌的成就，开启了我国中古时期造园的全盛局面，影响深远。隋唐五代时期园林的小型化，促进了小庭院的发展。长安城内的大部分居住坊里均有宅园或游憩园，叫做"山池院"。这些园内的山除用凿池之土筑成外，叠石技术已有一定水平，其风格模仿自然。池中大多有岛，岛上有亭，岛间有桥，各岛分别栽植不同花木成林。这些几乎成为唐代中期大型园林的布置模式。到了唐代中后期，尽管社会经济情况愈下，但大贵族官僚仍喜欢建大型山池园林，且喜欢在园中宴乐。

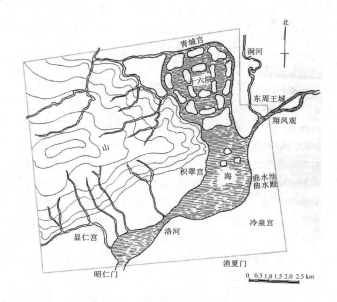

图8.5　隋西苑平面示意图一
来源：汪菊渊《中国古代园林史》

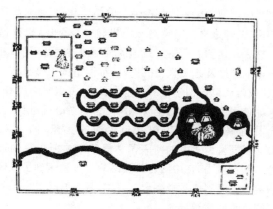

图8.6　隋西苑平面示意图二
来源：周维权《中国古典园林史》

随着园林小型化趋势的加强，奇姿怪态的石块、石峰已成为园林中常见的点缀之物。如牛僧孺、李德裕、白居易等，都爱搜罗各地之石列于园中，大石立于水侧，小石置于案头。文人以石之孤峭象征人之逸才，以湖石沉沦水底比拟人才有遇与不遇。经诗人的吟咏，陈设的奇石从单纯赏其姿态到联想名山大川,再进而联想到人之际遇,这从侧面证明在中晚唐时期,诗与园林的关系,已从单纯描写实景发展到引发情境联想,以景喻人,抒发襟怀抱负了。诗情融入园林,赋予了园林中的山水置石更多拟人化的意义,也以多层次的解释回应了文化内涵,这对后世园林中的假山堆叠和置石赏鉴产生影响。

隋唐五代时期的园林达到了我国古代园林建设的一个高潮,自然审美和山水情趣已趋于成熟,其间的文人造园为宋、明文人园林的兴盛做了启蒙与铺垫。同时,由于隋唐文化发达和广为传播,隋唐五代园林的影响亦遍及亚洲汉文化圈内的广大地域,对当时的朝鲜、日本有较大的直接影响,他们全面吸收盛唐文化,其中就包括园林文化。

4. 宋代

宋代是中国文化艺术及思想史上的重要时期,传统隐逸思想至宋代被广泛地转变为"壶中天地""须弥芥子"的园林意趣。寓诗于山水画之风更盛,画论精出,画风也从写实向写意发展。加之道家思想的影响,出现了"移天缩地""小中见大""寓意于景"等造园手法,以及"百仞一拳,千里一瞬"的写意筑山思想,形成了将诗情画意写入园林的文人写意自然山水园。这种现实主义与浪漫主义相结合、写实与写意相结合的新型创作方法,具备"致广大而尽精微"的特点。

宋代,大气而精致的写意宫苑山水模式和城市山林式私家园林并行,文人园林逐渐成熟。文人的审美和思想对各类园林的风格及表现手法产生巨大的影响,诸如司马光、欧阳修等著名宋代文人都亲身参与过造园活动,以其个人思想主导文人园林的设计,进而对宫苑园林、寺观园林等其他类型产生重要的影响。宫苑园林中,艮岳虽如昙花一现,但却是文人写意自然山水园代表之作,也是最早的以文人视角和画理写意筑山的大型城市园林实例,其园林造景的精妙及建造技艺的高超,可谓是集宋代园林之精髓,亦成为后世敬仰学习的典范。艮岳"变城市为山林,招飞来峰使居平地",是完全为"放怀适情,游心玩思"而创作的山林胜景,是以体现山水为主题的宫苑(图 8.7、图 8.8)。以艮岳为代表的两宋园林显示出前所未有的艺术生命力和创造力,在中国古代园林史上可谓达到了登峰造极的境地。随着佛教禅宗传入日本,两宋园林对日本的禅僧造园也具有重要影响。

宋代,叠山技艺开始向着专业化的方向发展,尤以江南一带为胜。从物质层面看,太湖石的开发和使用以及城市园林立地条件的变化是促进叠山走向成熟的重要原因。前者决定了叠石艺术发展的可能性,后者则决定了叠石成山的必要性。宋代园林假山形式主要有置石假山和泥假山两类。土、石两种叠山类型并行发展,在宋朝并没有相

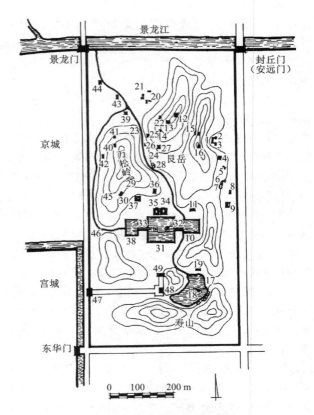

图 8.7　宋寿山艮岳平面示意图
来源:汪菊渊《中国古代园林史》

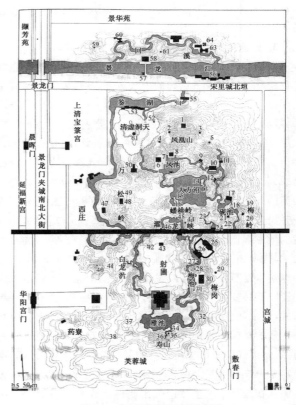

图 8.8　艮岳景象想象示意图
来源:成玉宁《中国园林史》

互融合的迹象。正如《癸辛杂识》所说,叠石为山的形式在北宋艮岳以前并不多见。在《营造法式》中,园林假山被归为"泥作"的范畴,称为"泥假山",体现出早期园林用土筑山甚至用泥"塑"山的特点。

宋代奇石多用于单体欣赏、特置或盆玩,很少用于组合累叠。宋代庭院叠山继承了唐代"山池院"假山置石为主的风格,但特置石体量巨大。艮岳土石叠山与庭院置石都有出现,但别的园林没有这样的条件,并未能将两者融合。

5. 元代

元代,东西方交流对造园艺术有一定影响,大致可分为两类。一类更似君王猎奇性的闭门罗列,孤芳自赏,虽炫目一时,但其实对园林史并无广泛影响,而与此前秦始皇仿造六国宫殿于咸阳,此后乾隆帝营造西洋楼于圆明园类似——见诸文献的诸如棕毛殿、水晶殿、旋磨台、昙花一现,都属此类。另一类则对园林史与建筑史影响相对长远,主要为拱券、穹隆与理水技术。如元代皇城西南角的大型湖石掇山"兔儿山",在不大范围内垒高至数十丈,又经后世在其上添建建筑后,至清中叶崩毁无痕。"兔儿山"如果是普通石包土掇山,这样的过程着实令人费解,颇疑其内部为层叠的砖石拱券,外敷湖石。至今可见的明初南阳唐王府花园巨型掇山内层叠的砖拱券,或许与之类似。且如明晚期江苏泰州乔园湖石掇山内的砖拱隧道,似也带有这一时期的手法遗痕。甚至直至清中叶掇山巨匠戈裕良在苏州环秀山庄、常熟燕园掇山中所使用的以湖石、黄石直接构造"穹隆"之法,都可以隐隐看到这一元代造园手法和技艺的流风。

6. 明代

经过元代的"低迷",明代中国的造园艺术手法趋于圆熟。对于整个明代园林的总体营造而言,随着在观念上园林地位不断上升,在审美上园林欣赏越发深入细致,造园投入增加、造园能手涌现、园林理论活跃、名园案例迭出,从而园林营造方法越发复杂,在艺术水准趋向高超的同时,也呈现出深刻的转变。这无论是从择址和布局的营造过程,还是从被普遍认可的山、水、花木、建筑四方面要素,都可以明确看到。

由于选址逐渐摆脱了对于住宅(如"蔎溪草堂")和农庄(如"东庄")的依附,有了主要关注自然景观环境的其他选址,尤其是山林(如安国"西林"、沈柘"淳朴园"),促使基地整治与景物建设有着更自觉的统筹考虑,地势的因随、远景的借取有着更明确的巧妙安排;布局与空间渐趋偏离疏朗旷远,而朝着精致多变发展。这与造园的普及,园林和生活结合得更紧密,园中的活动内容更多,建筑物比重更高,景物配置相应增加等密切相关,也与士大夫观赏审美能力的提高使得造景更趋精细、景观构成更为综合复杂密切相关。园主在追求旷如、奥如两种境界的同时,还要求峰峦洞谷、洞壑层台、瀑布池沼、滩渚岛屿、亭台楼阁、平桥曲径和花圃田庄等各种景观的齐备。

山水意趣一直是中国园林史上的主流追求,假山也往往是园林景致的核心内容。早期整体模仿真山的营造方式,自六朝隋唐以后逐渐被"聚拳石为山"所取代,以静观方式对小山的"适意"欣赏日趋流行,其突出特点是同峰石欣赏相结合,以石为"峰"为"山",尤其欣赏"奇峰"。这种假山营造方式也延续至明代。在"适意"欣赏方式下,不仅明中前期假山记载多与"奇石"密切关联,甚至明中期仍以传统土山置峰手法营造小型假山为主流。但与此同时,重视人的登游体验、局部接近真实尺度的较大型假山也转入多见(如陆深"后乐园"之"小康山径"、镇江曹氏"太湖分趣"假山等)。这种尺度增大、山景丰富、重视登游,同时兼顾石峰欣赏的假山营造,在"名园"蜂起的16世纪后期渐成主流,一些叠山匠师因此名声卓著(如张南阳的"弇山园""豫园""日涉园"等多座名园)。由于在叠山中石料运用日渐增多,造园的手段和技艺都比宋元有了长足的发展和提高,因此阴洞幽窟、峡谷飞瀑等境界不断被创造出来。

明代假山常见特色部位营造有:① 岗阜峰峦。明代私园的假山多数仍是土石并用,但常在局部地段以石叠成峰峦或石壁。在山上或堂前单立石峰也很普遍,但更具江南山景天然之趣的是张南垣的平冈小坂和陵阜陂陀(下文将详细介绍)。② 洞壑。多在假山的某一部分叠石为洞。洞内可有石床、流水,甚至"秀石旁挂下垂,如笋如乳",可见明代就有仿喀斯特景观的叠洞方法。③ 层台。明代私园中筑台很多,以供登高观景之用。有土筑平台,石筑平台,旁可固以栏杆。此类观景台都有高度的要求,需以假山作为支撑,因此花费颇巨,影响了其进一步的发展。④ 涧谷。涧、峡都是指由峻峭石壁或山体所形成的谷地,常伴以蜿蜒的溪流洞水,属于奥如的景观。如无锡寄畅园引"悬淙"之泉水,凿为曲涧,奇峰秀石,含雾出云,至今园中八音涧尚留明人遗意(图8.9)。

晚明随着"画意"欣赏方式的逐步确立,叠山手法又逐渐产生深刻的变革,出现了反对用石过多和主张土山戴石的自然主义风格。推进革新作用最大的当数17世纪的张涟(1587～1671年左右,字南垣),他提倡以元代绘画笔意营造平冈小坂、陵阜陂陀,主张用土石相混代替明初土山和纯石堆砌的假山,反对罗致奇峰异石、设置危梁深洞。他的实践获得极大成功,新的"大山一麓"的筑山风格和手法风靡江南,在山麓以真实尺度再现自然真山一角,结合树木掩映,给人以有若山林的联想。《嘉兴县志·张南垣传》记载:"旧以高架叠缀为工,不喜见土,涟一变旧模,穿深覆冈,因形布置,土石相间,颇得真趣。"对于这种土山戴石之法,李渔在《闲情偶寄·山石第五》也有详细论述:"幽斋磊石,原非得已。不能致身岩下,与木石居,故以一卷代

图 8.9　宋懋晋《无锡寄畅园》之曲涧(左)和现存无锡寄畅园八音涧(右)
左图来源:成玉宁《中国园林史》

图 8.10　明沈周《东庄图册》明初土山(左)和现存明"土山戴石"代表作无锡寄畅园(右)

山,一勺代水,所谓无聊之极思也……用以土代石之法,既减人工,又省物力,且有天然委曲之妙。混假山于真山之中,使人不能辨者,其法莫于此。"(图8.10)

　　与张南垣同时代的计成,除了自身造园叠山的实践,更是在《园冶》一书中明确以"画意"为叠山的宗旨,在理论上给予明确阐释"未山先麓,自然地势之嶙峋;构土成冈,不在石形之巧拙""结岭挑之土堆,高低观之多致,欲知堆土之奥妙,还拟理石之精微",强调土石结合的重要性。自此,假山营造大多脱离峰石欣赏,峰石也一般不被视为"山",而更重视自身的形态特色来欣赏,成为园林中另一种观赏内容。

　　对于假山主体山石的堆叠,明代中期以后出现诸多专门的造园能手,对营造技术多有发展。如计成在《园冶》中有专门"掇山"篇,论述了假山叠石整个技术过程:首先重视基础,"掇山之始,桩木为先";之后架设起重设备,"随势挖其麻柱,谅高掛以称竿。绳索坚牢,扛抬稳重";基础之

上的拉底,"立根铺以粗石,大块满盖桩头";石块之间的稳固,"堑里扫以查灰,着潮尽钻山骨";之后才是按照形态立意进行堆叠,"方堆顽夯而起,渐以皴纹而加;瘦漏生奇,玲珑安巧";尤其关注受力稳定问题,"峭壁贵于直立,悬崖使其后坚";等等。计成在书中列举叠山方法达十七种之多,涉及厅山、楼山、书房山、池山、峭壁山、山石池以及峰峦、岩岫、洞崖、瀑布等多种细节的设计和建造手法,其中多有技术处理细节。明代也已出现了山洞拱顶做法,如现存泰州乔园假山,这比清代乾隆、道光年间戈裕良要早两百多年。

　　张、李、计三人的筑山理论都强调以土戴石、自然意境,力图恢复并发展宋代以来朴素自然主义筑山风格,并逐步发展为清代皇家筑山的主导性风格。中国筑山开始重新审视宋代以前那种古朴自然的美学价值和土石相间的经济原则,在一定程度上革除了明代早期以"高架累缀为工"的弊端。可以说,经过明代前期的冲击与低迷,明代

中期的复原与转盛,至明代后期,造园尤其是筑山,达到了繁荣的巅峰。

7. 清代

清代是中国古典园林最后的发展时期,是集大成的阶段,沉淀了深厚传统文化而显示出中国古代园林的辉煌成就。与前代园林不同,这一时期的大量园林实物都较为完整地保留了下来,而且自明末以来,山水画意成为园林的欣赏标准,山景更为园中必要,因此现有的江南园林遗存中,绝大部分都有山景营造。假山是江南园林营造中造价最高、难度最大的内容,也成为造园活动的工作重心。就具体假山营造方法及细节技艺而言,有以下方面的显著特点。

(1)在叠石造山与环境的关系上,根据需要,配合环境,决定山的位置、形状与大小高低。小型园林因面积有限,多以山为房屋的主要对景,同时栽植花木,以增加生气和弥补没有水池的缺点。花木大多少而精,大小高低宜有层次,山的形状须为这些需要提供条件。因此,山的体量须与空间相称,形状宜前低后高,轮廓应有变化,忌最高点正对房屋明间,尤忌在其上建亭。在山的结构上用石不在多,而在使用得当。中型与大型园林的山,决定于全园布局以山为主体抑或以池为主体,据此来斟酌山的规模和形体。如环秀山庄的假山自池面至最高峰为7.2 m,在当地园林中是第二高山,但看来并不觉得壅塞,这是因为它在西南两面留有较大空间的缘故(图 8.11)。在以池为主体的园林中,山虽居于辅助地位,但山与池的配合十分重要。体形较大的两面临池或三面临池的假山固不必多说,即使是一面临池的山,亦应考虑山形和山上树木成长后的体量,是否与池的大小配合得当,山的对岸如建有亭阁楼馆,宜注意山的形体与房屋的大小轮廓能否互相呼应。

(2)假山的组合与轮廓得到进一步关注。假山组合单元主要为绝壁及峰、峦、谷、涧、洞、路、桥、平台、瀑布等。组合方法大抵临池建绝壁,壁下有路,转入谷中,盘旋而上,经谷上架空的桥,至山顶有平台可以远望。峰峦的数目和位置,随山形大小来决定。洞则不过一二处,隐藏于山脚或谷中,也有在山上再设瀑布,经小洞而流至山下。环秀山庄以谷分假山为三部分,前后左右互相衬托,显得有宾有主,并有层次和深度。同时由于山是实体而谷是窈虚,形成了虚实对比,使山形趋于灵活(图 8.12)。又如怡园假山在西北角绝壁上构洞与峰,自绝壁略收进,层次较分明,轮廓也较有变化。山无论大小,必须轮廓明显,高低起伏,而最高点不应位于中央,以免呆板。若园林中有多座山,其组合方式也应得到全面考虑,如拙政园,池中二山虽用涧谷分隔,但造型统一,构图完整,其他二山虽相距稍远,却也"余音缭绕",亦能发挥联系南北的作用,因此中部山池整体显得开阔疏朗,景观自然而有层次。

图 8.11 苏州环秀山庄一

图 8.12 苏州环秀山庄二

(3)假山叠石用材的特点被工匠进一步掌握和利用。如最受推崇的叠山用石为石灰岩的湖石,较好的湖石有涡、洞和皱纹,构成石形的独特风格。戈裕良掌握了这些具体形状,所以他负责建造的环秀山庄大部分具有涡洞,少数有皱纹,其间杂以小洞,和大自然的真山较接近。又如黄石的石块,有直有横有斜,也有大有小,互相错综,且有出有进,参差错落,苏州耦园假山的绝壁能体现这种情形,所以比较逼真,也比较自然。

(4)就详部而言,清代江南园林叠山对于石壁、石洞、谷涧、蹬道、石峰、土坡置石等都有了相对成功的做法。以环秀山庄为例,其石壁主要模仿太湖石涡洞相套的形状,涡中错杂各种大小洞,石面光滑,洞的边缘多数做圆角,比较自然。其中山西南角石壁向外斜出,砌时不用横石自壁面生硬挑出,而将石券做成斜涡形,承受上部壁体,可能是戈裕良独创的手法。环秀山庄东南角石壁与山上枫树南侧用垂直凹槽为主与小洞相配合的方法,而凸起处高低不平如石钟乳状,似取法太湖石的皱纹予以创造性发展。对于石洞,戈裕良摒弃以往普遍的以石板覆盖洞顶的做法,而以若干不规则的券构成洞顶,和山的真实情况较为接近。谷涧做法中,环秀山庄的谷以峭壁夹峙如一线天,曲折幽静,有峡谷气氛。耦园东部假山亦有一小段,称为"邃谷"。

（5）叠石营造过程如相石、估重、奠基、立峰、压叠、设洞、刹垫、拓缝等一系列操作步骤得到总结遵循，具体堆叠中产生了叠、竖、垫、拼、挑、压、钩、挂、撑等各种手段。各地工匠往往有各自师承口诀，在实践过程中，又往往有各自宜、忌的规律总结。

（6）清代园林叠山还非常注重整体气势，这在扬州园林中有明显体现。与苏州园林注重经历、观察的文人园林"画意"取向和明秀平远的叠石风格颇为不同，扬州园林"分峰用石，多石并用"，其风格高峻雄厚，与建筑屋宇内外融合，引园路游廊上下穿越，强调假山整体体量及内部空间塑造，不突出假山自身的单体审美，更注重郊游及展示取向。因此，扬州园林常依托建筑体量建造假山，这样既可以加大假山体量，又可以让假山与建筑融为一个整体。扬州明末的"影园"，清代的"片石山房"和高凤翰的"人境园"，都采用了这种方法。计成《园冶》中也记录了"壁岩"的假山做法，"片石山房"是"石壁"模式的发展顶峰，假山在两方面做了处理：一是其横向展开的假山在东西两个端头向园内延伸，与影园、人境园一样利用了"室隅"的建筑转角来构成立体而有变化的体量，同时在西端内开石室，东端上设建筑，使"壁岩"立体化、空间化，同时也限定改造了园内空间；二是因其体量远超通常的"壁岩"，仅"顶植卉木垂萝"无法达到从局部见整体的效果，故其假山高出园墙，既掩盖了所倚之墙的形状体量，又保持了假山轮廓的完整性，是对计成手法的创新与突破（图8.13）。扬州园林也往往不强调单体石峰的造型，而是用土山或小石镶拼成较大体量，这在清代中后期逐渐成为主流。"九狮山"或"九狮峰"的做法，就是对"小石镶拼"法造出的假山的笼统称呼。

图8.13　扬州片石山房

在叠石手法上，北方园林受江南影响较大，如清代北京怡园的假山是由江南叠山大师张然设计的，江南叠山名家"山子张"有一支后裔长期在北京从事假山营造事业。北方相对南方而言，水资源匮乏，因此山石造景有着更为重要的地位。北方不像江南那样盛产叠山的石材，叠石为假山的规模比较小，规模大的假山基本以土山为主，只在山脚、山峰和山道等局部地方点缀石头。土山可

以形成连绵起伏的山峦效果，山坡上一般大量种植柳树和榆树等高大的乔木，形成郁郁葱葱的山林景象。一些中小型的假山则采用以土戴石的方法堆叠，以节约石材。即使石山也是就地取材，用北太湖石和青石叠砌。这些石材的形象均浑厚凝重，与北方建筑风格十分协调。与江南园林类似，北方园林假山也可表现不同的形态，比如平缓的山麓、陡峭的悬崖、险峻的峡谷、层叠的峰峦、深邃的洞穴等，有分割空间和障景的作用，大多可以登游。很多园林也把姿态较好的湖石单独放置，下面设置底座或石台，类似于景观小品，例如恭王府花园中的独乐峰和礼王园中的太湖石等。

北方宫苑园林范围较广，主体山水结构往往尺度很大，不论是依托真山真水还是平地起造，都要花费大量的人力物力挖池筑山，这类工程需要在建园之初就进行统一规划，以实现土方平衡。清代宫苑园林全面继承前朝的叠山传统，并有新的创造。避暑山庄、静宜园、静明园和盘山行宫都依托真山营造，与自然山体巧妙结合。清漪园所在的万寿山本身山体较为低矮不够延展，山水关系较为疏远，为此进行了进一步的挖湖堆山，在万寿山东半部堆积挖湖的土方，在很大程度上改善了山体形状，此外还在前山和后山区域局部进行人工叠石，增加峻峭的山势。圆明三园和西苑三海的很多假山都具有分隔景区的作用，大多以土山为主，局部点缀山石，显示出平冈小坂的特色。乾隆还喜好在假山中设置各种洞穴，其中别有天地，仿佛石头所建房屋，例如宁寿宫花园多假山，山中穿插曲折山径和洞穴。

在清代，除了江南园林和北方宫苑园林，岭南宅第园林也有长足发展。由于规模小，岭南第宅园林很少布置土山，而是以石为山，山水结合，因此假山石景便成为庭园的主要景观。岭南园林石景造型十分注重与周围环境及空间的比例关系，大型的石景通常顶部做成平缓山岩石岗，以避免出现峰状与建筑空间争高的现象；而在较小的庭院空间里，则常用峰石，或天井与偏角，或水际与墙壁，通过壁型假山、峰型假山和布点散石，增加庭园自然野趣以及层次感与优美感。岭南造园众多景石材料中，本地的石材英石最为常用，通常用于叠山和散石景观，也有用作孤赏立石的，但较大的孤赏立石却很难得。岭南很早就用太湖石造景，广州曾在以往西湖旧址附近挖掘出不少太湖石，可见当时运入西湖的太湖石不少。南方各地岩洞中的钟乳石，以及状若奇峰的条柱形石笋，也是孤赏立石的绝佳材料。

8.1.2　假山的类型

根据前文，我们基本可以将假山的类型划分为土山、石山和土山戴石三类。

（1）土山　源自秦汉时期，是以泥土为基本堆山材

料,以山岳崇拜、观象通神为主要目的,以"土山渐台""一池三山"为主要形式的早期山景。现代城市园林景观中的"土山",则是地形设计的重要组成部分,是园林景观骨架的重要构成因素。

(2)石山 两晋南北朝在崇尚自然的审美情趣和寄情山水的社会风尚带动下,在"竖划三寸,当千仞之高;横墨数尺,体百里之迥"等画论的影响下,筑山开始由写实走向写意,推崇概括、提炼和局部夸张的理法,归结为"卷山勺水",出现了以自然山石为主要堆山材料,只在石间空隙处填土植栽的石山。石山在明代早期开始尺度增大,以求山景丰富,兼顾登游与石峰欣赏,但难免有累缀繁复之嫌。

(3)土山戴石 源自两晋南北朝,至明代晚期在张南垣等名家推动下趋于圆熟,是用土石相混代替纯石堆砌的假山。"土山戴石"是对"罗致奇峰异石、设置危梁深洞"的石山的一次深刻变革,是随着"画意"欣赏方式的逐步确立而形成的自然主义筑山风格,着力营造平岗小坂、陵阜陂陀,以真实尺度再现"大山一麓""穿深覆冈,土石相间",结合树木掩映,颇得山林真趣。计成在《园冶·卷三·掇山》中一句"欲知堆土之奥妙,还拟理石之精微",将土石结合的重要性上升为理论,影响深远。

8.1.3 假山的功能作用

1. 形成骨架

现存的许多中国古代园林整个园子的地形起伏、空间曲折变化都以假山为基础,以假山形成全园的骨架。如明代南京徐达王府西园今南京之瞻园(图 8.14)、明代所建今上海之豫园、清代扬州之个园和苏州的环秀山庄等,总体布局都是以山为主、以水为辅,形成骨架,而建筑并不一定占主要的地位。

2. 组织空间

假山可以分隔和划分园林空间,形成大小不同,形状各异,富于变化的场地,可以创造出流动、闭合、纵深等空间。假山还能够引导游人的视线或视点,还可以结合障景、对景、背景、框景、夹景等手法灵活组织空间。例如南京瞻园北假山既是主建筑静妙堂的对景,又将园北部景区分割为东西两部分,并引导折桥上的游人穿过山洞,从西侧到达东侧(图 8.15)。

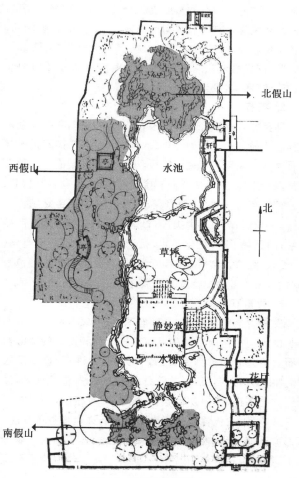

图 8.14 南京瞻园平面图

图 8.15 南京瞻园北假山

3. 创造景观

假山景观可以在园林中再现自然山地景观。自然界的奇峰异石、悬崖峭壁、层峦叠嶂、深峡幽谷、泉石洞穴、海岛石礁等景观形象，都可以通过假山石景在多种园林环境中艺术再现。既可作为主景，又可点缀建筑，增添情趣。瞻园北假山就是通过奇峰、峭壁、石洞、石矶与大树、平桥、长廊、小轩，创造了如画的山水景观，成为全园北部重要的视觉焦点(图8.16)。

图8.16 南京瞻园北假山立面图

4. 工程功能

山石可用作驳岸、挡土墙、护坡和花台等。在坡度较陡的土山坡地常散置山石以护坡，这些山石可以阻挡和分散地面径流，降低地面径流的流速，从而减少水土流失，如北海琼华岛南山部分的群置山石、颐和园龙王庙土山上的

图8.17 无锡寄畅园自然山石挡墙

散点山石等。在坡度更陡的山上往往开辟自然式的台地，多采用山石做挡土墙。自然山石挡土墙和整形式挡土墙的基本功能相同，而在外观上曲折起伏、凹凸有致，如颐和园的"圆朗斋""写秋轩"，北海的"酣古堂""亩鉴室"，无锡寄畅园水岸都有自然山石挡墙的佳品(图8.17)。

5. 陈设功能

用假山作为室内外自然式的家具器设，既不怕日晒夜露，又可结合造景。

8.2 中国传统假山设计

8.2.1 传统假山材料

1. 湖石

即太湖石，系石灰岩，因原产于太湖而得名，是江南园林中运用最为普遍的一种筑山材料。石灰岩在我国分布很广，只是在色泽、纹理和形态方面有差别。太湖石石质坚脆，叩之有微声，由于风浪或熔融作用，其纹理纵横，脉络显隐。较好的湖石天然形成涡、洞和皱纹，称"弹子窝"，有时窝洞相套，玲珑剔透，蔚为奇观，有如天然的雕塑品，观赏价值较高，和英石、灵璧石、昆石同被誉为"中国四大名石"。宋代书法家米芾将湖石的审美特点概括为"瘦、皱、漏、透"四字，最为传神(图8.18)。

2. 英石

即英德石，系石灰岩，广东省英德市特产，中国国家地理标志产品。宋代被列为贡品，清代被定为中国四大园林名石之一。大英石可叠山置石，小英石可几案品鉴。英石质坚而特别脆，用手指弹叩有金属共鸣声，且具有"瘦、皱、漏、透"特点，尤以"皱"最为突出，呈现嶙峋褶皱之状。英石分为阳石和阴石两大类，阳石露于天，长期风化，瘦而褶皱；阴石藏于土，风化不足，松润通透。英石颜色有黑、灰、浅绿、红、白、黄等，纯黑色为佳品，红色、白色、彩色为稀有品，所以多用做特置或散点(图8.19)。

3. 灵璧石

安徽省灵璧县特产，国家地理标志产品，系经过复杂漫长的地理变化而形成的具有特殊质地和造型的碳酸盐岩石。唐宋时期被列为贡品，和英石、太湖石、昆石同被誉为"中国四大名石"。灵璧石产于土中，被赤泥渍满，须刮洗方显本色，其中灰色甚为清润，质地亦脆，用手指弹亦有共鸣声，古代曾切割制作编钟。石面有坳坎的变化，石形亦千变万化，但很少有婉转回折之势，须借人工以全其美，这种山石可掇山石小品，更多情况下作为盆景石玩(图8.20)。

图 8.18 太湖石（苏州留园冠云峰）

图 8.19 英石（江南名石苑绉云峰）

图 8.20 灵璧石

图 8.21 房山石

4. 房山石

因产于北京房山而得名。系石灰岩，但为红色山土所渍而呈土红色、橘红色或更淡一些的土黄色，日久以后表面带些灰色。质地不如南方的太湖石那样脆，但有一定的韧性。房山石除了颜色和太湖石有明显区别之外，体量比太湖石大，叩之无共鸣声，多密集的小孔而无大洞。外观比较沉实、浑厚、雄壮，与太湖石的轻巧、清秀、玲珑有明显的差别（图 8.21）。和这种山石比较接近的

还有镇江所产的砚山石，形态颇多变化而色泽淡黄清润，叩之有微声，也有褐灰色的，石多穿眼相通，有运至外省掇山的。

5. 宣石

产于安徽省宁国市，其色犹如积雪覆盖于灰色石面上，也由于为赤土浸渍，因此又带些赤黄色，非刷净不见其质，所以愈旧愈白。由于它有积雪一般的外貌，因此扬州个园用它作为冬山的材料，效果很好（图 8.22）。

221

图 8.22　宣石（扬州个园宣石假山）

图 8.23　黄石（苏州耦园黄石假山）

图 8.24　青石

图 8.25　石笋（扬州个园春山之石笋）

6. 黄石

黄石是中国古典园林中常用的石料之一，与太湖石齐名，是一种橙黄色的细砂岩，苏州、常州、镇江等地皆有所产，以常熟虞山的自然景观最为著名。其石形体顽劣，材质较硬，节理面近乎垂直，雄浑沉实，与湖石相比它又有一番景象，平正大方，立体感强，块钝而棱锐，具有强烈的光影效果（图 8.23）。《园冶·卷三·选石》："黄石是处皆产，其质坚，不入斧凿，其文古拙。如常州黄山，苏州尧峰山，镇江圌山，沿大江直至采石之上皆产。俗人只知顽夯，而不知奇妙也。"明代所建上海豫园的大假山、苏州耦园的假山和扬州个园的秋山均为黄石掇成的佳品。

7. 青石

青石即一种青灰色的细砂岩，北京西郊洪山口一带均有所产。青石的节理面不像黄石那样规整，不一定是相互垂直的纹理，也有交叉互织的斜纹，就形体而言，多成片状，故又有"青云片"之称（图 8.24）。北京圆明园"武陵春色"的桃花洞，颐和园后湖某些局部都以这种青石为山。

8. 石笋

石笋即外形修长如竹笋的一类山石的总称。这类山石原产地颇广，石皆卧于山土中，采出后直立于地上，园林中常做独立小景布置，如个园的春山等（图 8.25）。常见石笋有以下几种：

（1）果笋　在青灰色的细砂中沉积了一些卵石，如银杏树所产的白果嵌在石中，因此得名。有些地方把大而圆的头向上的称为"虎头笋"，把上面尖而小的称为"凤头笋"。

（2）乌碳笋　顾名思义，这是一种乌黑色的石笋，比煤炭的颜色稍浅且无甚光泽，常用浅色景物做背景，以使石笋的轮廓更清晰。

（3）慧剑　这是北京及周边常用的称法，指的是一种净面青灰色的石笋，北京颐和园前山东腰有数丈的大石笋，就是这种石笋做的特置小品。

8.2.2　传统置石艺术

1. 布置形式

（1）特置　由于单块山石的姿态突出，或玲珑或奇特,立之可观,因此特意摆在一定的地点作为一个小景或局部的一个构图中心,这种理石方法就叫做"特置"(图8.26)。特置可在正对大门的广场上、门内前庭或别院中。例如,瞻园入口处的特置石"仙人峰"既是框景,又是小空间构图中心,与大空间形成对比。较为著名的特置有江南四大名石:苏州留园"冠云峰"、上海豫园"玉玲珑"、江南名石苑"绉云峰"、苏州第十中学"瑞云峰"。特置好比单字书法或特写镜头,本身应具有比较完美的构图关系。古典园林中的特置山石常镌刻题咏或命名。

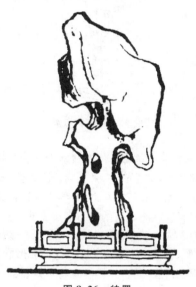

图8.26　特置

(2)孤置　孤立地布置单个山石,并且山石直接放置或半埋于地面,这种石景布置方式就是孤置。孤置石景与特置石景主要的不同是:孤置一般没有基座承托石景,而且孤置石的罕见程度及观赏价值都没有后者高(图8.27)。

图8.27　孤置

孤置石一般能够起到点缀的作用,常常作为园林局部的陪衬景物,也可以布置在其他景物旁,作为附属景物。孤置石的布置环境,可以是路边、水边、亭旁、树下、草坪上,也可以布置在建筑或园墙的漏窗或取景窗后,与窗口一起构成漏景或框景。在山石材料的选择方面,孤置石的要求并不高,只要石形自然,石面是由风化所形成,而不是人工劈裂或雕琢形成的,都可以使用。当然,石形越奇特,观赏价值越高,孤置石的布置效果也会越好。

(3)对置　两山石布置在相对的位置上,呈对称或者对立、呼应状态,这种置石方式即对置(图8.28)。两块山石的体量大小、姿势方向和布置位置,可以对称,也可以不对称。对置的石景可起到装饰环境的配景作用。其一般位于庭院门两侧、园林主景两侧、路口两侧、园路转折点两侧,河口两岸等处。

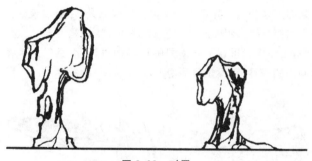

图8.28　对置

(4)散置　即将山石零星散置,所谓"攒三聚五"。散置有立有卧,或大或小,运用最为广泛。在掇山的山脚、山坡、山头,在溪涧河流,在池畔水际,在林下,在路旁,在花境中,都可以散点山石而得到意趣。(图8.29)。

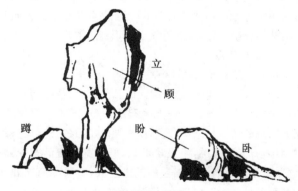

图8.29　散置

(5)群置　山石成群布置,作为一个群体来构景,称为"群置"。群置的运用很广,如在建筑物或园林的角隅部分常用群置块石的手法来配饰,这在传统上叫做"抱角"或"镶隅"。另外"蹲配"是山石在台阶踏跺(涩浪)边的处理,以体量大而高者为"蹲",体量小而低者为"配"(图8.30)。

图 8.30　群置的运用

（6）山石器设　用自然山石作为室外环境中的家具器设，如作为石桌凳、石几、石水钵、石屏风等，既有实用价值，又有一定的造景效果（图 8.31）。作为休息用地的小品设施，山石器设宜布置在其侧方或后方有树木遮阴之处，如在林中空地、林缘地带、行道树下等，以免因夏季日晒而无法使用。除承担一些实用功能之外，山石器设还用来点缀环境，以增强环境的自然气息，特别是在自然式地段，山石器设很容易与周围的环境相协调；而且较之铁木制作的椅凳，它不怕日晒雨淋，不会生锈腐烂。

图 8.31　山石器设（石桌凳）

江南园林也常结合花台等做几案处理，可以说是一种无形的附属于其他景物的山石器设。比如坡地几案，乍一看是山坡上用作护坡的散点山石，但需要休息的游人到此很自然地就坐下休息，此时就会意识到它的用处。

2. 设计要点

（1）特置及孤置设计要点

① 选石　一般应选轮廓线凹凸变化大、姿态特别、石体空透的高大山石。用作单峰石的山石，形态上要有瘦、漏、透、皱的特点。所谓"瘦"，就是要求山石的长宽比值不宜太小，石形不臃肿，不呈矮墩状，要显得精瘦而有骨力；"漏"，是指山石内要有漏空的洞道空穴，石面要有滴漏状的悬垂部分；"透"，特指山石有能够透过光线的空透孔眼；"皱"，则是指山石表面要有天然形成的皱褶和皱纹。

② 基座设置　特置山石在工程结构方面要求稳定和耐久，关键是掌握山石的重心线，使山石本身保持重心的平衡。我国传统的做法是用石榫头稳定，榫头一般不用很长，长十几到二十几厘米，据石之体量而定。但榫头要求有较大的直径，周围石边留有 3 cm 左右即可。石榫头必须正好在重心线上，基磐上的榫眼比石榫的直径略大一

点，但应该比石榫头的长度要深一点，这样可以避免因石榫头顶住榫眼底部而石榫头周边不能和基磐接触，吊装山石之前，只需在石榫眼中浇灌少量黏合材料，待石榫头插入，黏合材料便自然地充满了空隙的地方（图 8.32）。

图 8.32　石榫示意

③ 形象处理　单峰石的布置状态一般应处理为上大下小。上部宽大，则重心高，更容易产生动势，石景也容易显得生动。有的峰石适宜斜立，就要在保证稳定安全的前提下布置成斜立状态。有的峰石形态左冲右突，可以故意使其有所偏左或有所偏右，以强化动势。一般而言，单峰石正面、背面、侧面的形状差别很大，正面形状好，背面形状却可能很差。在布置中，要注意将最好看的一面向着主要的观赏方向。背面形状差的峰石，还可以在石后配植观赏植物，给予掩饰和美化。对有些单峰石精品，将石面涂成灰黑色或古铜色，并且在外表涂上透明的聚氨酯做保护层，可以使石景更有古旧、高贵的气度。

（2）对置设计要点　选用对置石的材料要求较高，石形应有一定的特性和观赏价值，能够作为单峰石使用。两块山石的形状不必对称，大小高矮可以一致也可以不一致。若取材困难，也可以用小石拼成单峰石形状，但须用两三块稍大的山石封顶，并掌握平衡，使之稳固而无倾倒的隐患。

（3）散置设计要点　散点之石既不可凌乱散漫，又不可整齐划一，要有自然情趣，若断若续，相互连贯，彼此呼应，仿若山岩余脉和山间巨石散落或风化后残存的岩石。从平面来看，三块以上的石组排列须成斜三角形，不能呈直线排列；从立面来看，两块以上的石堆应与石头的顶点构成一个三角形组合；在数量上，散置的石头常采用奇数组合，如三、五、七。总之，散点无定式，随势随形而定点。

（4）群置的设计要点　群置的组合力求一个"活"字，要求石块大小不等，体形各异，有高有低，有主有次；布置时有聚有散，若断若续，曲折迂回，顾盼呼应，疏密有致，层次分明，形成生动的自然石景。明代画家龚贤在《画诀》中

写道："石不必一丛数块,大石间小石,然须联络。面宜一向,即不一向亦宜大小顾盼。石小宜平,或在水中,或从土出,要有着落。""石有面,有肩,有足,有腹,亦如人之俯、仰、坐、卧,岂独树则然乎?"所以在群置时要考虑到这些,虽然只有寥寥数块山石却能"寸石生情"。

8.2.3 传统掇山艺术

1. 基本法则

掇山是指堆叠山石以构成艺术造型,它要求天然巧奇之趣,而不露斧凿之痕。叠石关键在于"源石之生,辨石之灵,识石之态",即应根据石性——石块的阴阳向背、纹理脉络、石形石质,使掇山形象、生动、优美。

掇山的基本法则是"有真为假,作假成真""虽由人作,宛自天开"。

2. 具体手法

掇山的具体方法可概括为 32 个字,即因地造山,巧于因借,山水结合,主次分明,三远变化,远近相宜,寓情于石,情景交融。

(1)假山布局 在园林或其他城市环境中布置假山,要坚持因地制宜的设计原则,处理好假山与环境的关系、假山的观赏关系、假山与游人活动的关系和假山本身造型形象方面的诸多关系。

① 山景布局与环境处理 假山布局地点的确定与假山工程规模的大小有关。大规模的园林假山,既可以布置在园林的适中地带,又可在园林中偏于一侧布置。而小型的假山,则一般只在园林庭院或园墙一角布置。假山最好能布置在园林湖池溪泉等水体的旁边,使其山影婆娑,水光潋滟,山水景色交相辉映,共同成景。现代公园出入口内外、园路的端头、草地的边缘地带等位置,一般也都适宜布置假山。

假山与环境的关系密切,受环境影响也很大。在一侧或几侧受城市建筑影响的环境中,高大的建筑对假山的视觉压制作用十分突出。在这样的环境中布置假山,就一定要采取隔离和遮掩的方法,用浓密的林带为假山围合出一个独立的造景空间。山上也应配置茂密的大树,尽可能遮挡附近的建筑。

② 主次关系与结构布局 假山布局要做到主次分明,脉络清晰,结构完整。主山(或主峰)的位置虽然不一定要布置在假山区的中部地带,但却一定要位于整体结构的核心,并且要避免主山位置过于居中而造成山体布局呈现对称状态。主山,主峰的高度及体量,一般应比第二大的山峰高、大 1/4 以上,要充分突出主山、主峰的主体地位,做到主次分明。客山是高度和体量仅次于主山的山体,具有辅助主山构成山景基本结构骨架的重要作用。客山一般布置在主山的左、右、左前、左后、右前、右后等位置上,一般不能布局在主山的正前和正后方。陪衬山比主山

和客山的体量要小很多,不会遮挡主、客山,能够增加山景的风景层次,陪衬、烘托主、客山,因此其布置位置可以十分灵活,几乎没有限制。本章优秀案例苏州环秀山庄的平面分析和实景图片都很好地说明了假山的主次关系和巧妙的结构布局。

主、客、陪这三种山体的相互关系要协调,要将主山作为构图中心,充分突出主山。而客山则要根据主山的布局状态来布置,要与主山紧密结合,共同构成假山的基本结构。陪衬山主要应当围绕主山布置,但也可少量围绕客山布置,可以起到进一步完善假山山系结构的作用(图8.33)。

图 8.33 瞻园南假山清晰的主、客、陪三种山体关系

③ 自然法则与形象布局 假山创作的最终源泉是自然界的山景。堆砌假山的材料如太湖石、英石、灵璧石,其造型特征也是自然力造成的。因此假山布局和假山造型都要遵从对比、运动、变化、聚散的自然景观发展规律,从自然山景中汲取创作的素材营养,并有所取舍、提炼、概括与加工,从而创造出更典型、更富于自然情调的假山景观。这就是说,假山的创作要"源于自然,高于自然",而不能离开自然,违背自然法则。

④ 风景效果及观赏安排 假山的风景效果应当具有丰富的多样性,不仅要有山峰、山谷、山麓、山脚等基本要素,而且还要有悬崖、峭壁、深峡、幽洞、怪石、山道、泉涧、瀑布等多种景观,甚至还要配植一定数量的青松、红枫、岩菊等观赏植物,以进一步烘托假山景观。

由于假山建在园林中,规模不可能像真山那样大,要在有限的空间中创造宏大的山岳景观,就要求园林假山必须具有小中见大的艺术效果。小中见大效果是创造性地采用多种艺术手法才能实现的,如利用对比手法、按比例缩小景物、增加山景层次、逼真的造型、小型植物衬托等方法,都有利于小中见大效果的形成。

在山路的安排中,增加路线的弯曲、转折、起伏变化和路旁景物的布置,形成"步移景异"的强烈风景变换感,也能够使山景效果丰富多彩。

假山有正面、背面和侧面之分,在布局中,要调整好假山的方向,让假山山形轮廓最好的一面(正面)向着视线最

集中的方向,例如在湖边的假山,其正面就应当朝着湖的对岸。

假山的观赏视距要根据设计的风景效果来确定。若需要突出假山的高耸和雄伟,则应将视距确定为山高的1~2倍距离,使山顶成为仰视风景;若需要突出假山优美的立面,则应将山高3倍以上的距离作为观赏视距,使人们能够看到假山的全景。在假山内部,一般不刻意安排最佳观赏视距,随其自然。

⑤ 造景观景与兼顾功能 假山布局一方面要安排山石造景,为园林增添重要的山地景观;另一方面还要在山上安排一些台、亭、廊、轩等设施,提供良好的观景条件,使假山造景和观景两相兼顾。另外,在假山布局上,还要兼顾组织空间、满足工程功能等多方面的要求。

(2)假山平面形状设计 实际上就是山脚轮廓线形位置、方向的设计。山脚轮廓线形设计,在造山实践中被叫做"布脚"。在"布脚"时,应当按照下述的方法和注意点进行。

① 山脚线应当设计为回转自如的曲线形状,要尽量避免设计为直线。曲线向外凸,假山的山脚也随之向外凸出;向外凸出达到比较远的时候,就可形成山的一条余脉。曲线若是向里凹进,则可能形成一个回弯或山坳;若凹进很深,则一般会形成一条山槽。

② 山脚曲线凸出或凹进的程度大小,根据山脚的材料而定。土山山脚曲线的凹凸程度应小一些,石山山脚曲线的凹凸程度则可比较大。从曲线的弯曲程度来考虑,土山山脚曲线的半径一般不要小于2 m,石山山脚曲线的半径则不受限制,可以小到几十厘米。在确定山脚曲线半径时,还要考虑山脚坡度的大小。在陡坡处,山脚曲线半径可适当小一些;而在坡度平缓处,曲线半径要大一些。

③ 在设计山脚线过程中,要注意由它所围合成的假山基底平面形状及地面面积大小的变化情况。假山平面形状要随弯就势,宽窄变化,如同自然,而不要成为圆形、卵形、椭圆形、矩形等规则的形状。如若土山平面被设计为这些形状,那么其整个山形就会是圆丘、梯台形,很不自然。设计中,对假山基底面积大小的变化更要注意。因为基底面积越大,则假山工程量就越大,假山的造价也相应会增加。所以,一定要控制好山脚线的位置和走向,使假山只占用有限的地面面积,就能造出很有分量的山体来。

④ 设计石山的平面形状,要注意为山体结构的稳定提供条件。当石山平面形状成直线式的条状时,山体的稳定性最差。如果山体同时又比较高,那么可能因风压过大或其他人为原因而使山体倒塌。况且,这种平面形状必然导致石山成为一道平整的山石墙,石山显得单薄,山的特征反而被削弱了。当石山平面是转折的条状或是向前后伸出山体余脉的形状时,山体能够获得较好的稳定性,而且使山的

立面有凸有凹,有深有浅,显得山体深厚,山的意味更加显著。

(3)假山平面的变化手法 假山平面的变化处理得好,其立面的造型效果就有保证。假山平面必须根据所在场地的地形条件来变化,以便使假山能够与环境充分地协调。在假山设计中,平面设计的变化手法有很多,主要有以下几种:

① 转折 假山的山脚线、山体余脉,甚至整个假山的平面形状,都可以采取转折的方式造成山势的回转、凹凸和深浅错落变化,这是假山平面设计中最常用的变化手法。

② 错落 在山脚凸出点、山体余脉部分位置,采取相互间不规则的错开处理,使山脚的凹凸变化显得很自由,破除整齐的因素。在假山平面的多个方面进行错落处理,如前后错落、左右错落、深浅错落、线段长短错落、曲直错落等,就能够为假山的形状带来丰富的变化效果。

③ 断续 假山的平面形状还可以采用断续的方式来加强变化。在保证假山主体部分是一大块连续的、完整的平面图形的前提下,假山前后左右的边缘部分都可以有一些大小不等的小块山体与主体部分断开。根据断开方式、断开程度的不同和景物之间相互连续的紧密程度不同,就能够产生假山平面形状上的许多变化。

④ 延伸 在山脚向外延伸和山沟向山内延伸的处理中,延伸距离的长短、延伸部分的宽窄和形状曲直,以及相对两山以山脚相互穿插的情况等,都有许多变化。这些变化,一方面使山内山外的山形更为复杂,另一方面也使得山景层次、景深更具有多样性。另外,山体一侧或山后余脉向湖池水中延伸,可以暗示山体扎根很深。山脚被土地掩埋或在假山边埋石,则石山向地下延伸。这些延伸方式,都可以使假山的平面更富变化。

⑤ 环抱 将假山山脚线向山内凹,或者使两条假山余脉向前伸出,都可以形成环抱之势。通过山势的环抱,能够在假山某些局部营造若干半闭合的独立空间,形成比较幽静的山地环境。而环抱处的深浅、宽窄以及平面形状,都有很多变化,又可使不同地点的环抱空间具有不同的景观格调,从而丰富了山景的形象。环抱的处理一般都局限在假山区内,而且还要采用以少胜多的手法,用较少的山石创造出环抱之势。例如,假山石驳岸环抱水体、假山石砌筑花台环抱树木等。

⑥ 平衡 假山平面的变化,最终应实现山体各部分相对平衡,符合自然山体形成的客观规律,达到多样统一。平衡就是要使假山平面的各种变化因素与立面巧妙联系,使假山整体保持协调。

总之,假山平面布脚的方法有很多,本章环秀山庄和瞻园的假山平面图都清晰地反映了转折、错落、断续、延伸、环抱等多种"变化",为山体的立面造型奠定良好的基础。

3. 立面造型

在假山立面设计中,一般把假山主立面和一个重要的侧立面设计出来即可,而背面以及其他立面则在施工中根据设计立面的形状现场确定。大规模的假山,如有需要设计出多个立面的,则应根据具体情况灵活掌握。一般来讲,主立面和重要立面一确定,背面和其他立面也就相应地大体确定了,有变化也是局部的,不影响总体造型。设计假山立面的主要方法和步骤如下。

(1)确立意图 在设计开始之前,要确定假山的控制高度、宽度以及大致的工程量,确定假山所用的石材和假山的基本造型方向。

(2)先勾轮廓 根据假山设计平面图,直接在纸上构思和绘草图。构思草图时,应首先确定一个大致的比例,再考虑假山石材轮廓特征。例如,采用青石、黄石造山,假山立面的轮廓线形应比较挺拔,能给人坚硬的感觉。采用湖石造山,立面轮廓线应婉转流畅,回还漂移,给人柔和、玲珑的感受。假山轮廓线与石材轮廓线能保持一致,就能方便假山施工,而且造出的假山能够与图纸上的设计形象更吻合。

设计中为了使假山立面形象更加生动自然,要适当地突出山体外轮廓线较大幅度的起伏曲折变化。起伏度大,假山立面形象变化也大,就可打破平淡感。当然,起伏程度还应适当,过分起伏可能给人矫揉造作的感觉。

在立面外轮廓初步确定之后,为了表明假山立面的形状变化和前后层次距离感,就要在外轮廓图形以内添画假山内轮廓线。从内部轮廓线的一些凹陷点和转折点落笔,再根据设想的层次关系绘制出前后位置不同的各处小山头、陡坡或悬崖的轮廓线。

(3)反复修改 初步构成的立面轮廓不一定能令人满意,还要不断推敲研究并反复修改,直到获得比较令人满意的轮廓图形为止。

在修改中,要对轮廓图的各部分进行研究,特别要研究轮廓的悬挑、下垂部分和山洞洞顶部位在结构上能否做得出,能否保证不发生坍塌现象。要多从力学的角度来考虑,确保有足够的安全系数。对于跨度大的部位,要用比例尺准确量出跨度,然后衡量能否做到结构安全。如果跨度太大,结构上已不能保证安全,就要修改立面轮廓图,减小跨度,确保安全。在悬崖部分,前面的轮廓悬出,那么崖后就应很坚实,不要再悬出。总之,假山立面轮廓的修改,必须照顾到施工方便和现实技术条件所能够提供的可能性,特别是安全性。

(4)确定构图 经过反复修改,立面的轮廓图就可以确定下来了。这时假山各处山顶的高度、山的占地宽度、大概的工作量、山体的基本形象等都已经符合预定的设计意图,因此就可以进入下一步工作了。

(5)再勾皱纹 立面的各处轮廓都确定之后,要添绘

皱纹线表明山石表面的凹凸、皱褶、纹理形状。皱纹线的线形,要根据山石材料表面的天然皱褶纹理的特征绘出,也可参考国画山水画的皱法绘制,如披麻皱、折带皱、卷云皱、解索皱、荷叶皱、斧劈皱等。这些皱法在一般的国画山水画技法书籍中都可以找到。

(6)增添配景 在假山立面适当部分添画植物。植物的形象应根据所选树种或草种的固有形状来画,可以采用简画法,表现出基本的形态特征和大小尺寸即可,不必详细画。绘有植物的位点,在假山施工中要预留能够填土的种植槽孔。

(7)画侧立面 根据主立面各处的对应关系和平面图所示的前后位置关系,并参照上述方法步骤,对假山的一个重要侧立面进行设计,并完成侧立面图绘制。

(8)完成设计 以上步骤完成后,假山立面设计就基本成形了。这时,还要将立面图与平面图相互对照,检查其形状上的对应关系。如有不能对应的,要修改假山平面图,也可根据平面图而修改立面图。平、立面图能够对应后,即可定稿了。最后,按照修改,添画定稿的图形,进行正式描图,并标注控制尺寸和特征点的高程,假山设计也就完成了。

陈植先生曾指出:"筑山之术,实为一种专门学术,其结构应有画意、诗意,始能引人入胜。不然便感平淡无奇,或竟流于刀山剑树,然筑山复非画家诗人所尽能也。良以绘画为平面,筑山为立体,平面者,目之可及者只一面,立体者,目之可及者乃五面,且假山复非若绘画之可望而不可即也,可远眺,可近观,可登临,可环睹,其材料随地而不同,好恶因人而异致,益以能力范围,复未必尽似。一山之筑,一石之叠,应因人、因地、因力、因财,各制其宜,不若山水画家之各就所长,信手挥成者也。"由此可见,假山的设计需全盘考虑,综合各因素来设计,才能顺利完成。

4. 假山的图纸表现

一般来说,假山设计要完成的图纸有以下几种:

(1)总平面图 标出所设计的假山在全园的位置,以及与周围环境的关系。比例根据假山的大小一般可选用 1:1000~1:200。

(2)平面图 表示主峰、次峰、配峰在平面上的位置及相互间的关系,并标上标高,如果所设计的假山有多层,要分层画出平面图。比例根据假山的大小一般可选用 1:300~1:50。

(3)主要立面图 表明主峰、次峰、配峰等在立面上的关系,并画出主要的纹理、走向。比例同平面图(图 8.34)。

(4)透视图 用透视图可以形象、生动地表示出设计意图,并可解决某些假山师傅不识图的问题。

(5)主要断面图 必要时可画一至数个主要横、纵断面图,比例根据具体情况而定(图 8.34)。

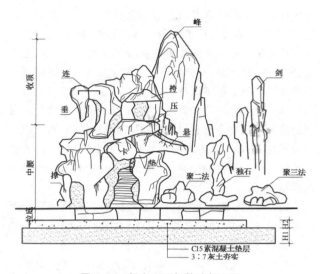

图 8.34 假山立面与基础断面图
来源：中国建筑标准设计研究院《环境工程——室外工程细部构造》

5. 优秀案例

（1）苏州环秀山庄

环秀山庄以山为主，以水为辅，是乾隆年间叠山名匠戈裕良创作的湖石假山园，被誉为江南园林假山第一佳构。环秀山庄是清代后期的作品，前文在总结清代山景时，从叠石造山与环境的关系、假山的组合与轮廓、假山叠石用材的特点、叠山详部等几方面，简述其高超的技艺与成就，以下从总体上做补充分析。

环秀山庄本身地盘不大，占地面积只有 3 亩略多（约 2000 m²），并且其在城市中的位置局促，难以借得周边环境的景色，出现了造景难，借景更难的问题。然而环秀山庄采用巧妙的造景手法解决了这两个难题，人为地把空间拉大，整个园林空间浑然一体。园林假山以池东南为主山，池北为次山，主山、次山一南一北呼应构成，池水萦回于两山之间，对假山起了很好的衬托作用，使人有"一畦平川之内，忽地一峰突起，耸峙于原野之上"的感觉。假山的纹理模仿自然界真山而作，把自然山水中的峰峦洞壑的形象经过概括提炼，集中表现在有限的空间内。主体建筑临水后退留出月台，适当留白，扩大景深。总体形成了前景——月台与水体，主景——假山，背景——建筑三个层次（图 8.35～图 8.37）。

戈裕良利用大小石块的天然形状进行咬合连接的钩带联络做法，造出了如同真山洞壑的洞顶，可以从下壁到上拱连成一整体，有些地方还有局部悬垂，虽为假山，胜似真山。这座湖石假山的内部空间非常复杂，将人工处理的空间深入假山内部各个角落，但它的外部形态结构则简单清晰，融为一体，浑然天成。主体假山不可谓之形大，却能显而易见，众目共睹；不可谓之体高，但觉气势磅礴，叹为观止。整座园林小巧中透着大气，是"小中见大"手法的突出体现。整个叠山富于变化，接近自然，处理细致，体现了深

入、流动和真实的造景特征，这在某种意义上也体现了计成所谓"虽由人做，宛自天开"的标准。

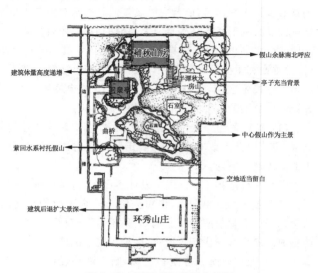

图 8.35 环秀山庄平面分析图

图 8.36 中心主体假山

图 8.37 假山与建筑的层次关系

（2）扬州个园

个园为中国古典名园之一，其叠石为扬州古典掇山之

代表作。个园的假山以堆砌精巧而闻名于世,运用不同的石材,分别表现春夏秋冬景色,号称"四季假山",如图8.38。入园即见春山,春景选用石笋插于竹林中,寓意雨后春笋;夏景于荷花池畔叠以湖石,过桥进洞似入炎夏浓荫;体现秋景的是坐东朝西的黄石假山,峰峦起伏,山石雄伟,登山俯瞰,顿觉秋高气爽;冬景采用宣石堆叠成雪狮图,如隆冬白雪。透过冬山西墙圆形漏窗,又可窥见春晖融融的春山,颇具前后呼应之构筑匠心。游园一周,如历一年,切合"春山澹冶而如笑,夏山苍翠而欲滴,秋山明净而如妆,冬山惨淡而如睡"和"春山宜游,夏山宜看,秋山宜登,冬山宜居"的画理。

（3）南京瞻园

南京的瞻园是以山为主、以水为辅的山水园（图8.39）。瞻园的主景与骨干由三座各具风姿的假山组成,北假山陡峭雄峙,西假山蜿蜒如龙,南假山巍峨雄浑。

北假山为明代遗物,以体态多变的太湖石堆成,尚保留有若干明代"一卷代山,一勺代水"的叠山技法,临水有石壁,下有石径,临石壁有贴近水面的双曲桥。山腹中有磐石、伏虎、三猿诸洞。石壁下有两层较大的石矶,有高有低,有凸有凹,中有悬洞,形态自然,丰富了岸线的变化,增加了游人游览的趣味（图8.39）。

西假山则以土为主体,用太湖石驳岸,石头犹从土中长出,充满自然野趣,山侧留一洞口,供游人涉足探幽。西山上有为赏景而设的两座亭子。"岁寒亭"因周围栽有松、竹、梅,又被称作"三友亭";形同折扇而得名的"扇面亭",四周种有常青乔木,绿意浓郁,苍翠欲滴,山林幽雅,游人至此,仿佛步入仙境（图8.40）。

最令人赞赏的是南假山。一千多吨太湖石经筛选后,按纹理走向拼成斜列状;石缝成竖向相叠,以水泥砂浆胶合,并藏于山石后部;为承受硕大无比的山体重压,底部打下梅花桩,桩中缝隙用石块挤紧,使之既经得起游人的攀登,又经得起暴风骤雨的冲刷;山有两重层次,分别以石包土、土包石的方法相互交替使用;轮廓上采取矮山伴高山错落有致的方式,叠成绝壁、主峰、危崖、洞龛、钟乳石、山谷、配峰、次峰、步石、石径,使南假山呈现群峰跌宕、层次分明、自然幽深的壮丽景观,加上人工瀑布与水洞,遍植的藤萝、红枫与黑松,南假山被装扮得生机盎然,郁郁葱葱,

a 春山

b 夏山

c 秋山

d 冬山

图 8.38　个园四季假山

图 8.39 南京瞻园北假山

图 8.40 南京瞻园西假山

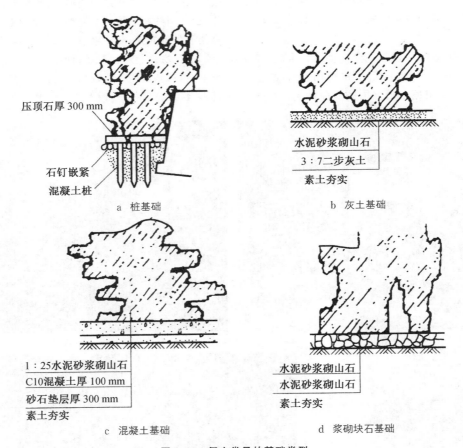

图 8.41 假山常见的基础类型

展现出一幅青松伴崖石的美妙画卷。刘敦桢教授主持建造的瞻园南假山成为新中国成立后我国掇山造园艺术的经典范例。

8.2.4 假山结构设计

1. 假山基础设计

假山基础必须能够承受假山的重压,保证工程的稳固。不同规模和不同重量的假山,对基础的抗压强度要求也不相同,需要设计不同类型的基础。

(1)基础类型 假山的基础常见类型如图 8.41 所示。下面分别介绍这几类基础的基本情况和应用特点。

①桩基础 将木桩或混凝土桩打入地基做成的假山基础。木桩基础主要应用于古代假山,混凝土桩基础则是现代假山工程中应用的基础形式。桩基础主要用在土质

疏松或新的回填土的地方。要求桩基础能穿越松土,打到实土层,确保基础稳固。

② 灰土基础 石灰与泥土混合所做的假山基础。灰土基础的抗压强度不大,但材料价格便宜,工程造价较低。在地下水位高和土壤潮湿的地方,灰土的凝固条件不好,应用灰土基础会有困难。此时,选择干燥季节施工或通过挖沟排水的办法改善灰土的凝固条件,是常用的应对办法。事实上,待灰土凝固后就不会透水,并能减少土壤冻胀引起的基础破坏,因此灰土基础为理想的假山基础。

③ 混凝土基础 采用混凝土浇筑成的基础。这种基础抗压强度大,材料易得,施工方便。由于其材料是水硬性的,因而能够在潮湿的环境中使用,且能适应多种土地环境。目前,这种基础在规模较大的石假山中应用最广泛。

④ 浆砌块石基础 采用水泥砂浆或石灰砂浆砌筑块石做成的假山基础。采用浆砌块石基础便于就地取材,从而降低基础工程造价。基础砌体的抗压强度较大,能适应水湿环境及其他多种环境。这也是应用比较普遍的假山基础。

(2)基础设计 假山基础的设计要根据假山类型和假山工程规模而定。人造土山和低矮的石山一般不需要基础,山体可直接在地面上堆砌。高度在 3 m 以上的石山,就要考虑设置适宜的基础了。一般来说,高大、沉重的大型石山,需选用混凝土基础或浆砌块石基础;高度和重量适中的山石,可用灰土基础或桩基础。基础的设计要点如下:

① 桩基础设计 古代多用直径 10～15 cm,长1～2 m 的杉木桩或柏木桩做桩基,木桩下端为尖头状。现代假山的基础已基本不用木桩桩基,在地基土质松软时采用混凝土桩基。做混凝土桩基,先要设计并预制混凝土桩,其下端仍应为尖头状,直径可比木桩基大一些,长度可与木桩基相似,打桩方式也可参照木桩基。

② 灰土基础设计 这种基础的材料是用石灰和素土按 3:7 的比混合而成的,灰土一般的厚度为 15 cm 或30 cm,分层夯实。夯实到 15 cm 厚时,称为一步灰土。设计灰土基础时,要根据假山高度和体量大小来确定采用几步灰土。一般高度在 2 m 以上的假山,其灰土基础可设计为一步素土加两步灰土。2 m 以下的假山,则可按一步素土加一步灰土设计(其中,一步素土指夯实到 15 cm 厚的素土)。

③ 混凝土基础设计 混凝土基础从下至上的构造层次及其材料做法如下:最底下是地基,素土夯实。其上为垫层,30～70 mm 厚砂石。垫层上面为混凝土基础层,在陆地上可设计为 100～200 mm 厚 C15 混凝土,或按1:2:4 至 1:2:6 的比,用水泥、砂和卵石配成混凝土;在水下,应设计为 500 mm 厚 C20 混凝土。在施工中,如遇坚实的基础,则可挖素土槽浇筑混凝土基础。

④ 浆砌块石基础设计 设计这种假山基础,可用1:2.5 或 1:3 水泥砂浆砌一层块石,厚度为 300～500 mm;水下砌筑所用水泥砂浆的比则应为 1:2。块石基础层下可铺 30 mm 厚粗砂做找平层,地基应做夯实处理。

2. 山体结构设计

山体内部的结构主要有四种,分别为环透式结构、层叠式结构、竖立式结构和填充式结构(图 8.42)。这几种结构的基本情况和设计要点如下:

a 环透式假山

b 层叠式假山

c 竖立式假山

图 8.42 常见的山体结构形式

(1)环透式结构 它是指采用多种含不规则涡洞和孔穴的山石,组成具有曲折环形通道或通透形涡洞的一种山体结构。所用山石多为太湖石和石灰岩风化后的怪石。

(2)层叠式结构 假山结构若采用这种形式,则假山立面的形象就具有丰富的层次感,一层层山石叠砌为山体,山形朝横向伸展,或敦实厚重,或轻盈飞动,易获得多种生动的艺术效果。在叠山方式上,层叠式假山又可分为下述两种:

① 水平层叠 每一块山石采用水平状态叠砌,假山立面的主导线条都是水平线,山石向水平方向伸展。

② 斜面层叠 山石倾斜叠砌成斜卧状、斜升状;石的纵轴与水平线形成一定夹角,角度一般为 10°～30°,最大不超过 45°。

片状山石最适于做层叠的山体,其山形常有"云山千叠"般的飞动感。体形厚重的块状、墩状自然山石,也可用于层叠式假山。由这类山石做成的假山,山体敦实,孔洞较少,具有浑厚、凝重、坚实的景观效果。

(3)竖立式结构 这种结构形式可以塑造假山挺拔、

雄伟、高大的艺术形象。山石全部采用立式砌叠,山体内外的沟槽及山体表面的主导皱纹,都是从下至上竖立着的,因此整个山势呈向上伸展的状态。根据山体结构的不同竖立状态,这种结构形式又分为直立结构与斜立结构两种。

① 直立结构 山石全部采取直立状态砌叠,山体表面的沟槽及主要皱纹都相互平行并保持直立。采取这种结构的假山,要注意山体在高度方向上的起伏变化和平面上的前后错落变化。

② 斜立结构 构成假山的大部分山石,都采取斜立状态;山体的主导纹理线也是斜立的。山石与地平面的夹角在45°以上90°以下。这个夹角一定不能小于45°,不然就成了斜卧状态而不是斜立状态。假山主体部分的倾斜方向和倾斜程度应是整个假山的基本倾斜方向和倾斜程度。山体陪衬部分可以分为1～3组,分别采用不同的倾斜方向和倾斜程度,与主山形成相互交错的斜立状态,这样能够增加变化,使假山造型更具动感。

采用竖立式结构的假山石材,一般多是条状或长片状的山石,矮而短的山石不能多用。这是因为,长条形的山石易于砌出竖直的线条。但长条形山石在水泥砂浆黏合成悬垂状态时,全靠水泥的黏结力来承受其重量,因此,对石材质地就有要求。一般要求石材质地粗糙或石面小孔密布,这样的石材用水泥砂浆做黏合材料后附着力很强,容易将山石黏合牢固。

(4)填充式结构 一般的土山、戴石土山和个别的石山,或者在假山的某一局部山体中,都可以采用这种结构形式。这种假山的山体内部是由泥土、废砖石或混凝土材料填充起来的,因此其结构的最大特点就是填充。按填充材料及其功能的不同,可以将填充式假山分为以下三类:

① 填土结构 山体由泥土堆填构成,或者在用山石砌筑的假山壁后或假山穴坑中用泥土填实,这些都属于填土结构。假山采用填土结构,既能够建造出陡峭的悬崖绝壁,又可少用山石材料,降低假山造价,而且还能够保证假山有足够大的规模,还有利于假山上的植物配植。

② 砖石填充结构 以弃置的碎砖、石块、灰块和建筑渣土作为填充材料,填埋在石山的内部或土山的底部,既可增大假山的体积,又处理了园林工程中的建筑垃圾,一举两得。这种方式在一般的假山工程中都可以应用。

③ 混凝土填充结构 有时,需要砌筑的假山山峰又高又陡,容易倒塌,在山峰内部填充泥土或碎砖石都不能保证结构的牢固。在这种情况下,就应该用混凝土来填充,使混凝土作为主心骨,从内部将山峰连成一个整体。填充用混凝土采用水泥、砂、石子按1:2:4～1:2:6的比配置而成,填充的方法是:先用山石将假山按设计造型砌筑成一个高70～120 cm的“筒体”(要高低错落),将搅

拌好的混凝土浇筑其中,待凝固后再砌筑第二层山石“筒体”,并按相同的方法浇筑混凝土。如此操作,直至峰顶,就能够砌筑起高高的假山山峰。

3. 山洞结构设计

大中型假山一般要有山洞。山洞使假山幽深莫测,对于创造山景的幽静和深远境界是十分重要的。山洞本身也有景可观,能够引起游客极大的游览兴趣。通过假山洞的设计,还可以使之产生更多的变化,从而丰富其景观内容。

(1)洞壁的结构形式 从结构特点和承重分布情况来看,假山洞壁可分为以山石墙体承重的墙式洞壁和以山石洞柱为主、山石墙体为辅而承重的墙柱式洞壁两种形式(图8.43)。

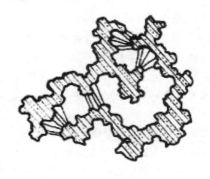

a 墙式洞壁

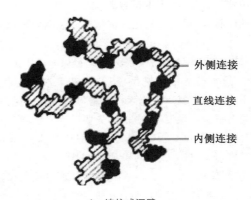

外侧连接

直线连接

内侧连接

b 墙柱式洞壁

图8.43 洞壁结构形式

① 墙式洞壁 这种结构形式以山石墙体为基本承重构件,山石墙体是用假山石砌筑的不规则石山墙,用作洞壁具有整体性好、受力均匀的优点。但洞壁内表面比较平,不易做大幅度的凹凸变化,因此洞内景观比较平淡。采用这种结构形式做洞壁,所需石材总量比较多,假山造价稍高。

② 墙柱式洞壁 由洞柱和柱间墙体构成的洞壁,就是墙柱式洞壁。在这种洞壁中,洞柱是主要承重构件,而洞墙只承担少量的洞顶荷载。由于洞柱承担了主要的荷载,柱间墙就可以做得比较薄,可以节约洞壁所用的山石。墙柱式洞壁受力比较集中,壁面容易做大幅度的凹凸变

化,洞内景观自然,所用石材的总量可以比较少,因此假山造价可以降低一些。洞柱有连墙柱和独立柱两种。独立柱有直立石柱和层叠石柱两种做法。直立石柱将直立起来的长条形山石作为洞柱,在柱底有固定柱脚的座石,在柱顶有起联系作用的压顶石。层叠石柱则是用块状山石错落有致地层叠砌筑而成的,柱脚、柱顶也可以有垫脚座石和压顶石。

(2)山洞洞顶设计 由于一般条形假山的长度有限,大多数条石的长度都在1～2 m之间。如果山洞设计为2 m左右宽度,那么条石的长度就不足以直接用做洞顶石梁,这就要采用特殊的方法才能做出山洞洞顶来。因此,假山洞的洞顶结构一般都要比洞壁、洞底复杂一些。从洞顶的常见做法来看,其基本结构方式有三种:盖梁式、挑梁式和拱券式。下面,分别就这三种洞顶结构来讲述其设计特点。

① 盖梁式洞顶 将假山石梁或石板的两端直接放在山洞两侧的洞柱上,呈盖顶状,这种洞顶结构形式就是盖梁式。盖梁式结构的洞顶整体性强,结构比较简单,也很稳定,因此是造山中最常用的结构形式之一。但是,由于受石梁长度的限制,采用盖梁式洞顶的山洞不宜做得过宽,而且洞顶的形状往往太平整,不像自然的洞顶。因此,在洞顶设计中就应对假山施工提出要求,希望尽量采用不规则的条形石材作为洞顶石梁。石梁在洞顶的搭盖方式一般有以下几种(图8.44):

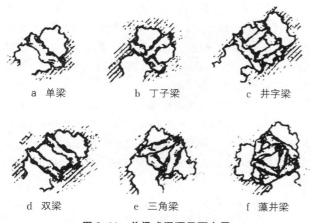

a 单梁　　　b 丁子梁　　　c 井字梁

d 双梁　　　e 三角梁　　　f 藻井梁

图8.44　盖梁式洞顶平面布置

单梁盖顶:洞顶由一条石梁盖顶受力。

双梁盖顶:使用两条长石梁进行盖顶,洞顶荷载分布于两条梁上。

三角盖梁顶:三条石梁呈三角形搭在洞顶,三条梁共同受力。

丁字盖梁顶:由两条长石梁相交成丁字形,作为盖顶的承重梁。

井字梁盖顶:两条石梁纵向并行在下,另外两条石梁横向并行搭盖在纵向石梁上,多梁受力。

藻井梁盖顶:洞顶由于多梁受力,其梁头交搭成藻井状。

② 挑梁式洞顶 用山石从两侧洞壁、洞柱向洞中央相对悬挑伸出,并合拢做成洞顶,这种结构就是挑梁式洞顶结构(图8.45)。

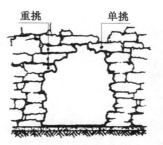

重挑　　　单挑

图8.45　挑梁式洞顶做法　　**图8.46　拱券式洞顶做法**

③ 拱券式洞顶 这种结构形式用于较大跨度的洞顶,用块状山石作为券石,用水泥砂浆作为黏合材料,顺序起拱,做成拱形洞顶。这种洞顶的做法也有称作造环桥法的,其环拱所承受的重力沿着券石从中央分向两侧互相挤压传递,能够很好地向洞柱、洞壁传力,因此不会像挑梁式和盖梁式洞顶那样将石梁压裂、将挑梁压塌。由于做成洞顶的石材不是平直的石梁或石板,而是多块不规则的自然山石,其结构形式又使洞顶洞壁连成一体,因此这种结构的山洞洞顶整体感很强,洞景自然变化,与自然山洞形象相近。在拱券式结构的山洞施工过程中,当洞壁砌筑到一定高度后,须先用脚手架搭起操作平台,而后人在平台上进行施工,这样就能够方便操作,同时也容易对券石进行临时支撑,能够保证拱券质量(图8.46)。

4. 山顶结构设计

山顶立峰,俗称为"收头",常作为叠山最后一道工序,所以它要符合山峰部分造型上的要求,体现了不同的结构特点。凡山石"纹""体""面""姿"观赏最佳者,多用于收头。不同峰顶及其要求如下:

(1)堆秀峰 其结构特点在于利用强大的重力,镇压全局,它必须保证山体重力线垂直于底面中心,并起均衡山势的作用。

峰石本身可为单块,也可为多块拼叠而成。体量宜大,但也不能过大而压塌山体。

(2)流云峰 流云式注重挑、飘、环、透的做法。因此在其中层,已大体有了较为稳固的结构关系,所以一般在收头时,不宜做特别突出的处理,但要求把环透飞舞的中层收合为一。在用石料方面,常要用与中层形态和色彩的类似石料,以便将开口自然受压于石下,它本身就能完成一个新的环透体,但也可能作为某一个挑石的后盾,掇压于后,这样既不会破坏流云式轻松的特色,又能保证叠石的绝对安全。除用一块山石外,还可以利用多块山石巧安巧斗,充分发挥叠石手法的多变性,从而创造出变化多端的流云顶,但应注意避免形成头重脚轻的不协调现象。

(3)剑立峰 凡利用竖向石形纵立于山顶者,被称为剑立峰。首先要求其基石稳重,同时在剑石安放时必须充分落实,并与周围石体靠紧。最主要的就是力求重心平衡。

8.3 传统假山施工

8.3.1 施工前期准备

1. 施工材料准备

(1)山石备料 要根据假山设计意图,确定所选用的山石种类,最好到产地直接对山石进行初选。初选的标准可适当放宽,变异大的、孔洞多的和长形的山石可多选些;石形规则的、石面非天然生成而是爆裂面的、无孔洞的矮墩状山石可少选或不选。在运回山石过程中,对易损坏的奇石应给予包扎防护。山石材料应在施工之前全部运到施工现场,并将形状最好的一个石面向着上方放置。山石在现场不要堆起来,而应平摊在施工场地周围待选用。如果假山设计的结构形式以竖立式为主,那么需要长条形山石比较多。在长条形山石数量不足时,可以在地面将形状相互吻合的短用水泥砂浆对接在一起,使其成为一块长条形山石留待选用。山石备料的数量,应根据设计图估算。为了适当留出选石的余地,在估算的吨位数上应再增加1/4~1/2的吨位数,以作为假山工程的山石备料总量。

(2)辅助材料准备 堆叠假山所用的辅助材料,主要是指在叠山过程中需要消耗的一些结构性材料,如水泥、石灰、砂及少量颜料等。

① 水泥 在假山工程中,水泥需要与砂石混合,配成水泥砂浆和混凝土后再使用。

② 石灰 在古代,假山的胶结材料以石灰浆为主,再加入糯米浆使黏合性能更强。而现代的假山工艺中已改用水泥做胶结材料,石灰则一般是将灰粉和素土按3∶7的配比制成灰土,作为假山的基础材料。

③ 砂 砂是水泥砂浆的原料之一,它分为山砂、河砂、海砂等,而以含泥少的河砂、海砂质量最好。在配制假山胶结材料时,应尽量用粗砂。用粗砂配制的水泥砂浆与山石质地要接近一些,有利于削弱人工胶合痕迹。

④ 颜料 在一些颜色比较特殊的山石的胶合缝口处理中,或是在以人工方法用水泥材料塑造假山和石景的时候,往往要使用颜料为水泥配色。需要准备什么颜料,应根据假山所采用山石的颜色而定。常用的水泥配色颜料有炭黑、氧化铁红、柠檬铬黄、氧化铬绿和钴蓝。

另外,还要根据山石质地的软硬情况,准备适量的铁爬钉、银锭扣、铁吊架、铁扁担、大麻绳等施工消耗材料。

2. 施工工具的准备

(1)绳索 绳索是绑扎石料后起吊搬运的工具之一。一般来说,任何假山石块,都是经过绳索绑扎后起吊搬运到施工地后叠置而成的。所以说绳索是很重要的工具。

绳索的规格有很多,假山用起吊搬运的绳索是用黄麻长纤维丝精制而成的,选直径 20 mm 粗 8 股黄麻绳,25 mm 粗 12 股黄麻绳,30 mm 粗 16 股黄麻绳、40 mm 粗18 股黄麻绳,作为对各种石块绑扎起吊用绳索。因黄麻绳质较柔软,打结与解扣方便且耐用,可以作为一般搬运工作的主要结扎工具。以上绳索的负荷值为 200~1500 kg(单根)。在具体使用时可以自由选择,灵活使用(辅助性小绳索不计在内)。

绳索活扣是吊运石料的唯一正确操作方法,它的打结法与一般起吊搬运技工的活结法相同。如何绑扎也是很重要的,绑扎的原则是选择在石料(块)的重心位置处,或重心稍上的地方,从两侧成环状套可以起吊的突出部分或石块底面的左右两侧角端,这样在起吊时因重力作用附着牢固的程度愈大。严防因稍事移动而滑脱的情况出现。

(2)杠棒 杠棒是原始的搬抬运输工具,但因其简单、灵活、方便,在假山工程运用机械化施工程度不太高的现阶段,仍有其使用价值,仍将其作为重要搬运工具来使用。杠棒在南方取毛竹为材,直径 6~8 cm,要求取节密的新毛竹根部,节间长以 6~11 cm 为宜,毛竹杠棒长度约为 1.8 m。北方杠棒以柔韧的黄檀木为优,多加工成扁形截面以适合人肩扛抬。杠棒单根的负荷质量要求达到 200 kg 左右为佳。较重的石料要求双道杠棒或 3~4 根杠棒由 6~8 人扛抬。这时要求每道杠棒的负荷平均,避免负荷不均而造成工伤事故。

(3)撬棍 撬棍是用粗钢筋或六角空心钢截成的长 1~1.6 m 不等的直棍段,将其两端锻打成扁宽楔形,形成与棍身呈 45°~60°不等的撬头,以便将其探入石块底下,撬拨要移动的石块。这是假山施工中使用极多的重要的手工工具。

(4)破碎工具(大、小榔头) 破碎假山石料要运用大、小榔头,它们是现场施工中破石用的工具之一。一般多用 18~24 磅大小不等的大型榔头锤击石料上需要击开的部分。为了击碎小型石块或使石料靠紧,也需要小型榔头,与普通榔头一样,其形状一头为平面,另一头为尖啄嘴状。小榔头的尖头做修凿之用,平头做敲击之用。

(5)运载工具 对石料的较远距离运输要靠半机械化的人力车或机动车。这些运输工具的使用一般属于运输业务,在此不赘述。

(6)垂直吊装工具

① 吊车 在大型假山工程中,为了增强假山的整体感,常常需要吊装一些巨石,在有条件的情况下,配备一

台吊车还是有必要的。如果不能保证有一台吊车在施工现场随时待用，也应做好用车计划，在需要吊装巨石的时候临时性地租用吊车。一般的中小型假山工程和起质量在 1t 以下的假山工程，都不需要使用吊车，而用其他方法起重。

②吊称起重架　这种杆架实际上是由一根主杆和一根臂杆组合成的可做大幅度旋转的吊装设备。架设这种杆架时，先要在距离主山中心点适宜位置的地面挖一个深 30～50 cm 的浅窝，然后将直径 150 mm 以上的杉杆直立在其上作为主杆。主杆的基脚用较大石块围住压紧，不使其移动；而杆的上端则用大麻绳或 8 号铅丝拉向地面上的固定铁桩并拴牢绞紧。用铅丝时应每 2～4 根为一股，6～8股铅丝均匀地分布在主杆周围。固定铁桩粗度应在 30 mm以上，长 50 cm 左右，其下端为尖头，朝着主杆的外方斜着打入地面，只留出顶端供固定铅丝。最后在主杆上部适当位置吊拴直径在 120 mm 以上的臂杆，利用杠杆作用吊起大石并安放到合适的位置上。

③起重绞磨机　在地上立一根杉杆，杆顶用 4 根大绳拴牢，每根大绳各由 1 人从 4 个方向拉紧并服从统一指挥，既扯住杉杆，又能随时做松紧调整，以便吊起山石后能做水平方向移动。在杉杆的上部还要拴上一个滑轮，再用一根大绳或钢丝绳从滑轮穿过，绳的一端拴吊着山石，另一端再穿过固定在地面的第二滑轮，与绞磨机相连，转动绞磨，山石就被吊起来了。

④手动铁链葫芦（铁辘轳）　手动铁链葫芦简单实用，是假山工程必备的一种起重设备。使用这种工具时，也要先搭设起重杆架。可用两根结实的杉杆，将其上端紧紧拴在一起，再将两杉杆的柱脚分开，使杆架构成一个三脚架。然后在杆架上端拴两条大绳，从前后两个方向拉住并固定杆架，绳端可临时拴在地面的石头上。将手动的铁链葫芦挂在杆顶，就可用来起重山石。起吊山石的时候，可以通过拉紧或松动大绳和移动三脚架的柱脚，来移动和调整山石的平面位置，使山石准确地吊装到位。

（7）嵌填修饰用工具　假山施工中，对嵌缝修饰需用一简单的手工工具，像雕塑家用的塑刀一样。这个工具为宽约 20 mm、长约 300 mm、厚 5 mm 的条形钢板，呈正反 S形，俗称"柳叶抹"。

为了修饰抹嵌好的灰缝，使之与假山融合，除了在水泥砂浆中加色外，还要用毛刷沾水轻轻刷去砂浆的毛渍处。一般将油漆工常用的大、中、小三种型号的漆帚作为修饰灰缝表面的工具。蘸水刷光的工序，要待所嵌的水泥缝初凝后开始，不能早于初凝之前（嵌缝约 45 min 后），以免将灰缝破坏。

3. 假山工程量估算

假山工程量一般以设计的山石实用吨位数为基数来推算，并以工日数来表示。假山采用的山石种类、假山造型、假山砌筑方式都会影响工程量。由于假山工程的变化因素太多，每工日的施工定额也不容易统一，因此准确计算工程量有一定难度。根据十几项假山工程施工资料统计的结果，包括放样、选石、配制水泥砂浆及混凝土、吊装山石、堆砌、刹垫、搭拆脚手架、抹缝、清理、养护等全部施工工作在内的山石施工平均工日定额，在精细施工条件下，应为 0.1～0.2 t/工日；在大批量粗放施工情况下，则应为 0.3～0.4 t/工日。

4. 施工人员配备

假山工程需要的施工人员主要分三类，即施工主持人员、假山技工和普通工。对各类人员的基本要求如下。

（1）假山施工工长　即假山工程专业的主办施工员，有人也称之为假山相师，在明、清两代则曾被叫做"山匠""山石匠""张石山、李石山"等。假山施工工长要有丰富的叠石造山实践经验和主持大小假山工程施工的能力，要具备一定的造型艺术知识和国画、山水画理论知识，并且对自然山水风景要有较深的认识和理解。其本身也应当熟练地掌握假山叠石的技艺，是懂施工、会操作的技术人才。在施工过程中，施工工长负有全面的施工指挥职责和管理职责，从选石到每一块山石的安放位置和姿态的确定，他都要在现场直接指挥。对每天的施工人员调配、施工步骤与施工方法的确定、施工安全保障等管理工作，也需要他亲自做出安排。假山施工工长是假山施工成败的关键人员，一定要选准人。每一项假山工程，只需配备一名这样的施工员，一般不宜多配备，否则施工中难免会出现认识不一致、指挥不协调的情况，影响施工进度和质量的情况。

（2）假山技工　这类人员应当熟练掌握山石吊装技术、调整技术、砌筑技术和抹缝修饰技术，他们应能够及时、准确地领会施工工长的指挥命令，并能够带领几名普通工进行相应的技术操作，操作质量能达到施工工长的要求。假山技工的配备数量，应根据工程规模大小来确定。中小型工程配备 2～5 名即可，大型工程则应多一些，可以配备 8 名左右。

（3）普通工　应具有基本的劳动者素质，能正确领会施工工长和假山技工的指挥意图，能按技术示范要求进行正确的操作。在普通工中，至少要有 4 名体力强健和能够抬重石的工人。普通工的数量，在每施工日中不得少于 4人，工程量越大，人数相应越多。但是，由于假山施工具有特殊性，工人人数太多时容易造成窝工或施工相互影响的现象，因此宁愿拖长工期，减少普通工人数。即使是特大型假山工程，配备 12～16 名即可。

8.3.2　假山基础施工

1. 假山定位与放线

首先在假山平面图上按 5 m×5 m 或 10 m×10 m 的尺寸绘出方格网，在假山周围环境中找到可以作为定位依据的建筑边线、围墙边线或园路中心线,并标出方格网的定位尺寸。按照设计图方格网及其定位关系,将方格网放大到施工场地的地面。在假山占地面积不大的情况下,方格网可以直接用白灰画到地面;在占地面积较大的大型假山工程中,也可以用测量仪器将各方格交叉点测设到地面,并在交叉点上钉下坐标桩。放线时,用几条细绳拉直连接各坐标桩,就可表示出地面的方格网。

利用方格网放大法,用白灰将设计图中的山脚线在地面方格网中放大绘出,把假山基地平面形状(也就是山石的堆砌范围)绘在地面上。假山内有山洞的,也要按相同的方法在地面绘出山洞洞壁的边线。

最后,依据地面的山脚线,向外取 50 cm 宽度绘出一条与山脚线相平行的闭合曲线,这条闭合曲线就是基础的施工边线。

2. 基础施工

假山基础施工可以不用开挖地基而直接将地基夯实后就做基础层,这样既可减少土方工程量,又可节约山石材料。当然,如果假山设计中要求开挖基槽,那么还应挖了基槽再做基础。

在做基础时,一般应先将地基土面夯实,然后再按设计摊铺和压实基础的各结构层,只有做桩基础才可以不夯实地基,而直接打下基础桩。

打桩基时,桩木按梅花形排列,称"梅花桩",桩木相互的间距约为 20 cm。桩木顶端可露出地面或湖底 10~30 cm,其间用小块石嵌紧嵌平,再用平正的花岗石或其他材料铺一层在顶上,作为桩基的压顶石。或者,不用压顶石而在桩基的顶面用一步灰土平铺并夯实,做成灰土桩基也可以。混凝土桩基的做法和木桩桩基一样,还有往桩基顶上设压顶石与设灰土层两种做法。

如果是灰土基础的施工,那么要先开挖基槽。基槽的开挖范围按地面绘出的基础施工边线确定,即应比假山山脚线宽 50 cm。基槽一般挖深为 50~60 cm。基槽挖好后,将槽底地面夯实,再填铺灰土做基础。所用石灰应选新出窑的块状灰,在施工现场浇水化成细灰后再使用。灰土中的泥土一般就地采用素土,泥土应整细,干湿适中,土质黏性稍强的比较好。灰、土应充分混合,铺一层(一步)就要夯实一层,不能几层铺下后只做一层来夯实。顶层夯实后,一般还应将表面找平,使基础的顶面成为平整的表面。

浆砌块石基础的施工,其块石基础的基槽宽度也和灰土基础一样,要比假山底面宽 50 cm 左右。基槽地面素土夯实后,可用级配碎石、3∶7 灰土或 1∶3 水泥干砂铺在地面做一个垫层,垫层之上再做基础层。做基础用的块石应为棱角分明、质地坚实、有大有小的坚硬石材,一般用水泥砂浆砌筑。用水泥砂浆砌筑块石可采用浆砌与灌浆两种方法。浆砌就是用水泥砂浆挨个地拼砌;灌浆则先将块

石嵌紧铺装好,然后再用稀释的水泥砂浆倒在块石层上面,并促使其流动灌入块石的每条缝隙中。

混凝土基础的施工也比较简便。首先挖掘基础的槽坑,挖掘范围按地面的基础施工边线确定,挖槽深度一般可按设计的基础层厚度确定,但在水下做假山基础时,基槽的顶面应低于水底 10 cm 左右。基槽挖成后夯实底面,再按设计做好垫层。然后,按照基础设计所规定的配合比,将水泥、砂和卵石搅拌配制成混凝土,浇筑于基槽中并捣实铺平。待混凝土充分凝固硬化后,即可进行假山山脚的施工。

8.3.3 假山山脚施工

山脚施工是山体施工的起始部分,其主要工作包括拉底、起脚和做脚。这三部分是紧密联系的。

1. 拉底

所谓拉底,就是在山脚线范围内砌筑第一层山石,做出垫底的山石层。

(1)假山拉底的方式有满拉底和周边拉底两种。

① 满拉底是指在山脚线的范围内用山石满铺一层。这种拉底的做法适宜规模较小、山底面积也较小的假山,或在北方冬季有冻胀破坏的假山。

② 周边拉底是指先用山石在假山山脚沿线砌一圈垫底石,再用乱石碎砖或泥土将石圈内全部填起来,压实后即垫底的假山底层。这一方式适合基底面积较大的大型假山。

(2)拉底后形成的山脚线有两种处理方式。

① 露脚,即在地面上直接做起山底边线的垫脚石圈,使整个假山就像是放在地上似的。这种方式可以减少山石用量和用工量,但假山的山脚效果会稍差一些。

② 埋脚,即将山底周边垫底山石埋入土下约 20 cm 深,可使整座假山看上去仿佛是从地下长出来似的。在石边土中栽植花草后,假山与地面的结合就更加紧密、更加自然了。

(3)拉底技术要求。

第一,要注意选择适合的山石来做山底,不得用风化过度的松散的山石。第二,拉底的山石底部一定要垫平垫稳,保证不能摇动,以便于向上砌筑山体。第三,拉底的石与石之间要紧连互咬。第四,山石之间要不规则地断续相间,有断有连。第五,拉底的边缘部分,要错落变化,山脚弯曲时有不同的半径,凹进时有不同的凹深和凹陷宽度,要避免山脚的平直和浑圆形状。

2. 起脚

在垫底的山石层上开始砌筑假山,就叫起脚。

(1)起脚边线做法 可以采用点脚法、连脚法和块面脚法三种做法。

① 点脚法,就是先在山脚线处用山石做成相隔一定距离的点,点与点之上再用片状石块或条石盖上,这样就

可以在山脚的一些局部造出小的洞穴,加强假山的深厚感和灵秀感[图8.47(a)]。

② 连脚法,就是做山脚的山石依据山脚的外轮廓变化,呈曲线状起伏连接,使山脚具有连续、弯曲的线形。一般的假山常用这种方法处理山脚。采用这种山脚做法,应注意使做脚的山石以前错后移的方式呈现不规则的错落变化[图8.47(b)]。

③ 块面脚法,这种山脚也是连续的,但与连脚法不同的是,块面脚要使做出的山脚线呈现大幅度进退的形象。山脚凸出部分与凹进部分各自的整体感都要很强,而不是像连脚法那种小幅度的曲折变化[图8.47(c)]。

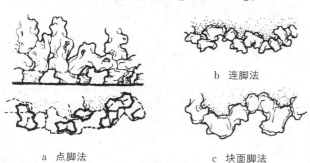

图8.47　起脚的做法

（2）起脚的技术要求　起脚石直接作用于山体底部的垫脚石,它和垫脚石一样,都要选择质地坚硬、放置安稳、少有空穴的山石材料,以保证能够承受山体的重压。除了土山和戴石土山之外,假山的起脚安排宜小不宜大,宜收不宜放。起脚一定要控制在地面山脚线的范围内,宁可内收一些,也不要向山脚线外突出。这就是说山体的起脚要小,不能大于上部准备拼叠造型的山体。即使因起脚太小而导致砌筑山体时的结构不稳,还有可能通过做脚、补脚来加以弥补。如果起脚太大,以后砌筑山体时造成山形臃肿、呆笨、没有险峻之势时,就不好挽回了。到时要通过打掉一些起脚石来改变臃肿的山形,但这却极易将山体结构震动而松散,造成整座假山的倒塌。所以,假山起脚宜小不宜大。

起脚时,定点摆线要准确。先选到山脚突出点的山石,并将其沿着山脚线先砌筑上,待多数主要的突出点山石都砌筑好了,再选择和砌筑平直线、凹进线处的所有山石。这样既保证了山脚线按照设计而呈现弯曲转折状,避免山脚平直的弊端,又使山脚凸出部位具有最佳的形状和最好的皴纹,增强了山脚部分的景深效果。

3. 做脚

所谓做脚就是在假山的上面部分,即山形山势大体施工完成以后,为弥补起脚造型不足的缺陷,在紧贴起脚石的外缘部分用山石砌筑、拼叠成山脚的一种叠山技法。常见做脚有如下几种形式。

（1）凹进脚　山脚向山内凹进,随着凹进的深浅宽窄

不同,脚坡做成直立坡、陡坡或缓坡都可以[图8.48(a)]。

（2）凸出脚　是向外凸出的山脚,其脚坡可做成直立坡或坡度较大的陡坡[图8.48(b)]。

（3）断连脚　山脚向外凸出,凸出的端部与山脚本体部分似断似连[图8.48(c)]。

（4）承上脚　山脚向外凸出,凸出部分对着其上方的山体悬垂部分,起着均衡上下重力和承托山顶下垂之势的作用[图8.48(d)]。

（5）悬底脚　局部地方的山脚底部做成低矮的悬空状,与其他非悬底山脚构成虚实对比,可增强山脚的变化。这种山脚最适用于水边[图8.48(e)]。

（6）平板脚　片状、板状山石连续地平放,做成如同山边小路一般的山脚造型。突出了假山上下的横竖对比,使景观更为生动[图8.48(f)]。

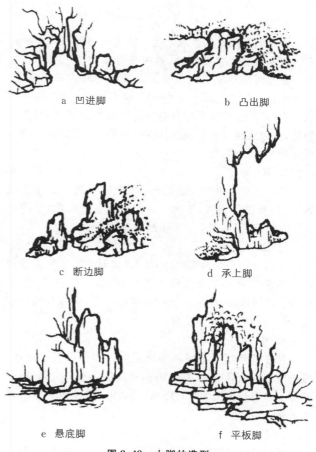

图8.48　山脚的造型

8.3.4　假山山体施工

无论是堆山还是叠石,要想得到优美的造型并保证其坚固耐久,就必须依靠对石料本身重力的安排而构成的假山主体合理的结构关系。在施工中,总结出"十字诀",即"安、连、接、斗、挎、拼、悬、卡、剑、垂",如图8.49所示。这些字诀在施工造型中的含义说明如下:

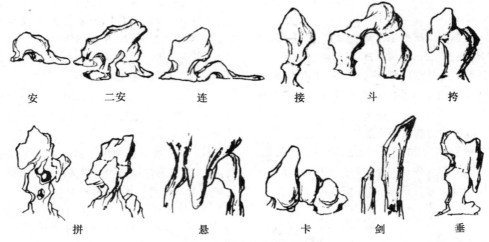

安　　二安　　连　　　　接　　　斗　　　挎

拼　　　　　　悬　　　　　卡　　　　剑　　　垂

图 8.49　假山山体施工手法

1. 安

安是安置山石的意思。放一块山石叫做"安"一块山石。特别强调放置要安稳，其中又分单安、双安与三安。双安是在两块不相连的山石上面安放一块山石的形式。三安则是在三块山石上安放一石，使之形成一体。安石强调一个"巧"字，即本来不具备特殊形体的山石，经过安石以后，可以组成具有多种形体变化的组合体，如《园冶》中所说的"玲珑安巧"。

2. 连

山石之间水平方向的衔接称为"连"。连不是平直相连，而是要错落有致，变化多端。连缝有的紧密，有的疏连，有的续连。同时要符合皴纹分布的规律。

3. 接

山石之间竖间衔接称为"接"。接既要善于利用天然山石的茬口，又要善于补救茬口不够吻合之处。同时要注意山石的皴纹，一般来说竖纹与竖纹相接，横纹与横纹相接，但有时也可以有所变化。

4. 斗

斗是仿自然岩石经水冲蚀成洞穴的一种叠石造型。叠置中取两块竖向造型的、姿态各异的山石分立两侧，上部用一块上凸下凹的山石压顶，构成如两羊头角对顶相斗的形象。

5. 拼

在比较大的空间里，因石材太小，单置时体量不够时，可以将数块以至数十块山石拼成一整块山石的形象，这种做法称为"拼"。如在缺少完整石材的地方需要特置峰石，也可以采用拼峰的办法。

6. 挎

如山石某一侧面过于平滞，可以旁挂一石以全其美，称为"挎"。挎石可利用茬口交合或上层镇压来稳定。

7. 悬

对仿溶洞的假山洞的结顶，常用此法。它是指在上层山石成内倾环拱形的竖向洞口中，插进一块上大下小的长条形的山石，由于山石的上端被洞口卡住，下端便可倒立空中。以湖石类居多。

8. 剑

山石竖长，直立如剑的做法为"剑"。多用于各种石笋或其他竖长的山石（如青石、木化石等），立"剑"可以创造雄伟昂然的景观，也可形成小巧秀丽的景象，因地、因石而制宜。作为特置的剑石，其地下部分必须有足够的长度以保证稳定。一般立"剑"都自成一景，如与其他山石混杂，则显得不自然。并且要避免"排如炉烛花瓶，列似刀山剑树"，忌"山、川、小"形的排列。

9. 卡

卡是指在两山石间卡住一悬空的小石。要形成卡，必须使左右两块山石对峙，形成一个上大下小的楔口，而被卡的山石也要上大下小，使其正好卡在楔口中而自稳。

10. 垂

从一块山石顶偏侧部位的企口处，用另一山石倒垂下来的做法称为"垂"。呈现为处于峰石头旁的侧悬石。用它营造构图上的不平衡中的均衡感，给人以惊险的感觉。对垂石的设计与施工，特别要注意结构上的安全问题，可以用暗埋铁杆的办法，再加水泥浆胶结，并且要用撑木撑住垂石部分，待水泥浆充分硬结后再去除。垂不宜用在大型假山上。

8.3.5　山体辅助结构施工

叠山施工中，无论采用哪种结构形式，都要解决山石与山石之间的固定与衔接问题，相对山体主体结构而言，这些属于辅助结构的施工技术方法，在各类假山中都是通用的。它利用主要山石本体以外的材料和技术，来满足加固要求。实际上它常是总体结构中的关键所在，在施工过程中几乎和主体结构同时进行。山体的辅助结构施工大

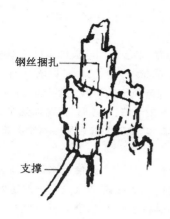

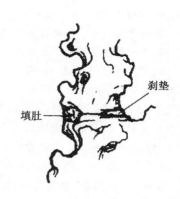

钢丝捆扎
支撑
铁活固定
填肚
刹垫

图 8.50 辅助结构施工示意图

致有以下几种(图8.50)。

1. 刹

叠石底面往往残缺不全、凹凸不平。为安顿底面不平的山石,使山石整体平衡稳固,利用一至数块控制平稳和传送重力的小型辅助做垫片,北方假山师傅称之为"刹"(江南假山师傅称之为垫片),在操作过程中,常称"打刹""刹一块"等。刹石技术能弥补叠石底面的缺陷,是山石施工的关键环节,常有"见缝打刹"之说,刹要选用坚实的山石,在施工前就打成不同大小的斧头形等石片以备随时选用。这块石头虽小,却承担了均衡和传送重力的要任,在构造上很重要,打刹也是考量技艺程度的标志之一,一定要找准位置,尽可能用数量最少的刹片而求稳定。打刹后用手推试一下能否稳定,至于两石之间不着力的空隙也要恰当地用块石填充。

(1)材料 打刹的材料分青刹和黄刹两种。一般青石类之刹称为青刹,又有块刹与片刹之分:块刹无显著内外厚薄之分,片刹呈斧头形有明显的厚薄之分,常用于一些缝中。而湖石类之刹称为黄刹。黄刹无平滑断面或节理石,多呈圆团状或块状,适用于太湖石的叠石施工。不论哪种刹石,都要求质地密结,材质坚韧,不易松脆,其大小不定,小者掌指可取,大者双手难持,可随机应变。

(2)应用方式 打刹常分为单刹、重刹、浮刹等三种。① 单刹:一块刹石称为单刹。因单块最为稳固,不论底面大小,刹石力求单块解决问题,严防碎小。② 重刹:用单刹力所不及者,可重叠使用,称为重刹。重一、重二、重三均可,但必须卡紧无脱落之危险。③ 浮刹:凡不起主力作用而填入底口者,一方面美其石体,另一方面便于抹灰,这种刹石叫浮刹。

(3)施工要点 叠石底口朝前者为前口,朝后者为后口,刹石应前后左右照顾周全,需在四面找出吃力点,以便控制全局。打刹必须"因口选刹,避免就刹选口",所以应先用托棍将石体顶稳,不得滑脱。在确定山石的位置以后再向石底放刹,放刹时必须左右横握,不得上下手拿捏,以防压伤。

安放刹石和叠石相同,均力求大面朝上。用刹常薄面朝内插入,随即以平锤式撬棍向内稍加捶打,以求抵达最大吃力点,俗称"随口锤",或"随紧"。若几个人围着石同时操作,则每面刹石向内捶打,用力不得过猛,得知稳固即可停止,否则常因用力过猛,一点之差而使其他刹石失去作用,或因用力过猛而砸碎刹石。

若叠石处于前悬状态,必须使用刹块,这时必须先打前口再打后口,否则会因次序颠倒而造成叠石塌落现象。施工人员应一手扶石,一手打刹,随时观察其动态与稳固情况。

叠石之中,刹石外表可凹凸多变,以增加石表之"魂";在两个巨石叠落相接时,刹的表面亦可缓其接口变化,使上下巨型叠石相接自如,不致生硬。

2. 支撑

山石吊装到山体定位点上,经过位置、姿势的调整后,就要将山石固定,保持一定的状态,这时就要先进行支撑,使山石临时固定下来。支撑材料应以木棒为主,用木棒的上端顶着山石的某一凹处,木棒的下端则斜着落在地面,并用一块石头将棒脚压住。一般每块山石都要用2~4根木棒支撑,因此,工地上最好能多准备一些长短不同的木棒。此外,也可使用铁棍或长形山石作为支撑材料。用支撑固定主要是针对大而重的山石,这种方法对后续施工操作将会产生一些影响。

3. 捆扎

为了将调整好位置和姿态的山石固定下来,还可采用捆扎的方法。捆扎方法比支撑方法简便,而且对后续施工基本没有影响。这种方法最适宜小体量山石的固定,对体量特大的山石则还应该辅之以支撑方法。山石捆扎固定一般采用8号或10号铅丝,用单根或双根铅丝做成圈,套上山石,并在山石的接触面垫上或抹上水泥砂浆后,再进行捆扎。捆扎时铅丝圈不必收紧,应适当松一点;然后再用小钢杆将其绞紧,使山石无法松动。

4. 铁活加固

古典园林中常用的铁活有银锭扣、铁爬钉、铁扁担、吊架等几种。

银锭扣：由生铁铸成，有大、中、小三种规格，主要用以加固山石间的横向连接。先将石头横向接缝作为中心线，再按银锭扣大小画线凿槽打下去。古典石作中有"见缝打卡"的说法，其上再接山石就不外露了。北海静心斋翻修山石驳岸时曾见这种做法。

铁爬钉：又称铁锔子，用熟铁制成，用以加固山石间横向及竖向的衔接。南京瞻园北山之山洞中可发现用小型铁爬钉做横向加固的构造。北京圆明园西北角之"紫碧山房"假山坍倒后，山石上可见约 10 cm 长、6 cm 宽、5 cm 厚的石槽，槽中有铁锈痕迹，也似同一类做法。北京乾隆花园内所见铁爬钉尺寸较大，长约 80 cm、宽约 10 cm、厚约 7 cm，两端各打入石内 9 cm。

铁扁担：多用于加固山洞，作为石梁下面的垫梁。铁扁担的两端成直角上翘，翘头略高于所支承石梁两端。北海静心斋沁泉廊东北，有巨石出挑悬岩，就选用了铁扁担镶嵌于山石底部。假如不是下到池底仰视，是看不出来的。

马蹄形吊架和叉形吊架：见于江南一带，扬州清代宅园"寄啸山庄"的假山洞底，由于用花岗石做石梁，只能解决构造问题，但外观极不自然，因此用这种吊架从条石上挂下来，架上再安放山石，便可裹在条石外面，接近自然石的外貌。

5. 填肚

山石接口部位有时会有凹缺，使石块的连接面缩小，也使连接的两块山石成断裂状，没有整体感，这时就需要填肚。所谓填肚，就是用块石和水泥砂浆把山石接口处缺口填充修补，直至与石面齐平。假山外围每打刹好一层，就要及时填肚，凝固后便构成一个整体。

6. 勾缝与胶结

没有发明石灰以前，假山的勾缝只可能是干砌或用素泥浆砌。从宋代李诫的《营造法式》中可以看到用灰浆泥胶结假山，并用粗墨调色勾缝的记载。明、清的假山勾缝做法还有桐油石灰、石灰纸筋、明矾石灰、糯米浆拌石灰等多种，湖石勾缝再加青煤，黄石勾缝后刷铁屑盐卤等，使之与石色相协调。

现代假山的勾缝与胶结，广泛使用水泥砂浆。勾缝用"柳叶抹"，有勾明缝和暗缝两种做法。一般是水平向缝都勾明缝，在需要时将竖缝勾成暗缝，即在结构上成为一体，而外观上有自然山石缝隙。勾明缝务必不要过宽，最好不要超过 2 cm。如缝过宽，可用随形之石块填缝后再勾浆。

8.4 现代石景工程

8.4.1 塑山、塑石工艺

塑山是用雕塑艺术的手法，以天然山岩为蓝本，人工塑造的假山或景石（图 8.51）。早在百年前，在广东、福建一带就有传统的灰塑工艺。20 世纪 50 年代初在北京动物园用钢筋混凝土塑造了狮虎山。20 世纪 60 年代塑山、塑石工艺在广州得到了很大的发展，标志着我国假山艺术发展到一个新阶段，创造了很多具有时代感的优秀作品。那些气势磅礴、富有力感的大型山水和巨大奇石与天然岩石相比，自重轻，施工灵活，受环境影响较小，可按理想预

图 8.51　北京植物园温室塑石假山

留种植穴,因此为设计创造了广阔的空间。塑山、塑石通常有两种做法:一为钢筋混凝土塑山,二为砖石混凝土塑山,也可以二者混合使用。

1. 钢筋混凝土塑山

钢筋混凝土塑山也叫钢骨架塑山,它将钢材作为塑山的骨架,适用于大型假山的塑造。

施工工艺流程如下:

放样开线 → 挖土方 → 浇混凝土基础 → 焊接骨架 →

做分块钢架及铺设钢丝网 → 双面混凝土打底 → 造型 →

面层批塑及上色修饰 → 成型

（1）基础　根据基地土壤的承载能力和山体的重量,经过计算确定基础尺寸大小。通常做法是根据山体底面的轮廓线,每隔 4 m 做一根钢筋混凝土柱基,如山体形状变化大,则局部柱子加密,并在柱间做墙。

（2）立钢骨架　它包括浇注钢筋混凝土柱子、焊接钢骨架、捆扎造型钢筋、盖钢板网等,其做法如图 8.52 所示。其中造型钢筋架和盖钢板网是塑山效果的关键之一,目的是为造型和挂泥之用。钢筋要根据山形做出自然凹凸的变化。盖钢板网时一定要与造型钢筋贴紧扎牢,不能有浮动现象。

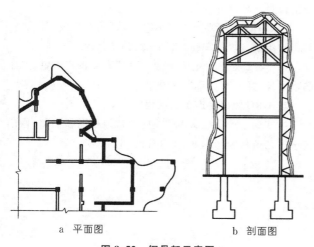

a 平面图　　　b 剖面图

图 8.52　钢骨架示意图

（3）面层批塑　先打底,即在钢筋网上抹灰两遍,材料配比为水泥＋黄泥＋麻刀,其中水泥:砂为 1:2,黄泥占总质量的 10%,麻刀适量。水灰比为 1:0.4,以后各层不加黄泥和麻刀。砂浆拌和必须均匀,随用随拌,存放时间不宜超过 1 h,初凝后的砂浆不能继续使用,构造如图 8.53 所示。

（4）修饰成型　人工塑石能不能够仿真,表面修饰是关键。重点在于石面抹面层的材料、颜色和施工工艺水平。要仿真,就要尽可能采用相同的颜色,只有精心的抹面和精心塑造裂纹、棱角,使石面具有逼真的质感,才能达

到做假如真的效果。

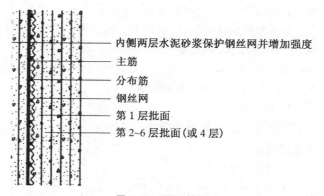

内侧两层水泥砂浆保护钢丝网并增加强度
主筋
分布筋
钢丝网
第 1 层批面
第 2～6 层批面(或 4 层)

图 8.53　面层批塑

① 皱纹和质感　修饰重点在山脚和山体中部。山脚应表现粗犷,有人为破坏、风化的痕迹,并多有植物生长。山腰部分,一般 1.8～2.5 m 高处是修饰的重点。石面不能用铁抹子抹成光滑的表面,而应该将木制的砂板作为抹面工具,将石面抹成稍粗糙的磨砂表面,这样才能更加接近天然的石质。石面的皱纹、裂缝、棱角应按所仿造岩石的固有棱缝来塑造,主要手法有印、拉、勒等。如果模仿的是水平的砂岩岩层,那么石面的皱纹及棱缝中,在横向上就多为较平行的横向线纹或水平层理;而在竖向上,则一般是仿岩层自然纵裂形状,裂缝有垂直的也有倾斜的,变化就多一些。如果模仿的是不规则的块状巨石,那么石面的水平或垂直皱纹裂缝就应比较少,而更多的是不太规则的斜线、曲线、交叉线形状。

② 着色　可直接用彩色配制,此法简单易行,但色彩呆板。常用方法是根据所仿造山石种类的固有颜色,选用不同的矿物颜料加白水泥,再加适量的 107 胶配制而成。例如,要仿造灰黑色的岩石,可以在普通灰色水泥砂浆中加炭黑,以灰黑色的水泥砂浆抹面;要仿造紫色砂岩,就用氧化铁红将白水泥砂浆调制成紫砂色;要仿造黄色砂岩,则应在白水泥砂浆中加入柠檬铬黄;而氧化铬绿和钴蓝则可在仿造青石的水泥砂浆中加入。在配制彩色的水泥砂浆时,颜色应比设计时稍深一些,待塑成山石后其色度会稍稍变得浅淡。着色可以有适当的艺术夸张,使色彩更明快,有空气感和立体感,如上部着色略浅,纹理凹陷部色彩要深。常用手法有洒、弹、倒、甩。刷的效果一般不好。

③ 光泽　可在石的表面涂过氧树脂或有机硅,重点部位还可打蜡。还应注意青苔和滴水痕的表现,时间久了会自然地长出真的青苔。

（5）其他配套工程主要有以下两项:

① 造种植池　种植池的大小应根据植物(含土球)总质量决定池的大小和配筋,并注意留排水孔。给排水管道最好在塑山时预埋在混凝土中,施工时一定要做防腐处理。

② 塑山养护　在水泥初凝后开始养护,要用麻袋片、草帘等材料覆盖,避免阳光直射,并每隔 2～3 h 洒水一次。洒水时要注意轻淋,不能冲射。养护期不少于半个月,在气温低于 5℃时应停止洒水养护,采取防冻措施,如遮盖稻草、草帘、草包等。假山内部钢骨架等一切外露的金属均应涂防锈漆,并以后每年涂一次。

2. 砖石塑山

砖骨架塑山,即将砖作为塑山的骨架,适用于小型塑山及塑石。

施工工艺流程如下:

放样开线 → 挖土方 → 浇混凝土基础 → 砖骨架 →

打底 → 造型 → 面层批塑及上色修饰 → 成型

首先在拟塑山石土体外缘清除杂草和松散的土体,按设计要求修饰土体,沿土体外圈开沟做基础,其宽度和深度视基地土质和塑山高度而定。其次沿土体向上砌砖,要求与挡土墙相同,但砌砖时应根据山体造型的需要而变化。如表现山岩的断层、节理和岩石表面的凹凸变化等。然后在表面抹水泥砂浆,进行面层修饰。最后着色。修饰部分的施工工艺和钢筋混凝土塑石一样,在此不再赘述。

3. 塑山工艺中存在的主要问题

一是由于山的造型、皱纹等特征的表现要靠施工者的手上功夫,因此对工人师傅的个人修养和技术的要求很高;二是水泥砂浆表面易发生皲裂,影响强度和观瞻;三是易褪色。以上问题亦在不断改进之中。

8.4.2　GRC 假山造景

GRC 是玻璃纤维强化水泥(glass fiber reinforced cement)的缩写,它是将抗碱玻璃纤维加入低碱水泥砂浆中硬化后产生的高强度的复合物。随着科技的发展,20 世纪 80 年代在国际上出现了用 GRC 造假山。它使用机械化生产制造假山石元件,具有质量轻、强度高、抗老化、耐水湿、易于工厂化生产以及施工方法简便、快捷、成本低等特点,是目前理想的人造山石材料。用新工艺制造的山石质感和皱纹都很逼真,它为假山艺术创作提供了更广阔的空间和可靠的物质保证,为假山技艺开创了一条新路,使其达到"虽由人作,宛自天开"的艺术境界。

1. 假山元件的制作方法

GRC 假山元件的制作主要有两种方法:一为席状层积式手工生产法;二为喷吹式机械生产法。喷吹式工艺简介如下。

(1) 模具制作　根据生产"石材"的种类、模具使用的次数和野外工作条件等选择制模的材料。常用模具的材料可分为:软模,如橡胶模、聚氨酯模、硅模等;硬模,如钢模、铝模、GRC 模、石膏模等。制模时应以选择天然岩石皱纹好的部位为本和便于复制操作为条件,脱制模具。

(2) GRC 假山石块的制作　将低碱水泥与一定规格的抗碱玻璃纤维以二维乱向的方式同时均匀分散地喷射于模具中,凝固成型。在喷射时应随吹射随压实,并在适当的位置预埋铁件。

(3) GRC 的组装　将 GRC"石块"元件按设计图进行假山的组装。焊接牢固,修饰、做缝,使其浑然一体。

(4) 表面处理　主要是使"石块"表面具憎水性,产生防水效果,并具有真石的润泽感。

2. GRC 假山生产工艺流程

喷吹式生产流程、GRC 喷射设备流程图和 GRC 假山安装工艺流程图如图 8.54～图 8.56。

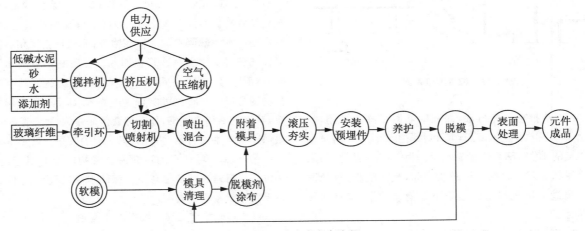

图 8.54　喷吹式生产流程

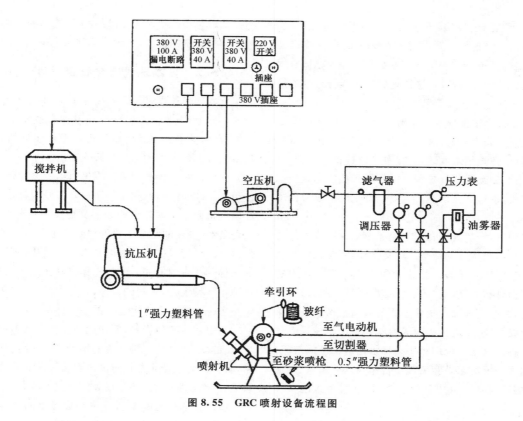

图 8.55　GRC 喷射设备流程图

图 8.56　GRC 假山安装工艺流程图

8.4.3　CFRC 塑石简介

CFRC 是碳纤维增强混凝土(carbon fiber reinforced cement or concrete)的缩写。20 世纪 70 年代,英国首先制作了聚丙烯腈基(PAN)碳素纤维增强水泥基材料的板材,并应用于建筑,开创了 CFRC 研究和应用的先例。

在所有元素中,碳元素在构成不同结构的能力方面似乎是独一无二的,这使碳纤维具有极高的强度、高阻燃、耐高温以及具有非常高的拉伸模量,与金属接触电阻低、电磁屏蔽效应良好。碳纤维能制成智能材料,在航空、航天、电子、机械、化工、医学器材、体育娱乐用品等工业领域中广泛应用。

CFRC 人工岩是指把碳纤维搅拌在水泥中,制成碳纤维增强混凝土并用于造景工程。CFRC 人工岩与 GRC 人工岩相较,在抗盐侵蚀、抗水性、抗光照能力等方面均明显优于 GRC,并具抗高温、抗冻融和干湿变化等优点。CFRC 人工岩因长期强度保持力高,是耐久性优异的水泥基材料,适用于河流、港湾等各种自然环境的护岸、护坡。

它具有电磁屏蔽功能和可塑性,因此可用于隐蔽工程等,更适用于园林假山造景、彩色路石、浮雕、广告牌等各种景观的再创造。

8.5　日本石景设计

8.5.1　日本古典园林枯山水及其石景

日本从奈良时期,开始大量吸收中国的盛唐文化。园林亦深受中国园林尤其是唐宋山水园的影响,一直保持着自然式风格。至 13 世纪时,佛教在日本已传播了 800 多年,且此时日本开始流行禅宗。为反映禅宗修行者所追求的苦行及自律精神,日本园林开始摈弃以往的池泉庭园,而使用一些如常绿树、苔藓、砂、砾石等静止不变的元素,营造枯山水庭园,以期达到自我修行的目的。

禅宗庭院内,树木、岩石、天空、土地等常常是寥寥数笔即蕴涵着极深寓意,在修行者眼里它们就是海洋、山脉、岛屿、瀑布,一沙一世界,这样的园林无异于一种精神园林。后来,这种园林发展臻于极致——不仅没有花卉,连乔灌木、小桥、岛屿甚至一般园林不可缺少的水体等造园惯用要素均被一一剔除,仅留下岩石、耙制的砂砾和自发生长于荫蔽处的一块块苔地,这便是典型的流行至今的日本枯山水庭园的主要构成要素。

经典的枯山水主要出现在室町时代、桃山时代以及江户时代的庭园中。室町时代(1336 年—1573 年)是日本庭园的黄金时代,造园技术发达,造园意匠最具特色,庭园名师辈出,最重要的造园成就是创立并发展了枯山水这一独特的园林形式,使理石艺术达到了极高的水平,成为日本园林的精华。

所谓枯山水,一般是指由细砂碎石铺地,再加上一些叠放有致的石组所构成的缩微式园林景观,偶尔也包含苔藓、草坪或其他自然元素。枯山水并没有水景,其中的"水"通常用白砂石表现,而"山"(包括岛屿甚至船只)通常用石块表现,白砂石表面常梳耙出圆形和直线形的条纹来表现水的波纹与流动,看上去耐人寻味。枯山水设计者往往是当时的禅宗僧侣。他们赋予园林以恬淡出世的气氛,把宗教的哲理与园林艺术完美地结合起来,把"写意"的造景方法发展到了极致,也抽象到了顶点,具有惊人的精神震撼力。

枯山水很讲究置石,主要是利用单块石头本身的造型和它们之间的配列关系。石形务求稳重,底广顶削,不做飞梁、悬挑等奇构,也很少堆叠成山,这与我国的叠石很不一样。枯山水庭园内也有栽植不太高大的观赏树木的,它们都十分注意修剪树的外形姿势而又不使其失去自然生态。例如 15 世纪建于京都的龙安寺(图 8.57),地呈矩形,面积仅 330 m²,为十五尊石头与白砂所构成的石庭。石以二、三或五为一组,共分 5 组。东端的石组为三尊石,西端为龟石组,中央石组为蓬莱、方丈、流洲三仙山,石下植栽为杉苔,周围则是经过耙制的白砂,比喻广阔的海面。

抛开其思想和隐喻,在外观形式上石庭也被誉为美学上的黄金分割比例的代表,艺术上呈现出完美的构图。

8.5.2　日本现代园林石景设计

日本现代景观设计师在继承和发扬古典园林禅宗思想的基础上,吸收借鉴现代景观设计有益元素,取得了显著的成绩,他们的作品代表了日本现代园林的不同风格,其中比较有代表性的当数枡野俊明。

作为日本当代景观设计界最杰出的设计师之一,枡野俊明先生的作品继承和展现了日本传统园林艺术的精髓,准确地把握了日本传统庭园的文脉。他的作品总是能够呈现自然、清新的气息。枡野俊明先生一向将景观创作视为自己内心世界的一种表达,将"内心的精神"作为艺术中的一种形式表现出来。他的作品往往充满了浓厚的禅意,体现了一种淡定、沉静的修为,方寸之间、意犹未尽,因此,常被誉为具有鲜明人生哲学的设计作品。

枡野俊明是位禅僧,他曾说:"我把生活中的庭比作为'心灵的表现'这样一种特殊的场所……"在他的园林作品中,石材作为设计元素具有的内在特性得到了最大限度的展现,营造出脱俗、迥超尘世外的心灵空间。

枡野俊明先生的置石手法因环境不同而异。在古典式园林中山石以天然形态存在,以体现天然石块的古拙和自然气息,如曹洞宗祇园寺紫云台前庭龙门庭中的石景设计(图 8.58)。该园的特点是布置了一组使人联想起龙门瀑的岩石,庭园也由此得名。龙门庭中还有梳理过的白色砾石海洋、以粗糙岩石建构的岛屿和各种植物。耙过的砾石环绕在岩石岛屿周围,搭接在低矮的人工堆筑土山边缘,成为枯瀑布的延伸。位于庭园远处角落里的枯瀑布是个动态元素,从高处流向白色的砾石海洋形成强烈的动感。布置在砾石海洋中的岩石中,有一块岩石形状格外方正,与其他岩石形成对比,使人们进一步领悟园中元素的运用。

图 8.57　龙安寺

而在现代建筑环境中营造石景时,枡野俊明多将石材进行局部直线条的形态处理,以求与周围环境相统一。他会在这些石材的表面保留一些古拙棱角和粗糙纹理,以求营造一种自然气息。如东京都千代田区麹町会馆"青山绿水的庭"中的石景设计,传统中蕴含现代风味:几座日本平成时期风格的小型花园呈阶梯式布局,四周被柱廊包围,狭小的空间里,创造出各不相同的观察角度(图 8.59)。从榻榻米接待室打开障子,由竖直石块表现的"群山"映入眼帘。石灯笼、树木、竹质栅栏等垂直元素,与横向铺设的石道、砾石、苔藓等水平元素交织,营造出幽深之感。这座庭园为东京喧嚣的市中心营造出某种令人沉思的静谧氛围。

今治国际大酒店"瀑松庭"则利用地面的高差设计了三段瀑布,在瀑布与溪流周围设置了绿植和岩石组,模仿附近的风景(图 8.60)。该庭院的石景设计除了可供观赏之外,还为漫步设计了脚踏石,引人走向茶室。巨石拼接成跨越砾石河流的桥,游客可以由此前往私密的日式房间。瀑布、溪流、巨石岛、茶室共同组成了一幅美丽的画卷。

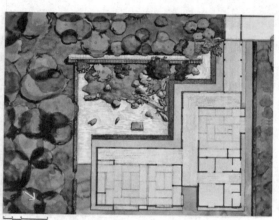

图 8.58　龙门庭平面图及石景效果

图 8.59　麹町会馆"青山绿水的庭"

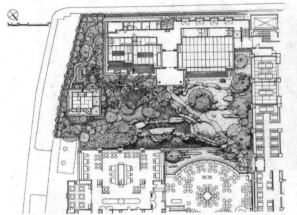

图 8.60　今治国际大酒店"瀑松庭"平面图及石景效果

■ **思考与练习**

1. 我国与日本在传统石景设计方面有何联系与区别？

2. 结合园林景观布置置石，绘出平面图、立面图、效果图。

3. 根据假山施工图，选用适当的比例和材料制作假山模型。

9 园林给排水工程

【导读】 本章属于专项工程设计的内容,给水、排水是满足园林游憩功能和日常运转、养护所必需的工程措施。给排水的工程设计必须满足功能、技术和美学等多方面的要求,这就需要读者在学习本章时既要熟悉相关的技术知识,又要结合园林设计的特点。此外在海绵城市雨洪管理建设的时代背景下,绿色雨水基础设施及其工程措施也是给排水工程中的重点。本章内容与园林规划设计课程中的绿地与公园整体布局、辅助设施安排以及详细设计均有密切联系。

园林经营服务和生产运转需要有充足的水源供给。从水源取水并进行水质处理,然后用输水配水管道将水送至各处使用。在这一过程中由相关构筑物和管道所组成的系统,就叫给水系统。被污染的水经过处理而被无害化,再和其他地面水一样通过排水管渠排除掉。在这个排水过程中所建的管道网和地面构筑物所组成的系统,则称为排水系统。园林给排水工程就是建设园林内部给水系统和排水系统的工程。

9.1 园林给水工程

9.1.1 概述

园林绿地给水工程既可能是城市给水工程的组成部分,又可能是一个独立的系统。它与城市给水工程之间既有共同点,又有不同之处。根据使用功能的不同,园林绿地给水工程具有一些特殊性。

1. 给水工程的组成

给水工程是由一系列构筑物和管道系统构成的。从给水的工艺流程来看,它可以分成以下 3 个部分。

(1) 取水工程 它是指从地面上的河、湖和地下的井、泉等天然水源中取水的工程,取水的质量和数量主要受取水区域水文地质情况影响。

(2) 净水工程 这项工程是指通过在水中加药混凝沉淀(澄清)、过滤、消毒等工序而使水净化,从而满足园林中的各种用水要求。

(3) 输配水工程 它是指通过输配水管道网把经过净化的水输送到各用水点的一项工程。图 9.1 是以河水水源为例的给水工艺流程示意图。水从取水构筑物处被取用,由一级泵房送到水厂进行净化处理,处理后的水流入清水池,再由二级泵房从清水池把水抽上来,通过输配水管道网送达各用水处。图中所示清水池和水塔,是起调

节作用的蓄水设施,主要是在用水高峰和用水低谷时起水量调节作用。有时,为了在管道网中调节水量的变化并保持管道网中有一定的水压,也要在管网中间或两端设置水塔,起平衡作用。

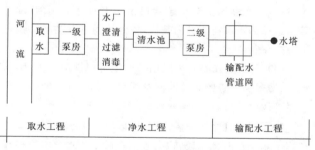

图 9.1 给水工程示意图

2. 园林用水类型

公园等公共绿地既是群众休息和游览活动的场所,又是花草树木、各种鸟兽比较集中的地方。由于游人活动的需要、动植物养护管理的需要及水景用水的补充需要等,园林绿地用水量是很大的。水是园林生态系统中不可缺少的要素。因此,解决好园林的用水问题是一项十分重要的工作。

公园用水的类型大致有以下几个方面:

(1) 生活用水 如餐厅、内部食堂、茶室、小卖部、消毒饮水器及卫生设备的用水。

(2) 养护用水 包括植物灌溉、动物笼舍的冲洗及夏

季广场道路喷洒用水等。

（3）造景用水　各种水体包括溪流、湖池等，以及一些水景如喷泉、瀑布、跌水和北方冬季冰景用水等。

（4）游乐用水　一些游乐项目，如"激流探险""碰碰船"、滑水池、戏水池、休闲娱乐的游泳池等，平常都要用大量的水，而且还要求达到水质标准。

（5）消防用水　公园中为防火灾而准备的水源，如消火栓、消防水池等。

园林给水工程的主要任务是经济、可靠和安全合理地提供符合水质标准的水源，以满足上述几个方面的用水需求。

3. 园林给水特点

园林绿地给水与城市居住区、机关单位、工厂企业等的给水有许多不同，在用水情况、给水设施布置等方面都有自己的特点。其主要的给水特点如下：

（1）生活用水较少，其他用水较多　除非园林绿地中有休闲、疗养、展览等大型公共建筑，一般园林中的主要用水是养护、造景和游乐用水，而生活用水则比较少，只有园内的餐饮、卫生设施等用水属于这方面。

（2）园林中用水点较分散　由于园林内多数功能点都不是密集布置的，在各功能点之间常常有较宽的植物种植区，因此用水点也必然很分散，不会像住宅、公共建筑那样密集。即使是在植物种植区内所设的用水点，也是分散的。由于用水点分散，给水管道的密度不太大，但一般管段的长度却比较长。

（3）用水点水头变化大　园林内不同功能点差异很大，造成用水点水头变化通常较大。比如喷泉、喷灌设施等用水点的水头与园林内餐饮、鱼池等用水点的水头就有很大变化。

（4）用水高峰时间可以错开　园林中灌溉用水、娱乐用水、造景用水等的具体时间都是可以自由确定的。也就是说，园林中可以做到用水均匀，不出现用水高峰。

除了以上几个主要特点以外，园林给水在一些具体的工程措施上有时也比较特殊，我们在后面的水源水质和管网设计部分会具体讲述。

9.1.2 水源的选择

园林给水工程的首要任务是按照水质标准合理地确定水源和取水方式。在确定水源的时候，不但要对水质的优劣、水量的丰缺情况进行了解，而且还要对取水方式、净水措施和输配水管道网布置进行初步计划。

水的来源可以分为地表水和地下水两类，这两类水源都可以为园林所用。

1. 地表水源

地表水如山溪、大江、大河、湖泊、水库水等，都是直接暴露于地面的水源。这些水源具有取水方便和水量丰沛

的特点，但易受工业废水、生活污水及各种人为因素的污染。水中泥沙、悬浮物和胶态杂质含量较多，杂质浓度高于地下水。因水质较差，必须经过严格的净化和消毒，才可作为生活用水。在地表水中，只有位于山地风景区的水源水质比较好。

采用地表水作为水源时，取水地点及取水构筑物的结构形式是比较重要的问题。如果在河流中取水，取水构筑物应设在河道的凹岸，因为凹岸较凸岸水深，不易淤积，只需防止河岸受到冲刷。在河流冰冻地区，取水口应放在底冰之下。河流浅滩处不宜选作取水点。取水构筑物应设在距离支流入口和山沟下游较远的地方，以防洪水时期大量泥沙淤塞取水口。在入海的河流上取水时，取水口也应距离河口远一些，以免海潮倒灌影响水质。在风景区的山谷地带取水，应考虑到构筑物被山洪冲击和淹没的危险，取水口的位置最好选在比多数用水点高的地方，尽可能考虑利用重力自流给水。

保护水源，是直接保证给水质量的一项重要工作。对于地表水源来说，在取水点周围不小于 100 m 半径的范围内，不得游泳、停靠船只、从事捕捞和一切可能污染水源的活动，并须在此范围内设立明显的标志。取水点附近设立的泵站、沉淀池、清水池的外围不小于 10 m 半径的范围内，不得修建居住区、饲养场、渗水坑、渗水厕所，不得堆放垃圾、粪便和铺设污水管道。在此范围内应保持良好的卫生状况，并充分绿化。河流取水点上游 1000 m 以内和下游 100 m 以内，不得有工业废水、生活污水排入，两岸不得堆放废渣、设置化学品仓库和堆栈。沿岸农田不得使用污水灌溉和施用有持久性药效的农药，且不允许放牧。

采用地表水作水源的，必须对水进行净化处理后才能将其作为生活饮用水使用。净化地表水的方法包括混凝沉淀、过滤和消毒 3 个步骤。

（1）混凝沉淀（澄清）　在水中加入混凝剂，使水中产生一种絮状物，和杂质凝聚在一起，沉淀到水底。我国民间传统的做法，是用明矾作为混凝剂加入水中，经过 1～3 h 的混凝沉淀后，可降低浑浊度 80% 以上。另外，也可以用硫酸铝作为混凝剂，在每吨水中加入粗制硫酸铝 20～50 g，搅拌后进行混凝沉淀，也能降低浑浊度。

（2）过滤（砂滤）　将经过混凝沉淀并澄清的水送进过滤池，透过从上到下由细砂层、粗砂层、细石子层、粗石子层构成的过滤砂石层，滤去杂质，使水质洁净。滤池分快、慢两种，一般可用快的滤池。

（3）消毒　天然水在过滤之后，还会含有一些细菌。为了保证生活饮用水的安全，必须进行杀菌消毒处理。消毒方法有很多，但一般常见的是把液氯加入水中杀菌消毒。用漂白粉消毒也很有效，漂白粉与水作用可生成次氯酸，次氯酸很容易分解放出初态氧，初态氧性质活泼，是强氧化剂，能通过强氧化作用将细菌等有机物

杀灭。

经过净化处理的地表水,就能够供园林内各用水点使用。采用地表水作为供水水源时,还应考虑枯水期时的供水稳定性。

2. 地下水源

地下水存在于透水的土层和岩层中。各种土层和岩层的透水性是不一样的。卵石层和砂层的透水性好,而黏土层和岩层的透水性就比较差。凡是能透水、存水的地层都可叫含水层或透水层。存在于砂、卵石含水层的地下水叫孔隙水,在岩层裂缝中的地下水则叫裂隙水。

地下水主要是由雨水和河流等地表水渗入地下而形成和不断补给的。地下水越深,它的补给地区范围也就越大。地下水也会流动,但流速很慢,往往一天只流动几米,甚至有时还不到 1 m。但石灰岩溶洞中的地下水,流速还是比较快的。

地下水又分为潜水和承压水两种。

(1) 潜水　地面以下第一个隔水层(不透水层)所托起的含水层的水,就是潜水。潜水的水面叫潜水面,是从高处向低处微微倾斜的平面。潜水面常受降雨影响而发生升降变化。降雨、降雪、露水等地面水都能直接渗入地下而成为潜水。

(2) 承压水　含水层在两个不透水层之间,并且受到较大的压力,这种含水层中的地下水就是承压水;另外,也有一些承压水是由地下断层形成的。由于有压力存在,当打井穿过不透水层并打通水口时,承压地下水就会从水口喷出或涌出。溢出地表的承压水便形成泉水。因此,这种承压地下水又叫自流水。承压水一般埋藏较深,又有不透水层的阻隔,所以当地的地表水不容易直接渗入补给,其真正的补给区往往在很远的地方。

地下水温通常为 7～16℃或稍高,夏季作为园林降温用水效果很好。地下水,特别是深层地下水,基本上没有受到污染,并且在经过长距离地层的过滤后,水质已经很清洁,几乎没有细菌,再经过消毒并符合卫生要求之后,就可以直接饮用,不需进行净化处理。

由于要在地层中流动,或者某些地区地质构造方面的原因,地下水一般含有较多矿化物,硬度较大。水中硫酸根、氯化物过多,有时甚至还含有某些有害物质。对硬度大的地下水,要进行软化处理;对含铁、锰过多的地下水,则要进行除铁、锰处理。由近处雨水渗入而形成的泉水,也有可能硬度不大,但可能受地面有机物的污染,水质稍差,也需要进行净化处理。

对泉水、井水净化的一个有效方法是:用竹筒装满漂白粉,并在竹筒侧面钻孔,孔径为 2～2.5 mm,按每 1 m³ 井水 3 个竹筒孔眼的比例开孔;用绳子拴住竹筒,绳的另一端系在一个浮物上;把竹筒和浮物一起放入井内或泉池中;装药竹筒应沉至水面下 1～2 m 处。每投放一次,有效期可达 20 天。用这种方法净化,水中余氯分布均匀,消毒性能良好,同时也可节省人力及减少漂白粉的用量,是简单可行的净化方法。

取用地下水时,要进行水文地质勘察,探明含水层的分布情况。对储水量、补给条件、流向、流速、含水层的渗透系数、影响半径、涌水量以及水质情况等,都要进行勘察、分析和研究,以便合理开采和使用地下水。同时,还应避免对地下水的过量开采而引起大面积地基下沉,以及因地下水水位下降过多而对园林树木的生长或农业生产造成严重影响。在地下水取水构筑物旁边,要注意保护水源和进行卫生防护。水井或管井周围 20～30 m 范围内不得设置渗水厕所、渗水坑、粪坑和垃圾堆;不得从事破坏深层土层的活动。为保护水源,严禁将不符合饮用水水质标准的水直接回灌入地下。

3. 水源选择的原则

选择水源时,应根据城市建设远期的发展和风景区、园林周边环境的卫生条件,选用水质好、水量充沛、便于防护的水源。水源选择时一般应当注意以下几点。

(1) 园林中的生活用水要优先选用城市给水系统提供的水源,其次则主要应选用地下水。城市给水系统提供的水源,是在自来水厂经过严格的净化处理,水质已完全达到生活饮用水水质标准的水源,所以应首先选用。在没有城市给水条件的风景区或郊野公园,则要优先选择地下水作为水源,并且按优先性的不同选用不同的地下水。地下水的优先选择次序,依次是泉水、浅层水、深层水。

(2) 造景用水、植物栽培用水等,应优先选用河流、湖泊中符合地面水环境质量标准的水源。能够开挖引水沟渠将自然水体的水直接引入园林溪流、水池和人工湖的,则是最好的水源选择方案。植物养护栽培用水和卫生用水等就可以在园林水体中取用。如果没有引入自然水源的条件,则可选用地下水或自来水。

(3) 风景区内,当必须筑坝蓄水作为水源时,应尽可能结合水力发电、防洪、林地灌溉及园艺生产等多方面用水的需要,做到通盘考虑,统筹安排,综合利用。

(4) 在水资源比较缺乏的地区,园林中的生活用水使用过后,可以收集起来,经过初步的净化处理,再作为苗圃、林地等灌溉所用的二次水源。

(5) 各项园林用水水源,都要符合相应的水质标准,即要符合《地表水环境质量标准》(GB 3838—2002)和《生活饮用水卫生标准》(GB 5749—2022)的规定。

(6) 在地方性甲状腺肿地区及高氟地区,应选用含碘、含氟量适宜的水源。水源水中碘含量应在 10 μg/L 以上,10 μg/L 以下时人饮用则容易患甲状腺肿病。水中氟化物含量在 1.0 mg/L 以上时,容易发生氟中毒,因此,水源的含氟量一定要小于 1.0 mg/L。

9.1.3 水质与给水

园林中除生活用水外,其他方面用水的水质要求可根据情况适当降低。但都要符合一定的水质标准。

1. 地表水标准

所有的园林用水,如湖池、喷泉瀑布、游泳池、水上游乐区、餐厅、茶室等的用水,首先都要符合国家颁布的《地表水环境质量标准》(GB 3838—2002)。在这个标准中,首先依据地表水环境功能分类和保护目标,按功能高低依次划分为以下五类。

Ⅰ类　主要适用于源头水和国家自然保护区;

Ⅱ类　主要适用于集中式生活饮用水地表水源地一级保护区、珍稀水生生物栖息地、鱼虾类产卵场、仔稚幼鱼的索饵场等;

Ⅲ类　主要适用于集中式生活饮用水地表水源地二级保护区、鱼虾类越冬场、洄游通道、水产养殖等渔业水域及游泳区;

Ⅳ类　主要适用于一般工业用水区及人体非直接接触的娱乐用水区;

Ⅴ类　主要适用于农业用水区及一般景观要求水域。

地表水环境质量的基本要求是所有水体不应有非自然原因导致的下述物质:① 能沉淀而形成令人厌恶的沉积物;② 漂浮物,诸如碎片、浮渣、油类或其他一些能引起感官不快的物质;③ 产生令人厌恶的色、臭、味或浑浊度的物质;④ 对人类、动植物有毒、有害或带来不良生理反应的物质;⑤ 易滋生令人厌恶的水生生物的物质。

2. 景观环境用水水质标准

城市景观环境用水要优先利用再生水,再生水作为景观环境用水的水源,水质标准应符合《城市污水再生利用 景观环境用水水质》(GB/T 18921—2019)。

(1)景观环境用水的定义

满足景观环境功能需要的用水,即用于营造和维持景观水体、湿地环境和各种水景构筑物的水的总称。

(2)标准的分类

该标准延续 GB/T 18921—2002 观赏性和娱乐性两大功能分类以及连续流动(河道类)、非连续流动(湖泊类)、水景类 3 类不同用水对象的景观水体分类,同时依据《城市污水再生利用分类》(GB/T 18919—2002)和考虑目前再生水在国内景观环境的实际利用场所/对象以及实际需求,增补景观湿地环境用水这个功能分类。

标准按照不同功能分类,分为三大类:

观赏性景观环境用水:以观赏为主要使用功能的、人体非直接接触的景观环境用水,包括不设娱乐设施的景观河道、景观湖泊及其他观赏性景观用水。

娱乐性景观环境用水:以娱乐为主要使用功能的、人体非全身性接触的景观环境用水,包括设有娱乐设施的景观河道、景观湖泊及其他娱乐性景观用水。

景观湿地环境用水:为营造城市景观而建造或恢复的湿地的环境用水。

各类水质标准项目及标准值请查阅该标准所列表 1《景观环境用水的再生水水质》。

3. 生活饮用水标准

园林生活用水,如餐厅、茶室、冷热饮料厅、小卖部、内部食堂、宿舍等所需的水质要求比较高,其水质应符合国家颁布的《生活饮用水卫生标准》(GB 5749—2022)。

4. 园林给水方式

根据给水性质和给水系统构成的不同,可将园林给水方式分为以下 3 种。

(1)引用式　园林给水系统如果直接到城市给水管网系统上取水,就是直接引用式给水。采用这种给水方式,其给水系统的构成也就比较简单,只需设置园内管网、水塔、清水蓄水池即可。引水的接入点可视园林绿地具体情况及城市给水干管从附近经过的情况而决定,可以集中一点接入,也可以分散由几点接入。

(2)自给式　在野外风景区或郊区的园林绿地中,如果没有直接取用城市给水水源的条件,就可考虑就近取用地下水或地表水。以地下水为水源时,因水质一般比较好,往往不用净化处理就可以直接使用,因而其给水系统的构成就要简单一些。一般可以只设水井(或管井)、泵房、消毒清水池、输配水管道网等。如果采用地表水作为水源,其给水系统的构成就要复杂一些。从取水到用水过程中所需布置的设施顺序是:取水口、集水井、一级泵房、加矾间与混凝池、沉淀池及其排泥阀门、滤池、清水池、二级泵房、输水管网、水塔或高位水池等。

(3)兼用式　在既有城市给水条件,又有地下水、地表水可供采用的地方,接上城市给水系统,作为园林生活用水或游泳池等对水质要求较高的项目用水水源;而园林生产用水、造景用水等,则另设一个以地下水或地表水为水源的独立给水系统。这样做所投入的工程费用稍多一些,但以后的水费却可以大大节约。

在地形高差显著的园林绿地,可考虑分区给水方式。分区给水就是将整个给水系统分成几个区,不同区的管道中水压不同,区与区之间可有适当的联系,以保证供水可靠和调度灵活。

9.1.4 园林给水管网设计

在设计园林给水管网之前,首先要收集与设计有关的技术资料,包括公园平面图、竖向设计图、园内及附近地区的水文地质资料、附近地区城市给排水管网的分布资料、周围地区给水远景规划和建设单位对园林各用水点的具体要求等;其次还要到园林现场进行踏勘调查,尽可能全面地收集与设计相关的现状资料。

园林给水管网开始设计时,第一,确定水源及给水方式。第二,确定水源的接入点。一般情况下,中小型公园用水可由城市给水系统的某一点引入,但较大型的公园或狭长形状的公园用地,由一点引入则不够经济,可根据具体条件多点引入。采用独立给水系统的,则不考虑从城市给水管道接入水源。第三,对园林内所有用水点的用水量进行计算,并算出总用水量。第四,确定给水管网的布置形式、主干管道的布置位置和各用水点的管道引入。第五,根据已算出的总用水量,进行管网的水力学计算,按照计算结果选用管径合适的水管,最后布置成完整的管网系统。

当按直接供水的建筑层数确定给水管网水压时,其用户接管处的最小服务水头,一层为 10 m,二层为 12 m,二层以上每增加一层增加 4 m。配水管网应按最高日最高时供水量及设计水压进行水力平差计算,并应分别按下列 3 种工况和要求进行校核:① 发生消防时的流量和消防水压的要求;② 最大转输时的流量和水压的要求;③ 最不利管段发生故障时的事故用水量和设计水压要求。承担消防给水任务管道的最小直径不应小于 100 mm,室外消火栓的间距不应超过 120 m。

9.1.5 园林喷灌系统

在当今园林绿地中,实现灌溉用水的管道化和自动化很有必要,而园林喷灌系统就是自动化供水的一种常用设施。城市中,由于绿地、草坪逐渐增多,绿化灌溉工作量已越来越大,在有条件的地方,很有必要采用喷灌系统解决绿化植物的供水问题。

采用喷灌系统对植物进行灌溉,能够在不破坏土壤通气和土壤结构的条件下,保证均匀地湿润土壤;能够湿润地表空气层,使地表空气清爽;还能够节约大量的灌溉用水,比普通浇水灌溉节约水量 40%~60%。喷灌的最大优点在于它能使灌水工作机械化,显著提高了灌水的工效。

喷灌系统的设计目的主要是解决用水量和水压方面的问题。至于供水的水质,要求可以稍低一些,只要水质对绿化植物没有害处即可。

1. 喷灌的形式

按照管道、机具的安装方式及其供水使用特点,园林喷灌系统可分为移动式、半固定式和固定式 3 种。

移动式喷灌系统:要求有天然水源,其动力(发电机)水泵和干管、支管是可移动的。其使用特点是浇水方便灵活,能节约用水,但喷水作业时劳动强度稍大。

固定式喷灌系统:这种系统有固定的泵站,干管和支管都埋入地下,喷头既可固定于竖管上,也可临时安装。固定式喷灌系统的安装,要用大量的管材和喷头,需要较多的投资。但喷水操作方便,用人工很少,既节约劳动力,又节约用水,浇水实现了自动化,甚至还可能用遥控操作,

因此是一种高效低耗的喷灌系统。这种喷灌系统最适用于需要经常性灌溉供水的草坪、花坛和花圃等。

半固定式喷灌系统:其泵站和干管固定,但支管与喷头可以移动,也就是一部分固定一部分移动。其使用上的优缺点介于上述两种喷灌系统之间,主要适用于较大的花圃和苗圃。

2. 喷灌机与喷头

喷灌机主要是由压水、输水和喷头 3 个主要结构部分构成的。压水部分通常有发动机和离心式水泵,主要是为喷灌系统提供动力和为水加压,使管道系统中的水压保持在一个较高的水平上。输水部分是由输水主管和分管构成的管道系统。喷头部分则有以下所述类别。

按照喷头的工作压力与射程来分,可把喷灌用的喷头分为高压远射程、中压中射程和低压近射程 3 类喷头。而根据喷头的结构形式与水流形状,则可把喷头分为旋转类、漫射类和孔管类 3 种类型。

(1)旋转类喷头 又叫射流式喷头,其管道中的压力水流通过喷头而形成一股集中的射流喷射而出,再经自然粉碎形成细小的水滴洒落到地面。在喷洒过程中,喷头绕竖向轴缓缓旋转,使其喷射范围形成一个半径等于其射程的圆形或扇形。其喷射水流集中,水滴分布均匀,射程达30 m 以上,喷灌效果比较好,所以得到了广泛的应用。这类喷头因其转动机构的构造不一样,形式又可分为摇臂式、叶轮式、反作用式和手持式 4 种。还可根据是否装有扇形机构而分为扇形喷灌喷头和全圆周喷灌喷头 2 种形式。

摇臂式喷头是旋转类喷头中应用最广泛的喷头形式(图 9.2)。它是在喷管上方的摇臂轴上,套装一个前端设有偏流板(挡水板)和导流板的摇臂,压力水从喷管的喷嘴中喷出时,经偏流板冲击导流板,使摇臂产生切向运动力绕悬臂回转一角度,然后在扭力弹簧的作用下返回并撞击喷管,使喷管转一角度,如此反复进行,喷头即可做全圆周转动。如在喷头上加设限位装置和换向机构,使喷管在转动一定角度后换向转动,即可进行扇形喷灌。

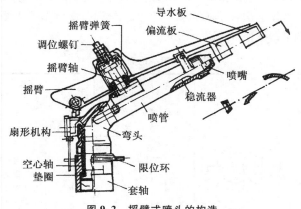

图 9.2 摇臂式喷头的构造

（2）**漫射类喷头** 这种喷头是固定式的，在喷灌过程中所有部件都固定不动，而水流却是呈圆形或扇形向四周分散开。喷灌系统的结构简单，工作可靠，在公园苗圃或一些小块绿地中有所应用。其喷头的射程较短，一般在5～10 m；喷灌强度大，在15～20 mm/h以上；但喷灌水量不均匀，近处比远处的喷灌强度大得多。

（3）**孔管类喷头** 喷头实际上是一些水平安装的管子。在水平管子的顶上分布有一些整齐排列的小喷水孔（图9.3），孔径仅1～2 mm。喷水孔在管子上有排列成单行的，也有排列为两行以上的，可分别叫作单列孔管和多列孔管。

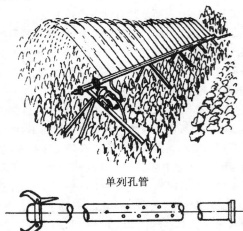

单列孔管

多列孔管

图9.3 孔管式喷头喷灌示意图

3. 喷头的布置

喷灌系统喷头的布置形式有矩形、正方形、正三角形和等腰三角形4种。在实际工作中采用什么样的喷头布置形式，主要取决于喷头的性能和拟灌溉的地段情况。表9.1中所列四图，主要表示了喷头的不同组合方式与灌溉效果的关系。

园林给水工程是保证园林各部分能够正常运转的一项基础工程，园林排水工程也是这样一类基础工程。园林给水管网系统和排水管网系统是相互独立的两套系统，但在具体布置中，也常常要一同考虑、一同布置，要使两套系统紧密结合，共同发挥作用。

表9.1 喷头的布置形式

序号	喷头组合图形	喷洒方式	喷头间距L支管间距b与射程R的关系	有效控制面积S	适用情况
A	正方形	全圆形	$L=b=$ $1.42R$	$S=$ $2R^2$	在风向改变频繁的地方效果较好

续表

序号	喷头组合图形	喷洒方式	喷头间距L支管间距b与射程R的关系	有效控制面积S	适用情况
B	正三角形	全圆形	$L=1.73R$ $b=1.5R$	$S=$ $2.6R^2$	在无风的情况下喷灌的均度最好
C	矩形	扇形	$L=R$ $b=1.73R$	$S=$ $1.73R^2$	较 A、B 节省管道
D	等腰三角形	扇形	$L=R$ $b=1.87R$	$S=$ $1.865R^2$	同 C

9.2 园林排水工程

排水工程的主要任务是：把雨水、废水、污水收集起来并输送到适当地点排除，或经过处理之后再重复利用或排除掉。园林中如果没有排水工程，雨水、污水淤积园内，将会使植物遭受涝灾，滋生大量蚊虫并传播疾病，既影响环境卫生，又会严重影响公园里的游园活动。因此，在每一项园林工程中都要设置良好的排水工程设施。

9.2.1 园林排水的种类与特点

园林环境与一般城市环境有很大相同，其排水工程的情况也和城市排水系统的情况有相当大的差别。因此，在排水类型、排水方式、排水量构成、排水工程构筑物等多方面都有其自己的特点。

1. 园林排水的种类

从需要排除的水的种类来说，园林绿地所排放的主要是雨雪水、生产废水、游乐废水和一些生活污水。这些废、污水所含有害污染物质很少，主要含有一些泥沙和有机物，净化处理也比较容易。

（1）**天然降水** 园林排水管网要收集、输送和排除雨水及融化的冰、雪水。这些天然的降水在落到地面前后，会受到空气污染物和地面泥沙等的污染，但污染程度不高，一般可以直接向园林水体如湖、池、河流中排放。

（2）**生产废水** 盆栽植物浇水时多浇的水，鱼池、喷泉池、睡莲池等较小的水景池排放的水，都属于园林生产废水。这类废水一般也可直接向河流等流动水体中排放。

面积较大的水景池,其水体已具有一定的自净能力,因此常常不换水,当然也就不排出废水。

(3)游乐废水 游乐设施中的水体一般面积不大,积水太久会使水质变坏,所以每隔一定时间就要换水。如游泳池、戏水池、碰碰船池、冲浪池、航模池等,就常在换水时有废水排出。游乐废水中所含污染物不算多,可以酌情向园林湖池中排放。

(4)生活污水

园林中的生活污水主要来自餐厅、茶室、小卖部、厕所、宿舍等处。这些污水中所含有机污染物较多,一般不能直接向园林水体中排放,而要经过除油池、沉淀池、化粪池等进行处理后才能排放。另外,做清洁卫生时产生的废水,也可划入这一类中。

2. 园林排水的特点

由于园林在园林环境、地形和内部功能等方面与一般城市给水工程不同,因此其排水工程具有以下几个主要方面的特点。

(1)地形变化大,适宜利用地形排水。园林绿地中既有平地,又有坡地,甚至还有山地,地面起伏大,因此有利于组织地面排水。利用低地汇集雨雪水到一处,使地面水集中排除比较方便,也比较容易进行净化处理。地面水的排除可以不进地下管网,而利用倾斜的地面和少数排水明渠直接排入园林水体中。这样可以在很大程度上简化园林地下管网系统。

(2)与园林用水点分散的给水特点不同,园林排水管网的布置却较为集中。排水管网主要集中布置在人流活动频繁、建筑物密集、功能综合性强的区域中,如餐厅、茶室、游乐场、游泳池、喷泉区等地方。而在林地区、苗圃区、草地区、假山区等功能单一而又面积广大的区域,则多采用明渠排水,不设地下排水管网。

(3)管网系统中雨水管多,污水管少。相对而言,园林排水管网中的雨水管数量明显地多于污水管。这主要是因为园林产生的污水比较少。

(4)园林排水成分中,污水少,雨雪水和废水多。园林内所产生的污水,主要是餐厅、宿舍、厕所等的生活污水,基本上没有其他污水源。污水的排放量只占园林总排水量的很少一部分。占排水量绝大部分的是污染程度很轻的雨雪水和各处水体排放的生产废水和游乐废水。这些地面水常常不需进行处理而可直接排放;或者仅作简单处理后再排除或再重新利用。

(5)园林排水的重复使用可能性很大。由于园林内大部分排水的污染程度不严重,因而基本上都可以在经过简单的混凝澄清、除去杂质后,用于植物灌溉、湖池水源补给等方面,水的重复使用效率比较高。一些喷泉池、瀑布池等,还可以安装水泵,直接从池中汲水,并在池中使用,实现池水的循环利用。

了解了园林排水的种类和特点,为继续学习园林排水设计带来了方便。但在学习排水设计之前,还应当对园林排水工程的组成和目前实行的排水制度有所了解。

9.2.2 排水体制与排水工程的组成

排水设计中所采用的排水体制不同,其排水工程设施的组成情况也会不同,两者是紧密联系的。明确排水体制的选用和排水工程的基本构成情况,对进行园林排水设计有直接帮助。

1. 排水体制

将园林中的生活污水、生产废水、游乐废水和天然降水从产生地点收集、输送和排放的基本方式,称为排水系统的体制,简称排水体制。排水体制主要有分流制与合流制两类(图9.4)。

(1)分流制排水 这种排水体制的特点是"雨、污分流"。因为雨雪水、园林生产废水、游乐废水等污染程度低,不需净化处理就可直接排放,为此而建立的排水系统,称雨水排水系统。为生活污水和其他需要除污净化后才能排放的污水另外建立的一套独立的排水系统,则称污水排水系统。两套排水管网系统虽然是一同布置,但互不相连,雨水和污水在不同的管网中流动和排除。

(2)合流制排水 排水特点是"雨、污合流"。排水系统只有一套管网,既排雨水又排污水。这种排水体制已不满足现代城市环境保护的需要,所以在一般城市排水系统的设计中已不再采用。但是,在污染负荷较轻,没有超过自然水体环境的自净能力时,还是可以酌情采用的。一些公园、风景区的水体面积很大,水体的自净能力完全能够消化园内有限的生活污水,为了节约排水管网建设的投资,就可以在近期考虑采用合流制排水系统,待以后污染加重了,再改造成分流制系统。

为了解决合流制排水系统对园林水体的污染,可以将系统设计为截流式合流制排水系统。截流式合流制排水系统,是在原来普通的直泄式合流制系统的基础上,增建一条或多条截流干管,将原有的各个生活污水出水口串联起来,把污水拦截到截流干管中。经干管输送到污水处理站进行简单处理后,再引入排水管网中排除。在生活污水出水管与截流干管的连接处,还要设置溢流井。通过溢流井的分流作用,把污水引到通往污水处理站的管道中。

2. 排水工程的组成

园林排水工程的组成,包括从天然降水、废水和污水的收集、输送,到污水的处理和排放等一系列过程。从排水工程设施方面来分,主要可以分为两大部分。一部分是作为排水工程主体部分的排水管渠,其作用是收集、输送和排放园林各处的污水、废水和天然降水。另一部分是污水处理设施,包括必要的水池、泵房等构筑物。但从排水的种类方面来分,园林排水工程则是由雨水排水系统和污水排水系统两大部分构成的。

采用不同排水体制的园林排水系统,其构成情况也不同。下面就来看看不同排水方式的排水系统构成情况。

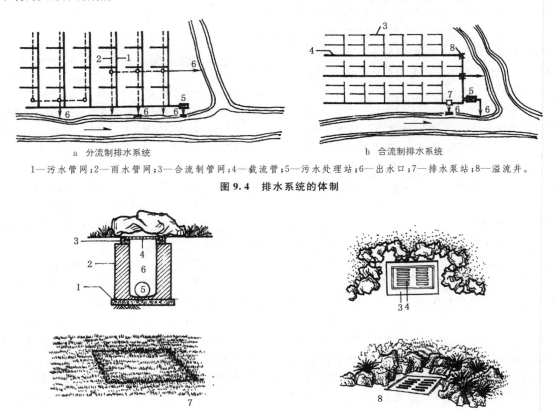

a 分流制排水系统　　　　　　　　　b 合流制排水系统

1—污水管网;2—雨水管网;3—合流制管网;4—截流管;5—污水处理站;6—出水口;7—排水泵站;8—溢流井。

图 9.4　排水系统的体制

1—基础;2—井身;3—井口;4—井箅;5—支管;6—井室;7—草坪窨井盖;8—山石围护雨水口。

图 9.5　雨水口的构造

(1)雨水排水系统的组成　园林内的雨水排水系统不只是用来排除雨水,还要用来排除园林生产废水和游乐废水。因此,它的基本构成部分就有:① 汇水坡地、集水浅沟和建筑物的屋面、天沟、雨水斗、竖管、散水;② 排水明渠、暗沟、截水沟、排洪沟;③ 雨水口、雨水井、雨水排水管网、出水口;④ 在利用重力自流排水困难的地方,还可设置雨水排水泵站。

(2)污水排水系统的组成　这种排水系统主要是排除园林生活污水,包括室内和室外部分。有:① 室内污水排放设施如厨房洗物槽、下水管、房屋卫生设备等;② 除油池、化粪池、污水集水口;③ 污水排水干管、支管组成的管道网;④ 管网附属构筑物如检查井、连接井、跌水井等;⑤ 污水处理站,包括污水泵房、澄清池、过滤池、消毒池、清水池等;⑥ 出水口,是排水管网系统的终端出口。

(3)合流制排水系统的组成　合流制排水系统只设一套排水管网,其基本组成是雨水系统和污水系统的组合。常见的组合部分是:① 雨水集水口、室内污水集水口;② 雨水管渠、污水支管;③ 雨、污水合流的干管和主管;④ 管网上附属的构筑物如雨水井、检查井、跌水井,截流式合流制系统的截流干管与污水支管交接处所设的溢

流井等;⑤ 污水处理设施如混凝澄清池、过滤池、消毒池、污水泵房等;⑥ 出水口。

9.2.3　排水管网的附属构筑物

为了排除污水,除管渠本身外,还需在管渠系统上设置某些附属构筑物。在园林绿地中,这些构筑物常见的有:雨水口、检查井、跌水井、闸门井、倒虹管、出水口等。下面主要介绍这些构筑物。

1. 雨水口

雨水口是在雨水管渠或合流管渠上收集雨水的构筑物。一般的雨水口,都是由基础、井身、井口、井箅几部分构成的(图 9.5)。其底部及基础可用 C15 混凝土做成,尺寸在 1200 mm×900 mm×100 mm 以上。井身、井口可用混凝土浇制,也可以用砖砌筑,砖壁厚 240 mm。为了避免过快的锈蚀和保持较高的透水率,井箅应当用铸铁制作,箅条宽 15 mm 左右,间距为 20~30 mm。雨水口的水平截面一般为矩形,长 1 m 以上,宽 0.8 m 以上。竖向深度不宜大于 1 m,有冻胀影响地区的雨水口深度,可根据当地经验确定。井身内需要设置沉泥槽时,沉泥槽的深度应不小于 12 cm。雨水管的管口设在井身的底部。

雨水口的形式,主要有平箅式和立箅式两类。平箅式水流通畅,但暴雨时易被树枝等杂物堵塞,影响收水能力。立箅式不易堵塞,边沟须保持一定水深,若立箅断面减小会影响收水能力。图9.6为4种典型的道路雨水口形式。

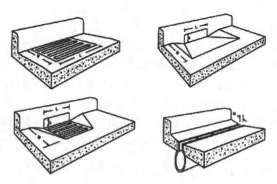

图9.6　4种典型的道路雨水口形式
来源:Urban Drainage Design Manual

雨水口的形式、数量和布置,应按汇水面积所产生的流量、雨水口的泄水能力及道路形式确定。雨水口间距宜为25～50 m,为保证路面雨水排放通畅,又便于维护,雨水口只宜横向串联,不应横、纵向一起串联。连接管串联雨水口个数不宜超过3个。雨水口连接管长度不宜超过25 m。当道路纵坡大于2%时,雨水口的间距可大于50 m,其形式、数量和布置应根据具体情况和计算确定。低洼和易积水地段,雨水径流面积大,径流量比一般地段多,如有植物落叶,容易造成雨水口的堵塞。为提高收水速度,须根据实际情况适当增加雨水口,或采用带侧边进水的联合式雨水口和道路横沟。

与雨水管或合流制干管的检查井相接时,雨水口支管与干管的水流方向以在平面上呈60°角为好。支管的坡度一般不应小于1%。雨水口呈水平方向设置时,井箅应略低于周围路面及地面3 cm左右,并与路面或地面顺接,以方便雨水的汇集和泄入。

2. 检查井

对管渠系统做定期检查,必须设置检查井(图9.7)。检查井通常设在管渠交汇、转弯、管渠尺寸或坡度改变、跌水等处以及相隔一定的构造距离的直线管渠段上。检查井在直线管渠段上的最大间距,一般可按表9.2采用。

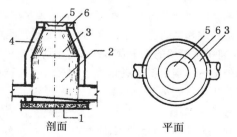

1—基础;2—井室;3—肩部;4—井颈;5—井盖;6—井口
图9.7　圆形检查井的构造

表9.2　检查井的最大间距

管别	管渠或暗渠净高/mm	最大间距/m
污水管道	<500	40
	500～700	50
	800～1500	75
	>1500	100
雨水管渠 合流管渠	<500	50
	500～700	60
	800～1500	100
	>1500	120

建造检查井的材料主要是砖、石、混凝土或钢筋混凝土,在国外,则多采用钢筋混凝土预制。检查井的平面形状一般为圆形,大型管渠的检查井也有矩形或扇形的。井下的基础部分一般用混凝土浇筑,井身部分用砖砌成下宽上窄的形状,井口部分形成颈状。检查井的深度,取决于井内下游管道的埋深。为了便于检查人员上、下井室工作,井口部分的大小应能容纳人身的进出。

检查井基本上有两类,即雨水检查井和污水检查井。在合流制排水系统中,只设雨水检查井。由于各地地质、气候条件相差很大,在布置检查井的时候,最好参照全国通用的《给水排水标准图集》和地方性的《排水通用图集》,根据当地的条件直接在图集中选用合适的检查井,而不必再进行检查井的计算和结构设计。

3. 跌水井

受地势或其他因素的影响,排水管道在某地段的高程落差超过1 m时,就需要在该处设置一个具有水力消能作用的检查井,这就是跌水井。根据结构特点来分,跌水井有竖管式和溢流堰式两种形式(图9.8)。

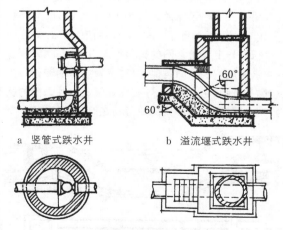

a　竖管式跌水井　　b　溢流堰式跌水井

图9.8　两种形式的跌水井

竖管式跌水井一般适用于管径不大于400 mm的排水管道上。井内允许的跌落高度,因管径的大小而异。当管径不大于200 mm时,一级的跌落高度不宜超过6 m;当管径为 250～400 mm 时,一级的跌落高度不宜超过 4 m。

溢流堰式跌水井多用于 400 mm 以上大管径的管道上。当管径大于 400 mm,而采用溢流堰式跌水井时,其跌水水头高度、跌水方式及井身长度等,都应通过有关水力学公式计算求得。

跌水井的井底要考虑对水流冲刷的防护,要采取必要的加固措施。当检查井内上、下游管道的高程落差小于 1 m 时,可将井底做成斜坡,不必做成跌水井。

4. 闸门井

受降雨或潮汐的影响,园林水体水位增高,导致排水管发生倒灌;或者,为了防止非雨时污水对园林水体的污染,控制排水管道内水的方向与流量,就要在排水管网中或排水泵站的出口处设置闸门井。

闸门井由基础、井室和井口组成。如单纯为了防止倒灌,可在闸门井内设活动拍门。活动拍门通常为铁质圆形的,只能单向开启。当排水管内无水或水位较低时,活动拍门依靠自重关闭,当水位增高后,水流的压力使拍门开启。如果为了既控制污水排放,又防止倒灌,也可在闸门井内设置能够人为启闭的闸门。闸门的启闭方式可以是手动的,也可以是电动的。闸门结构比较复杂,造价也较高。

5. 倒虹管

排水管道在园路下布置时有可能与其他管线发生交叉,而它又是一种重力自流式的管道,因此,要尽可能在管线综合中解决好交叉时管道之间的标高关系。但有时受地形所限,如遇到要穿过沟渠和地下障碍物的情况,排水管道就不能按照正常情况敷设,而不得不以一个下凹的折线形式从障碍物下面穿过,这段管道就成了倒置的虹吸管,即所谓的倒虹管。

由图 9.9 中可以看到,一般排水管网中的倒虹管是由进水井、下行管、平行管、上行管和出水井等部分构成的。倒虹管采用的最小管径为 200 mm,管内流速一般为 1.2～1.5 m/s,不得低于 0.9 m/s,并应大于上游管内流速。平行管与上行管之间的夹角不应小于 150°,要保证管内的水流有较好的水力条件,以防止管内污物滞留。为了减少管内泥沙和污物淤积,可在倒虹管进水井之前的检查井内,设一沉淀槽,使部分泥沙污物在此预沉下来。

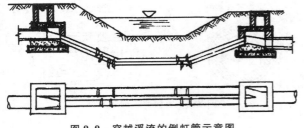

图 9.9 穿越溪流的倒虹管示意图

6. 出水口

排水管渠的出水口是雨水、污水排放的最后出口,其位置和形式,应根据污水水质、下游用水情况、水体的水位变化幅度、水流方向、波浪情况等因素确定。在园林中,出水口最好设在园内水体的下游末端,要与给水取水区、游泳区等保持一定的安全距离。

雨水出水口一般布置为非淹没式,即排水管出水口的管底高程要安排在水体的常年水位线以上,以防倒灌。当出水口高出水位很多时,为了降低出水对河岸的冲击力,应考虑将其设计为多级的跌水式出水口。污水系统的出水口,则一般布置为淹没式,即把出水管管口布置在水体的水面以下,以使污水管口流出的水能够与河湖水充分混合,以减轻对水体的污染。园林中常用的各种排水口的具体处理情况,在本节后面地面排水部分还有介绍,这里不再多述。

9.2.4 排水管网的布置形式

园林排水系统的布置,是在确定了所规划、设计的园林绿地排水体制、污水处理利用方案和估算出园林排水量的基础上进行的。在污水排放系统的平面布置中,一般应确定污水处理构筑物、泵房、出水口以及污水管网主要干管的位置;当考虑利用污水、废水灌溉林地、草地时,则应确定灌溉干渠的位置及其灌溉范围。在雨水排水系统的平面布置中,主要应确定雨水管网中主要的管渠、排洪沟及出水口的位置。在各种管网设施的基本位置大概确定后,再选用一种最适合的管网布置形式,对整个排水系统进行安排。

排水管网的布置形式主要有下述几种(图 9.10)。

1. 正交式布置

当排水管网的干管总走向与地形等高线或水体方向大致呈正交时,管网的布置形式就是正交式。当排水管网总走向的坡度接近于地面坡度时,以及地面较均匀地向水体方向倾斜时,适合采用这种布置方式。采用这种布置,各排水区的干管以最短的距离通到排水口,管线长度短,管径较小,埋深小,造价较低。在条件允许的情况下,应尽量采用这种布置方式排除天然降水和符合直排标准的废水。

2. 截流式布置

在正交式布置的管网较低处,沿着水体方向再增设一条截流干管,将污水截流并集中引到污水处理站。这种布置形式可减少污水对水体的污染,也便于对污水进行集中处理。

3. 扇形布置

在地势向河流湖泊方向有较大倾斜的园林中,为了避免因管道坡度和水的流速过大而造成管道被严重冲刷的现象,可将排水管网的主干管布置成与地面等高线或与园林水体流动方向相平行或夹角很小的形式。这种布置方式又可称为平行式布置。

4. 分区式布置

当规划设计的园林地形高低差别很大时,可分别在高地形区和低地形区各设置独立的、布置形式各异的排水管网系统,这种形式就是分区式布置。若低区管网可按重力自流方式直接排入水体,则高区干管可直接与低区管网连接。若低区管网的水不能依靠重力自流排除,则就将低区的排水集中到一处,用水泵提升到高区的管网中,由高区管网依靠重力自流方式把水排除。

5. 辐射式布置

当用地分散、排水范围较大、基本地形向周围倾斜且周围地区都有可供排水的水体时,为了避免管道埋设太深和降低造价,可将排水干管布置成分散的、多系统的、多出口的形式。这种形式又叫分散式布置。

6. 环绕式布置

这种方式是将辐射式布置的多个分散出水口用一条

排水主干管串联起来,使主干管环绕在周围地带,并在主干管的最低点集中布置一套污水处理系统,以便集中处理和再利用污水。

9.2.5　地面与沟渠排水

除了排水管网的布置形式,我们还需要考虑场地的排水方式。园林绿地多依山傍水,设施繁多,自然景观与人工造景结合,因此,在排水方式上也有其本身的特点。其基本的排水方式一般有两种:第一种,利用地形自然排除雨雪水等天然降水,可称为地面排水;第二种,利用排水设施排水,这种排水方式主要是排除生活污水、生产废水、游

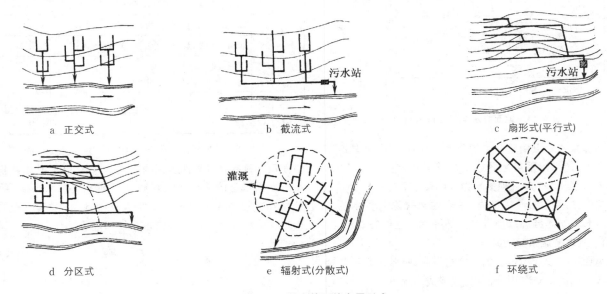

图 9.10　排水管网的布置形式

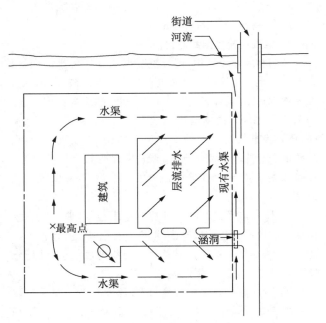

图 9.11　地面排水

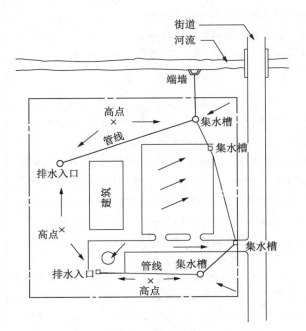

图 9.12　管道排水

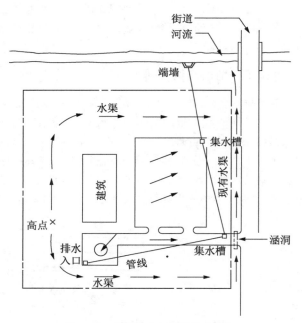

图 9.13 地面排水与管道排水结合

乐废水和集中汇流到管道中的雨雪水,因此可称为管道排水。另外,还可以采用地面排水与管道排水结合的方式。图 9.11～图 9.13 为三种排水方式的图示。

这里主要介绍通过地面、排水沟渠排除雨雪水的方法。地面排水是园林绿地排除天然降水的主要方式。

1. 地表径流系数的确定

地面排水设计所需要的一个重要参数,就是地表的径流系数。当雨水降落到地面后,便形成了地表径流。在径流过程中,由于渗透、蒸发、植物吸收、洼地截流等,雨水并不能全部流入园林排水系统中,而只是流入其中的一部分。我们就将地面雨水汇水面积上的径流量与该面积上降雨量之比,叫做径流系数,用符号 ϕ 表示,即

$$\phi = 地表径流量/降雨量 \quad (9-1)$$

不同场地径流系数值的大小,与汇水面积上的地形地貌、地面坡度、地表土质及地面覆盖情况有关,并且也和降雨强度、降雨时间长短等密切相关。例如,屋面、水泥或沥青路面被不透水层所覆盖,其 ϕ 值就比较大;草坪、林地等能够截流、渗透部分雨水,其 ϕ 值当然就比较小。地面坡度大,降雨强度大,降雨历时短,都会使雨水径流损失减小,径流量增大。反之,则会使雨水径流损失增大。由于影响径流的因素是多方面的,因此要确定一个地区的径流系数,是比较困难的。

很显然,径流系数的值小于 1。反过来看,如果我们已知道了具体地点的径流系数,再到气象部门查询当地一次降雨的最大降雨量,就可以根据式(9-1)算出一定汇水面积上的地表径流量。知道了径流量,地面排水沟渠的排水设计就有了依据。表 9.3 是园林中不同地面类型和不同土质条件下的已知径流系数,可供排水设计时参考。

表 9.3 不同地面的径流系数值

类别		地面种类	径流系数 ϕ
人工地面	1	各种屋面、混凝土和沥青路面	0.90
	2	大块石铺砌和沥青表面处理的碎石路面	0.60
	3	级配碎石路面	0.45
	4	砖砌砖石和碎石地面	0.40
	5	非铺砌的素土路面	0.30
	6	绿化种植地面	0.15
素土地面	7	冻土、重黏土、冰沼土、沼泽土、沼化灰土	1.00
	8	黏土、盐土、碱土、龟裂地、水稻地	0.85
	9	黄壤、红壤、壤土、灰化土、灰钙土、漠钙土	0.80
	10	褐土、生草砂壤土、黑钙土、黄土、栗钙土、灰色森林土、棕色森林土	0.70
	11	砂壤土、长草的砂土	0.50
	12	砂	0.35

在实际地面排水设计和计算中,往往会遇到在同一汇水面积上兼有多种地面类别的情况。这时,就需要计算整个汇水面积上的平均径流系数 ϕ_p。平均径流系数 ϕ_p 的计算方法是:将汇水面积上各种类别的地面,按其所占面积加权平均求得。计算公式如式(9-2)。

$$\phi_p = \sum f_i \phi_i / F \quad (9-2)$$

式中:ϕ_p——平均径流系数;

f_i——汇水面积上各类别地面的面积(万 m^2);

ϕ_i——对应的汇水面积上各类别地面的径流系数;

F——总汇水面积(万 m^2)。

2. 地表径流的组织与排除

在园林竖向设计中,既要充分考虑地面排水的通畅,又要防止地表径流过大而造成对地面的冲刷破坏。因此,在平地地形上,要保证地面有 3‰～8‰ 的纵向排水坡度,和 1.5%～3.5% 的横向排水坡度。当纵向坡度大于 8‰ 时,还要检查其是否对地面产生了冲刷,冲刷程度如何。如果证明其冲刷程度较严重,就应对地形设计进行调整,或者减缓坡度,或者在坡面上布置拦截物,以降低径流的速度。

设计中,应通过竖向设计控制地表径流,要多从排水角度考虑地形的整理与改造,主要应注意以下几点:

第一,地面倾斜方向要有利于组织地表径流,使雨水能够向排洪沟或排水渠汇集。

第二,注意控制地面坡度,使之不至过陡。对于过陡的坡地要进行绿化覆盖或进行护坡工程处理,使坡面稳定,抗冲刷能力增强,进而减少水土流失。两面相向的坡地之间,应当设置有汇水的浅沟,沟的底端应与排水干渠

和排洪沟连接起来,以便及时排走雨水。

第三,同一坡度的坡面,即使坡度不大,也不要持续太长,太长的坡面使地表径流的速度越来越快,对地面的冲刷越来越强。坡面太长的应进行分段设置。坡面要有所起伏,要使坡度的陡缓变化不一致,才能避免径流一冲到底,造成地表设施和植被的破坏。坡面不要过于平整,要通过地形的变化削弱地表径流流速加快的势头。

第四,要通过弯曲变化的谷、涧、浅沟、盘山道等拦截径流,并对径流的方向加以引导,一步步减缓径流速度,把雨雪水就近排放到地面的排水明渠、排洪沟或雨水管网中。

第五,对于直接冲击园林内一些景点和建筑的坡地径流,要在景点、建筑上方的坡地面边缘设置截水沟拦截雨水,并且有组织地排放到预定的管渠之中。

3. 截水沟与排水沟渠设计

(1) 截水沟设计 截水沟一般应与坡地的等高线平行设置,其长短宽窄和深浅随具体的截水环境而定(图9.14)。宽而深的截水沟,其截面尺寸可达 100 cm×70 cm;窄而浅的截水沟截面则可以做得很小。例如在名胜古迹风景区摩崖石刻顶上的岩面上开凿的截水沟,为了很好地保护文物和有效地拦截岩面雨水,就应开凿成窄而浅的小沟,其截面可小到 5 cm×3 cm。宽而深的截水沟,可用混凝土、砖石材料砌筑而成,也可仅开挖成沟底、沟壁夯实的土沟。窄而浅的截水沟,则常常开挖成小土沟,或者直接在岩面凿出浅沟。

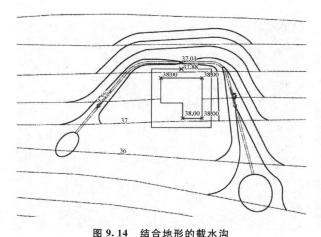

图 9.14 结合地形的截水沟
来源:Petschek P *Grading for Landscape Architects and Architects*

(2) 排水明渠设计 除了在园林苗圃中排水渠有三角形断面之外,一般的排水明渠都设计为梯形断面。梯形断面的最小底宽应不小于 30 cm(但位于分水线上的明沟的最小底宽为 20 cm),沟中水面与沟顶的高度差应不小于 2 cm。道路边排水沟渠的最小纵坡不得小于 0.2%;一般明渠的最小纵坡为 0.1%～0.2%。各种明渠的最小流速不得小于 0.4 m/s,个别地方可酌减;土渠的最大流速

一般不超过 1.0 m/s,以免沟底冲刷过度。各种明渠的允许最大流速见表 9.4。

表 9.4 排水明渠允许的最大流速

明渠类别	允许最大流速 $v/(\text{m} \cdot \text{s}^{-1})$
粗砂及贫砂质黏土	0.8
砂质黏土	1.0
黏土	1.2
石灰岩或中砂岩	4.0
草皮护面	1.6
干砌块石面	2.0
浆砌块石面或浆砌砖面	3.0
混凝土	4.0

设计中,排水明渠的宽度、深度,即水渠断面面积 ω,可根据式(9-3)进行计算。式中,流量 Q 的数值可按照前述地表径流量的确定方法推算得出。流速的确定则要参照表 9.4 中的数据。

$$\omega = Q/v \qquad (9-3)$$

明渠开挖沟槽的尺寸规定如下:梯形明渠的边坡用砖或混凝土块铺砌的一般采用 1:0.75～1:1 的边坡,在边坡无铺装的情况下,应根据不同设计图纸采用表 9.5 中的数值。

表 9.5 梯形明渠的边坡

明渠土质	边坡坡度
粉砂	1:3～1:3.5
松散的细砂、中砂、粗砂	1:2～1:2.5
细实的细砂、中砂、粗砂	1:1.5～1:2
粗砂、黏质砂土	1:1.5～1:2
砂质黏土和黏土	1:1.25～1:1.5
砾石土和卵石土	1:1.25～1:1.5
半岩性土	1:0.5～1:1
风化岩石	1:0.25～1:0.5
岩石	1:0.1～1:0.25

(3) 排洪沟设计 为了防洪的需要,在设计排洪沟前,要对设计范围内洪水的迹线(洪痕)进行必要的考察,设计中应尽量利用洪水迹线安排排洪沟。在掌握了有关洪水方面的资料后,就应当对洪峰的流量进行推算。最适于推算园林用地内洪峰流量的方法,是利用小面积设计流量公式进行计算[见公式(9-4)]。另外,也可以采用排水明渠设计流量的公式 $Q = \omega v$ 对排洪沟洪峰流量进行推算。

$$Q = CF^m \qquad (9-4)$$

式中:Q——设计径流量(m^3/s);

C——径流模数(按表9.6选用);

F——流域面积（km^2）；

m——面积指数。

表 9.6 径流模数及面积指数

地区	不同洪水频率时的 C 值					m 值
	1:2	1:5	1:10	1:15	1:20	
华北	8.1	12.0	16.5	18.0	19.0	0.75
东北	8.0	11.5	13.5	14.6	15.8	0.85
东南沿海	11.0	15.0	18.0	19.5	22.0	0.75
西南	9.0	12.0	14.0	14.5	16.0	0.75
华中	10.0	4.0	17.0	18.0	19.6	0.75
黄土高原	5.5	6.0	7.5	7.7	8.5	0.80

排洪沟通常采用明渠形式，设计中应尽量避免用暗沟。明渠排洪沟的底宽一般不应小于 0.4 m。当必须采用暗沟形式时，排洪沟的断面尺寸一般不小于 0.9 m（宽）×1.2 m（高）。排洪沟的断面形状一般为梯形或矩形。为便于就地取材，建造排洪沟的材料多为片石和块石，多采用铺砌方式建造。排洪沟不宜采用土明渠形式，因为土渠的边坡不耐冲刷。

排洪沟的纵坡，应自起端至出口不断增大。但坡度也不应太大，坡度太大则流速过快，沟体易被冲坏。为此，浆砌片石排洪沟的最大允许纵坡为 30%；混凝土排洪沟的最大允许纵坡为 25%。如果地形坡度太大，则应采取跌水措施，但不得在弯道处设跌水。

为了不使沟底沉积泥沙，沟内的最小允许流速不应小于 0.4 m/s。为了防止洪水对排洪沟的冲刷，沟内的最大允许流速应根据其砌筑结构及设计水深来确定。

（4）排水盲渠设计 盲渠（盲沟）是一种地下排水渠道，用于排除地下水，降低地下水位，效果不错。修筑盲沟的优点是：取材方便、造价低廉、地面完好、不留痕迹。在一些要求排水良好的活动场地（如高尔夫球场、一般大草坪等）或地下水位高的地区，为了给某些不耐水的植物生长创造条件，都可采用这种方法排水。

盲沟的位置与盲沟的密度应视场地情况而定。通常以盲沟的支渠集水，再通过干渠将水排除掉。以场地排水为主的，直渠可多设，反之则少设。盲渠渠底纵坡坡度不应小于 5‰，如果情况允许的话，应尽量取大的坡度，以便于排水。

盲渠常见的构造情况，如图 9.15 所示。图 9.16～图 9.18 为硬质场地上盲渠的施工过程。

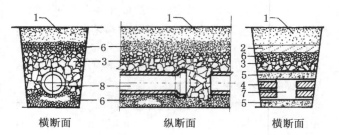

1—泥土；2—砂；3—石块；4—砖块；5—预制混凝土盖板；6—碎石及碎砖块；7—砖块干叠排水渠；8—80 mm 陶管。

图 9.15 盲渠的构造

图 9.16 盲渠施工过程

图 9.17 盲渠溢流井

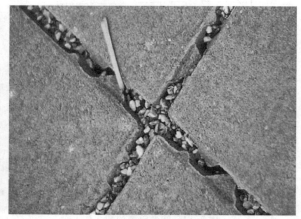

图 9.18 盲渠渗水缝

来源：《德国生态水景设计》，辽宁科学技术出版社，2003

4. 防止地表径流冲刷地面的措施

当地表径流流速过大时，就会造成地表冲蚀。解决这一问题的方式，主要是在地表径流的主要流向上设置障碍物，以不断降低地表径流的流速。这方面的工作可以从竖向设计及工程措施方面来考虑。通过竖向设计控制地表径流的要求已在前面讲过，这里主要对通过设置地面障碍物减轻地表径流冲刷影响的方法做些介绍。

（1）植树种草，覆盖地面 对于地表径流较多、水土流失较严重的坡地，可以培植草本地被植物覆盖地面；还可以栽种乔木与灌木，利用树根紧固较深层的土壤，使坡地变得稳定。覆盖了草本地被植物的地面，其径流的流速能够得到很好的控制，地面冲蚀的情况也能得到充分的抑制。

（2）设置"护土筋" 沿着山路坡度较大处，或在与边沟同一纵坡且坡面延续较长的地方敷设"护土筋"。其做法是:将砖石或混凝土块等,横向埋置在径流速度较快的坡面上,砖石大部分埋入地下,只有3~5 cm露于地面,每隔一定距离(10~20 m)设置3~4道,与道路成一定角度,如鱼翅状排列于道路两侧,以降低径流流速,消减冲刷力。

(3)安放挡水石　利用山道边沟排水,在坡度变化较大处(如在台阶两侧),由于水的流速快,容易造成地面被冲刷,严重影响道路路基。为了减少冲刷,在台阶两侧置石挡水,以缓解雨水流速。

(4)做"谷方",设消能石　当地表径流汇集在山谷或地表低洼处,为了避免地表被冲刷,在汇水线地带散置一些山石,以延缓阻碍水流。这些山石在地表径流量较大时,可起到降低径流的冲力、缓解水土流失的作用。所用的山石体量应稍大些,并且石的下部还应埋入土中一部分,避免因径流过大时,石底泥土被掏空,山石被冲走。

利用上述几种措施防止地表径流冲刷地面的情况,可见图9.19。

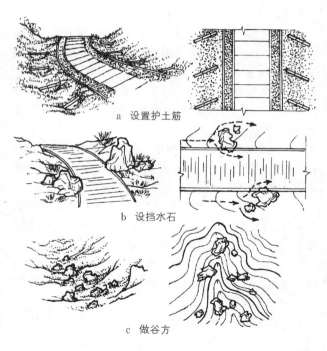

图9.19　防止径流冲刷的工程措施

5. 出水口处理

当地表径流通过地面或明渠排入园林水体时,为了保护岸坡,出水口应做适当的处理。常见的处理方法如下。

(1)做成簸箕式出水口

所谓"水簸箕",是一种敞口式排水槽。槽身可采用三合土、混凝土、浆砌块石或砖砌体做成[图9.20(a)]。

(2)做成消力出水口

排水槽上、下口高差大时,可以在槽底设置"消力阶"[图9.20(b)]、礓磋[图9.20(c)]或消力块[图9.20(d)]。

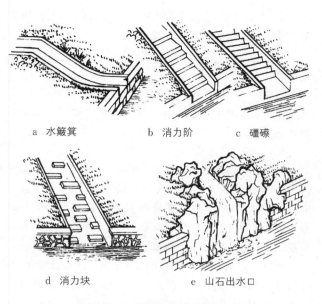

a 水簸箕　　b 消力阶　　c 礓磋

d 消力块　　　　e 山石出水口

图9.20　出水口的排水处理

(3)做成造景出水口

在园林中,雨水排水口还可以结合造景布置成小瀑布、叠水、溪涧、峡谷等,一举两得,既解决了排水问题,又使园景生动自然,丰富了园林景观内容[图9.20(e)]。

(4)做成埋管排水口

这种方法在园林中运用很多,即利用路面或道路两侧的明渠将水引至适当位置,然后设置排水管作为出水口。排水管口可以延伸到园林水体水面以上或以下,管口出水直接落入水面,可避免冲刷岸边;或者,也可以从水面以下出水,从而将出水口隐藏起来。

9.2.6　管网排水

园林绿地的排水,一般主要靠地面及明渠排除。但一些生活污水、游乐废水、生产废水,以及主要建筑周围、游乐场地周围、园景广场周围、主园路两侧等地方的雨水,则主要靠管道排水。这些管道在设计前,都需要进行计算。排水管网的水力计算是保证管网系统正确设计的基本依据。

通过计算,要求管网系统的设计满足以下要求:第一,要保证管道不溢流,如果发生溢流,将会对园林环境与景观产生负面影响。第二,要保证管道中不发生淤积、堵塞现象,这就要求管道内的污水有一定的自净流速,这一流速能够避免管道的淤积。第三,要保证管道内不产生高速冲刷,以免管道过早因被冲刷而毁坏;管道内雨水、污水的流速要控制在一个不会发生较大冲刷的最高限值以下。第四,要保证管道内通风排气,以免污物产生的气体发生爆炸。

只有满足了这些要求,管网计算才是合乎实际需要的。排水管网水力计算的主要内容包括:管网流量与流速的计算、管道的设计充满度（指水流在管道中的充满程度）、最小设计坡度和管径计算等。

9.2.7 雨水管网设计

雨水排水系统的作用，就是要及时和有效地收集、输送和排除天然降水及园务废水。雨水排水管网的计算和设计，必须满足迅速排除园林内地面径流的要求。

在设计中，应注意以下具体问题：

要尽量利用地形条件，就近排水。依据地形的高低变化，尽可能采用重力自流方式布置雨水管道，将雨水就近排放到园林水体中，尽量使雨水管道布置在最短的线路上。为了就近排放和使线路最短，可将出水口的位置分散布置，安排到距离最近的水体边。

出水口分散布置与集中布置相比较，具有规模小、构造简单、总造价较低的优点。并且，由于分散排放的雨水径流量相对较小，因此比较适合向一些面积较小的水体——鱼池、荷花池、溪流等排放。

在尽可能扩大重力自流管道排水范围的前提下，当地形坡度较大时，雨水主干管应布置在地形的较低处；当地形比较平坦时，则以布置在相应排水区域的适中地带为好。同时，还要尽量避免设置雨水泵站，因为这将使排水管网的建设费用大大增加，而且也会使今后长久时间的运转费用增加。

考虑到排水管道的上部荷载、冬季地面的冰冻深度及雨水连接管的坡度等因素，雨水管的埋深应稍深一些，最小覆土深度可取为 0.5～0.7 m，但一定要在冬季冻土层以下。

各种雨水管道在自流条件下的最小允许流速不得小于 0.75 m/s（个别地段允许 0.6 m/s）。最大允许流速同管道材料有关，金属管道不大于 10 m/s，非金属管道不大于 5 m/s。雨水管最小纵坡的设计，不得小于 0.05%，否则无法施工。一般管道纵坡可按表 9.7 取值。

表 9.7　各种管径雨水管道的最小坡度

管径/mm	200	300	350	400
最小坡度	0.4%	0.33%	0.3%	0.2%

一般雨水管的最小管径不小于 200 mm。公园绿地的径流中夹带泥沙及枯枝落叶较多，易堵塞管道，所以雨水管的最小管径限值可适当放大。根据经验，上海园林中目前的最小雨水管径为 300 mm。雨水管道的设计一般可根据经验选择管材和管径，必要时，可查阅有关资料进行计算。

在完成了管网的布置定线后，便可进行雨水口的布置。雨水口的设置位置，应能保证迅速有效地收集地面雨水。一般应在园路交叉口的雨水汇流点、路侧边沟的一定距离处和地势低洼的草坪、树木种植地以及设有道路边石的低洼地方设置雨水口，以防止雨水漫过道路或造成道路及低洼地区积水而妨碍交通。道路上雨水口的间距一般为 20～50 m，在低洼段和易积水地段，可多设雨水口。

园林绿地中雨水管出水口的设置标高应参照水体的常水位和最高水位来决定。一般来说，为了不影响园林景观，出水口最好设于常水位以下，但应考虑雨季水位涨高时不至倒灌，影响排水。雨水管网系统的设计方法和步骤，一般可按下述程序进行：

（1）根据设计地区的气象、雨量记录及园林生产、游乐等废水排放的有关资料，推求雨水排放的总流量。

（2）在与园林总体规划图比例相同的平面图上，绘出地形的分水线、集水线，标上地面自然坡度和排水方向，初步确定雨水管道的出水口，并注明控制标高。

（3）根据雨水管网的设计原则、具体的地形条件和园林总体规划的要求，进行管网的布置。确定主干渠道、管道的走向和具体位置，以及支渠、支管的分布和渠、管的连接方式，并确认出水口的位置。

（4）根据各设计管段对应的汇水面积，按照从上游到下游、从支渠支管到干渠干管的顺序，依次计算各管段的设计雨水流量。

（5）依照各设计管段的设计流量，再结合具体设计条件并参照设计地面坡度，确定各管段的设计流速、坡度、管径或渠道的断面尺寸。

（6）根据水力、高程计算的一系列结果，从《给水排水标准图集》或地区的给排水通用图集中选定检查井、雨水口的形式，以及管道的接口形式和基础形式等。

（7）在保证管渠最小覆土厚度的前提下，确定管渠的埋设深度，并依此进行雨水管网的一系列高程计算，要使管渠的埋设深度不超过设计地区的最大限埋深度。

（8）综合上述各方面的工作成果，绘制雨水排水管网的设计平面图及纵断面图，并编制必要的设计说明书、计算书和工程概预算。

以上是对一般园林雨水管网系统设计过程的介绍。一些大型的管网工程，其设计过程和工作内容还要复杂得多，要根据具体情况灵活处理。

9.3　海绵绿地雨洪管理

针对城市雨洪管理的水安全、水环境、水生态、水景观、水文化、水经济等共性问题，不同国家和地区的城市综合考虑雨水水量调控、水质保护、防洪、内涝管理和城市开发对城市水文的影响，陆续因地制宜地提出了多种城市雨洪管理理论模式与体系，例如：美国先后创立了最佳管理措施（best management practices，BMPs）、低影响开发（low impact development，LID）、精明增长（smart

growth，SG)模式;英国推行可持续城市排水系统模式
(sustainable urban drainage systems，SUDS);澳大利亚
提倡水敏感城市设计模式(water sensitive urban design，
WSUD);新西兰制定了低影响城市设计和开发策略(low
impact urban design and development，LIUDD);德国实
行自然开放式排水系统(natural drainage system，NDS)、
洼地-渗渠系统模式(mulden rigolen system，MRS);新加
坡施行 ABC(active，beautiful，clean)水计划等,并进行科
学的雨水管理实践,形成了逐步制定、不断完善的雨洪管
理理论与方法体系。我国目前正在推行海绵城市(sponge
city)建设。海绵城市是指城市能够像海绵一样,在适应环
境变化和应对自然灾害等方面具有良好的"弹性",下雨时
吸水、蓄水、渗水、净水,需要时将蓄存的水"释放"并加以
利用。

9.3.1　绿地与海绵城市建设

绿地是海绵城市建设的重要载体,两者的结合已成为
必然趋势。城市绿地是城市自然生态用地的最主要组成
部分之一,是城市的重要生命支持系统和基础生态空间,
对雨水具有吸纳、蓄渗、涵养、缓释以及水质净化、污染物
削减等方面的生态服务作用,是城市中的绿色雨水基础设
施(green stormwater infrastructure，GSI)。总体来说,海
绵城市的建设主要包括三方面内容:保护原有生态系统;
恢复和修复受破坏的水体及其他自然环境;采取低影响开
发措施建设城市生态环境。海绵城市绿色雨水基础设施
建设中,除了自然河流、湖泊、林地等外,海绵绿地应当受
到高度重视。在满足绿地功能的前提下,通过研究适宜绿
地的低影响开发控制目标和指标、规模与布局方式、与周
边汇水区有效衔接模式、生态优化管理技术等,可以显著
提高城市绿地的雨水管控能力。将海绵城市生态雨洪管
理与城市绿地相互耦合,充分发挥绿地在雨洪管理方面的
生态服务价值,以城市绿地系统为主要载体构建海绵城市
体系,为海绵城市建设提供了一条近自然、低成本的绿色
生态景观途径,对保证城市建设与自然水文平衡发展,有
效提升人居生态环境建设的水平与品质,实现"精明保护"
与"精明增长",让城市"弹性适应"环境变化与自然灾害具
有战略意义。

1.　减少城市开发对原有水文生态环境的破坏

通过海绵绿地建设,保护城市原有的河流、湖泊、湿
地、坑塘、沟渠等生态敏感区,充分利用自然地形地貌调节
雨水径流,充分利用天然植被、土壤、微生物净化水质,最
大限度地减少城市开发建设行为对原有生态环境造成的
破坏。

2.　调控地表径流,缓解城市内涝问题

通过海绵绿地建设有效调控降雨地表径流,削减降
雨径流总量和降雨峰值流量,减轻城市排水压力,缓解和

治理城市内涝问题。采用低影响开发模式进行雨洪的源
头分散控制,尽可能从源头解决径流减排问题,同时从源
头缓解市政管网等排水设施的压力。采取"渗、滞、蓄"
等措施将雨水的产汇流错峰、削峰,不致产生雨水共排
效应,使得城市不同区域汇集到管网中的径流不同步
集中排放,而是有先有后、参差不齐、细水长流地汇集
到管网中,从而减轻城市排水压力,缓解和治理城市内
涝问题。

3.　削减初期雨水面源污染,改善水环境

随着截污管网的不断完善以及控源截污的实施,面源
污染慢慢成为城市水体污染的主要因素。海绵绿地建设,
即一方面通过绿色屋顶、植草沟、下凹式绿地、生物滞留设
施等对进入管网前的初期雨水进行截留、过滤、净化,另一
方面通过雨水湿地、滨河植物缓冲带对进入水体前的雨水
进行进一步的净化。

9.3.2　海绵绿地建设原则

1.　因地制宜原则

我国地域广阔,各个地区在气候、土壤、场地等方面差
异较大,因此海绵绿地建设必须结合当地具体环境和具体
目标,选择适宜的技术措施。各地应根据本地自然地理条
件、水文地质特点、水资源禀赋状况、降雨规律、水环境保
护与内涝防治要求等,合理确定低影响开发控制目标与指
标,科学规划布局和选用下凹式绿地、植草沟、雨水湿地、
透水铺装、多功能调蓄等低影响开发设施及其组合系统,
因地制宜地开展海绵绿地的设计与建设。

2.　灰绿结合原则

海绵城市理念指导下的灰绿耦合法设计策略,是对我
们今天城市人居生态环境建设的有效探索。在考虑雨洪
基础设施时,不应该将海绵城市绿色基础设施与传统的灰
色雨洪基础设施对立,而应结合实际情况,将两种系统纳
入一个经济效益、环境效益和社会效益和谐统一的可持
续雨洪管理方案。将自然途径与人工措施相结合,灰色
基础设施与绿色基础设施建设协同发展,相辅相成。在
充分利用已有的城市排水系统的基础上,结合海绵绿地
的生态功能,发挥其吸纳雨水的作用,最大限度地实现雨
水在城区的积存、渗透和净化,促进雨水资源利用和生态
环境保护。

3.　蓝绿交融原则

在海绵绿地规划设计与建设中,应把加强水系、湿地
的保护放到重要位置,特别是要加强保护低洼处的坑塘、
河沟等。河湖水系、坑塘湿地等是城市中天然的雨水储存
净化场所,尤其是河道与陆域交接的水陆交错带,受水体
及陆地两个方面的影响,具有保持物种多样性、拦截和过
滤物质流、有利于鱼类的繁殖、净化水体等多种生态功能,
因此需要将海绵城市建设中的绿地、湿地与河道、坑塘设

计相融合,使之在调蓄水位、净化水质、景观生态等方面发挥重要作用。

在规划层面,应将绿地中的自然水体或人工水体与绿线、蓝线统筹规划,明确上下游级差关系,构成完整的城市表水系统,疏通城市水脉。结合市域内的水源涵养林、自然保护区和各级水库、河流,构筑水-绿复合型的绿地系统。在设计层面,应以河道控制线的划定来满足水面率为原则,同时兼顾土地使用面积及平面布置多样性。河段在平面上应是有宽有窄、有收有放,河道水系强调"蓄泄兼顾",整体展现河流自然风貌。例如,协同设计湿塘湿地与河道,通过在河岸地带营造生态缓冲带,以生物措施为主,将生物措施和工程措施结合起来,恢复和改善河道水系应有的自然功能。

4. 注重竖向原则

应在原有地形的基础上进行地形的利用和改造,通过优化竖向设计,将市政排水系统与绿地系统以及海绵系统整合统一起来。城市雨水管道属于市政自流管道,因此利用绿地吸纳雨水径流时应遵循绿地低于硬地的设计原则:场地大部分绿地标高低于场地内道路、建筑等硬地标高;场地雨水管道系统标高低于大部分绿地标高,并高于其排放的自然水体常水位,以保证雨水处理系统的正常运行。

海绵绿地设施主要的收水方式为地表有组织汇流,场地竖向设计至关重要,直接影响海绵设施布局和规模的确定,使设施规模与汇水面积相匹配。在海绵绿地建设中,需根据实际情况,营造洼地、池塘、湖面,创造更多的滞留、储水空间,吸收更多的雨水,同时丰富的竖向设计能够满足不同类型植被群落对生境条件的需求,维护城市绿地的生态多样性。

5. 生态景观原则

完整的雨水处理系统包括雨水的收集、净化、储蓄和排除等过程,应强调雨水处理系统的景观化,利用绿地处理雨水径流时应使各处理设施及场地尽可能实现景观化,即在满足雨水处理功能的同时还应富有美感,承载一定的休闲游乐活动,体现景观文化特色等,实现雨水处理设施与生态环境的协调。如在绿地中配合花境设置雨水花园,利用沼泽、池塘等营造湿地景观,利用湖泊储蓄雨水的同时开展划船等水上游乐活动,以及营造互动体验式、科普教育主题的雨水景观等。

9.3.3 海绵绿地技术途径

1. 渗

城市下垫面过硬,改变了原有自然生态本底和水文特征,因此要加强自然渗透,降低地表径流量,涵养地下水,改善城市微气候。雨水渗透的方法多样,主要是改变各种路面、地面铺装材料,改造屋顶绿化,调整绿地竖向,从源头将雨水留下来然后"渗"下去。

2. 滞

海绵绿地中存在各式各样的低洼区域雨水滞留设施。这些洼地设施将雨水滞留下来用以补充地下水,不仅可以大大降低暴雨地表径流的峰值,还可以通过吸附、降解和挥发等减少污染。同样,蓄积的雨水也可以被植物利用,减少绿地的灌溉水量。通过"滞",可以延缓径流高峰的形成,例如,通过微地形调节,让雨水慢慢地汇集到一个地方,用时间换空间。具体形式可总结为以下几种:生物滞留设施、生态滞留区、雨水湿地、湿塘等,主要作用是延缓短时间内形成的雨水径流量。其中,生物滞留设施是指在地势较低的区域,通过植物、土壤和微生物系统蓄渗、净化径流雨水的设施。生物滞留设施分为简易型生物滞留设施和复杂型生物滞留设施,按应用位置不同又称作雨水花园、生物滞留带、高位花坛、生态树池等。

3. 蓄

"蓄"的主要作用就是把雨水留下来。由于现在人类过度的开发和建设,暴雨降临时常常在较短的时间内聚集在一块区域,增加了城市的内涝风险,因此要把降雨蓄积起来,从而达到调蓄和延缓峰值的目的。目前,海绵城市蓄水环节没有固定的标准和要求,地下蓄水方式多样,常用的有:塑料模块蓄水、地下蓄水池蓄水。普通的蓄水模块一般借助地形、植物,并结合人工收集设施进行地表层次的蓄水;而地下蓄积模块,则为人为建设的蓄水模块。

4. 净

在雨水下渗与汇流过程中,土壤、植被、绿地、水体等都能对水质产生净化作用,经过净化后的雨水,应当考虑将其再次利用和回收。根据城市现状可将区域环境大体分为三类:居住区雨水收集净化、工业区雨水收集净化、市政公共区域雨水收集净化。根据这三种区域环境可设置不同的雨水净化环节,现阶段较为熟悉的净化过程分为:土壤渗滤净化、人工湿地净化、生物处理。

例如,土壤渗滤净化,首先大部分的雨水在收集时同时进行土壤渗滤净化,并通过穿孔管将收集到的雨水排入次级净化池或贮存在渗滤池中,来不及通过土壤渗滤的表层水经过水生植物初步过滤后排入初级净化池中。接着是次级净化池,进一步净化初级净化池排出的雨水,以及经土壤渗滤排出的雨水;经二次净化的雨水排入下游清水池中,或用水泵直接提升到山地贮水池中。初级净化池与次级净化池之间、次级净化池与清水池之间用水泵进行循环。

5. 用

雨水经过土壤渗滤净化、人工湿地净化、生物处理多层净化后要尽可能被利用,不管是丰水地区还是缺水地区,都应该加强对雨水资源的利用。这样不仅能缓解洪涝灾害,还可以利用所收集的水资源,如将停车场上面的雨水收集净化后用于洗车等。应该通过"渗"涵养,通过"蓄"把水留在原地,再通过"净"把水"用"在原地,用于绿化灌溉、洗车、消防等。

6. 排

利用将城市竖向与工程设施相结合、排水防涝设施与天然水系河道相结合以及地面排水与地下雨水管渠相结合的方式实现一般排放和超标雨水的排放,避免内涝等灾害。有些城市因为降雨过多导致内涝,这就必须采取人工措施,把雨水排掉。经过雨水花园、生态滞留区、渗透池净化之后蓄起来的雨水一部分用于绿化灌溉、日常生活,一部分经过渗透补给地下水,多余的部分就经市政管网排进河流。这样不仅降低了雨水峰值过高时出现积水的概率,而且减少了第一时间对水源的直接污染。

9.3.4　海绵绿地常见工程措施

1. 生物滞留型绿地

在城市道路中,利用分隔带绿地滞留地表雨水入渗就是一种常见的方式,将紧邻绿地的道路侧石直接断开,形成若干豁口作为雨水的进入和流出口(图9.21～图9.23)。生物滞留型绿地就近接纳雨水径流,也可以通过管渠输送至绿地;绿地边界应低于周边硬化地面,并有保证雨水进入绿地的措施;绿地植物宜选用耐淹品种。这种滞留入渗不仅可以解决分隔带植物的部分灌溉问题,而且多余的雨水可以通过在下面增设管线输送到其他水体或绿地中。

图9.21　人行道绿带作为雨水入渗区
来源:Landscape Architecture Magazine

图9.22　道路雨水入渗区
来源:Landscape Architecture Magazine

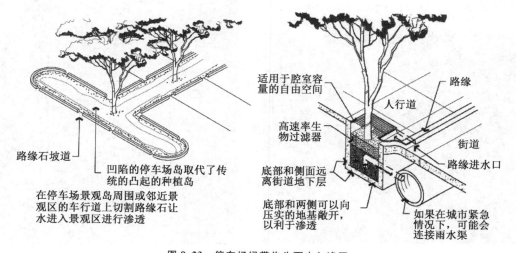

图9.23　停车场绿带作为雨水入渗区
来源:Landscape Architecture Magazine

2. 透水性铺装

在人行、非机动车通行、停泊的硬质地面、广场等宜采用透水地面。透水性铺装地面应符合下列规定要求：

① 透水性铺装地面应设透水面层、透水找平层和透水垫层（图9.24）。透水面层可以采用透水混凝土、透水面砖、草坪砖等。

② 透水地面面层的渗透系数均应大于 10^{-4} m/s，找平层和垫层的渗透系数必须大于面层。透水地面设施的蓄水能力不宜低于重现期为2年的60 min降雨量。

③ 面层厚度宜根据不同材料、使用场所确定，孔隙率不宜小于20%；找平层厚度为20～50 mm；透水垫层厚度不宜小于150 mm，孔隙率不应小于30%（表9.8）。

④ 铺装地面应满足相应的承载力要求，北方寒冷区还应满足抗冻要求。

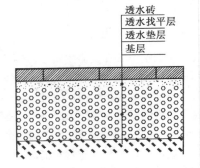

图9.24 透水性铺装地面结构示意图

表9.8 透水铺装路面的结构形式

垫层结构	找平层	面层	适用范围
100～300 mm 透水混凝土	细石透水混凝土 干硬性砂浆 粗砂、细石厚度为20～50 mm	透水性水泥混凝土 透水性沥青混凝土 透水性混凝土路面砖 透水性陶瓷路面砖	人行道、轻交通流量路面、停车场
150～300 mm 砂砾料			
100～200 mm 砂砾料 50～100 mm 透水混凝土			

来源：《建筑与小区雨水控制及利用工程技术规范》（GB 50400—2016）

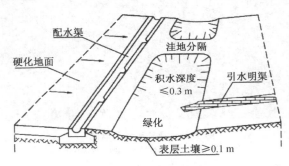

图9.25 洼地入渗系统

来源：《建筑与小区雨水控制及利用工程技术规范》（GB 50400—2016）

图9.26 道路分隔带作为入渗洼地

来源：Landscape Architecture Magazine

图9.27 停车场绿带作为入渗洼地

来源：德国生态水景设计

3. 浅沟与洼地

地面绿化在满足地面景观要求的前提下,宜设置浅沟或洼地;积水深度不宜超过300 mm;积水区的进水宜沿沟长多点分散布置,宜采用明沟布水;浅沟宜采用平沟。这种方式也适合用在道路和停车场的绿化分隔带上(图9.25~图9.27)。

4. 浅沟渗渠组合

沟底表面的土壤厚度不应小于100 mm,渗透系数不应小于10^{-5} m/s;渗渠中砂层厚度不应小于100 mm,渗透系数不应小于10^{-4} m/s;渗渠中的砾石厚度不应小于100 mm。一般在土壤的渗透系数小于等于$5×10^{-6}$ m/s时采用这种浅沟渗渠组合(图9.28)。这种设施具有两部分独立的蓄水容积,即洼地蓄水容积与渗渠蓄水容积。与其他渗透设施相比,这种系统具有更长的雨水滞留和渗透排空时间。深水洼地的进水应尽可能利用明渠与来水相连,避免直接将水注入渗渠,以防洼地中的植物受到损害。洼地的积水深度应小于300 mm。当底部渗渠的渗透排空时间较长,不能满足浅沟积水渗透排空要求时,应在浅沟及渗渠之间增设泄流措施,图9.29为泄流孔。

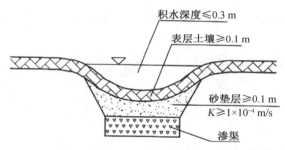

图9.28　浅沟渗渠组合结构图
来源:《建筑与小区雨水控制及利用工程技术规范》(GB 50400—2016)

图9.29　泄流孔
来源:Landscape Architecture Magazine

5. 滞留池

滞留池是通过临时储存暴雨水径流控制峰值排放率的一种方法。滞留池所起到的作用就是暂时储存雨水,再以一定的流量排向下游,过剩的雨水暂时储存在滞留池中,在一定的时间内(一般是在24 h内)排完。这样一来,既保证了雨水下泄量不超过一定数值,又起到了雨水过滤的作用。因为雨水只是在滞留池里短暂地停留,所以绝大部分时间滞留池里并没有水,所以也称旱池。由于雨水在滞留池内停留的时间过短,因此起不到充分的过滤作用。在滞留池中经常又延伸出一段湾区作为沉淀湾延长雨水的滞留时间至48~72 h,这种滞留池又称为扩展型滞留池(图9.30)。

滞留池一般为细长形,以使得入口和出口之间的水流长度尽可能大。滞洪区边坡的坡度不应小于1/3。池底朝向出口方向应有不小于2%的坡度,以确保强制排水。为了方便设备进出,应至少有3 m宽坡度小于1:5。为了增加旱季的适用性,可以增设流速较低的水道。此外,应参照公园设计规范设置安全栏杆。

6. 储水池

储水池与滞留池原理一样,区别在于储水池具有一定的蓄水能力,在雨水下泄量不超值的情况下,将过剩的雨水排掉。虽然储水池的造价高,并且需要经常维护,但是储水池具有控制暴雨下泄、净化水质、改善生态环境以及形成水景等多种作用(图9.31)。

储水池的设计与滞留池相似,使入口和出口之间的水流达到最大长度。这样可以延长水流出之前的流动路径,因此增加了沉淀物和污染物下沉的时间。建议最小的长度和宽度比是3:1。水池沿方向逐渐变宽,使进入水池的水逐渐散开,以避免形成死角。出于景观需要,也可以采用不规则的岸线形态。水池深度在1 m至2 m之间。为了增加安全性,在水池周围应该提供一个至少3 m宽0.3 m深的水平安全台阶,并参照公园设计规范,布置相应的安全护栏和警示牌。

9.4　专题

9.4.1　节水型园林专题

我国的水资源总体贫乏且分布极不均衡,全国600多个城市中,有300多个城市缺水,100多个严重缺水,已被列为全球人均水资源贫乏的国家之一。城市绿地建设能有效地改善人居环境,但是随着绿地面积的不断增加,城市园林绿地用水量逐年提高,如果绿地的规划设计没有贯彻节水理念和技术,将会消耗巨大的水资源。因此,如何合理充分利用好灌溉用水,提高园林绿地灌水利用率,发展城市节水型园林,是园林规划设计和工程中要解决的重要问题。

1. 园林中的给排水与节水

(1) 规划设计阶段　在园林规划设计中,节水的理念应贯穿始终。在总体规划阶段,要从各种布局、选材等方面综合考虑节水问题。利用雨水回收、中水利用等多种方法，规划时力求选择节水方案。

城市绿地的水景设计应以总体布局及当地的自然条件、经济条件为依据，因地制宜合理布局水景的种类、形式，尽量以利用地表水和降水为主。城市园林绿地的水景如果依靠城市自来水系统维持，每年需消耗大量的饮用水资源，是巨大的浪费。

对于与外界没有联系的封闭性水体，其自身基本没有自洁能力，可以运用雨水回收利用系统保持湖水清洁。在园林规划设计中，将较大的景观湖与雨水收集池合而为一，一方面能减轻对城市给排水系统的需求压力，另一方面也可以部分解决水体的补水问题。

合理的竖向设计是雨水利用的关键，为了尽可能利用雨水，应将场地雨水就地吸纳，避免对下游造成影响。竖向设计中，要全面考虑硬质地面、绿地、水体以及管线的标高，尽量利用地面排除雨水，减少雨水管道，利用绿地、水

体吸纳雨水，同时应考虑雨量过大时设置溢流措施，以避免大量雨水对场地的不利影响。

（2）优化园林植物配置，优先选用乡土植物、低耗水植物 以乔灌木为主体的复层植物群落耗水量远低于草坪，而生态效益却比草坪高得多。在进行园林植物配置时，最好以乔灌木为主体，采用乔灌草相结合的复层结构，避免纯粹为了追求视觉效果采用大面积草坪。

乡土植物是经过长期的自然进化和淘汰选择后，最适应当地的气候、土壤、环境的植物，在抵抗病虫害、减少施肥、保护环境等方面具有优势，移植后的养护需水量小于外来引入植物品种。本土灌木、地被植物对于把自然引入城市，实现城市生物多样化，改生态效益较低的平面绿化为多层次、多季相、多色相的立体生态景观具有不可替代性。低耗水量植物（包括灌木、地被及耗水量相对较少的针叶树种及革质叶面的阔叶树种）的优势在于植物的水分散发少，抗病能力强、繁殖快、容易栽培。

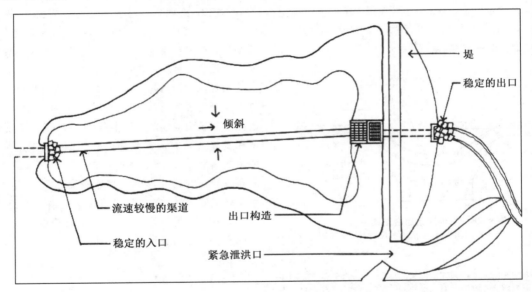

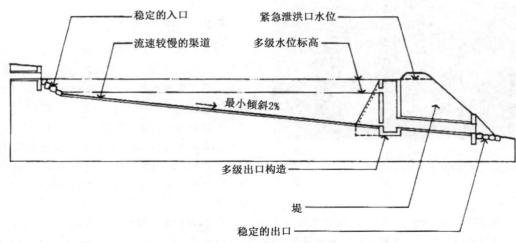

图 9.30 滞留池结构图
来源：斯特罗姆，内森《风景建筑学场地工程》

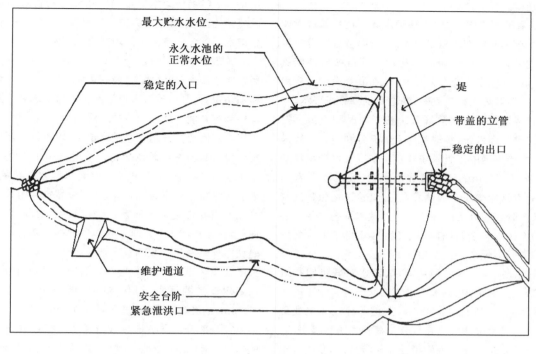

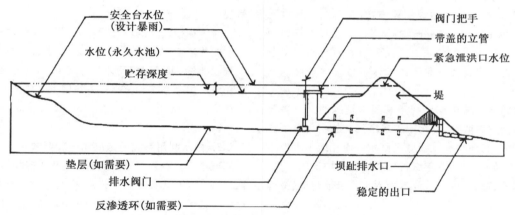

图 9.31 储水池结构图
来源：斯特罗姆，内森《风景建筑学场地工程》

（3）改善土质、覆盖土壤表层 表土中富含的有机物可以帮助土壤保留水分与养分，提高土壤的保水性能。大面积项目的绿化用地，除了在竖向规划中尽可能利用原地形外，在地形改造前将现有表土有意识地保存，待地形改造完成后再回填，可以避免植物直接栽植在贫瘠的底土上。设计和施工过程中还应检测土样的质量，包括氮、磷、钾、钙含量及 pH 值。pH 值为 6～7 时最利于植物吸收养分与水分，在局部换土时，掺和一些有机物如腐叶、有机肥等。腐叶作为绿地生态系统物质循环和能量流动的重要物质含有丰富的营养成分，能增加土壤有机质，改良土壤性状，利于土壤水分的保持。

植物落叶的凋落量、贮量、养分归还量及分解速率是绿地生态系统养分循环的重要因子，覆盖物可提高土壤中现成营养物质特别是钾、磷、钙、镁的利用率。落叶能保持

较高的土壤水分，降低渗透抵抗力，在分解时为土壤提供大量有机物质，改善土壤结构，能提高土壤对水分和养料的保持能力。例如将经过处理的木屑均匀地铺撒在乔灌木种植圈的土表大约 4 cm 厚，形成一个地表层，把泥土覆盖在下面，有以下几方面益处：其一，可使土壤的水分不易散失；其二，木屑日久以后会逐渐腐烂，腐化过程中能为土壤提供有机质；其三，土层表面被覆盖，杂草难以生长，同时也抑制了风沙尘土飞扬；其四，木屑将土壤与温度大幅波动的空气隔开，土壤比裸地更趋于冬暖夏凉，可延长根系生长期。在城区公园绿地、居住区绿地和大面积单位绿地等处，可以将分解较慢的树干和树枝进行除病、除杂草籽、切割处理，并将木屑覆盖于树木种植圈内、灌木边缘的土壤表面，这样不仅有利于其分解，而且具有增加土壤有机质和营养物质、抑制杂草、减少土壤侵蚀、降低大气悬浮

物等生态功能。

（4）倡导节水型灌溉方式，精确灌溉　植物配置时如能将高需水植物与低需水植物分片区种植，就可以避免粗放型耗水的灌溉。对于一些高端房地产项目如旅游度假区、高尔夫球场、城市中心区公园等，可在灌溉设计上应用雨水感应器、滴灌等高科技设备，通过精确灌溉来节水。

雨水传感器可以控制灌溉系统在下雨时和下雨后控制或关闭自动喷灌系统，实现对雨水的充分利用。一般来说，采用雨水传感器的灌溉系统其用水量以及水费每年均可以节省 30%。采用滴灌装置或渗水管，可以节约 70% 的用水量。滴灌减少了水的蒸发，水分直接送达植物的根部，避免了水分在枝叶上的浪费。根部灌水系统采用分层灌水技术，在树木根系范围内，直接将水分均匀地分配到不同深度的根部，促进各层次根系的健康发育。

（5）利用雨水、污水　利用雨水、污水对城市园林进行灌溉，在以色列、美国、日本等发达国家已有几十年的历史，尤其是以色列城市园林 80% 以上是用经过简单处理的生活污水和工业废水并结合现代灌溉技术进行灌溉的。在我国利用污水进行绿地灌溉尚处于起步阶段，我国城市污水量大，相对集中且水质均比较稳定，是可以恒量供水的水源，它们中的很大一部分通过简单的一级或二级处理后即可达到园林用水的要求。因此利用城市污水和工业废水对城市园林进行灌溉是节约和保护城市水资源的一条重要途径。

雨水资源化是城市充分利用有限水资源的又一重要途径。城市雨水的收集、利用不仅是指狭义的利用雨水资源和节约用水，它还具有减缓城区雨水洪涝和地下水位下降、控制雨水径流污染、改善城市生态环境等广泛的意义，可以利用建筑、道路、湖泊等收集雨水用于绿地灌溉、景观用水。

2. 雨水利用的必要性与可行性

自然界的雨水循环方式大体是：雨水降落到地表后，部分被植物根系吸收，部分渗透到地表下补充地下水源，剩余部分顺地势流入低洼的池塘或附近河流。在城市建成区，城市化造成的地面硬化（如建筑屋面、路面、广场、停车场等）改变了原地面的水文特性。地面硬化之前正常降雨形成的地面径流量与雨水入渗量之比约为 2：8，地面硬化后两者的比例变为 8：2。因此城市中的雨水处理由标准化设计的雨水管线来承担。市政雨水管线将从不透水地区汇集到路面上的雨水尽快排入附近水体，防止雨水滞留。地面硬化以及管渠排放雨水造成大量雨水流失，城市地下水从降水中获得的补给量逐年减少。例如，北京 20 世纪 80 年代地下水年均补给量比 60～70 年代减少了约 2.6 亿 m^3，使得地下水位下降现象加剧。由于雨水失去了与地表的接触机会，既阻隔了植被、土壤对雨水的净化作用，又使植被生长更加依赖人工灌溉；而且单一的管渠化排放容易使雨水夹带的杂物和污染物对周边水体造成持续的污染，管线也会被杂质堵塞，尤其是暴雨天气，管线排水不畅会令市区局部地方出现积水。

城市雨水利用有几个方面的功能：一为节水功能。用雨水冲洗厕所、浇洒路面、浇灌草坪，甚至用作循环冷却水和消防用水，可节省城市自来水。二为对水环境及生态环境的修复功能。强化雨水的入渗增加土壤的含水量，甚至利用雨水回灌提升地下水的水位，可以改善水环境乃至生态环境。三为雨洪调节功能。土壤的雨水入渗量增加和雨水径流的存储，都会减少进入雨水排水系统的流量，从而提高城市排洪系统的可靠性，减少城市洪涝。

对于城市建筑区而言，其面积占据着城市近 70% 的面积，并且是城市雨水排水系统的起端。建筑区雨水利用是城市雨洪利用工程的重要组成部分，对城市雨水利用的贡献效果明显，并且相对经济。城市雨洪利用首先需要解决好建筑区的雨水利用。对于一个多年平均降水量在 600 mm 的城市来说，建筑区有 300 mm 的降水可以利用，而以往这部分资源被排除浪费掉了。结合城市建筑区中的道路绿地、街头绿地、景观水体，完全将雨水吸纳到软质景观中。

对于规模较大的城市绿地，如公园，其本身有面积较大的软质环境（草坪、水体），通过合理的竖向设计和软硬质景观配置，可以实现雨水在本地块的完全吸纳。此外，结合城市雨水系统和分布于建筑区的雨水入渗系统，可以形成辐射范围更广的入渗系统，实现区域雨水的充分利用。

3. 雨水利用系统的组成和一般要求

城市雨水利用，是通过雨水入渗调控和地表（包括屋面）径流调控，实现雨水的资源化，使水文循环向着有利于城市生活的方向发展。雨水利用可以采用雨水入渗系统、收集回用系统、调蓄排放系统之一或其组合，并满足如下要求：

① 雨水入渗系统宜设雨水收集、入渗等设施，雨水入渗系统的土壤渗透系数宜为 $10^{-6}～10^{-3}$ m/s，且渗透面距地下水位大于 1.0 m；

② 收集回用系统应设雨水收集、存储、处理和回用水管网等设施，宜用于年平均降雨量大于 400 mm 的地区；

③ 调蓄排放系统应设雨水收集、存储设施和排放管道等设施，宜用于有防洪排涝要求的场所。

鉴于收集回用系统和调蓄排放系统较为复杂，建设和运行所受限制较多，本书主要介绍较为简单且在园林工程设计中容易利用的雨水入渗系统。

雨水入渗可采用绿地、透水铺装地面、浅沟与洼地、浅沟渗渠组合、渗透管沟、入渗井、入渗池、渗透管排放系统等多种方式。雨水渗透设施选择时宜优先采用绿地、透水铺装地面、渗透管沟、入渗井等方式。

采用雨水入渗系统应保证其周围建筑物及构筑物的正常使用,并充分考虑土壤地质条件。在有陡坡坍塌、滑坡危害的危险场所不得使用雨水入渗系统;在非自重湿陷性黄土场地,渗透设施必须设置于建筑物防护距离之外,并不得影响附近硬质铺地的基础。

9.4.2　GIS与地面排水专题

水文情况受多种因素影响,如地表水、地下水、地形、土壤、植被等。在园林工程中,特别是大尺度项目中,迅速获知地表水流的方向、位置、径流量以及低洼场地等对生态化设计和施工意义非常大。

GIS利用强大的栅格计算能力,通过寻找中心栅格与邻域栅格的最大落差及方位确定流水方向(图9.32)。以此为基础,还可以进一步分析场地的流水线路(图9.33)、汇水区域(图9.34)以及径流量。如此"疏源之去由,察水之来历",方能使设计更加贴近自然。

场地中的洼地因降雨和土壤渗透可能会积水,虽然不宜作为建筑和园路用地,但是经过适当整理可以作为场地

蓄水的滞留池或造景水体,丰富景观和生态环境,正所谓"低凹可开池沼"。在工程排水上,对于避免积水的低洼地段,则应设计地下排水管沟或设置排水泵站(公园设计规范)。GIS能够迅速识别出复杂场地中的洼地,并能统计出其深度和体积(图9.35)。

景观设计中,地下水的利用和保护也是当今备受关注的议题,使用GIS对地形和地下水高程栅格求差,再辅以地质、植被等图层叠合,可以科学地选出取水点、补给区及敏感区的位置,并进行缓冲分析,确定保护范围。

在给排水设计中还有一些问题可以通过GIS进行分析,如给排水管线与建筑树木的水平间距,雨水口的集水面积,卫生填埋点与地表水的距离,供水点、消防管线和消防栓的有效服务距离,GIS能根据需要生成点、线、面的缓冲区(图9.36),从而选出适宜/不适宜的位置,并查找某要素是否在该范围内(图9.37)。此外,GIS的网络分析功能、叠加分析等功能可以对给水管网的可靠性、覆盖率、敷设成本等进行更综合的定量分析。

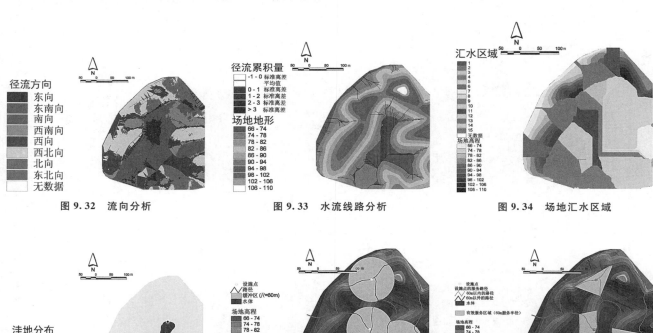

图9.32　流向分析　　　　图9.33　水流线路分析　　　　图9.34　场地汇水区域

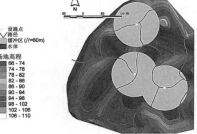

图9.35　场地洼地计算

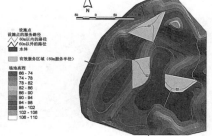

图9.36　缓冲区
(灰色为缓冲区,缓冲半径为60 m)

图9.37　基于网络的服务范围
(绿线为60 m服务路径)

■ 思考与练习

1. 如图为现状地形,已知道路中心线标高为122.7 m,道路横坡为2%,要求停车场的横坡为3%,雨水自然向停车场两侧和东北方向排出,绘出满足此要求的场地等高线(图9.38)。

2. 如果要求场地雨水不得排到北侧地块,通过场地内设置小块绿地,用以吸纳场地雨水,并考虑将过量的雨水排放到道路两侧的城市雨水管道中,绘出场地等高线及管线布置图(图9.39)。

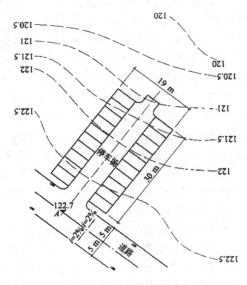

图 9.38　思考与练习附图 1

来源:闫寒《建筑学场地设计》

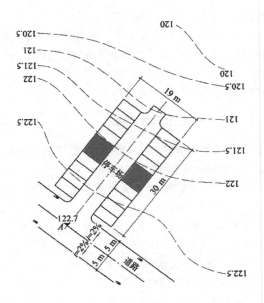

图 9.39　思考与练习附图 2

附　录

附录 A　给水管与其他管线及建(构)筑物之间的最小水平净距

序号	建(构)筑物或管线名称			与给水管线的最小水平净距/m	
				$d \leqslant 200$ mm	$d > 200$ mm
1	建(构)筑物			1.0	3.0
2	污水、雨水管线			1.0	1.5
3	再生水管线			0.5	
4	燃气管线	低压、中压		0.5	
		次高压	0.4 MPa$<p \leqslant 0.8$ MPa	1.0	
			0.8 MPa$<p \leqslant 1.6$ MPa	1.5	
5	有理热力管线			1.5	
6	电力管线			0.5	
7	通信管线			1.0	
8	管沟			1.5	
9	乔木			1.5	
10	灌木			1.0	
11	地上杆柱	通信照明及<10 kV		0.5	
		高压铁塔基础边		3.0	
12	道路侧石边缘			1.5	
13	有轨电车钢轨			2.0	
14	铁路钢轨(或坡脚)			5.0	

来源:《城市工程管线综合规划规范》(GB 50289—2016)

附录 B　给水管与其他管线最小垂直净距

序号	管线名称		与给水管线的最小垂直净距/m
1	给水管线		0.15
2	污水、雨水管线		0.40
3	热力管线		0.15
4	燃气管线		0.15
5	通信管线	直埋	0.50
		保护管、通道	0.15
6	电力管线	直埋	0.50(用隔板分隔时不得小于0.25)
		保护管	0.25
7	再生水管线		0.50
8	管沟		0.15
9	涵洞(基础底)		0.15
10	电车(轨底)		1.00
11	铁路(轨底)		1.00

来源:《城市工程管线综合规划规范》(GB 50289—2016)

附录 C 排水管道和其他地下管线(构筑物)的最小净距

名　称			水平净距/m	垂直净距/m
建筑物			见注 3	
给水管	$d \leqslant 200$ mm		1.0	0.4
	$d > 200$ mm		1.5	
排水管				0.15
再生水管			0.5	0.4
燃气管	低压	$p \leqslant 0.05$ MPa	1.0	0.15
	中压	0.05 MPa$<p \leqslant 0.4$ MPa	1.2	0.15
	高压	0.4 MPa$<p \leqslant 0.8$ MPa	1.5	0.15
		0.8 MPa$<p \leqslant 1.6$ MPa	2.0	0.15
热力管线			1.5	0.15
电力管线			0.5	0.5
电信管线			1.0	直埋 0.5
				管块 0.15
乔木			1.5	
地上柱杆	通信照明及<10 kV		0.5	
	高压铁塔基础边		1.5	
道路侧石边缘			1.5	
铁路钢轨(或坡脚)			5.0	轨底 1.2
电车(轨底)			2.0	1.0
架空管架基础			2.0	
油管			1.5	0.25
压缩空气管			1.5	0.15
氧气管			1.5	0.25
乙炔管			1.5	0.25
电车电缆				0.5
明渠渠底				0.5
涵洞基础底				0.15

注:1. 表中数字除注明者外,水平净距均指外壁净距,垂直净距系指下面管道的外顶和上面管道基础底间的净距。
    2. 采取充分措施(如结构措施)后,表中数字可以减小。
    3. 与建筑物水平净距,管道埋深浅于建筑物基础时,不宜小于 2.5 m,管道埋深深于建筑物基础时,按计算确定,但不应小于 3.0 m。

来源:《室外排水设计标准》(GB 50014—2021)

附录 D 土壤渗透系数

地 层	地层粒径		渗透系数 $K/(m/s)$
	粒径/mm	所占重量/%	
黏 土			$<5.7\times10^{-8}$
粉质黏土			$5.70\times10^{-8}\sim1.16\times10^{-6}$
粉 土			$1.16\times10^{-6}\sim5.79\times10^{-6}$
粉 砂	>0.075	>50	$5.79\times10^{-6}\sim1.16\times10^{-5}$
细 砂	>0.075	>85	$1.16\times10^{-5}\sim5.79\times10^{-5}$
中 砂	>0.25	>50	$5.79\times10^{-5}\sim2.31\times10^{-4}$
均质中砂			$4.05\times10^{-4}\sim5.79\times10^{-4}$
粗 砂	>0.50	>50	$2.31\times10^{-4}\sim5.79\times10^{-4}$

来源:《建筑与小区雨水控制及利用工程技术规范》(GB 50400—2016)

参考文献

［1］中华人民共和国住房和城乡建设部,国家质量监督检验检疫总局.总图制图标准:GB/T 50103—2010[S].北京:中国建筑工业出版社,2011.

［2］中华人民共和国住房和城乡建设部.建筑工程设计文件编制深度规定[S].北京:中国计划出版社,2008.

［3］黄鹤.建筑施工图设计[M].武汉:华中科技大学出版社,2009.

［4］赵兵.园林工程学[M].南京:东南大学出版社,2003.

［5］孟兆祯.园林工程[M].北京:中国林业出版社,1996.

［6］吴为廉.景观与景园建筑工程规划设计:上册[M].北京:中国建筑工业出版社,2005.

［7］中华人民共和国住房和城乡建设部.公园设计规范:GB 51192—2016[S].北京:中国建筑工业出版社,2016.

［8］中华人民共和国建设部.城市用地竖向规划规范:CJJ 83—1999[S].北京:中国建筑工业出版社,1999.

［9］闫寒.建筑学场地设计[M].北京:中国建筑工业出版社,2006.

［10］姚宏韬.场地设计[M].沈阳:辽宁科学技术出版社,2000.

［11］王晓俊.风景园林设计[M].3版.南京:江苏凤凰科学技术出版社,2009.

［12］北京市注册建筑师管理委员会.设计前期场地与建筑设计[M].北京:中国建筑工业出版社,2004.

［13］徐振.园林工程教学中 GIS 的应用[J].中国园林,2008,24(4):89-94.

［14］Strom S,Nathan K,Woland J. Site Engineering for Landscape Architects[M]. Hoboken:John Wiley&Sons,1998.

［15］Marsh W M . Landscape Planning:Environmental Application[M]. Hoboken:John Wiley&Sons,2005.

［16］Holden R . New Landscape Design[M]. Boston:Architectural Press,2003.

［17］Amidon J,Betsky A. Moving Horizons:The Landscape Architecture of Kathryn Gustafson and Partners[M]. Basel:BIRKHäUSER Architecture ,2005.

［18］丹尼斯 N,布朗 K.景观设计师便携手册[M].刘玉杰,吉庆萍,俞孔坚,译.北京:中国建筑工业出版社,2002.

［19］布思 N K.风景园林设计要素[M].曹礼昆,曹德鲲,译.北京:中国林业出版社,1989.

［20］科克伍德 N.景观建筑细部的艺术:基础、实践与案例研究[M].杨晓龙,译.北京:中国建筑工业出版社,2005.

［21］毛培琳.园林铺地设计[M].北京:中国林业出版社,2003.

［22］屈永建.园林工程建设小品[M].北京:化学工业出版社,2005.

［23］陈祺,杨斌.景观铺地与园桥工程图解与施工[M].北京:化学工业出版社,2008.

［24］吴为廉.景观与景园建筑工程规划设计:下册[M].北京:中国建筑工业出版社,2005.

［25］中国建筑标准设计研究院,建设部城市建设研究院风景园林所,美国 EDSA(亚洲).环境景观:室外工程细部构造(03J012—1)[M].北京:中国计划出版社,2003.

［26］中华人民共和国住房和城乡建设部,国家市场监督管理总局.室外排水设计规范:GB 50014—2021[S].北京:中国计划出版社,2021

［27］中华人民共和国住房和城乡建设部,国家市场监督管理总局.室外给水设计规范:GB 50013—2018[S].北京:中国计划出版社,2018.

［28］中华人民共和国建设部.建筑与小区雨水利用工程技术规范:GB 50400—2006[S].北京:中国建筑工业出版社,2007.

［29］德莱塞特尔 H,等.德国生态水景设计:规划、设计和建筑中水资源的利用[M].任静,赵黎明,译.沈阳:辽宁科学技术出版社,2003.

［30］Petschek P . Grading for Landscape Architect and Architect[M]. Basel:BIRKHäUSER Architecture, 2008.

［31］宗净.城市的蓄水囊:滞留池和储水池在美国园林设计中的应用[J].中国园林,2005,21(3):51-55.

［32］沈淑红,倪琪.节水型园林:城市可持续发展的必然要求[J].中国园林,2003,19(12):54-57.

［33］唐艳红,洪强.城市园林设计的节水原则[J].中国园林,2008,24(8):55-58.

［34］陈晓彤,倪兵华.街道景观的"绿色"革命[J].中国园林,2009(6):50-53.

［35］赫斯特 G,汪可薇.区域建设中的湿地和暴雨径流管理方法[J].中国园林,2005,(10):1-4.

［36］Federal Highway Administration,Department of Transportation. Urban Drainage Design Manual[R]. National Highway Institute,2001.

［37］孔祥伟.骨子里的中国与心中的传统[J].景观设计,2006(6):14-17.

［38］汪菊渊.中国古代园林史[M].北京:中国建筑工业出版社,2012.

［39］成玉宁.中国园林史(20 世纪以前)[M].北京:中国建筑工业出版社,2018.